“十二五”国家科技支撑计划课题(2012 BAF 09B02)资助项目
“十二五”电力电子及电力传动新技术系列图书
21世纪高等院校电气信息类系列教材

# 现代交流调速系统

张勇军　潘月斗　李华德　编著



机械工业出版社

本书结合工程实际，全面、系统、深入地阐述了现代交流电动机调速理论和控制技术，重点介绍了恒压频比控制、矢量变换控制、直接转矩控制、磁链轨迹控制。考虑到实际应用，本书介绍了异步电动机调压调速系统和绕线转子异步电动机双馈及串级调速系统。本书最后一章介绍了交流调速的先进控制策略。

本书可作为高等院校相关专业的科研、教学用书，也可作为科研院所、厂矿企业中从事电气传动的工程技术人员的参考用书。

本书配套授课电子课件，需要的老师可登录 www.cmpedu.com 免费注册、审核通过后下载，或联系编辑索取（QQ：1157122010，电话：010-88379753）。

**图书在版编目（CIP）数据**

现代交流调速系统/张勇军，潘月斗，李华德编著．—北京：机械工业出版社，2014.4（2025.1 重印）

21 世纪高等院校电气信息类系列教材

ISBN 978-7-111-46512-6

Ⅰ.①现…　Ⅱ.①张…②潘…③李…　Ⅲ.①交流电机—调速—高等学校—教材　Ⅳ.①TM340.12

中国版本图书馆 CIP 数据核字（2014）第 082819 号

机械工业出版社（北京市百万庄大街 22 号　邮政编码 100037）
策划编辑：时　静　责任编辑：时　静　王　荣
版式设计：霍永明　责任校对：陈立辉　肖　琳
责任印制：单爱军
北京虎彩文化传播有限公司印刷
2025 年 1 月第 1 版第 9 次印刷
184mm×260mm · 17.25 印张 · 409 千字
标准书号：ISBN 978-7-111-46512-6
定价：59.00 元

| 电话服务 | 网络服务 |
| --- | --- |
| 客服电话：010-88361066 | 机　工　官　网：www.cmpbook.com |
| 010-88379833 | 机　工　官　博：weibo.com/cmp1952 |
| 010-68326294 | 金　　书　　网：www.golden-book.com |
| **封底无防伪标均为盗版** | 机工教育服务网：www.cmpedu.com |

# 出版说明

随着科学技术的不断进步，整个国家自动化水平和信息化水平的长足发展，社会对电气信息类人才的需求日益迫切、要求也更加严格。在教育部颁布的“普通高等学校本科专业目录”中，电气信息类（Electrical and Information Science and Technology）包括电气工程及其自动化、自动化、电子信息工程、通信工程、计算机科学与技术、电子科学与技术、生物医学工程等子专业。这些子专业的人才培养对社会需求、经济发展都有着非常重要的意义。

在电气信息类专业及学科迅速发展的同时，也给高等教育工作带来了许多新课题和新任务。在此情况下，只有将新知识、新技术、新领域逐渐融合到教学、实践环节中去，才能培养出优秀的科技人才。为了配合高等院校教学的需要，机械工业出版社组织了这套“21世纪高等院校电气信息类系列教材”。

本套教材是在对电气信息类专业教育情况和教材情况调研与分析的基础上组织编写的，期间，与高等院校相关课程的主讲教师进行了广泛的交流和探讨，旨在构建体系完善、内容全面新颖、适合教学的专业教材。

本套教材涵盖多层面专业课程，定位准确，注重理论与实践、教学与教辅的结合，在语言描述上力求准确、清晰，适合各高等院校电气信息类专业学生使用。

机械工业出版社

# 前　言

现代交流调速技术是20世纪后期的重大技术进步之一，其发展速度之快、应用面之广都是前所未有的。应用实践表明，采用现代交流调速技术极大地提高了传动系统的运行质量，带来了巨大的经济和社会效益。进入21世纪，交流调速技术继续向纵深方向发展，仍是科学技术发展中的热点课题。本书是为适应交流调速新发展的需要而编著的。

现代交流调速技术是电机学、电力电子学、微电子学、计算机科学、自动控制理论等多种学科的有机结合和交叉应用。但同其他任何自动控制系统一样，现代交流调速技术的理论基础也是自动控制理论，也就是说交流调速控制系统是根据某种控制方式、控制方法建立起来的。因此本书的编写立足于对控制系统的分析和设计，即全面、系统、深入地讨论现代交流调速系统的控制原理、控制结构及设计方法。但是现代交流调速系统在控制理论和控制方法上与其他自动控制系统相比有其自身特殊性。

本书题材来源于实际，具有前沿性和先进性，其中融入了笔者的许多研究成果和研究内容。本书的编写遵循了深入浅出，循序渐进及理论联系实际的原则。书中所涉及的公式、方程式及数学表达式都进行了严格的推导证明，力争准确无误。为了防止体系上的混乱和篇幅的膨胀，在本书编写过程中以控制理论、控制方法为主线贯穿始终。与本书有关的其他学科知识，已有专门著作或教材论述过的内容，本书不再列入。

本书的重点内容是现代交流电动机变频调速系统，即以第2章、第3章、第4章、第5章、第7章作为本书的重点。考虑到工业生产中不少场合使用绕线式异步电动机，为此在第6章介绍了双馈及串级调速系统。由于笼型异步电动机电力电子调压调速系统还有应用，特别是在软起动方面的应用很普遍，为此本书第1章介绍了异步电动机调压调速系统。

本书第1~3章由北京科技大学自动化学院博士、副教授潘月斗编写。第4~8章由北京科技大学高效轧制国家工程研究中心博士、副研究员张勇军编写。本书绪论由北京科技大学李华德教授编写，并负责全书的统一规划、审查、删改和补充。北京科技大学硕士研究生陈泽平、郭凯、郭映维、陈铁柱、张小庆，博士研究生张永康、肖雄参加了本书的整理、校对、录入及编辑工作。

本书可作为高等院校相关专业的科研、教学用书，也可作为科研院所、厂矿企业中从事电气传动的工程技术人员的参考用书。

由于本书作者水平有限，在编写过程中难免出现缺点、错误及不当之处，敬请广大读者批评指正，并给予谅解。

编　者

# 目　录

# 常用符号表

## 一、元件和装置用的文字符号

| | |
|---|---|
| A | 放大器；调节器；电枢绕组；A 相绕组 |
| ACR | 电流调节器 |
| ADR | 电流变化率调节器 |
| AE | 电动势运算器 |
| AER | 电动势调节器 |
| AFR | 励磁电流调节器 |
| AP | 脉冲放大器 |
| APR | 位置调节器 |
| AR | 反号器 |
| ASR | 转速调节器 |
| ATR | 转矩调节器 |
| AVR | 电压调节器 |
| $A\Psi R$ | 磁链调节器 |
| B | 非电量-电量变换器 |
| BQ | 位置传感器 |
| BRT | 转速传感器 |
| BS | 自整角机 |
| BSR | 自整角机接收机 |
| BST | 自整角机发送机 |
| C | 电容 |
| CD | 电流微分环节 |
| CU | 功率变换单元 |
| D | 数字集成电路和器件 |
| DHC | 滞环比较器 |
| DLC | 逻辑控制环节 |
| DLD | 逻辑延时环节 |
| F | 励磁绕组 |
| FB | 反馈环节 |
| FBC | 电流反馈环节 |
| FBS | 测速反馈环节 |
| G | 发电机；振荡器；发生器 |
| GAB | 绝对值变换器 |
| GD | 驱动电路 |
| GF | 函数发生器 |
| GI | 给定积分器 |
| GT | 触发装置 |
| GTF | 正组触发装置 |
| GTR | 反组触发装置 |
| K | 继电器；接触器 |
| KF | 正向继电器 |
| KMF | 正向接触器 |
| KMR | 反向接触器 |
| KR | 反向继电器 |
| L | 电感；电抗器 |
| LS | 饱和电抗器 |
| M | 电动机 |
| MD | 直流电动机 |
| MI（MA） | 异步电动机 |
| MS | 同步电动机 |
| N | 运算放大器 |
| R，r | 电阻，电阻器；变阻器 |
| RP | 电位器 |
| SA | 控制开关；选择开关 |
| SB | 按钮 |
| SM | 伺服电动机 |
| T | 变压器 |
| TA | 电流互感器 |
| TAF | 励磁电流互感器 |
| TC | 控制电源变压器 |
| TG | 测速发电机 |
| TM | 电力变压器；整流变压器 |
| TU | 自耦变压器 |
| TV | 电压互感器 |
| U | 变换器；调制器 |
| UCR | 可控整流器 |
| UI | 逆变器 |
| UPE | 电力电子变换器 |
| UR | 整流器 |

| | |
|---|---|
| URP | 相敏整流器 |
| V | 开关器件；晶闸管整流装置 |
| VD | 二极管 |
| VF | 正组晶闸管整流装置 |
| VFC | 励磁电流可控整流装置 |
| VR | 反组晶闸管整流装置 |
| VS | 稳压管 |
| VT | 晶体管；晶闸管 |

## 二、参数和物理量文字符号

| | |
|---|---|
| $A_d$ | 动能 |
| $a$ | 线加速度；特征方程系数 |
| $B$ | 磁感应强度 |
| $C$ | 电容；输出被控变量 |
| $C_e$ | 直流电动机在额定磁通下的电动势系数 |
| $C_m$ | 直流电动机在额定磁通下的转矩系数 |
| $D$ | 调速范围；摩擦转矩阻尼系数；脉冲数 |
| $E$，$e$ | 反电动势，感应电动势（大写为平均值或有效值，小写为瞬时值，下同）；误差 |
| $e_d$ | 检测误差 |
| $e_s$ | 系统误差 |
| $e_{sf}$ | 扰动误差 |
| $e_{sr}$ | 给定误差 |
| $F$ | 磁动势；力；扰动量 |
| $f$ | 频率 |
| $G$ | 重力 |
| $GD^2$ | 飞轮惯量 |
| $GM$ | 增益裕度 |
| $g$ | 重力加速度 |
| $h$ | 开环对数频率特性中频宽度 |
| $I$，$i$ | 电流 |
| $I_a$，$i_a$ | 电枢电流 |
| $i$ | 减速比 |
| $I_d$，$i_d$ | 整流电流 |
| $I_{dL}$ | 负载电流 |
| $I_f$，$i_f$ | 励磁电流 |
| $J$ | 转动惯量 |
| $K$ | 控制系统各环节的放大系数（以环节符号为下角标）；闭环系统的开环放大系数；扭转弹性转矩系数 |
| $K_{bs}$ | 自整角机放大系数 |
| $K_e$ | 直流电动机电动势的结构常数 |
| $K_m$ | 直流电动机转矩的结构常数 |
| $K_P$ | 比例放大系数 |
| $K_{rp}$ | 相敏整流器放大系数 |
| $K_s$ | 电力电子变换器放大系数 |
| $k$ | 谐波次数；振荡次数 |
| $k_N$ | 绕组系数 |
| $K_g$ | 减速器放大系数 |
| $L$ | 电感；自感；对数幅值 |
| $L_l$ | 漏感 |
| $L_m$ | 互感 |
| $M$ | 电动机；调制度；闭环系统频率特性幅值 |
| $m$ | 整流电流（电压）一周内的电脉冲数；典型I系统两个时间常数比 |
| $N$ | 匝数；扰动量；载波比；额定值 |
| $n$ | 转速；$n$次谐波 |
| $n_0$ | 理想空载转速；同步转速 |
| $n_s$ | 同步转速 |
| $n_p$ | 极对数 |
| $P$，$p$ | 功率 |
| $p\left(=\frac{d}{dt}\right)$ | 微分算子 |
| $P_m$ | 电磁功率 |
| $P_s$ | 转差功率 |
| $Q$ | 无功功率 |
| $R$ | 电阻；电阻器；变阻器 |
| $R_a$ | 直流电动机电枢电阻 |
| $R_L$ | 电力电子变换器内阻 |
| $R_{rec}$ | 整流装置内阻 |
| $S$ | 视在功率 |
| $s$ | 转差率；静差率；拉普拉斯变换因子 |
| $s=\alpha+j\omega$ | 拉普拉斯变量 |
| $T$ | 时间常数；开关周期；感应同步器绕组节距 |
| $t$ | 时间 |
| $T_c$ | 脉宽调制载波的周期 |
| $T_e$ | 电磁转矩 |
| $T_{ei}$ | 异步电动机电磁转矩 |
| $T_{ed}$ | 直流电动机电磁转矩 |
| $T_{es}$ | 同步电动机电磁转矩 |
| $T_l$ | 电枢回路电磁时间常数 |

| | |
|---|---|
| $T_L$ | 负载转矩 |
| $T_m$ | 机电时间常数 |
| $t_m$ | 最大动态降落时间 |
| $T_o$ | 滤波时间常数 |
| $t_{on}$ | 开通时间 |
| $t_{off}$ | 关断时间 |
| $t_p$ | 峰值时间 |
| $t_r$ | 上升时间 |
| $T_s$ | 电力电子变换器平均失控时间；电力电子变换器滞后时间常数 |
| $t_s$ | 调节时间 |
| $t_v$ | 恢复时间 |
| $U$，$u$ | 电压，电枢供电电压 |
| $U_b$ | 基极驱动电压 |
| $U_{bs}$ | 自整角机输出电压 |
| $U_C$ | 控制电压 |
| $U_d$，$u_d$ | 整流电压；直流平均电压 |
| $U_{d0}$，$u_{d0}$ | 理想空载整流电压 |
| $U_f$，$u_f$ | 励磁电压 |
| $U_s$ | 电源电压 |
| $U_x$ | 变量 $x$ 的反馈电压（$x$ 可用变量符号代替） |
| $U_x^*$ | 变量 $x$ 的给定电压（$x$ 可用变量符号代替） |
| $v$ | 速度；线速度 |
| $W(s)$ | 开环传递函数 |
| $W_{cl}(s)$ | 闭环传递函数 |
| $W_{obj}(s)$ | 控制对象传递函数 |
| $W_m$ | 磁场储能 |
| $X$ | 电抗 |
| $x$ | 机械位移 |
| $Z$ | 阻抗；电抗器 |
| $z$ | 负载系数 |
| $\alpha$ | 速度反馈系数；可控整流器的控制角 |
| $\beta$ | 电流反馈系数；可控整流器的逆变角 |
| $\gamma$ | 电压反馈系数；相位裕度；（同步电动机反电动势换流时的）换流提前角 |
| $\gamma_0$ | 空载换流提前角 |
| $\delta$ | 转速微分时间常数相对值；磁链反馈系数；脉冲宽度；换流剩余角 |
| $\Delta n$ | 转速降落 |
| $\Delta U$ | 偏差电压 |
| $\Delta\theta$ | 失调角，角差 |
| $\zeta$ | 阻尼比 |
| $\eta$ | 效率 |
| $\theta$ | 电角位移；可控整流器的导通角 |
| $\theta_m$ | 机械角位移 |
| $\lambda$ | 电动机允许过载倍数 |
| $\mu$ | 磁导率；换流重迭角 |
| $\rho$ | 占空比；电位器的分压系数 |
| $\sigma$ | 漏磁系数；超调量 |
| $\tau$ | 时间常数，积分时间常数 |
| $\Phi$，$\phi$ | 磁通 |
| $\Phi_m$，$\phi_m$ | 每极气隙磁通 |
| $\varphi$ | 相位角、阻抗角；相频；功率因数角 |
| $\Psi$，$\psi$ | 磁链 |
| $\Omega$ | 机械角速度 |
| $\omega$ | 角速度，角频率 |
| $\omega_b$ | 闭环特性通频带 |
| $\omega_c$ | 开环特性截止频率 |
| $\omega_m$ | 机械角速度 |
| $\omega_n$ | 二阶系统的自然振荡频率 |
| $\omega_s$ | 同步角速度 |
| $\omega_{sl}$ | 转差角速度 |

## 三、常用下角标

| | |
|---|---|
| add | 附加值（additional） |
| av | 平均值（average） |
| b | 偏压（bias）；基准（basic）；镇流（ballast） |
| b，bal | 平衡（balance） |
| bl | 堵转封锁（block） |
| br | 击穿（break down） |
| c | 环流（circulating current）；控制（control） |
| cl | 闭环（closed loop） |
| com | 比较（compare）；复合（combination） |
| cr | 临界（critical） |
| d | 延时；延滞（delay）；驱动（drive） |
| er | 偏差（error） |
| ex | 输出，出口（exit） |

| | | | |
|---|---|---|---|
| f | 正向（forward）；磁场（field）；反馈（feedback） | m | 极限值，峰值；励磁（magnetizing） |
| | | max | 最大值（maximun） |
| g | 气隙（gap）；栅极（gate） | min | 最小值（minimum） |
| R | 合成（resultant） | N | 额定值，标称值（nominal） |
| r | 转子（rotator）；上升（rise）；反向（reverse） | obj | 控制对象（object） |
| | | off | 断开（off） |
| r，ref | 参考（reference） | on | 闭合（on） |
| rec | 整流器（rectifier） | op | 开环（open loop） |
| s | 定子（stator）；电源（source） | p | 脉动（pulse） |
| s，ser | 串联（series） | sam | 采样（sampling） |
| in | 输入；入口（input） | st | 起动（starting） |
| i，inv | 逆变器（inverter） | syn | 同步（synchronous） |
| k | 短路（short） | t | 力矩（torque）；触发（trigger）；三角波（triangular wave） |
| L | 负载（load） | | |
| l | 线值（line）；漏磁（leakage） | ∞ | 稳态值，无穷大处（infinity） |
| Lim | 极限，限制（limit） | Σ | 和（sum） |

## 四、常用缩写符号

| | |
|---|---|
| CHBPWM | 电流滞环跟踪 PWM（Current Hysteresis Band PWM） |
| CSI | 电流源（型）逆变器（Current Source Inverter） |
| CVCF | 恒压恒频（Constant Voltage Constant Frequency） |
| DSP | 数字信号处理器（Digital Signal Processor） |
| IPM | 智能功率模块（Intelligent Power Module） |
| PIC | 功率集成电路（Power Integrated Circuit） |
| PWM | 脉宽调制（Pulse Width Modulation） |
| SCR | 晶闸管（Silicon Controlled Rection） |
| SHEPWM | 消除指定次数谐波的 PWM（Selected Harmonics Elimination PWM） |
| SOA | 安全工作区（Safe Operation Area） |
| SPWM | 正弦波脉宽调制（Sinusoidal PWM） |
| VCO | 压控振荡器（Voltage Controlled Oscillator） |
| VR | 矢量旋转变换器（Vector Rotator） |
| VSI | 电压源（型）逆变器（Voltage Souce Inverter） |
| VVVF | 变压变频（Variable Voltage Variable Frequency） |

# 绪　论

## 0.1　交流调速技术的发展概况与发展趋势

19 世纪 70 年代前后相继诞生了直流电动机和交流电动机，从此人类社会进入了以电动机为动力设备的时代。以电动机作为动力机械，为人类社会的发展和进步、为工业生产的现代化起到了巨大的推动作用。

在用电系统中，电动机作为主要的动力设备而广泛地应用于工农业生产、交通运输、空间技术、国防及社会生活等方面。电动机负荷约占总发电量的70%，为用电量最多的电气设备。

根据采用的电流制式不同，电动机分为直流电动机和交流电动机两大类，其中交流电动机拥有量最多，提供给工业生产的电量多半是通过交流电动机加以利用的。交流电动机分为同步电动机和异步（感应）电动机两大类：电动机的转子转速与定子电流的频率保持严格不变的关系，即是同步电动机；反之，若不保持这种关系，即是异步电动机。20 世纪 80 年代以来，永磁无刷直流电动机（梯形波永磁同步电动机）、正弦波永磁同步电动机等新型交流电动机得到了很快的发展和应用。根据统计，交流电动机用电量占电动机总用电量的85%左右，可见交流电动机应用的广泛性及其在国民经济中的重要地位。

以直流电动机作为控制对象的电力拖动自动控制系统称为直流调速系统；以交流电动机作为控制对象的电力拖动自动控制系统称为交流调速系统。根据交流电动机的分类，相应的电动机调速系统有同步电动机调速系统和异步电动机调速系统。

在实际应用中，一是要使电动机具有较高的机电能量转换效率；二是要根据生产机械的工艺要求，控制和调节电动机的旋转速度。电动机的调速性能如何，对提高产品质量、提高劳动生产率和节省电能有着直接的决定性影响。

### 0.1.1　直流调速技术存在的问题

20 世纪 60 年代以前主要是以旋转变流机组供电的直流调速系统（见图 0-1），还有一些是静止式水银整流器供电的直流调速系统如图 0-2 所示。1957 年美国通用电气公司的 A. R. 约克制成了世界上第一只晶闸管（SCR），这标志着电力电子时代的开始。20 世纪 60 年代以后以晶闸管组成的直流供电系统逐步取代了变流机组和水银整流器。20 世纪 80 年代末期全数字控制的直流调速系统迅速取代了模拟控制的直流调速系统。

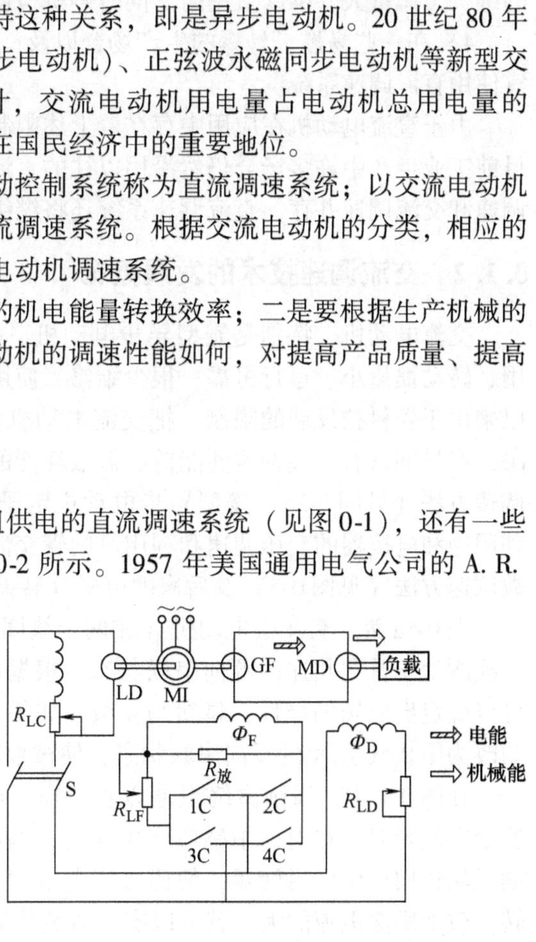

图 0-1　直流发电机-直流电动机系统

由于直流电动机的转速容易控制和调节，在额定转速以下，保持励磁电流恒定，可用改变电枢电压的方法实现恒转矩调速；在额定转速以上，保持电枢电压恒定，可用改变励磁的方法实现恒功率调速。近代采用晶闸管供电的转速、电流双闭环直流调速系统可获得优良的静、动态调速特性。因此，长期以来（20 世纪 80 年代中期以前）在变速传动领域中，直流调速一直占据主导地位。然而，由于直流电动机本身存在机械式换向器和电刷这一固有的结构性缺陷，给直流调速系统的发展带来了一系列限制。

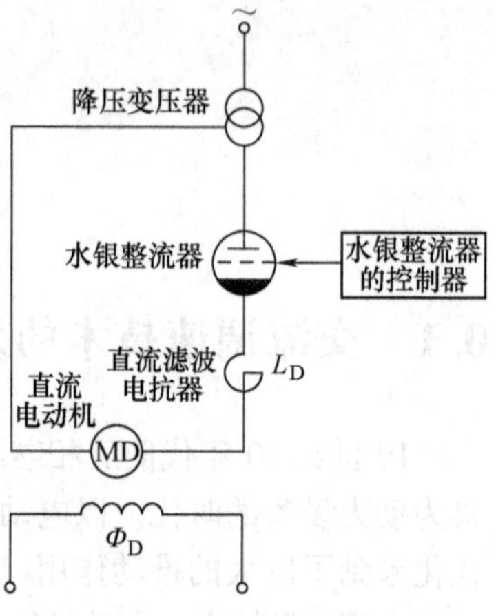

图 0-2　离子电力拖动的主回路

1）机械式换向器表面线速度及换向电压、电流有一极限容许值，这就限制了电动机的转速和功率（其极限容量与转速乘积被限制在 $10^6$ kW · r/min）。如果要超过极限容许值，就会大大增加电动机制造的难度和成本以及调速系统的复杂性。因此，在工业生产中，一些要求特高转速、特大功率的应用场合，则无法采用直流调速方案。

2）为了使机械式换向器能够可靠工作，往往需增大电枢和换向器直径，使得电动机体积增大，导致转动惯量大，对于要求快速响应的生产工艺，采用直流调速方案难以实现。

3）机械式换向器必须经常检查和维修，电刷必须定期更换。这就表明了直流调速系统的维护工作量大，维修费用高，同时停机检修和更换电刷也直接影响了正常生产。

4）在一些易燃、易爆的生产场合以及一些多粉尘、多腐蚀性气体的生产场合不能或不宜使用直流调速系统。

由于直流电动机在应用中存在着上述限制，使得直流调速系统的发展也受到限制。但是目前工业生产中许多场合仍然沿用以往的直流电动机，因此在今后相当长的一个时期内直流调速和交流调速并存，直流调速系统还将继续使用。

### 0.1.2　交流调速技术的发展概况

交流电动机，特别是笼型异步电动机，具有结构简单、制造容易、价格便宜、坚固耐用、转动惯量小、运行可靠、很少维修、使用环境及结构发展不受限制等优点。但是，长期以来由于受科技发展的限制，把交流电动机作为调速电动机的困难问题未能得到较好的解决，在早期只有一些调速性能差、低效耗能的调速方法，如绕线式异步电动机转子外串电阻调速方法（见图 0-3）。笼型异步电动机定子调压调速方法有利用自耦变压器的变压调速，利用饱和电抗器的变压调速和利用晶闸管交流调压器调压调速，如图 0-4 所示。还有变极对数调速方法（见图 0-5）及后来的电磁（转差离合器）调速方法（见图 0-6）等。

图 0-5a 为一台 4 极电动机 A 相两个线圈连接示意图，每个线圈代表半个绕组。如果两个线圈处于首尾相连的顺向串联状态，根据电流方向可以确定出磁场的极性，显然为 4 极，如果将两个线圈改为图 0-5b 所示的反向串联状态，使极数减半。

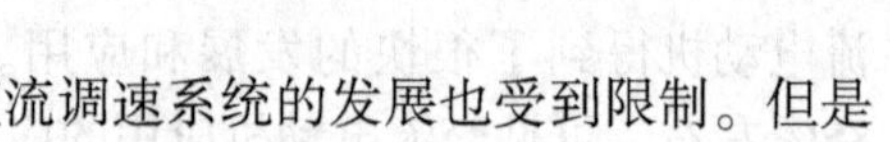

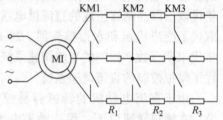

图 0-3　绕线式异步电动机转子外串电阻调速原理图

在图 0-1 中，当励磁绕组通以直流电，电枢以恒速定向旋转时，在电枢中感应产生涡流，涡流与磁极的磁场作用产生电磁转矩，使磁极跟着电枢同方向旋转。改变励磁电流的大小就可以实现对负载的调速。

20 世纪 60 年代以后，由于生产发展的需要和节

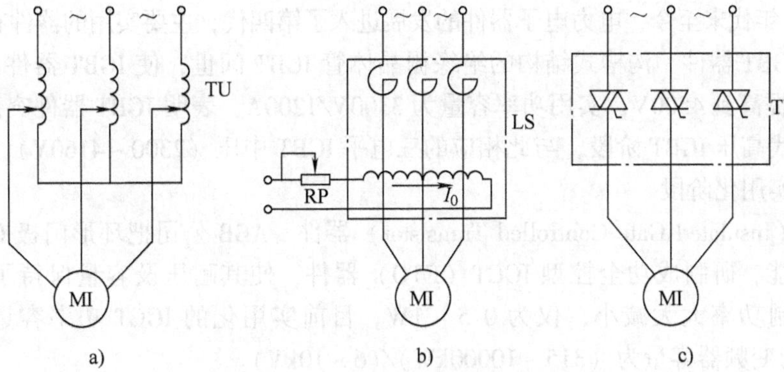


图 0-4　异步电动机变压调速系统

a）利用自耦变压器变压调速　b）利用饱和电抗器变压调速　c）利用晶闸管交流调压调速

TU—自耦变压器　LS—饱和电抗器　TVC—双向晶闸管交流调压器

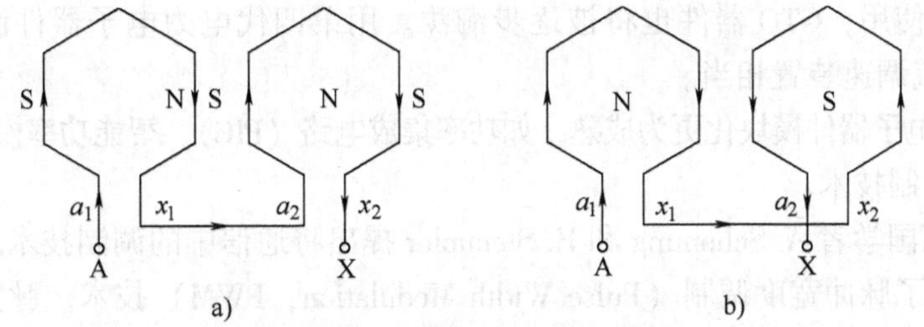


图 0-5　变极对数调速方法原理图

a）顺向串联 $2n_p=4$ 极　b）反向串联 $2n_p=2$ 极

省电能的迫切要求，促使世界各国重视交流调速技术的研究与开发。尤其是 20 世纪 80 年代以来，由于科学技术的迅速发展为交流调速的发展创造了极为有利的技术条件和物质基础。从此，以变频调速为主要内容的现代交流调速系统沿着下述四个方面迅速发展。

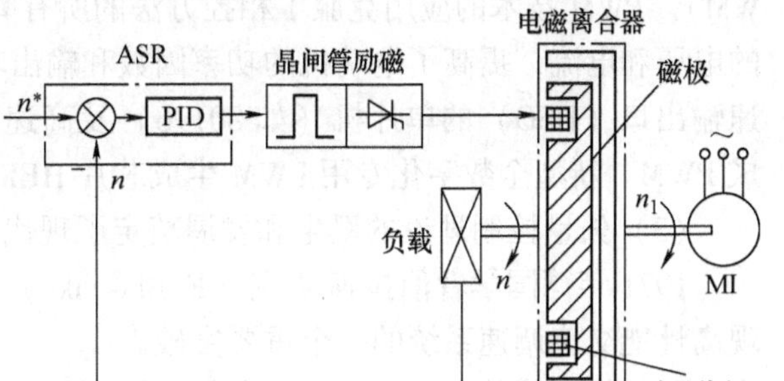


图 0-6　电磁转差离合器调速系统

（1）电力电子器件（Power Electronic Device）的蓬勃发展和迅速换代推动了交流调速的迅速发展

电力电子器件是现代交流调速装置的支柱，其发展直接决定和影响交流调速技术的发展。20 世纪 80 年代中期以前，变频调速装置的功率电路主要采用晶闸管器件。装置的效率、可靠性、成本、体积均无法与同容量的直流调速装置相比。80 年代中期以后采用第二代电力电子器件［GTR（Giant Transistor）、GTO（Gate Turn Off thyristor）、VDMOS-IGBT（Insulated Gate Bipolar Transistor）等功率器件］制造的变频器，在性能上与直流调速装置相当。90 年代第三代电力电子器件问世，在这个时期，中、小功率的变频器（1～1000kW）主要采用 IGBT 器件，大功率的变频器采用 GTO 器件。20 世纪 90 年代末至今，电力电子器件的发展进入了第四代，主要实用的器件有：

1）高压 IGBT 器件　沟槽式结构的绝缘栅晶体管 IGBT 问世，使 IGBT 器件的耐压水平由常规 1200V 提高到 4500V，实用功率容量为 3300V/1200A，表明 IGBT 器件突破了耐压限制，进入第四代高压 IGBT 阶段，与此相应的三电平 IGBT 中压（2300～4160V）大容量变频调速装置进入实用化阶段。

2）IGCT（Insulated Gate Controlled Transistor）器件　ABB 公司把环形门极 GTO 器件外加 MOSFET 功能，研制成功全控型 IGCT（ETO）器件，使其耐压及容量保持了 GTO 的水平，但门极控制功率大大减小，仅为 0.5～1W。目前实用化的 IGCT 功率容量为 4500V/3000A，相应的变频器容量为（315～10000kW）/(6～10kV）。

3）IEGT（Injection Enhanced GateTransistor）器件　IEGT 是东芝公司研制的高压、大容量、全控型功率器件，它是把 IGBT 器件和 GTO 器件二者的优点结合起来的注入增强栅晶体管。IEGT 器件实用功率容量为 4500V/1500A，相应的变频器容量达 8～10MW。

由于 GTR、GTO 器件本身存在的不可克服的缺陷，功率器件进入第四代以来，GTR 器件已被淘汰不再使用，GTO 器件也将被逐步淘汰。用第四代电力电子器件制造的变频器性能/价格比与直流调速装置相当。

第四代电力电子器件模块化更为成熟，如功率集成电路（PIC）、智能功率模块（IPM）等。

（2）脉宽调制技术

1964 年，德国学者 A. Schonung 和 H. Stemmler 提出将通信中的调制技术应用到电动机控制中，于是产生了脉冲宽度调制（Pulse Width Modulation，PWM）技术。脉宽调制技术的发展和应用优化了变频装置的性能，适用于各类调速系统。

脉宽调制（PWM）种类很多，并且正在不断发展之中。基本上可分为四类，即等宽 PWM、正弦 PWM（SPWM）、磁链追踪型 PWM（SVPWM）及电流滞环跟踪型 PWM（CHBPWM）。PWM 技术的应用克服了相控方法的所有弊端，使交流电动机定子得到了接近正弦波的电压和电流，提高了电动机的功率因数和输出功率。现代 PWM 生成电路大多采用具有高速输出口（HSO）的单片机（如 80196）及高速数字信号处理器（DSP），通过软件编程生成 PWM。新型全数字化专用 PWM 生成芯片 HEF4752、SLE4520、MA818 等已实际应用。

（3）矢量控制理论的诞生和发展奠定了现代交流调速系统高性能化的基础

1971 年德国学者伯拉斯切克（F. Blaschke）提出了交流电动机矢量控制理论，这是实现高性能交流调速系统的一个重要突破。

矢量控制的基本思想是应用参数重构和状态重构的现代控制理论概念实现交流电动机定子电流的励磁分量和转矩分量之间的解耦，将交流电动机的控制过程等效为直流电动机的控制过程，从而使交流调速系统的动态性能得到了显著的提高，使交流调速最终取代直流调速成为可能。目前对调速特性要求较高的生产工艺已较多地采用了矢量控制型的变频调速装置。实践证明，采用矢量控制的交流调速系统的优越性高于直流调速系统。

针对电动机参数时变特点，在矢量控制系统中采用了自适应控制技术。毫无疑问，矢量控制技术在应用实践中将会更加完善，其控制性能将得到进一步提高。

继矢量控制技术之后，于 1985 年由德国学者 M. Depenbrock 提出的直接自控制（DSC）的直接转矩控制以及于 1986 年由日本学者 I. Takahashi 提出的直接转矩控制都取得了实际应用的成功。近二十多年的实际应用表明，与矢量控制技术相比直接转矩控制可获得更大的瞬时转矩和快速的动态响应，因此，交流电动机直接转矩控制也是一种很有发展前途的控制技术，目前，采用直接转矩控制方式的 IGBT、IEGT、IGCT 变频器已广泛应用于工业生产及交通运输部门。

(4) 微型计算机控制技术的迅速发展和广泛应用

微型计算机控制技术的迅速发展和广泛应用为现代交流调速系统的成功应用提供了重要的技术手段和保证。近三十多年来，由于微型计算机控制技术，特别是以单片机及数字信号处理器（DSP）为控制核心的微型计算机控制技术的迅速发展和广泛应用，促使交流调速系统的控制电路由模拟控制迅速走向数字控制。当今模拟控制器已被淘汰，全数字化的交流调速系统已普遍应用。

数字化使得控制器的信息处理能力大幅度提高，许多难以实现的复杂控制，如矢量控制中的坐标变换运算、解耦控制、滑模变结构控制、参数辨识的自适应控制等，采用微型计算机控制器后便都迎刃而解了。此外，微型计算机控制技术又给交流调速系统增加了多方面的功能，特别是故障诊断技术得到了完全的实现。

微型计算机控制技术的应用提高了交流调速系统的可靠性和操作、设置的多样性和灵活性，降低了变频调速装置的成本和体积。以微处理器为核心的数字控制已成为现代交流调速系统的主要特征之一。

交流调速技术的发展过程表明，现代工业生产及社会发展的需要推动了交流调速的发展；现代控制理论的发展和应用、电力电子技术的发展和应用、微型计算机控制技术及大规模集成电路的发展和应用为交流调速的发展创造了技术和物质条件。

20 世纪 90 年代以来，电力传动领域面貌焕然一新。各种类型的异步电动机变频调速系统、各种类型的同步电动机变频调速系统覆盖了电力传动领域的各个方面。电压等级从 110V 到 10000V，容量从数百瓦的伺服系统到数万千瓦的特大功率调速系统，从一般要求的调速传动到高精度、快速响应的高性能调速传动，从单机调速传动到多机协调调速传动，几乎无所不有。

### 0.1.3 现代交流调速技术的发展趋势

交流调速取代直流调速已是不争的事实，21 世纪必将是交流调速的时代。当前交流调速系统正朝着高电压、大容量、高性能、高效率、绿色化、网络化的方向发展。主要有：

① 高性能交流调速系统的进一步研究与技术开发。

② 新型拓扑结构功率变换器的研究与技术开发。

③ PWM 模式的改进和优化。

④ 中压变频装置（我国称为高压变频装置）的开发研究。

(1) 控制理论与控制技术方面的研究与开发

十几年的应用实践表明，矢量控制理论及其他现代控制理论的应用尚待随着交流调速的发展而不断完善，从而进一步提高交流调速系统的控制性能。各种控制结构所依据的都是被控对象的数学模型，因此，为了建立交流调速系统的合理的控制结构，仍需对交流电动机数学模型的性质、特点及内在规律做深入研究和探讨。

按转子磁链定向的异步电动机矢量控制系统实现了定子励磁电流和转矩电流的完全解耦，然而转子参数估计的不准确及参数变化造成定向坐标的偏移是矢量控制研究中必须解决的重要问题之一。

直接转矩控制技术在应用实践中不断完善和提高，其研究的主攻方向是进一步提高低速时的控制性能，以扩大调速范围。

实现无硬件测速传感器的系统已有许多应用，但是转速推算精度和控制的实时性有待于深入研究与开发。

为了进一步提高和改善交流调速系统的控制性能，国内外学者致力于将先进的控制策略引入到交流调速系统中来，诸如，滑模变结构控制、非线性反馈线性化控制、Backstepping 控制、自适应逆控制、内模控制、自抗扰控制、智能控制等，已经成为交流调速发展中新的研究内容。

（2）变频器主电路拓扑结构研究与开发

提高变频器的输出效率是电力电子技术发展中需要解决的重要问题之一。提高变频器输出效率的主要措施是降低电力电子器件的开关损耗。具体解决方法是开发研制新型拓扑结构的变流器，如 20 世纪 80 年代中期美国威斯康星大学 Divan 教授提出的谐振直流环逆变器，可使电力电子器件在零电压或零电流下转换，即工作在所谓“软开关”状态下，从而使开关损耗降低到接近于零。

此外，电力电子逆变器正朝着高频化、大功率方向发展，这使装置内部电压、电流发生剧变，不但使器件承受很大的电压、电流应力，而且在输入、输出引线及周围空间里产生高频电磁噪声，引发电气设备误动作，这种公害称为电磁干扰（Electro Magnetic Interference，EMI）。抑制 EMI 的有效方法也是采用软开关技术。具有软开关功能的谐振逆变器，国内外都在积极进行研究与开发。串并联谐振式变频器将会有越来越多的应用。

针对交-交变频器的输出频率低（不到供电频率的 1/2）的缺点，于 20 世纪 80 年代人们开始研究矩阵式变频器（Matrix Converter），如图 0-7 所示。矩阵式变频器是一种可选择的交-交变频器结构，其输出频率可以提高到 45Hz 以上。这种变频器可以拓展成 AC-DC、DC-AC 或 AC-AC 转换，且不受相数和频率的限制，并且能量可以双向流动，功率因数可调。尽管这种变频器所需功率器件较多，但它的一系列优点已经引起人们的广泛关注。

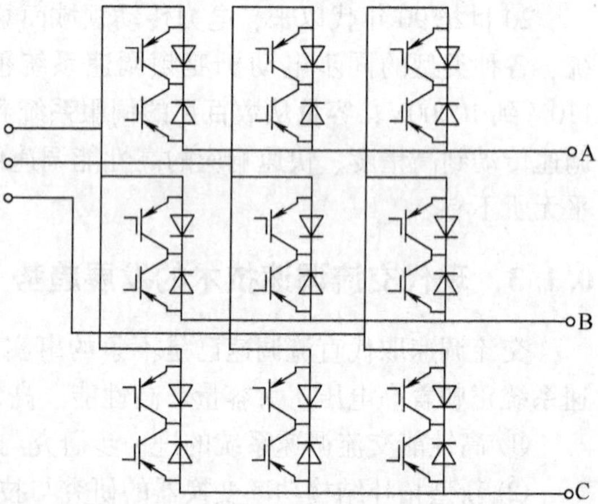


图 0-7　矩阵式变频器主电路原理图

具有 PWM 整流器和 PWM 逆变器的“双 PWM 变频器”（见图 0-8）已进入实用化阶段，并且迅速向前发展。这种变频器的变流功率因数为 1，能量可以双向流动，网侧和负载侧的谐波量比较低，减少了对电网的公害和电动机的转矩脉动，被称为“绿色变频器”，代表了交流调速一个新的发展方向。

（3）PWM 模式的改进与优化研究

近年来，随着中压变频器的兴起，对于 SVPWM 模式进行了改进和优化研究，其中为解决三电平中压变频器中点电压偏移问题，研究了虚拟电压矢量合成 PWM 模式（不产生中点电压偏移时的电压长矢量、短矢量、零矢量的组合），已取得了具有实用价值的研究成果；用于级联式多电平中压变频器的脉冲移相 PWM 技术已有应用。

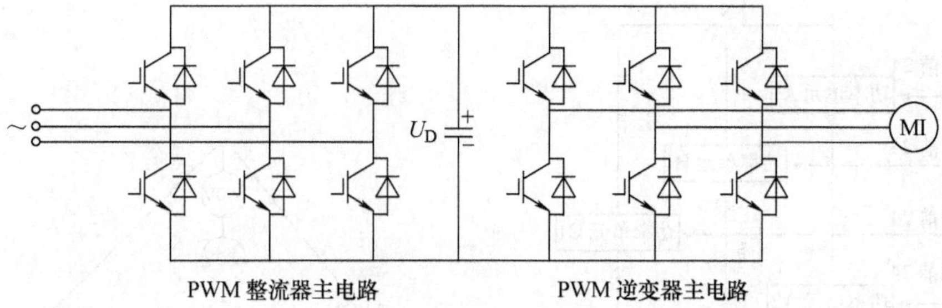


图 0-8　由三相、两电平变流器构成的双侧 PWM 变频器主电路（12 开关）

（4）中压变频装置的研究与开发

中压是指电压等级为 1～10kV，中、大功率是指功率等级在 300kW 以上。中压、大容量交流调速系统的研究与开发实践已有 20 多年了，逐步走上了实际应用阶段，尤其是随着全控型功率器件耐压的提高，中压变频器的应用迅速加快。应用较多的是采用 IGBT、IEGT、IGCT 三电平中压变频器（见图 0-9）及级联式单元串联多电平中压变频器（见图 0-10）。目前，中压变频器已成为交流调速开发研究的新领域，是热点课题之一。

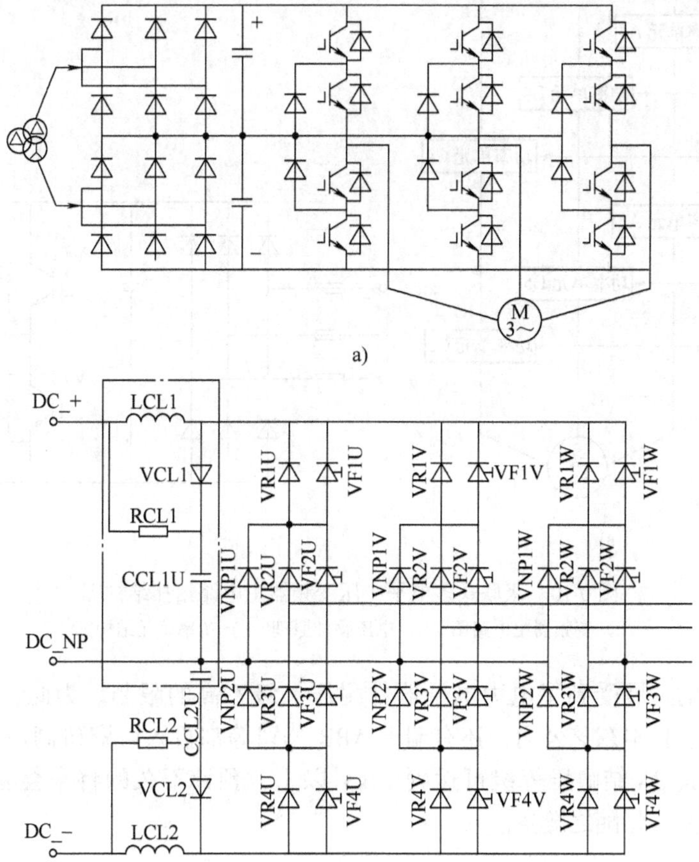


图 0-9　采用 IGBT、IGCT 三电平中电压变频器主电路拓扑结构图

a）由 IGBT 构成的三电平 PWM 电压源型逆变器主电路拓扑结构

b）由 IGCT 构成的三电平 PWM 电压源型逆变器主电路拓扑结构

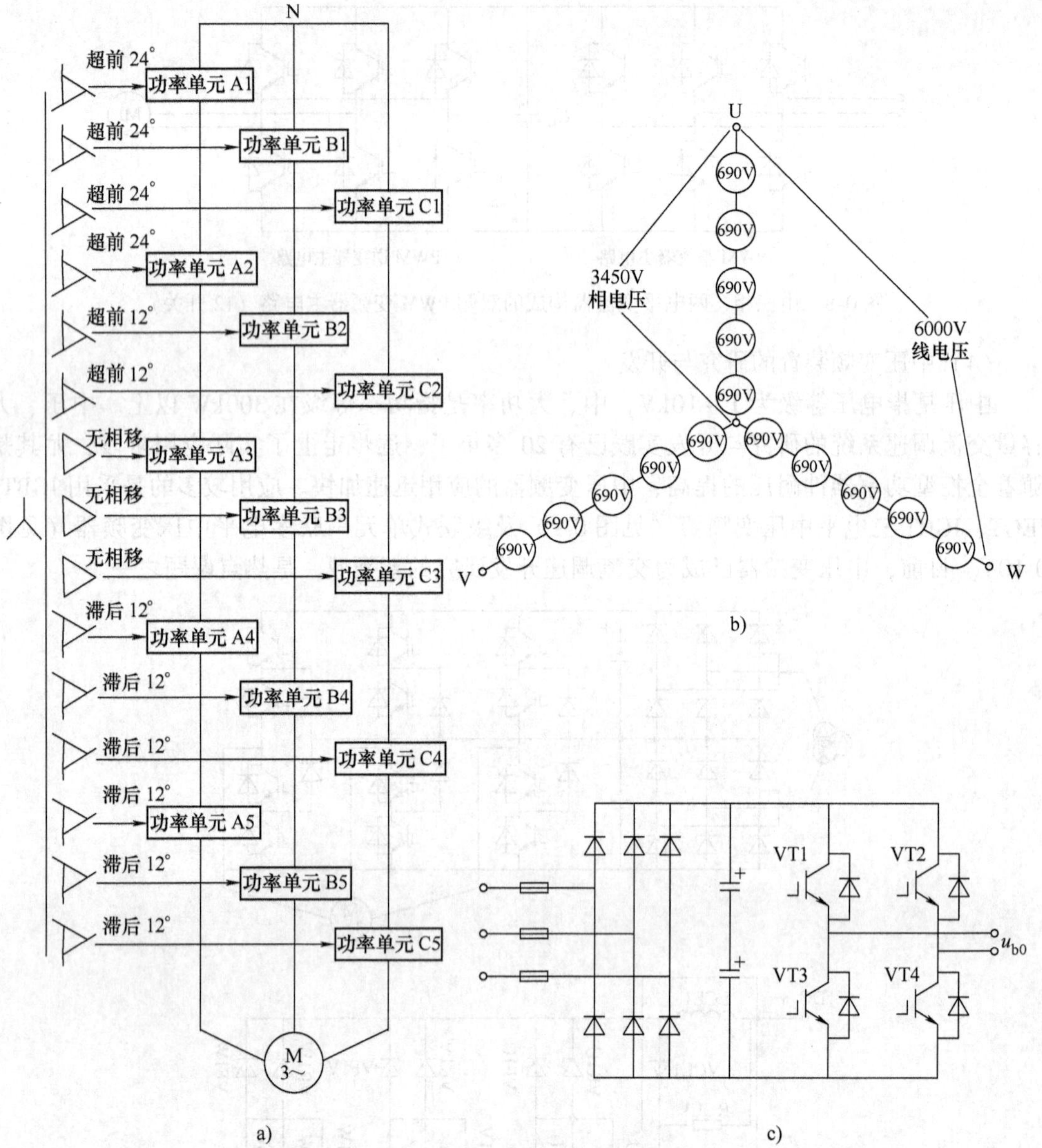


图 0-10　级联式多电平中压变频器主电路拓扑结构图

a）变频器主电路图　b）电压叠加原理　c）功率单元结构图

中压变频器的发展受到了电力电子器件耐压等级不高的限制。为此，美国 Cree 公司、德国西门子公司、日本东芝公司，还有瑞士 ABB 公司等都投入巨资研制一种碳化硅（SiC）电力电子器件，其 PN 结耐压等级可达到 10kV 以上，预计不久的将来会有突破性的进展，新一代的中压变频器将随之诞生。

## 0.2　现代交流调速系统的类型

现代交流调速系统由交流电动机、电力电子功率变换器、控制器和检测器等四大部分组成，如图0-11所示。电力电子功率变换器与控制器及电量检测器集中于一体，称为变频器（变频调速装置），如图0-11内框点画线所框部分。从系统方面定义，图0-11外框点画线所框部分称为交流变速系统。

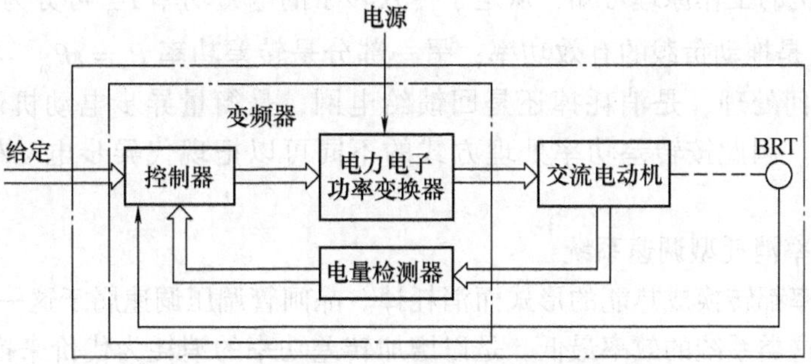


图0-11　现代交流调速系统组成示意图

根据被控对象——交流电动机的种类，现代交流调速系统可分为异步电动机调速系统和同步电动机调速系统。

### 0.2.1　同步电动机调速系统的基本类型

由同步电动机的转速公式 $n=60f_s/n_p$（$f_s$ 为定子供电频率；$n_p$ 为电动机极对数）可知，同步电动机唯一依靠变频调速。根据频率控制方式的不同，同步电动机调速系统可分为两类，即他控式同步电动机调速系统和自控式同步电动机调速系统。

**1. 他控式同步电动机调速系统**

用独立的变频装置作为同步电动机的变频电源叫做他控式同步电动机调速系统。他控式恒压频比的同步电动机调速系统目前多用于小容量场合，例如永磁同步电动机、磁阻同步电动机。

**2. 自控式同步电动机调速系统**

采用频率闭环方式的同步电动机调速系统叫做自控式同步电动机调速系统，是用电动机轴上所装转子位置检测器来控制变频装置触发脉冲，使同步电动机工作在自同步状态。自控式同步电动机调速系统可分为以下两种类型：

（1）负载换向自控式同步电动机调速系统（无换向器电动机）

负载换向自控式同步电动机调速系统的主电路常采用交-直-交电流型变流器，利用同步电动机电流超前电压的特点，使逆变器的晶闸管工作在自然换向状态。国际上称这种系统为LCI（Load Cmooutated Inverter）。目前这种调速系统的容量已达到数万千伏安，电压等级达到万伏以上。值得注意的是这种超大容量的系统所用同步电动机滑环式励磁系统已改用无刷励磁机系统。

（2）交-交变频供电的同步电动机调速系统

交-交变频同步电动机调速系统的逆变器采用交-交循环变流结构，由晶闸管组成，提供频率可变的三相正弦电流给同步电动机。采用矢量控制后，这种系统具有优良的动态性能，广泛用于轧钢机主传动调速中。交-交变频同步电动机调速系统的容量可以做得很大，达到10000kVA以上。但是调速范围最高达到20Hz（工频为50Hz时），这是这种调速系统的不足之处。

### 0.2.2 异步电动机调速系统的基本类型

由异步电动机的工作原理可知，从定子传入转子的电磁功率 $P_m$ 可分为两部分：一部分 $P_d$ = （$1-s$）$P_m$ 是拖动负载的有效功率；另一部分是转差功率 $P_s = sP_m$，与转差率 $s$ 成正比。转差功率如何处理，是消耗掉还是回馈给电网，是衡量异步电动机调速系统的效率高低的重要因素。因此按转差功率处理方式的不同可以把现代异步电动机调速系统分为以下三类：

（1）转差功率消耗型调速系统

全部转差功率都转换成热能的形式而消耗掉。晶闸管调压调速属于这一类。在异步电动机调速系统中，这类系统的效率最低，是以增加转差功率的消耗为代价来换取转速的降低。但是由于这类系统结构最简单，所以对于要求不高的小容量场合还有一定的应用。

（2）转差功率回馈型调速系统

转差功率一小部分消耗掉，大部分则通过变流装置回馈给电网。转速越低，回馈的功率越多。绕线式异步电动机串级调速和双馈调速属于这一类。显然这类调速系统效率最高。

（3）转差功率不变型调速系统

转差功率中转子铜损部分的消耗是不可避免的，但在这类系统中，无论转速高低，转差功率的消耗基本不变，因此效率很高。变频调速属于这一类。目前在交流调速系统中，变频调速应用最多、最广泛，可以构成高动态性能的交流调速系统，取代直流调速。变频调速技术及其装置仍是21世纪的主流技术和主流产品。

## 0.3 现代交流调速系统的调速方法和应用领域

### 0.3.1 现代交流调速系统的调速方法

**1. 同步电动机的调速方法**

由电机学可知，同步电动机的转速公式为

$$n = n_s = 60f_s/n_p \tag{0-1}$$

式中，$f_s$ 为同步频率；$n_s$ 为同步转速；$n_p$ 为极对数。

现代同步电动机的调速方法有变频调速［如式（0-1）］、最大转矩控制、100%功率因数控制等方法。

**2. 异步电动机的调速方法**

（1）变压变频调速

由电机学可知，异步电动机的调速公式为

$$n = \frac{60f_s}{n_p}(1-s) = \frac{60\omega_s}{2\pi n_p}(1-s) = n_s(1-s) \tag{0-2}$$

式中，$s$ 为转差率；$\omega_s$ 为同步角速度。

由式（0-2）可知，异步电动机的调速方法是通过改变同步频率 $f_s$ 或改变转差率 $s$ 来实现转速调节与控制的。

(2) 绕线转子异步电动机的双馈调速与串级调速

绕线转子异步电动机的双馈调速与串级调速是通过转差功率回馈（电网）方式实现转速调节与控制的。

### 0.3.2 交流调速系统的应用领域

目前，交流拖动控制系统的应用领域主要有下述三个方面：

(1) 一般性能的节能调速

例如，在过去大量的所谓“不变速交流拖动”中，风机、水泵等通用机械的容量几乎占工业电力拖动总容量的一半以上，只是因为过去的交流电动机系统本身不能调速，不得不依赖挡板和阀门来调节送风和供水的流量，因而把许多电能白白浪费了。采用了变频调速，每台风机、水泵平均都可以节约20%～30%以上的电能。大量的空调装置采用了变频调速，不但实现了节能，还提高了风量（或温度）调节的灵敏度，从而提高了人的舒适度。以上系统对调速范围和动态性能的要求都不高，只要有一般的调速性能就够了。

在我国，家用空调中正在使用“变频调速器＋无刷直流电动机”作为驱动装置以提高人的舒适度，并降低能耗；目前，家用冰箱、洗衣机等也正在采用变频调速技术以节约电能。

(2) 高性能的交流调速系统和交流伺服系统

许多要求调速精度高、动态响应好的场合，由于交流电动机比直流电动机结构简单、成本低廉、工作可靠、维护方便、转动惯量小、效率高、性能好，正逐步取代直流调速和直流伺服系统。特别是一些高动态、高精度、宽调速范围的调速系统，采用永磁同步电动机控制系统已成为主流。

(3) 直流调速难以实现的领域

如大容量、高转速的电动机拖动领域，直流电动机的换向能力限制了它的容量和转速。交流电动机没有换向问题，不受这种限制。因此，在以下领域交流调速系统能大显身手：

1) 特大容量的拖动设备，如厚板轧机、矿井卷扬机，电力机车，风力发电机等。

2) 极高转速的拖动，如高速磨头、离心机等。

3) 对功率密度比/体积密度比的要求较高的系统，如电力机车，电动汽车，电动船舰等。

4) 要求防火、防爆的场所。

# 第1章　异步电动机调压调速系统

## 1.1　异步电动机晶闸管调压调速系统工作原理

调压调速是异步电动机调速系统中比较简便的一种。由电动机原理可知，当转差率 $s$ 基本不变时，电动机的电磁转矩与定子电压的二次方成正比，即 $T_{ei} \propto U_s^2$，因此，改变定子电压就可以得到不同的人为机械特性，从而达到调节电动机转速的目的。

交流调压调速的主电路已由晶闸管构成的交流调压器取代了传统的自耦变压器和带直流磁化绕组的饱和电抗器，装置的体积得到了减小，调速性能也得到了提高。三相晶闸管交流调压器的主电路接法有以下几种方式，如图1-1所示。

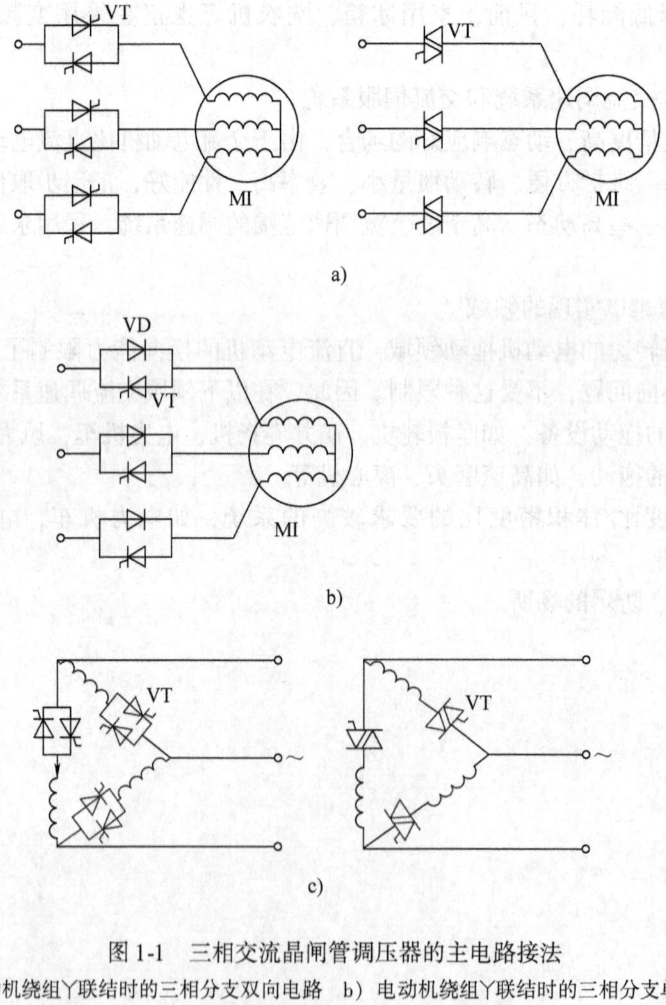


图1-1　三相交流晶闸管调压器的主电路接法

a）电动机绕组Y联结时的三相分支双向电路　b）电动机绕组Y联结时的三相分支单向电路

c）电动机绕组△联结时的三相△形双向电路

1）电动机绕组Y联结时的三相分支双向控制电路，用三对晶闸管反并联或三个双向晶闸管分别串接在每相绕组上。调压时用相位控制，当负载电流流通时，至少要有一相的正向晶闸管和另一相的反向晶闸管同时导通，所以要求各晶闸管的触发脉冲宽度都大于60°，或者采用双脉冲触发。最大移相范围为150°。移相调压时，输出电压中含有奇次谐波，其中以三次谐波为主。如果电动机绕组不带中性线，则三次谐波电动势虽然存在，却不会有三次谐波电流。由于电动机绕组属感性负载，电流波形会比电压波形平滑些，但仍然含有谐波，从而产生脉动转矩和附加损耗等不良影响，这是晶闸管调压电路的缺点。

2）电动机绕组Y联结时的三项分支单相控制电路，每相只有一个晶闸管，反向由与它反并联的二极管构成通路。这种接法设备简单、成本低廉，但正、负半周电压电流不对称，高次谐波中有奇次，也有偶次谐波电流，产生与电磁转矩相反的转矩，使电动机输出转矩减小，效率降低，仅用于简单的小容量装置。

3）电动机绕组△联结时三相△形双向控制电路，晶闸管串接在相绕组回路中，同等容量下，晶闸管承受的电压高而电流小，存在三次谐波电流损耗。此种接法用于△联结的电动机。

比较而言，接法1）的综合性能较好，在交流调压调速系统中多采用这种方案。

电动机正、反转运行时的主电路如图1-2所示，正转时晶闸管1～6工作；反转时晶闸管1、4、7～10工作。另外，利用图1-2的电路还可以实现电动机的反接制动和能耗制动。

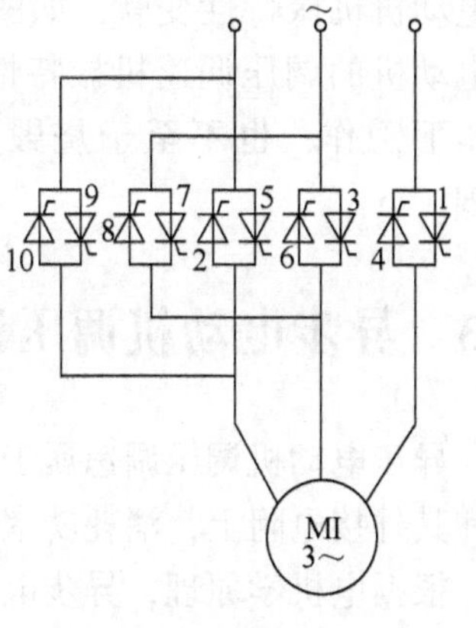


图1-2 晶闸管交流调压调速系统正、反转和制动电路

## 1.2 异步电动机调压调速时的机械特性

根据电机学原理可知，异步电动机的机械特性方程式为

$$T_{ei}=\frac{3n_pU_s^2R_r/s}{\omega_s[(R_s+R_r/s)^2+(x_s+x_r)^2]} \qquad (1\text{-}1)$$

式中，$T_{ei}$为异步电动机的电磁转矩；$n_p$为电动机极对数；$U_s$、$\omega_s$分别为定子供电电压和供电频率；$R_s$、$R_r$分别为定子每相电阻、折算到定子侧的转子每相电阻；$x_s$、$x_r$分别为定子每相电抗、折算到定子侧的转子侧每相电抗；$s$为转差率。

改变定子供电电压，可以得到不同的人为异步电动机机械特性曲线，如图1-3所示。图中$U_{sN}$为额定电压。

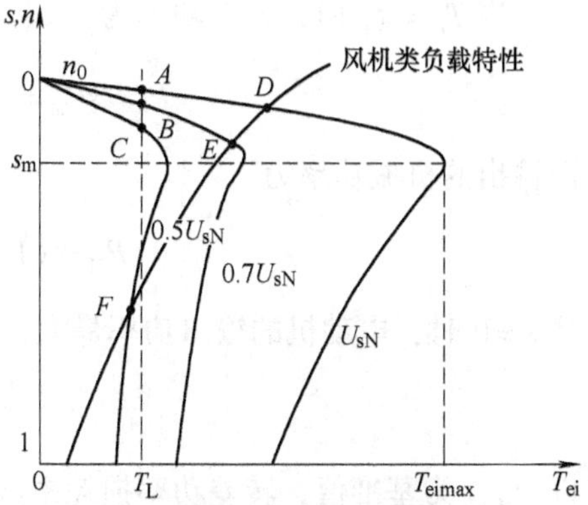


图1-3 异步电动机在不同定子供电电压下的机械特性曲线

将式（1-1）对$s$求导，并令$dT_{ei}/ds=0$，可以计算出产生最大转矩时的临界转差率$s_m$和最大转矩$T_{eimax}$，分别为

$$s_{\mathrm{m}}=\frac{R_{\mathrm{r}}}{\sqrt{R_{\mathrm{s}}^{2}+(x_{\mathrm{s}}+x_{\mathrm{r}})^{2}}} \tag{1-2}$$

$$T_{\mathrm{eimax}}=\frac{3n_{\mathrm{p}}U_{\mathrm{s}}^{2}}{2\omega_{\mathrm{s}}\left[R_{\mathrm{s}}+\sqrt{R_{\mathrm{s}}^{2}+(x_{\mathrm{s}}+x_{\mathrm{r}})^{2}}\right]} \tag{1-3}$$

普通笼型异步电动机机械特性工作段 $s$ 很小，对于恒转矩负载而言调速范围很小。但对于风机、泵类机械，由于负载转矩与转速的二次方成正比，采用调压调速可以得到较宽的调速范围。对于恒转矩负载要扩大调压调速范围，采用高阻转子电动机，使电动机机械特性变软，如图 1-4 所示的高转子电阻电动机的调压调速机械特性。显然，即使在堵转转矩下工作，也不至于烧毁电动机，提高了调速范围。

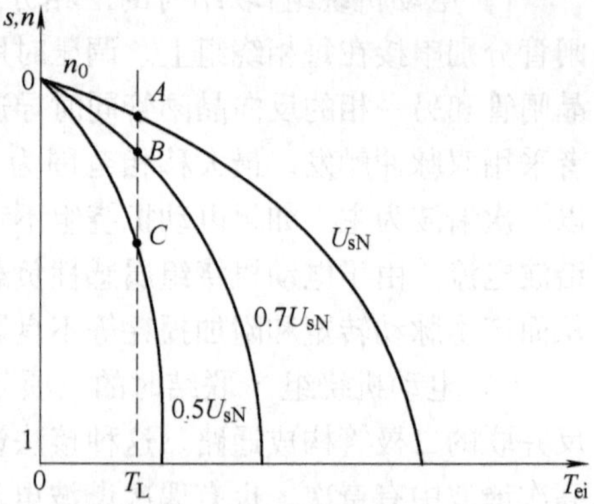


图 1-4　高转子电阻异步电动机的调压调速机械特性

## 1.3　异步电动机调压调速的功率损耗

异步电动机调压调速属于转差功率消耗型的调速，调速过程中的转差功率消耗在转子电阻和其外接电阻上，消耗功率的多少与系统的调速范围和所带负载的性质有着密切的关系。

根据电机学原理，异步电动机的电磁功率为

$$P_{\mathrm{m}}=T_{\mathrm{ei}}\Omega_{\mathrm{S}}=\frac{T_{\mathrm{ei}}\omega_{\mathrm{S}}}{n_{\mathrm{p}}}=\frac{T_{\mathrm{ei}}\omega}{n_{\mathrm{p}}(1-s)} \tag{1-4}$$

电动机的转差功率为

$$P_{\mathrm{s}}=sP_{\mathrm{m}} \tag{1-5}$$

不同性质负载的转矩可用下式表示为

$$T_{\mathrm{L}}=C\omega^{a} \tag{1-6}$$

式中，$C$ 为常数；$a=0$、1、2 分别代表恒转矩负载、与转速成比例的负载和与转速的二次方成比例的负载（风机、泵类等）。

当 $T_{\mathrm{ei}}=T_{\mathrm{L}}$ 时，转差功率为

$$P_{\mathrm{s}}=sP_{\mathrm{m}}=s\frac{C\omega^{a+1}}{n_{\mathrm{p}}(1-s)}=\frac{C}{n_{\mathrm{p}}}s(1-s)^{a}\omega_{\mathrm{s}}^{a+1} \tag{1-7}$$

而输出的机械功率为

$$P_{\mathrm{M}}\approx(1-s)P_{\mathrm{m}}=\frac{C}{n_{\mathrm{p}}}(1-s)^{a+1}\omega_{\mathrm{s}}^{a+1} \tag{1-8}$$

当 $s=0$ 时，电动机的输出功率最大，为

$$P_{\mathrm{M\,max}}=\frac{C}{n_{\mathrm{p}}}\omega_{\mathrm{s}}^{a+1} \tag{1-9}$$

以 $P_{\mathrm{M\,max}}$ 为基准值，转差功率损耗系数 $K_{\mathrm{s}}^{*}$ 为

$$K_{\mathrm{s}}^{*}=\frac{P_{\mathrm{s}}}{P_{\mathrm{M\,max}}}=s(1-s)^{a} \tag{1-10}$$

按式（1-10）可以得到不同类型负载所对应的转差功率损耗系数与转差率的关系曲线，如图 1-5 所示。

为了求得最大转差功率消耗系数及其对应的转差率，由式（1-10）对 $s$ 求导，并令此导数等于零，即

$$\frac{\mathrm{d}K_s^*}{\mathrm{d}s}=(1-s)^a-as(1-s)^{a-1}$$

$$=(1-s)^{a-1}[1-(1+a)s]=0$$

则，对应的转差率为

$$s_m^*=\frac{1}{1+a} \tag{1-11}$$

最大转差功率消耗系数为

$$K_{sm}^*=\frac{a^a}{(1+a)^{a+1}} \tag{1-12}$$

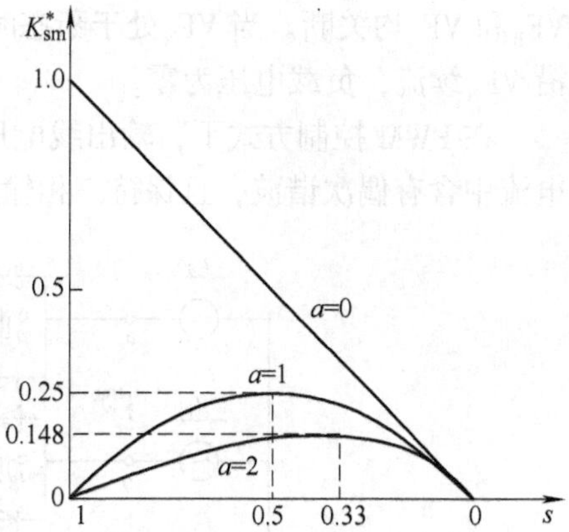


图 1-5　不同类型负载所对应的转差功率消耗系数与转差率的关系

对于不同类型负载 $a=0$、1、2，代入式（1-11）和式（1-12），则有不同类型负载时 $s_m^*$ 和 $K_{sm}^*$ 的值，计算结果列于表 1-1。

**表 1-1　不同类型负载时 $s_m^*$ 和 $K_{sm}^*$ 的值**

| $a$ | 0 | 1 | 2 |
|---|---|---|---|
| $s_m^*$ | 1 | 0.5 | 0.33 |
| $K_{sm}^*$ | 1 | 0.25 | 0.148 |

根据以上分析可知，对于风机、泵类负载电动机的转差功率消耗系数最小，因此，调压调速对于风机、泵类负载比较合适；对于恒转矩负载，则不宜长期在低速下运行，以免电动机过热。

## 1.4　异步电动机 PWM 调压调速系统

根据采用的控制方式不同，交流－交流调压器可分为相控式和斩控式。传统方案多采用相控式，结构简单，可以采用电源换相方式，即使是采用半控型器件也无需附加换相电路，但存在输出电压谐波含量大，深控时网侧功率因数低等缺点；相反，斩控式电路则没有上述缺点，因此传统的相控式 SCR（晶闸管）电路正逐渐被 PWM-IGBT 电路所取代，因为 PWM-SCR 电路无法采用电源换相，必须附加换相电路，而且 SCR 的器件开关频率较低，对于 SCR 电路而言不宜采用 PWM 方式，为此本节介绍斩控式电路。

凡是能量能在交流电源和负载之间双向流动的电路称为双向交流变换电路；相反，能量只能从电源向负载流动的电路则称为单相电路。由于具有更好的负载适应性，因此双向电路具有更广的发展前景。

PWM 交流调压电路三相结构，如图 1-6a 所示，它由三只串联开关 $VF_A$、$VF_B$ 和 $VF_C$ 以及一只续流开关 $VF_N$ 组成，串联开关共用一个控制信号 $u_g$，它与续流开关的控制信号 $u_{gN}$ 在相位上互补，这样当 $VF_A$、$VF_B$ 和 $VF_C$ 导通时，$VF_N$ 即关断；反之，当 $VF_N$ 导通时，$VF_A$、

$VF_B$和 $VF_C$均关断。当 $VF_N$处于断态时，负载电压等于电源电压；当 $VF_N$导通时，负载电流沿 $VF_N$续流，负载电压为零。

在 PWM 控制方式下，输出线电压 $u_{AB}$和 $u_{BC}$的波形如图 1-6b 所示。为避免输出电压和电流中含有偶次谐波，且保持三相输出电压对称，频率比 $K$ 必须选 6 的倍数。

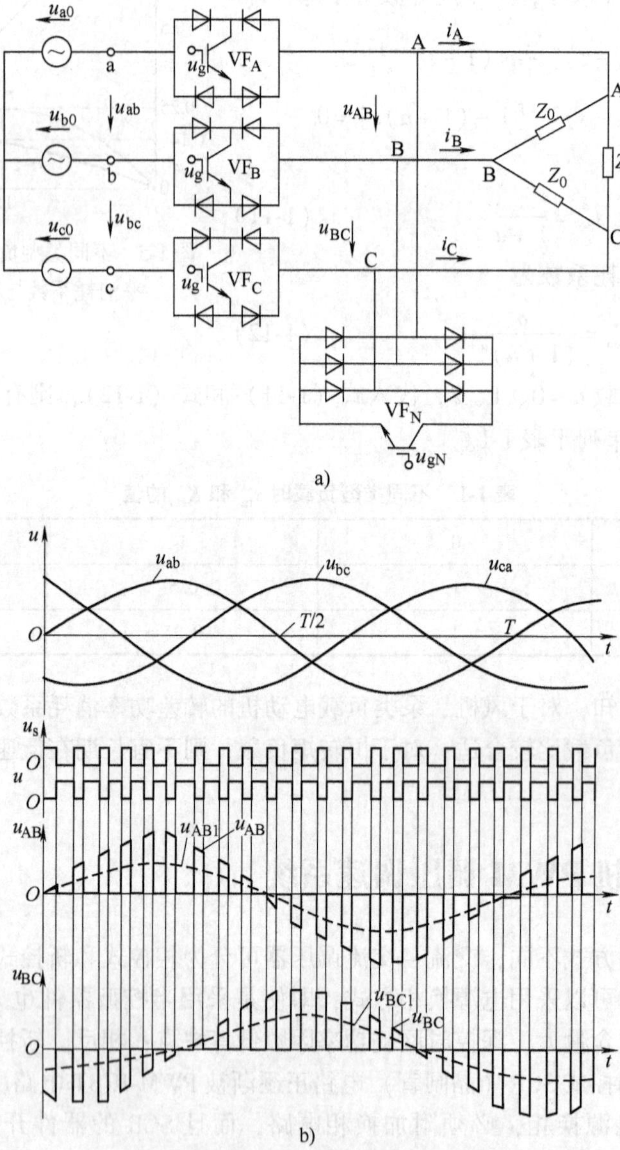


图 1-6　三相 IGBT-PWM 交流调压电路

a）主电路　b）电量波形

## 1.5　闭环控制的异步电动机调压调速系统

在 1.2 节中，为了扩大调压调速的调速范围，增加了转子电阻，使得机械特性变软。这样的特性，当电动机低速运行时，负载或电压稍有波动，就会引起转速的很大变化，运行不稳定。为了提高系统的稳定性，常采用闭环控制（见图1-7），以提高调压调速特性的硬度。

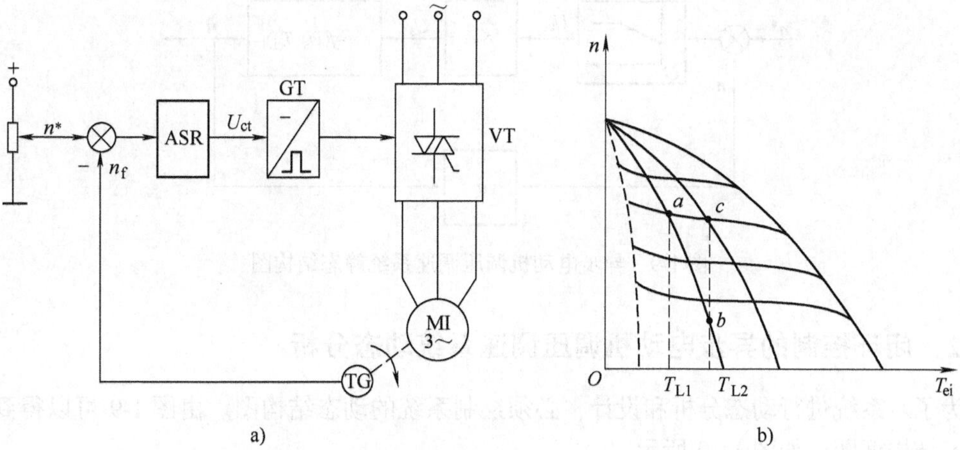


图1-7　转速闭环的交流调压调速系统

a）系统原理图　b）闭环控制静特性

当系统要求不高时，也可以采用定子电压反馈控制方式，如图1-8所示。

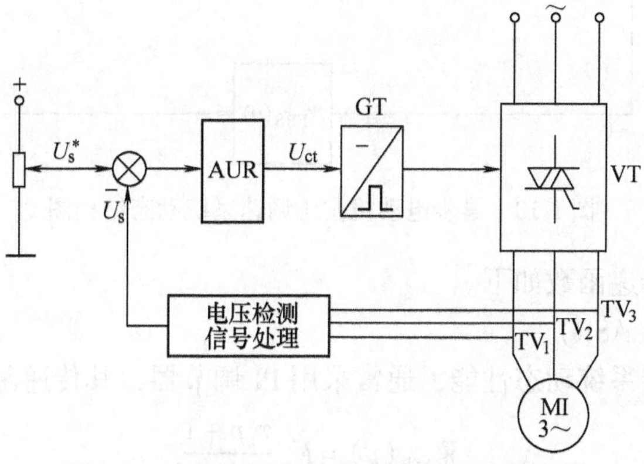


图1-8　定子电压反馈的交流调压调速系统

## 1.5.1　闭环控制的异步电动机调压调速系统静态分析

由图1-7b可知，当系统原来工作于$a$点，负载由$T_{L1}$变到$T_{L2}$，系统开环工作时，定子供电电压$U_s$不变，转速由$a$点沿同一机械特性变化到$b$点稳定工作，转速变化很大。采用闭环控制后，负载转矩的增加，使得转速下降，由于系统引入转速负反馈，输入偏差增大，使得输出到定子的电压升高，转速提高，由于负载转矩增大而引起的转速下降得到一定程度的补偿，系统稳定工作于$c$点。可见，由于负载变化引起的转速变化很小，于是扩大了调速范围。

由图1-7a所示可以得到系统的静态结构图，如图1-9所示。图中，$K_s=U_s/U_{ct}$为晶闸管交流调压器和触发装置的放大系数，$a=U_n/n$为转速反馈系数，ASR为转速调节器，$n=f(U_s, T_{ei})$是式（1-1）表示的异步电动机机械特性方程式，是一个非线性函数。稳态时，$U_n^*=U_n=an$，$T_{ei}=T_L$。

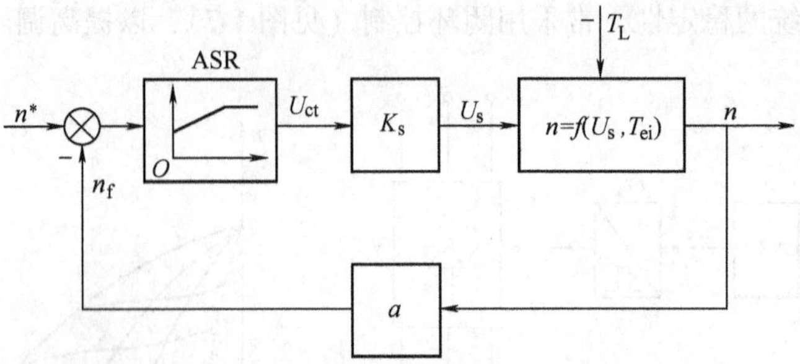


图 1-9 异步电动机调压调速系统静态结构图

## 1.5.2 闭环控制的异步电动机调压调速系统动态分析

为了对系统进行动态分析和设计，必须绘制系统的动态结构图。由图 1-9 可以得到系统的动态结构框图，如图 1-10 所示。

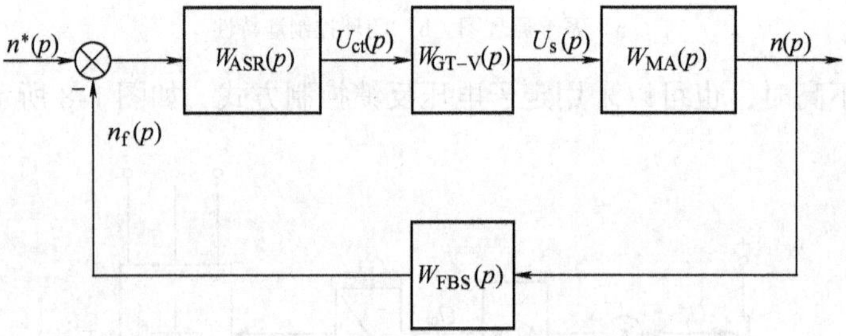


图 1-10 异步电动机调压调速系统动态结构图

图中各个环节的传递函数如下。

(1) 转速调节器 (ASR)

为消除静差，改善系统动态性能，通常采用 PI 调节器，其传递函数为

$$W_{ASR}(p) = K_n \frac{\tau_n p + 1}{\tau_n p} \tag{1-13}$$

(2) 晶闸管交流调压器和触发装置

假设其输入、输出是线性的，其动态特性可近似看成一阶惯性环节，其传递函数为

$$W_{GT-V}(p) = \frac{K_s}{T_s p + 1} \tag{1-14}$$

(3) 测速反馈环节

考虑到反馈的滤波作用，其传递函数为

$$W_{FBS}(p) = \frac{a}{T_{on} p + 1} \tag{1-15}$$

(4) 异步电动机环节

由于异步电动机是一个多输入、多输出，耦合非线性系统，用一个传递函数来准确描述异步电动机在整个调速范围内的输入、输出关系是不可能的，因此，可以采用在其稳定工作点附近微偏线性化的方法得到近似的传递函数。

异步电动机在其稳定工作点 $A$（见图 1-3）的机械特性方程为

$$T_{eiA}=\frac{3n_pU_{sA}^2R_r/s_A}{\omega_{sA}[(R_s+R_r/s_A)^2+(x_s+x_r)^2]} \tag{1-16}$$

式中，$\omega_{sA}$为异步电动机在工作点$A$对应的同步旋转角速度。通常在异步电动机稳定工作点附近$s$值很小，可以认为

$$R_r/s>>R_s \quad R_r/s>>(x_s+x_r)$$

后者相当于忽略异步电动机的漏感电磁惯性。因此可以得到稳态工作点$A$的近似线性机械特性方程式

$$T_{eiA}\approx\frac{3n_pU_{sA}^2}{\omega_{sA}R_r}s_A \tag{1-17}$$

在$A$点附近有微小偏差时，$T_{ei}=T_{eiA}+\Delta T_{ei}$，$U_s=U_{sA}+\Delta U_s$，$s=s_A+\Delta s$，其中，$\Delta s=\frac{\Delta\omega}{\omega_{sA}}$。

$$T_{eiA}+\Delta T_{ei}\approx\frac{3n_p}{\omega_{sA}R_r}(U_{sA}+\Delta U_s)^2(s_A+\Delta s) \tag{1-18}$$

展开式（1-18），忽略两个以上微偏量乘积项得

$$T_{eiA}+\Delta T_{ei}\approx\frac{3n_p}{\omega_{sA}R_r}(U_{sA}^2s_A+2U_{sA}s_A\Delta U_s+U_{sA}^2\Delta s) \tag{1-19}$$

式（1-19）减式（1-18）得

$$\Delta T_{ei}\approx\frac{3n_p}{\omega_{sA}R_r}(2U_{sA}s_A\Delta U_s+U_{sA}^2\Delta s) \tag{1-20}$$

将$\Delta s=\frac{\Delta\omega}{\omega_{sA}}$代入式（1-20）得

$$\Delta T_{ei}=\frac{3n_p}{\omega_{sA}R_r}\left(2U_{sA}s_A\Delta U_s+U_{sA}^2\frac{\Delta\omega}{\omega_{sA}}\right) \tag{1-21}$$

电力拖动系统的运动方程式为

$$T_{ei}-T_L=\frac{J}{n_p}\frac{d\omega}{dt} \tag{1-22}$$

在工作点$A$稳定运行时，有

$$T_{eiA}-T_{LA}=\frac{J}{n_p}\frac{d\omega_A}{dt}=0 \tag{1-23}$$

式中，$\omega_A$为异步电动机在工作点$A$时的旋转速度。当在$A$点附近有微小偏差时，有

$$T_{eiA}+\Delta T_{ei}-(T_{LA}+\Delta T_L)=\frac{J}{n_p}\frac{d(\omega_A+\Delta\omega)}{dt} \tag{1-24}$$

式（1-24）减式（1-23）得

$$\Delta T_{ei}-\Delta T_L=\frac{J}{n_p}\frac{d(\Delta\omega)}{dt} \tag{1-25}$$

式（1-21）和式（1-25）表示了异步电动机微偏线性化的近似动态结构关系，动态结构图如图1-11所示。

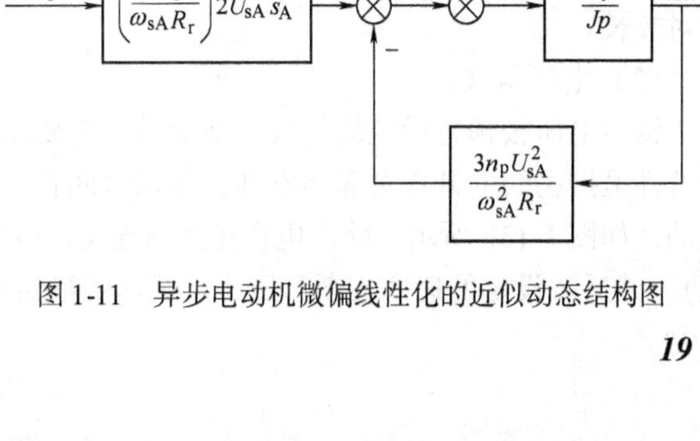

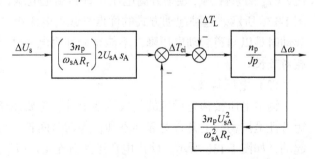

图1-11　异步电动机微偏线性化的近似动态结构图

如果只考虑$\Delta U_s$与$\Delta\omega$之间的传递函数，可令$\Delta T_L=0$，于是异步电动机的近似线性化传递函数为

$$W_{MA}(p)=\frac{\Delta\omega(p)}{\Delta U_s(p)}=\left(\frac{3n_p}{\omega_{sA}R_r}\right)2U_{sA}s_A\frac{\frac{n_p}{Jp}}{1+\frac{3n_pU_{sA}^2}{\omega_{sA}^2R_r}\cdot\frac{n_p}{Jp}} \tag{1-26}$$

$$=\frac{2s_A\omega_{sA}}{U_{sA}}\frac{1}{\frac{J\omega_{sA}^2R_r}{3n_p^2U_{sA}^2}p+1}=\frac{K_{MA}}{T_mp+1}$$

式中，$K_{MA}=\frac{2s_A\omega_{sA}}{U_{sA}}$为异步电动机传递函数；$T_m=\frac{J\omega_{sA}^2R_r}{3n_p^2U_{sA}^2}$为异步电动机拖动系统的机电时间常数。由于忽略了电磁惯性，异步电动机便近似成了一个线性的一阶惯性环节。

需要说明的是，首先，由于异步电动机的传递函数采用的是微偏线性化模型，只适用于稳态工作点附近的动态分析，不能用于大范围起/制动时动态响应指标的计算；其次，由于忽略了电动机的电磁惯性，分析和计算有很大偏差。

## 1.6 异步电动机晶闸管软起动器

软起动器的主电路一般都采用晶闸管调压电路。调压电路由 6 只晶闸管两两反并联组成，串联于电动机的三相供电电路上。通过控制晶闸管的导通角，按预先设定的模式调节输出电压，以控制电动机的起动过程。当起动过程结束后，将旁路接触器吸合，短路掉所有的晶闸管，使电动机直接投入电网运行，以避免不必要的电能损耗，软起动器的控制框图如图 1-12 所示。

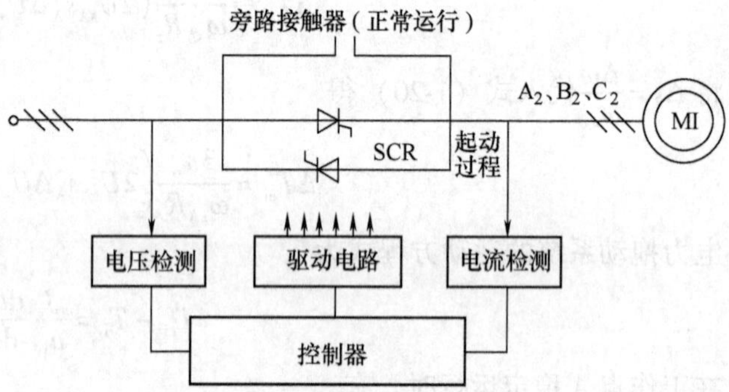

图 1-12 软起动器的控制框图

目前的软起动器一般有以下几种起动方式：

（1）限流软起动

在电动机起动过程中限制起动电流不超过某一设定值（$I_m$），主要用于轻载起动，其输出电压从零开始迅速增加，直到输出电流达到预先设定的电流限值 $I_m$，然后在保持输出电流 $I<I_m$ 的条件下，逐渐升高电压，直到额定电压，使电动机转速逐渐升高到额定转速，如图 1-13a 所示。这种起动方式的优点是起动电流小，可按需要调整，对电网电压影响小。但起动时难以知道起动电压降，不能充分利用电压降空间，起动转矩不能保持最大，起动时间相对较长。

（2）电压斜坡起动

输出电压按预先设定的斜坡线性上升，主要用于重载起动。它的缺点是起动转矩小，转矩特性呈抛物线上升，对起动不利；起动时间长，对电动机不利。改进的方法是采用双斜坡起动，如图 1-13b 所示，输出电压迅速升至 $U_1$（$U_1$ 为电动机起动所需最小转矩对应的电压值），然后按设定的速率逐渐升压，直至达到额定电压。这种起动方式的特点是起动电流相对较大，但起动时间相对较短，适用于重载起动。

（3）转矩控制起动

按电动机的起动转矩线性上升的规律控制输出电压，如图1-13c所示，主要用于重载起动。它的优点是起动平滑、柔性好，对拖动系统有利，同时减少对电网的冲击，但起动时间较长。

（4）加突跳转矩控制起动

与转矩控制起动一样也用于重载起动的场合，所不同的是在起动瞬间加突跳转矩，克服拖动系统的静转矩，然后转矩平滑上升，如图1-13d所示。这样可以缩短起动时间，但加突跳转矩会给电网带来冲击，干扰其他负载。

（5）电压控制起动

在保证起动电压降的前提下使电动机获得最大的起动转矩，尽可能地缩短起动时间，如图1-13e所示，这是最优的轻载软起动方式。

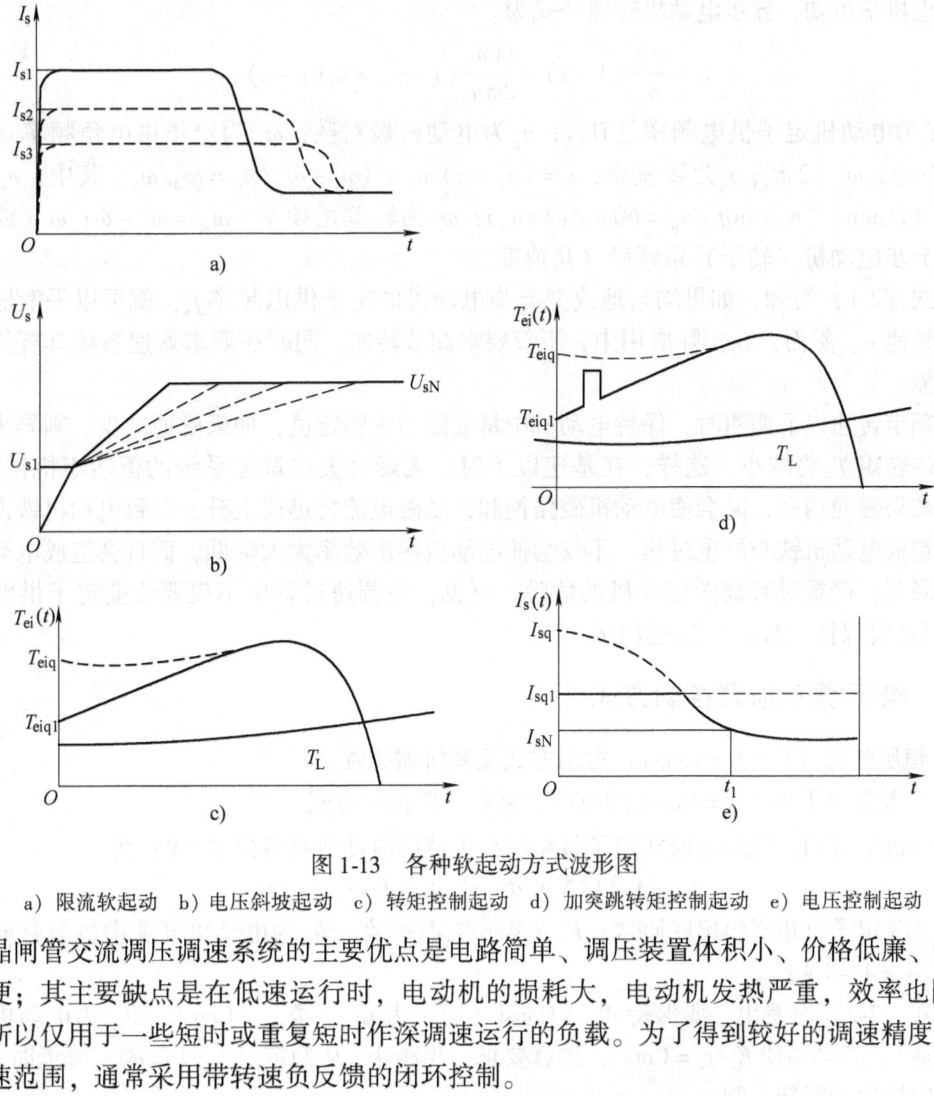


图1-13　各种软起动方式波形图

a）限流软起动　b）电压斜坡起动　c）转矩控制起动　d）加突跳转矩控制起动　e）电压控制起动

晶闸管交流调压调速系统的主要优点是电路简单、调压装置体积小、价格低廉、使用维修方便；其主要缺点是在低速运行时，电动机的损耗大，电动机发热严重，效率也随之降低，所以仅用于一些短时或重复短时作深调速运行的负载。为了得到较好的调速精度和较宽的调速范围，通常采用带转速负反馈的闭环控制。

目前，晶闸管交流调压控制技术广泛应用于交流电动机软起动场合。

# 第 2 章　基于稳态数学模型的异步电动机变压变频调速系统

本章介绍恒压频比控制的异步电动机变压变频调速系统和转差频率控制的异步电动机变压变频调速系统，主要讲述控制方式、机械特性、系统的基本组成以及系统分析。

## 2.1　基于异步电动机稳态数学模型的变压变频调速系统控制方式

由电机学可知，异步电动机转速公式为

$$n=\frac{60f_s}{n_p}(1-s)=\frac{60\omega_s}{2\pi n_p}(1-s)=n_s(1-s) \tag{2-1}$$

式中，$f_s$为电动机定子供电频率（Hz）；$n_p$为电动机极对数；$\omega_s$为定子供电角频率（角速度，rad/s），$\omega_s=2\pi f_s$；$s$为转差率，$s=(n_s-n)/n_s=(\omega_s-\omega)/\omega_s=\omega_{sl}/\omega_s$。其中，$n_s$为同步转速（r/min），$n_s=60f_s/n_p=60\omega_s/(2\pi n_p)$；$\omega_{sl}$为转差角频率，$\omega_{sl}=\omega_s-\omega$；$\omega$（或写成$\omega_r$）为异步电动机（转子）角频率（角速度）。

由式（2-1）可知，如果均匀地改变异步电动机的定子供电频率$f_s$，就可以平滑地调节电动机转速$n$。然而，在实际应用中，不仅要求调节转速，同时还要求调速系统具有优良的调速性能。

在额定转速以下调速时，保持电动机中每极磁通为额定值，如果磁通减少，则异步电动机的电磁转矩$T_{ei}$将减小，这样，在基速以下时，无疑会失去调速系统的恒转矩机械特性；反之，如果磁通增多，又会使电动机磁路饱和，励磁电流将迅速上升，导致电动机铁损大量增加，造成电动机铁心严重过热，不仅会使电动机输出效率大大降低，而且会造成电动机绕组绝缘降低，严重时有烧毁电动机的危险。可见，在调速过程中不仅要改变定子供电频率$f_s$，而且还要保持（控制）磁通恒定。

### 2.1.1　电压-频率协调控制方式

**1. 恒压频比（$U_s/f_s=\mathrm{Const}$）控制方式及其机械特性**

（1）基频以下$U_s/f_s=\mathrm{Const}$的电压、频率协调控制方式

由电机学可知，气隙磁通在定子每相绕组中感应电动势有效值$E_s$(V）为

$$E_s=4.44f_sN_sK_s\Phi_m \text{ 或写成 } E_s/f_s=c_s\Phi_m \tag{2-2}$$

式中，$N_s$为定子每相绕组串联匝数；$K_s$为基波绕组系数；$\Phi_m$为电动机气隙中每极合成磁通（Wb）；$c_s=4.44N_sK_s$。

由式（2-2）可看出，要保持$\Phi_m=\mathrm{Const}$（通常为$\Phi_m=\Phi_{mN}=\mathrm{Const}$，$\Phi_{mN}$为电动机气隙额定磁通），则必须使$E_s/f_s=\mathrm{Const}$，这就要求，当频率$f_s$从额定值$f_{sN}$（基频）降低时，$E_s$也必须同时按比例降低，则

$$E_s/f_s=c_s\Phi_m=\mathrm{Const} \tag{2-3}$$

式（2-3）表示了感应电动势有效值 $E_s$ 与频率 $f_s$ 之比为常数的控制方式，通常称为恒压频比控制。可以看出，在这种控制方式下，当 $f_s$ 由基频降至低频的变速过程中都能保持磁通 $\Phi_m = \mathrm{Const}$，可以获得 $T_{ei} = T_{eimax} = \mathrm{Const}$ 的控制效果。这是一种较为理想的控制方式，然而由于感应电动势 $E_s$ 难以检测和控制，实际可以检测和控制的是定子电压，因此，基频以下调速时，往往采用变压变频控制方式。

稳态情况下，依据图 2-1 所示的异步电动机等效电路图，则异步电动机定子每相电压与每相感应电动势的关系为

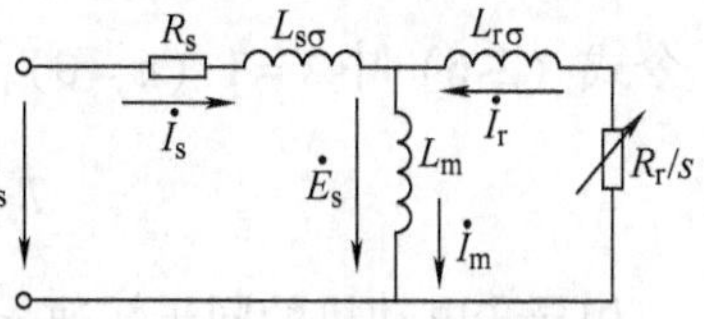

图 2-1　异步电动机的等效电路图

$$\dot{U}_s = -\dot{E}_s + \dot{I}_s Z_s = 2\pi f_s L_m \dot{I}_m + (R_s \dot{I}_s + \mathrm{j}2\pi f_s L_{s\sigma} \dot{I}_s) \tag{2-4}$$

式中，$\dot{E}_s = 2\pi f_s L_m \dot{I}_m$；$\dot{I}_s Z_s = R_s \dot{I}_s + \mathrm{j}2\pi f_s L_{s\sigma} \dot{I}_s$；$\dot{U}_s$ 为定子相电压（V）；$\dot{I}_s$ 为定子相电流（A）；$\dot{I}_m$ 为励磁电流（A）；$R_s$ 为定子每相绕组电阻（Ω）；$L_m$ 为定子、转子之间的互感（H）；$L_{s\sigma}$为定子绕组每相漏感（H）。

由式（2-4）可知，当定子频率 $f_s$ 较高时，感应电动势的有效值 $\dot{E}_s$ 也较大，这时可以忽略定子绕组的阻抗电压降（$\dot{I}_s Z_s$），可认为定子相电压有效值 $U_s \approx E_s$，为此在实际工程中是以 $U_s$ 代替 $E_s$ 而获得电压与频率之比为常数的恒压频比控制方程式，即为

$$U_s / f_s = c_s \Phi_m = \mathrm{Const} \tag{2-5}$$

其控制特性如图 2-2 中曲线Ⅰ所示。

由于恒压频比控制方式成立的前提条件是忽略了定子阻抗电压降，在 $f_s$ 较低时，由式（2-4）可知，定子感应电动势 $\dot{E}_s$ 变小了，其中唯有 $\dot{I}_s R_s$ 项并不减小，与 $\dot{E}_s$ 相比，$\dot{I}_s Z_s$ 比重加大，$U_s \approx E_s$ 不再成立，也就是说$f_s$较低时定子阻抗电压降不能再忽略了。

为了使 $U_s/f_s = \mathrm{Const}$ 的控制方式在低频情况下也能适用，在实际工程中往往采用$I_s R_s$ 补偿措施，即在低频时把定子相电压有效值 $U_s$ 适当抬高，以补偿定子阻抗压降的影响。补偿后的 $U_s/f_s$ 的控制特性如图 2-2 曲线Ⅱ所示。

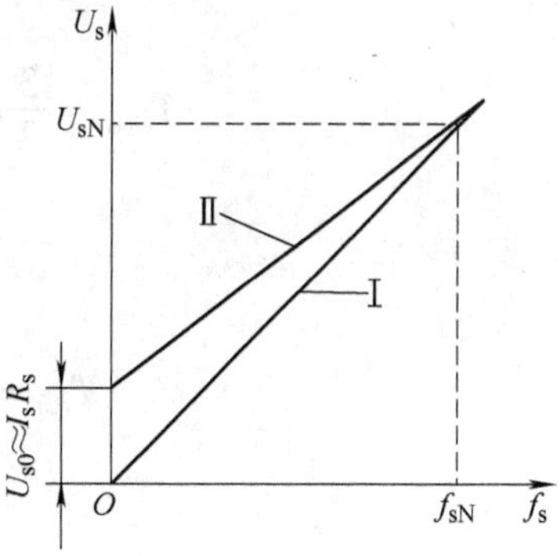

图 2-2　恒压频比控制特性

$f_s$ 较低时，如果不进行 $I_s R_s$ 补偿，$U_s/f_s = \mathrm{Const}$ 的控制原则就会失效，异步电动机势必处于弱磁工作状态，异步电动机的最大转矩 $T_{eimax}$必然严重降低，导致电动机的过载能力下降。当在$f_s$ 较低时采用 $I_s R_s$ 补偿后，$U_s/f_s \approx \mathrm{Const}$，表明了低频时仍能使气隙磁通 $\Phi_m$ 基本恒定，也就是说在低频情况下通过 $I_s R_s$ 补偿后，电动机的最大转矩 $T_{eimax}$ 得到了提升。$I_s R_s$ 补偿措施也称为转矩提升（Torque Boost）方法。

（2）$U_s/f_s = \mathrm{Const}$ 控制方式的机械特性

由电机学可知，三相异步电动机在工频供电时的机械特性方程式为

$$T_{ei} = \frac{3 n_p U_s^2 R_r / s}{\omega_s [ (R_s + R_r / s)^2 + \omega_s^2 (L_{s\sigma} + L_{r\sigma})^2 ]} \tag{2-6}$$

式中，$R_r$ 为折算到定子侧的转子每相电阻；$L_{r\sigma}$为折算到定子侧的转子每相漏感。将式

(2-6) 对 $s$ 求导，并令 $dT_{ei}/ds=0$，可求出最大电磁转矩 $T_{eimax}$ 和对应的转差率 $s_m$ 为

$$T_{eimax}=\frac{3n_pU_s^2}{2\omega_s[R_s+\sqrt{R_s^2+\omega_s^2(L_{s\sigma}+L_{r\sigma})^2}]} \tag{2-7}$$

$$s_m=\frac{R_r}{\sqrt{R_s^2+\omega_s^2(L_{s\sigma}+L_{r\sigma})^2}} \tag{2-8}$$

令式（2-6）中 $s=1$（$n=0$），可求出初始起动转矩 $T_{eist}$ 为

$$T_{eist}=\frac{3n_pU_s^2R_r}{\omega_s[(R_s+R_r)^2+\omega_s^2(L_{s\sigma}+L_{r\sigma})^2]} \tag{2-9}$$

三相异步电动机的同步转速 $n_s$ 为

$$n_s=\frac{60f_s}{n_p}=\frac{60\omega_s}{2\pi n_p} \tag{2-10}$$

根据式（2-6）~式（2-10）可以绘出正弦波恒压恒频供电时三相异步电动机的机械特性曲线，如图 2-3 所示。

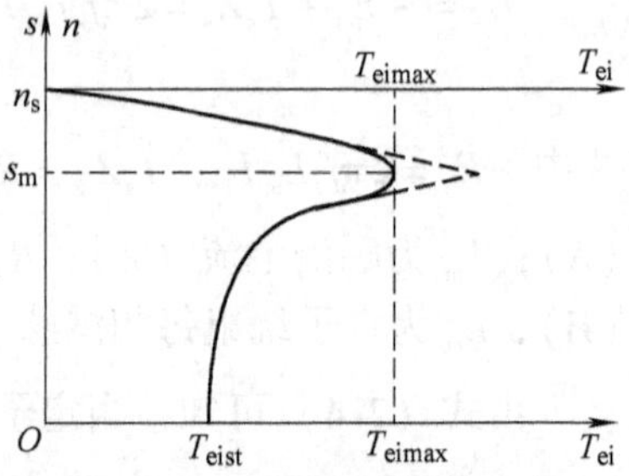

图 2-3　电网直接供电时异步电动机的机械特性

三相异步电动机采用恒压频比（$U_s/f_s=\mathrm{Const}$）控制方式的变压变频电源供电时的机械特性与采用正弦波恒压恒频供电时的机械特性相比有什么特点呢？

变压变频时，式（2-6）~式（2-10）可以改为

$$T_{ei}=3n_p\left(\frac{U_s}{\omega_s}\right)^2\frac{s\omega_sR_r}{(sR_s+R_r)^2+s^2\omega_s^2(L_{s\sigma}+L_{r\sigma})^2} \tag{2-11}$$

$$T_{eimax}=\frac{3}{2}n_p\left(\frac{U_s}{\omega_s}\right)^2\frac{1}{R_s/\omega_s+\sqrt{(R_s/\omega_s)^2+(L_{s\sigma}+L_{r\sigma})^2}} \tag{2-12}$$

$$s_m=\frac{R_r}{\sqrt{R_s^2+\omega_s^2(L_{s\sigma}+L_{r\sigma})^2}} \tag{2-13}$$

$$T_{eist}=3n_p\left(\frac{U_s}{\omega_s}\right)^2\frac{\omega_sR_r}{(R_s+R_r)^2+\omega_s^2(L_{s\sigma}+L_{r\sigma})^2} \tag{2-14}$$

$$n_s=\frac{60f_s}{n_p}=\frac{60\omega_s}{2\pi n_p} \tag{2-15}$$

式（2-11）~式（2-15）与式（2-6）~式（2-10）相比二者只是形式的变化，并无实质性的改变，可想而知，变压变频情况下的机械特性曲线形状与正弦波恒压恒频供电时的机械特性曲线形状必定相似。其基本特点如下：

1）同步转速 $n_s=60\omega_s/2\pi n_p$ 随着频率（$\omega_s$ 或 $f_s$）的变化而改变。

2）对于同一转矩 $T_{ei}$（稳态情况下，$T_{ei}=T_L$，$T_L$ 为负载转矩）而言，带载时的转速降落 $\Delta n$ 随着频率的变化而基本不变。证明如下：

当 $0<s<s_m$ 时，由于 $s$ 很小，可忽略式（2-11）分母中含有 $s$ 的各项，经推导得

$$s\omega_s\approx\frac{R_rT_{ei}}{3n_p(U_s/\omega_s)^2} \tag{2-16}$$

由于 $U_s/\omega_s=C$，因而对于同一转矩 $T_{ei}$，则有 $s\omega_s\approx$常数。又因为

$$\Delta n=sn_s=\frac{60}{2\pi n_p}s\omega_s=\mathrm{Const} \tag{2-17}$$

所以对于同一转矩 $T_{ei}$（$T_{ei}=T_L$）而言，$\Delta n$ 随着频率的改变而基本不变。这就清楚地说明了在恒压频比控制的条件下，当供电频率由基频向下降低时，其机械特性曲线基本上是平行下移的，如图 2-4 所示。

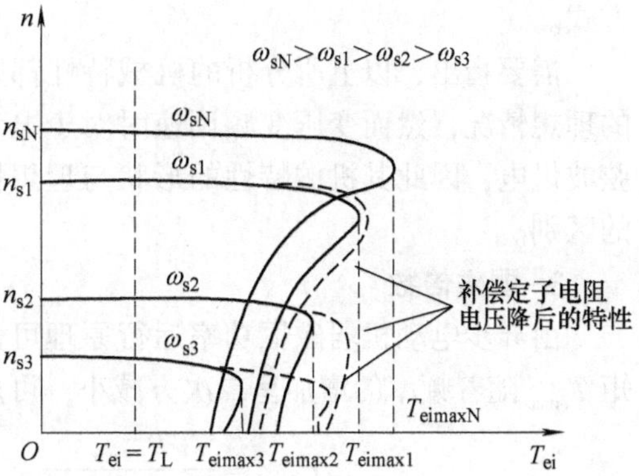

图 2-4　基频以下机械特性

3）由式（2-12）可以看出，当 $U_s/f_s=$ Const 时，$T_{eimax}$ 随着 $\omega_s$ 的降低而减小（见图 2-4 中实线），这将限制调速系统的带载能力。

如前面所述，对于上述 3）中的情况，可采用定子阻抗电压降补偿措施，即适当提高定子电压 $U_s$，以改善低频时的机械特性，如图 2-4 中虚线所示。

基频以下的恒压频比控制方式基本满足了气隙磁通 $\Phi_m=$ Const 的要求，可以实现恒转矩调速运行。

**2. 基频以上恒压变频控制方式及其机械特性**

（1）基频以上恒压变频控制方式

在基频以上调速时，定子供电频率 $f_s$ 大于基频 $f_{sN}$。如果仍维持 $U_s/f_s=$ Const 是不允许的，因为定子电压超过额定值会损坏电动机的绝缘，所以，当 $f_s$ 大于基频时，往往把电动机的定子电压限制为额定电压，并保持不变，其控制方程式为

$$U_s=U_{sN}=c_s\Phi_m f_s=C \tag{2-18}$$

由式（2-18）可以看出，当 $U_s=U_{sN}=$ Const 时将迫使磁通 $\Phi_m$ 与频率 $f_s$ 成反比降低，即当 $U_s=U_{sN}$ 时，频率 $f_s$ 以基频 $f_{sN}$ 为起点上升（增大），磁通 $\Phi_m$ 以额定值 $\Phi_{mN}$ 为起点减小（下降）。把基频以下和基频以上两种情况结合起来，得到图 2-5 所示的异步电动机变频调速控制特性。

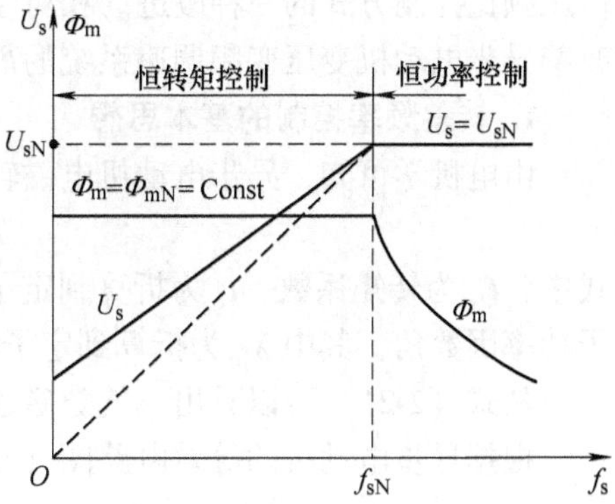

图 2-5　异步电动机变频调速控制特性

（2）基频以上恒压变频控制方式的机械特性

在基频 $f_{sN}$ 以上变频调速时，由于电压 $U_s=U_{sN}$ 不变，式（2-6）的机械方程式可改写为

$$T_{ei}=3n_pU_{sN}^2\frac{sR_r}{\omega_s[(sR_s+R_r)^2+s^2\omega_s^2(L_{s\sigma}+L_{r\sigma})^2]} \tag{2-19}$$

而式（2-7）的最大转矩表达式可改写为

$$T_{eimax}=\frac{3}{2}n_pU_{sN}^2\frac{1}{\omega_s[R_s+\sqrt{R_s^2+\omega_s^2(L_{s\sigma}+L_{r\sigma})^2}]} \tag{2-20}$$

同步转速的表达式仍和式（2-10）一样。可见，当供电角频率 $\omega_s$ 提高时，同步转速随之提高。由式（2-10）及式（2-20）可以看出，最大转矩减小，机械特性曲线平行上移，而形状基本不变，如图 2-6 所示。

由于频率提高而电压不变，气隙磁通必然减少，导致最大转矩减小，但转速却提高了，可以认为输出功率基本不变，如图 2-5 所示。所以基频以上变频调速属于弱磁恒功率调速

方式。

需要指出，以上所分析的机械特性都是在正弦波供电下的理想情况，然而变压变频调速时对于电动机定子为近似正弦波供电，因此其机械特性的形状与理想情况下相比有一定的区别。

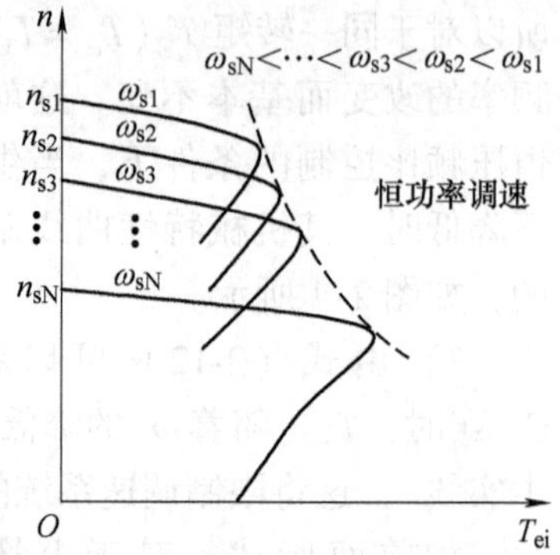


图 2-6 基频 $f_{sN}$ 以上恒压变频调速的机械特性

**3. 弱磁倍数**

由异步电动机弱磁恒功率运行原理可知，其最大电磁转矩 $T_{eimax}$ 随着频率的增加呈二次方减小，可用下式表示为

$$T_{eimax}=\frac{T_{eiNmax}}{(\omega_{smax}/\omega_{sN})^2}$$

式中，$T_{eiNmax}$ 为额定频率时的最大电磁转矩；$\omega_{sN}$ 为定子额定角频率；$\omega_{smax}$ 为定子最高角频率。

由上式可以看出，当弱磁倍数达到 $\omega_{smax}/\omega_{sN}=3$，或 $\omega_{smax}=3\omega_{sN}$ 时，异步电动机最大电磁转矩为额定电磁转矩的1/9，即为 $T_{eimax}=1/9T_{eiNmax}$。可见，弱磁范围较大时，异步电动机的最大电磁转矩大大减小。在工程设计中，通常按弱磁倍数要求来选择电动机的容量，以提高带载能力。

## 2.1.2 转差频率控制方式

转差频率（Slip Frequency，SF）控制是解决异步电动机电磁转矩控制的一种方式，是对恒压频比控制方式的一种改进。相对于恒压频比控制方式，采用转差频率控制方式，有助于改善异步电动机变压变频调速系统的静、动态性能。

**1. 转差频率控制的基本思想**

由电机学可知，异步电动机电磁转矩也可以写成

$$T_{ei}=C_m\Phi_m I_r\cos\varphi_r \tag{2-21}$$

式中，$C_m$ 为转矩系数；$I_r$ 为折算到定子侧的转子每相电流的有效值；$\varphi_r=\arctan sX_{r\sigma}/R_r$ 为转子功率因数角，其中 $X_{r\sigma}$ 为折算到定子侧的转子每相漏电抗。

从式（2-21）可以看出，气隙磁通、转子电流、转子功率因数都会影响电磁转矩。

根据异步电动机的等效电路图（见图 2-1），可以求出异步电动机转子电流有效值为

$$I_r=\frac{sE_s}{\sqrt{R_r^2+(sX_{r\sigma})^2}} \tag{2-22}$$

正常运行时，因 $s$ 很小，所以，可以将分母中的 $sX_{r\sigma}$ 忽略，则得到

$$\begin{cases}I_r\approx\dfrac{sE_s}{R_r}=\dfrac{\omega_{sl}}{\omega_s}\dfrac{E_s}{R_r}\\ \cos\varphi_r\approx 1\end{cases} \tag{2-23}$$

将式（2-23）代入式（2-21）中，得

$$T_{ei}\approx C_m\Phi_m\frac{\omega_{sl}}{\omega_s}\frac{E_s}{R_r} \tag{2-24}$$

将 $\omega_s=2\pi f_s$，$E_s=4.44f_sN_sK_s\Phi_m$ 代入式（2-24）中，得

$$T_{ei}\approx K\Phi_m^2\omega_{sl} \tag{2-25}$$

式中，$K = 4.44 N_s K_s C_m / 2\pi R_r$。

由式（2-25）可知，当 $\Phi_m = \text{Const}$ 时，异步电动机电磁转矩近似与转差角频率 $\omega_{sl}$ 成正比，通过控制转差角频率 $\omega_{sl}$ 实现控制电磁转矩的目的。这就是转差频率控制的基本思想。

**2. 转差频率控制规律**

上面粗略地分析了在恒磁通条件下，转矩与转差角频率近似成正比的关系，那么，是否转差角频率 $\omega_{sl}$ 越大，电磁转矩 $T_{ei}$ 就越大呢？另外，如何维持磁通 $\Phi_m$ 恒定呢？

由电机学可知，异步电动机的电磁功率及同步机械角速度为

$$\begin{cases} P_m = 3 I_r^2 \dfrac{R_r}{s} \\ \Omega = \omega_s / n_p \end{cases} \tag{2-26}$$

将式（2-22）代入式（2-26）中，得

$$P_m = 3 \frac{(sE_s)^2}{R_r^2 + (sX_{r\sigma})^2} \frac{R_r}{s} \tag{2-27}$$

则电磁转矩表达式可表示为

$$T_{ei} = \frac{P_m}{\Omega} = 3 n_p \frac{(sE_s)^2}{R_r^2 + (sX_r)^2} \frac{R_r}{s} \frac{1}{\omega_s} \tag{2-28}$$

因为，$sX_{r\sigma} = \dfrac{\omega_{sl}}{\omega_s} \omega_s L_{r\sigma} = \omega_{sl} L_{r\sigma}$ 及 $E_s / f_s = c_s \Phi_m$，所以，式（2-28）可写为

$$T_{ei} = K_m \Phi_m^2 \frac{R_r \omega_{sl}}{R_r^2 + (\omega_{sl} L_{r\sigma})^2} = f(\omega_{sl}) \tag{2-29}$$

式中，$K_m = 3 n_p c_s^2$。

假设磁通 $\Phi_m = \text{Const}$，作出 $T_{ei} = f(\omega_{sl})$ 的曲线，如图 2-7 所示。由图可知，当 $\omega_{sl} < \omega_{slmax}$ 时，$T_{ei} \propto \omega_{sl}$；但是，当 $\omega_{sl} > \omega_{slmax}$ 后，电动机转矩反而下降（不稳定运行区），所以在电动机工作过程中，应限制电动机的转差角频率（$\omega_{sl} < \omega_{slmax}$）。

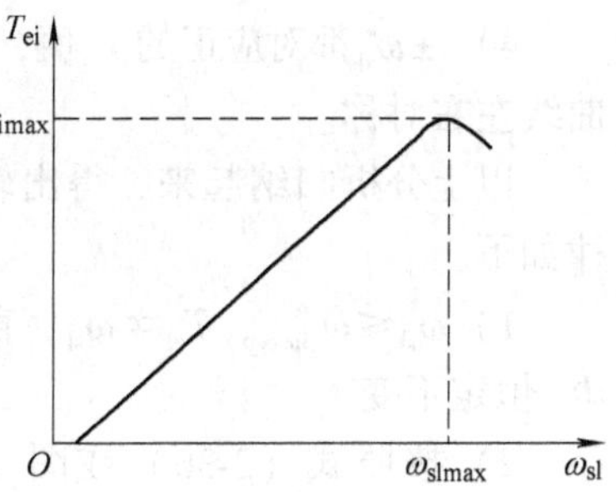

图 2-7　$T_{ei} = f(\omega_{sl})$曲线

对式（2-29）求导，令 $\dfrac{dT_{ei}}{d\omega_{sl}} = 0$，可求得最大转矩 $T_{eimax}$ 与最大转差角频率为

$$T_{eimax} = K_m \Phi_m^2 \frac{1}{2L_{r\sigma}} \tag{2-30}$$

$$\omega_{slmax} = \frac{R_r}{L_{r\sigma}} \tag{2-31}$$

式（2-30）和式（2-31）表明：

1）电动机参数不变，$T_{eimax}$ 仅由磁通 $\Phi_m$ 决定。

2）$\omega_{slmax}$ 与磁通 $\Phi_m$ 无关。

由以上分析可以看出：只要能保持磁通 $\Phi_m$ 恒定，就可用转差角频率 $\omega_{sl}$ 来独立控制异步电动机的电磁转矩。由电机学可知，异步电动机中气隙磁通 $\Phi_m$ 是由励磁电流 $I_m$ 所决定的，当 $I_m = \text{Const}$ 时，则 $\Phi_m = \text{Const}$。然而 $I_m$ 不是一个独立的变量，而由下式决定：

$$\dot{I}_s + \dot{I}_r = \dot{I}_m \tag{2-32}$$

也就是说 $\dot{I}_m$ 是定子电流 $\dot{I}_s$ 的一部分。在笼型异步电动机中，$\dot{I}_r$ 是难以直接测量的。因此，只能研究 $\dot{I}_m$ 与易于控制和检测的量的关系，在这里就是 $\dot{I}_s$。根据异步电动机等效电路可得

$$\dot{I}_m = \frac{\dot{E}_s}{jX_m} \tag{2-33}$$

所以

$$\dot{E}_s = jX_m \dot{I}_m \tag{2-34}$$

根据图 2-1 和式（2-34）可得到

$$\dot{I}_r = \frac{\dot{E}_s}{R_r/s + jX_{r\sigma}} = \frac{jX_m \dot{I}_m}{R_r/s + jX_{r\sigma}} \tag{2-35}$$

将式（2-35）代入式（2-32），求得

$$I_s = I_m \sqrt{\frac{R_r^2 + [\omega_{sl}(L_m + L_{r\sigma})]^2}{R_r^2 + (\omega_{sl} L_{r\sigma})^2}} = f(\omega_{sl}) \tag{2-36}$$

当 $I_m(\Phi_m)$ 恒定不变时，$I_s$ 与 $\omega_{sl}$ 的函数关系绘制成曲线如图 2-8 所示。

经分析可知，图 2-8 具有下列性质：

1）$\omega_{sl}=0$ 时，$I_s=I_m$，表明在理想空载时定子电流等于励磁电流。

2）$\omega_{sl}$ 值增大时，$I_s$ 也随之增大。

3）$\omega_{sl}\to\infty$，$I_s \to I_m\left(\frac{L_{r\sigma}+L_m}{L_{r\sigma}}\right)$，这是 $I_s=f(\omega_{sl})$ 的渐近线。

4）$\pm\omega_{sl}$ 都对应正的 $I_s$ 值，说明 $I_s=f(\omega_{sl})$ 曲线左右对称。

以上分析归纳起来，得出转差频率控制规律如下：

1）$\omega_{sl} \leqslant \omega_{slmax}$，$T_{ei} \propto \omega_{sl}$，前提条件是维持 $\Phi_m$ 恒定不变。

2）按照式（2-36）或图 2-8 所示的 $I_s = f(\omega_{sl})$ 的函数关系来控制定子电流，就能维持 $\Phi_m$ 恒定不变。

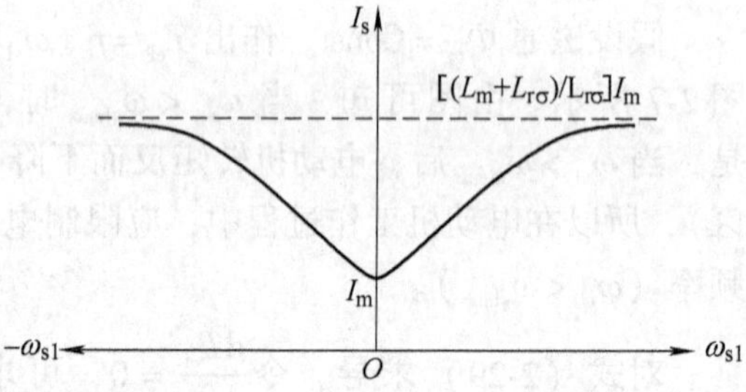


图 2-8　$I_s=f(\omega_{sl})$ 特性曲线

## 2.2　电力电子变频调速装置及其电源特性

现代交流电动机变压变频调速系统主要由交流电动机、电力电子变频器两大部分组成，如图 2-9 所示。为交流电动机所配备的静止式电力电子变压变频（Variable Voltage Variable Frequency，VVVF）调速装置通常称为变频器（图中点画线部分），可分为主电路（也称作电力电子变换电路或称作电力电子变流电路）、控制器以及电量检测器三个主要部分。

主电路的拓扑结构分为两种，一种是交-直-交（AC-DC-AC）结构形式，也称间接变频，如图 2-10a 所示；另一种是交-交（AC-AC）结构形式，也称直接变频，如图 2-10b 所示。

对于主电路为交-直-交结构形式的变频器，因其整流电路输出的直流电压或直流电流中

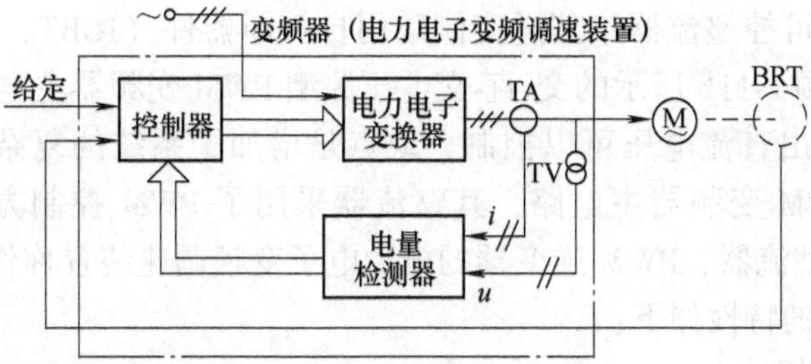


图 2-9　变频器及变频调速系统

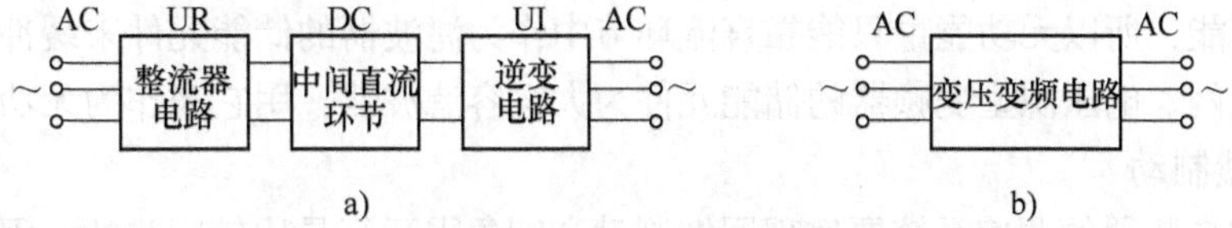


图 2-10　变频器主电路结构

a）交-直-交变压变频装置主电路结构　b）交-交变压变频装置主电路结构

含有频率为电源频率 6 倍的电压或电流纹波，所以，必须对整流电路的输出进行滤波，以减少直流电压或电流的波动，为此在整流电路与逆变电路之间设置中间直流滤波环节。根据带有中间直流环节的直流电源的性质不同，交-直-交型变频器可以分为电压源型和电流源型两类。两种类型的实际区别在于主电路中间直流环节所采用的滤波器不同。交-直-交型变频器中的整流电路和逆变电路一般接成两电平三相桥式电路。二十多年来，为适应中压变频器的发展需要，交-直-交型电压源型变频器中的整流电路和逆变电路接成了多电平电路和级联式单元串联式电路；交-直-交电流源型变频器中的整流器和逆变器多接成多重化的形式。

对于交-交结构形式的变频器虽然没有中间直流环节，但是，根据供电电源的性质不同也可以分为电压源型和电流源型两种类型。

**1. 电压源型变频器**

交-直-交电压源型变频器的主电路结构如图 2-11 所示。这类变频器主电路中的中间直流环节采用大电容滤波，可以使直流电压波形比较平直，对于负载来说，是一个内阻抗为零的恒压源，所以，把这类变频器称作电压源型变频器。对于交-交变频装置虽然没有滤波电容器，但供电电源的低阻抗使其具有电压源的性质，也属于电压源型变频器。

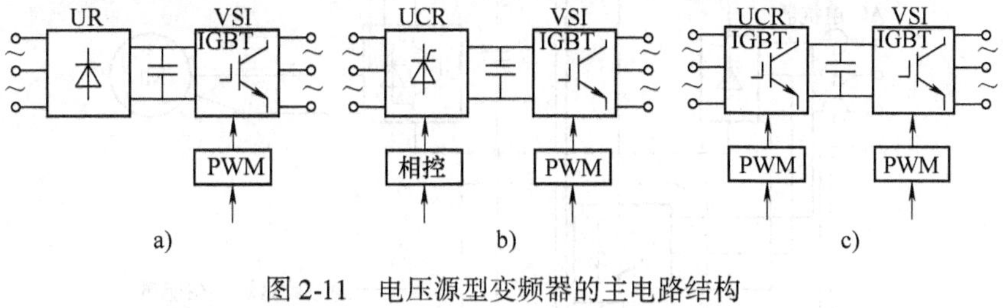


图 2-11　电压源型变频器的主电路结构

a）电压源型变频器主电路及 PWM 控制　b）电压源型变频器主电路（UCR 为相控方式）

c）双 PWM 电压源型变频器主电路

图 2-11a 所示的交-直-交电压源型 PWM（SPWM 或 SVPWM）变频器主电路，其整流侧

采用二极管组成的不可控整流器；其逆变侧采用自关断器件（IGBT、IGCT 或 IEGT 等）组成的 PWM 逆变器。图 2-11b 所示的交-直-交电压源型 PWM 变频器主电路，其整流器采用了相控方式，优点是输出直流电压可以控制，缺点是增加了系统的复杂性。图 2-11c 所示的交-直-交电压源型 PWM 变频器主电路，其整流器采用了 PWM 控制方式，称为 PWM 整流器，这种具有 PWM 整流器、PWM 逆变器的电力电子变频调速装置称作双 PWM 变频器。

电压源型变频器的特性如下：

（1）无功能量的缓冲

对于变压变频调速系统来说，变频器的负载是异步电动机，属感性负载，在中间直流环节与电动机之间，除了有功功率的传送外，还存在无功功率的交换。由于逆变器中的电力电子开关器件不能储能，所以无功能量只能靠直流环节中作为滤波器的储能元件来缓冲，使它不至于影响到交流电网。电压源型变频器的储能元件为大电容滤波器，用它来作为无功能量的缓冲。

（2）回馈制动

电压源型变频器的调速系统要实现回馈制动和四象限运行是比较困难的，因为其中间直流环节有大电容钳制着电压的极性，使其无法反向，因而电流也不能反向，所以无法实现回馈制动。需要制动时，对于小容量的变频器，采用在直流环节中并联电阻的能耗制动，如图 2-12 所示。对于中、大容量的变频器，可在整流器的输出端反并联另外一组有源逆变器，如图 2-13 所示，制动时使其工作在有源逆变状态，以通过反向的制动电流，实现回馈制动。

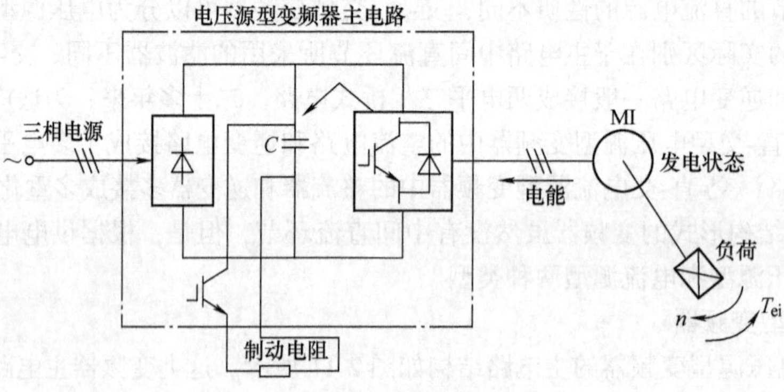


图 2-12　能耗制动

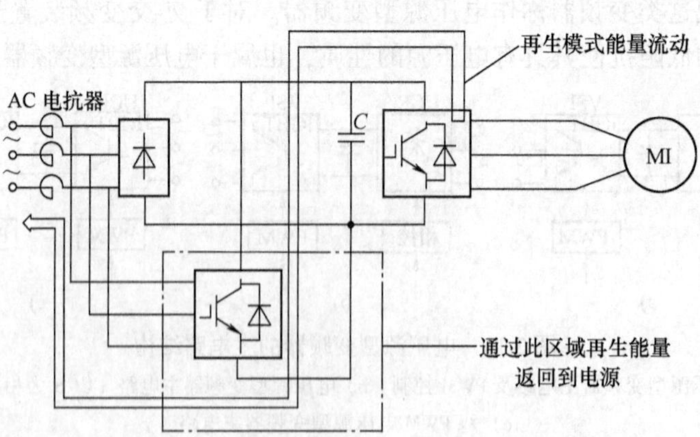


图 2-13　回馈制动

#### 2. 电流源型变频器

交-直-交电流源型变频器的主电路结构如图 2-14 所示。这类变频器主电路中的中间直流环节采用大电感滤波，可以使直流电流波形比较平直，因而电源内阻抗很大，对负载来说基本上是一个恒流源，所以，把这类变频器称作电流源型变频器。有的交-交变频器的主电路中串入电抗器，使其具有电流源的性质，因此，这类交-交变频器属于电流源型变频器。

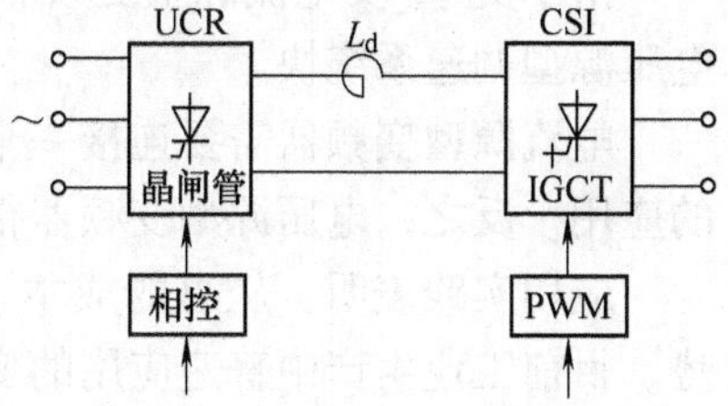


图 2-14　电流源型变频器的主电路结构

图 2-14 所示的交-直-交电流源型变频器的逆变电路也采用 PWM 控制方式，这对改善低频时的电流波形（使其接近于正弦波）有明显效果。

电流源型变频器的特性：

（1）无功能量的缓冲

电流源型变频器的储能元件为大电感滤波器，用它来作为无功能量缓冲。

（2）回馈制动

电流源型变频器的显著特点是容易实现回馈制动。图 2-15 给出了电流源型变压变频调速系统的电动运行和回馈制动两种运行状态。当可控整流器 UCR 工作在整流状态（$\alpha<90°$）、逆变器工作在逆变状态时，如图 2-15a 所示，直流回路电压 $U_d$ 的极性为上正下负，电流由 $U_d$ 的正端流入逆变器，电能由交流电网经主电路传送给电动机，变频器的输出频率 $\omega_s>\omega$，电动机处于电动状态。当电动机减速制动时 $\omega_s<\omega$，可控整流器的控制角 $\alpha>90°$，异步电动机进入发电状态，直流回路电压 $U_d$ 立即反向，但电流 $I_d$ 方向不变（见图 2-15b），于是，逆变器变成整流器，可控整流器 UCR 转入有源逆变状态，电能由电动机回馈到交流电网。由此可见，虽然电力电子器件具有单向导电性，电流 $I_d$ 不能反向，但是可控整流器的输出电压 $U_d$ 是可以迅速反向的，因此，具有电流源型变频器的调速系统容易实现回馈制动。

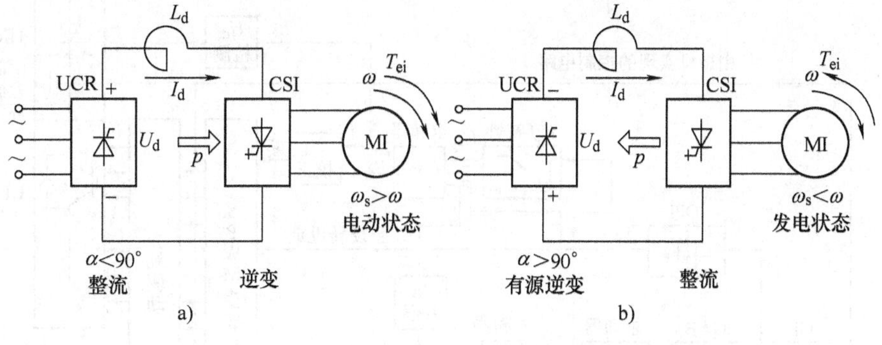


图 2-15　电流源型变压变频调速系统的两种运行状态

a）电动运行　b）回馈制动

#### 3. 电压源型变频器和电流源型变频器的比较

电压源型变频器属于恒压源，对于具有可控整流器的电压源型变频器，其电压控制的响应较慢，所以适合作为多台电动机同步运行时的变频电源。对于电流源型变频器来说，由于电流源型变频器属于恒流源，系统对负载电流变化的反应迟缓，因而适用于单台电动机传动，可以满足快速起、制动和可逆运行的要求。

电流源型变频器本身具有四象限运行能力而不需要任何额外的电力电子器件；然而，一个电压源型变频器在电网侧必须附加一个有源逆变器。

由于交-直-交电流源型变频器调速系统的直流电压极性可以迅速改变，因此动态响应比电压源型调速系统快。

电流源型变频器需要连接一个最小负载才能正常运行。这种缺陷限制了它在很多领域中的应用。反之，电压源型变频器很容易在空载情况下运行。

应用实践表明，从总的成本、效率和暂态响应上来看，电压源型 PWM 变频器更有优势。目前工业生产中普遍应用的变频器是交-直-交电压源型 PWM（SPWM 或 SVPWM）变频器。其中整流器采用二极管组成的电压源型变频器应用最多、最广泛。由于电压源型变频器在多种场合下均可采用，通用性比较好，因此，电压等级在 690V 以下的中小容量电压源型变频器称为通用变频器。20 世纪 90 年代末以来，变频器制造厂家对这类变频器增添了矢量控制功能，使恒压频比控制方式和矢量控制方式以软件形式集成于装置中，成为功能更多更强的变频器，用户可根据生产工艺要求通过设置选择控制方式。

## 2.3 电压源型转速开环恒压频比控制的异步电动机变压变频调速系统

电压源型变频调速系统由于采用了 PWM 控制技术，可以使其输出的电压波形接近正弦波形。逆变器输出的电流波形由输出电压和电动机反电动势之差形成，也接近正弦波。下面以一个来源于实际的电压源型变压变频调速系统为例来说明这类系统的基本组成及各控制单元的作用。

**1. 系统的组成及工作简况分析**

一种电压源型转速开环恒压频比控制的异步电动机变压变频调速系统如图 2-16 所示，

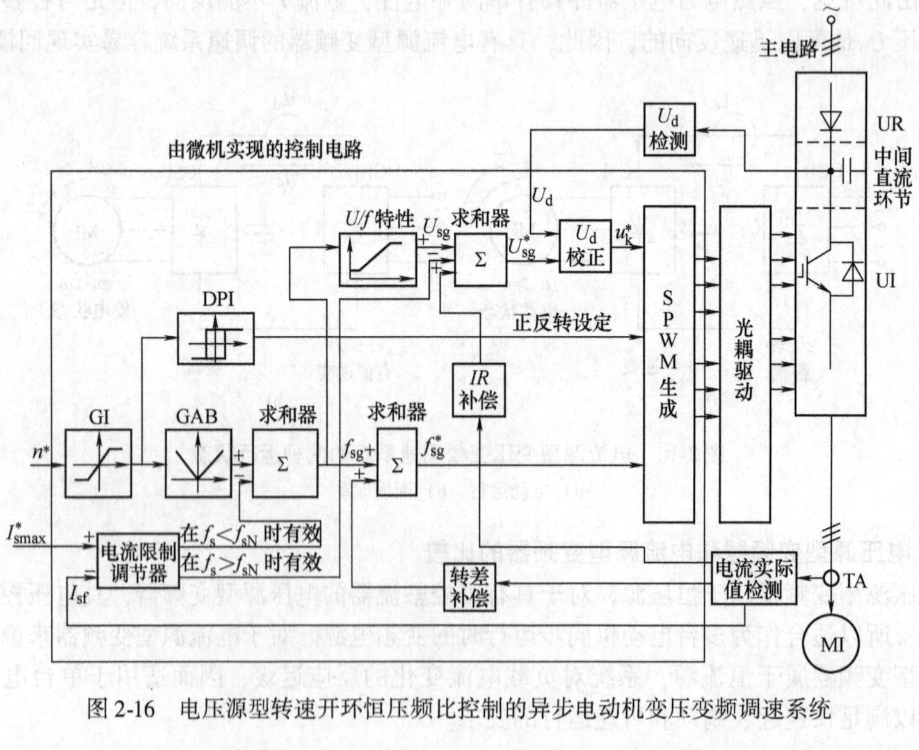


图 2-16 电压源型转速开环恒压频比控制的异步电动机变压变频调速系统

其主电路由两个功率变换环节组成，即整流桥和逆变桥，整流桥是由二极管组成的三相桥式电路，其直流输出电压为 $U_d=2.34U_X$（$U_X$ 为电网的 X 相相电压有效值）。调压和调频控制通过逆变器来完成，其给定值来自于同一个给定环节。

该系统采用电压正弦 PWM（SPWM）控制技术实现变压变频控制，通过改变 PWM 波形的占空比（脉冲宽度）来控制逆变器输出交流电压的大小，而输出频率通过控制逆变桥的工作周期就可以实现。由前述可知，为了使异步电动机能合理、正常、稳定工作，必须使逆变器输出到异步电动机定子的电压 $U_s$ 与频率 $f_s$ 通过 SPWM 控制来保持严格的比例协调关系。下面介绍控制系统中主要控制单元的作用。

**2. 控制单元说明**

（1）转速给定积分环节（GI）

设置目的：将阶跃给定信号转变为斜坡信号，以消除阶跃给定对系统产生的过大冲击，使系统中的电压、电流、频率和电动机转速都能稳步上升或下降，以提高系统的可靠性及满足一些生产机械的工艺要求。

（2）绝对值器（GAB）

设置目的：将送来的正负变化的信号变为单一极性的信号，信号值大小不变。

（3）函数发生器（$U/f$ 特性）

设置目的：实现 $U_s/f_s=\text{Const}$ 的控制方式。前面讨论过，在变压变频调速系统中，$U_s=f(f_s)$，即电动机定子电压是定子频率的函数。函数发生器就是根据给定频率信号 $f_{sg}$ 产生一个对应于定子电压的给定信号 $U_{sg}$，以实现电压、频率的协调控制。变频器中以下几项内容与函数发生器有关：

1）按照不同负载要求设定不同的 $U_s/f_s=\text{Const}$ 特性曲线。

2）当变频器高于基频工作时，采用恒功率调速方式，这就要求变频器输出电压不能高于电动机的额定输入电压，可通过函数发生器的输出限幅来保证。

3）节能控制：电动机处于轻载工作时，适当降低电压，可以使输出电流下降，减小损耗，可通过改变 $U_s/f_s=\text{Const}$ 曲线的斜率来实现。

（4）电流限制调节器

由于本系统没有电流闭环控制，不能直接控制变频器输出电流。当负载加重或电动机堵转时，输出电流超过设定的最大电流 $I^*_{smax}$ 后，如果电流进一步增加或长期工作，会损坏变频器和电动机。为了避免这一现象的发生，当 $I_{sf}>I^*_{smax}$ 时，通过降低变频器输出电压的方法，来减小变频器输出电流。因此电流限制调节器的作用是，在 $I_{sf}<I^*_{smax}$ 时，电流限制调节器输出为 0；在 $I_{sf}>I^*_{smax}$ 时，电流限制调节器有相应的输出，使变频器输出电压降低，保证变频器输出不发生过电流。

（5）$IR$ 补偿环节

在低频时，为了保证磁通恒定，变频器引入了 $IR$ 补偿环节，根据负载性质及负载电流值适当提高 $U_{sg}$，修正 $U_s/f_s=\text{Const}$ 特性曲线，达到使 $U_s/f_s=\text{Const}$。

（6）转差补偿环节

由于是开环频率控制，调速系统的机械特性较软，为了提高机械特性的硬度，在系统中设置了转差补偿环节，转差补偿机理可以按图 2-17 所示来解释。当负载由 $T_{L1}$ 增大到 $T_{L2}$ 时，电动机转速由 $n_1$ 降到 $n_2$，转差由 $\Delta n_1$ 增加到 $\Delta n_2$，其差值为 $\Delta n_2-\Delta n_1=\Delta n$。按 $\Delta n$ 值相应提

高同步转速 $n_s$（由 $n_{s1}$ 提高到 $n_{s2}$），使其机械特性曲线 $n_{s1}$ 平行上移得到机械特性曲线 $n_{s2}$，与 $n_1$（直线）相交于 $A_2$点，从而使 $n_1$保持不变，达到补偿转差的目的，这样在电动机运行中，当负载增加时，也能做到维持转速基本不变。

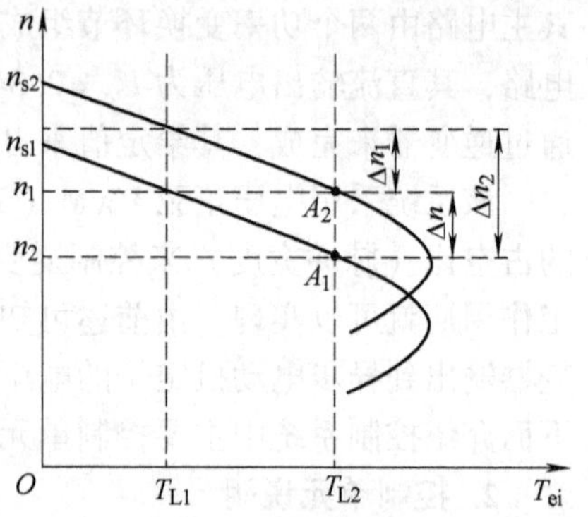


图 2-17　转差补偿图解

(7) $U_d$校正环节

由图 2-16 可知，变频器没有输出电压反馈控制，当直流电压 $U_d$ 发生波动时，将引起 $U_s/f_s$ = Const 关系失调。检测 $U_d$变化，在 $U_d$校正环节中，根据 $U_d$的变化来修正电压控制信号 $U_{sg}^*$，再通过 SPWM 调整输出电压脉冲的宽度，以保证 $U_s/f_s$ = Const 的协调关系。

(8) SPWM 生成

SPWM 生成环节与光耦驱动电路框图如图 2-18 所示。

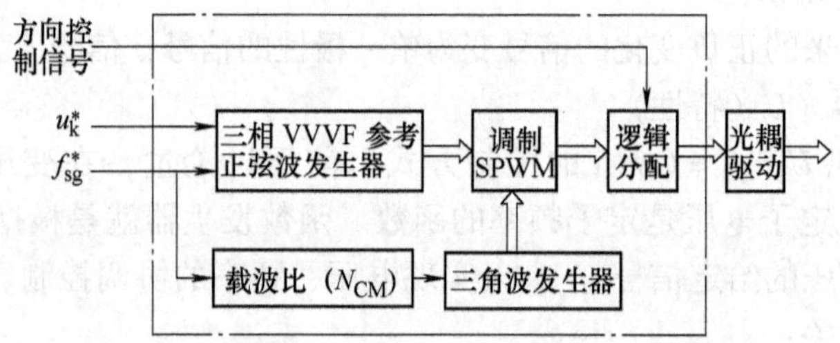


图 2-18　SPWM 生成环节及光耦驱动电路框图

(9) 极性鉴别器（DPI）

当 DPI 输入端得到一个信号时，经极性鉴别器判断信号的极性，根据信号的极性决定逆变桥开关器件的导通顺序，从而使电动机正转或反转。

(10) 主电路

交-直-交电压源型 IGBT 变频器主电路如图 2-19 所示。图中，整流桥 UR 是由二极管组成的三相桥式不可控整流电路，逆变桥 UI 是由 IGBT（或 IGCT、IEGT）组成的三相桥式电路。

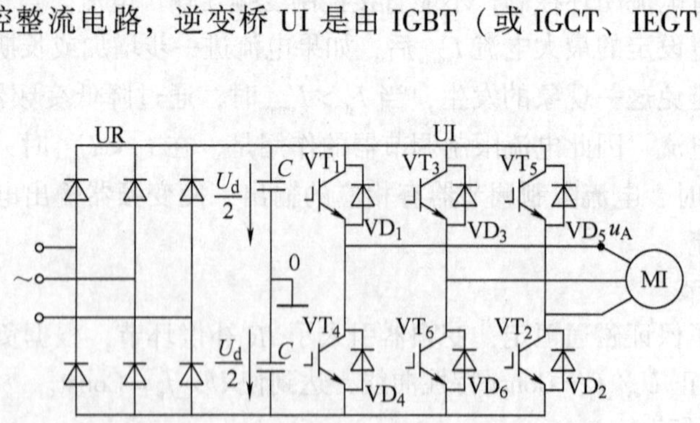


图 2-19　交-直-交电压源型 IGBT 变频器主电路

(11) 电流实际值检测

电流实际值检测主要用于输出电压的修正和过电流、过载保护。

通过检测变频器输出电流，进行过电流、过载计算，当判断为过电流、过载后，发出触发脉冲封锁信号封锁触发器，停止变频器运行，确保变频器和电动机的安全。

## 2.4 电流源型转速开环恒压频比控制的异步电动机变压变频调速系统

图2-20所示为一个典型的电流源型转速开环恒压频比控制的异步电动机变压变频调速系统。由图可知，变频器有两个功率变换环节，即整流桥与逆变桥，它们分别有相应的控制电路，为了操作方便，采用一个给定来控制，并通过函数发生器，使两个电路协调地工作。在电流源型变频器转速开环调速系统中，除了设置电流调节环外，仍需设置电压闭环，以保证调压调频过程中对逆变器输出电压的稳定性要求，实现恒压频比的控制方式。

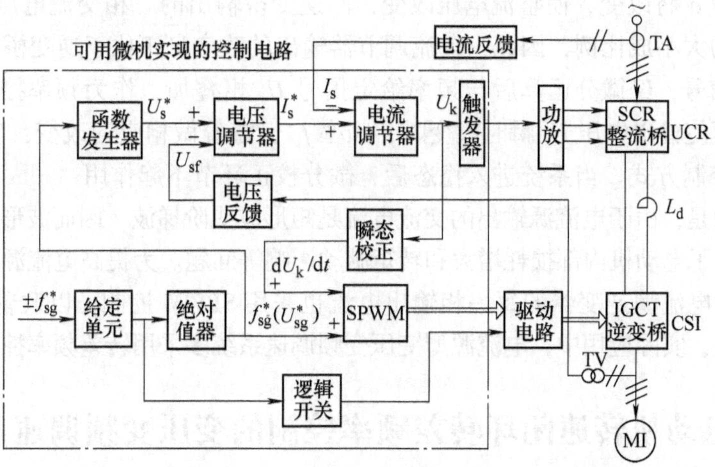


图2-20 电流源型转速开环的异步电动机变压变频调速系统

(1) 电流源型变频器主回路

电流源型变频器主电路由两个功率变换环节构成，即三相桥式整流器和逆变器，中间环节采用电抗器滤波。整流器和逆变器分别有相应的控制电路，即电压控制电路及频率控制电路，分别进行调压与调频控制。

(2) 给定积分

设置目的：将阶跃给定信号转变为斜坡信号，以消除阶跃给定对系统产生的过大冲击，使系统中的电压、电流、频率和电动机转速都能稳步上升和下降，以提高系统的可靠性及满足一些生产机械的要求。

(3) 函数发生器

设置目的：前面讨论过，在变压变频调速系统中 $U_s=f(f_s)$，即定子电压是定子频率的函数，函数发生器就是根据给定积分器输出的频率信号，产生一个对应于定子电压的给定值，实现 $U_s/f_s=\text{Const}$。

(4) 电压调节器和电流调节器

电压调节器采用PID调节器，其输出作为电流调节器的给定值。

电流调节器也是采用PID调节器，根据电压调节器输出的电流给定值与实际电流信号值的偏差，实时调整触发角，使实际电流跟随给定电流。

（5）瞬态校正环节

瞬态校正环节是一个微分环节，具有超前校正作用。设置的目的是为了在瞬态调节过程中仍使系统基本保持 $U_s/f_s=\text{Const}$ 的关系。

当电源电压波动引起逆变器输出电压发生变化时，电压闭环控制系统按电压给定值自动调节逆变器的输出电压。但是在电压调节过程中逆变器输出频率并没有发生变化，因此 $U_s/f_s=\text{Const}$ 的关系在瞬态过程中不能得到维持。这将导致磁场出现过激或欠激不断交替的情况，使得电动机输出转矩大幅度波动，从而造成电动机转速波动。为了避免上述情况的发生，加入了瞬态校正环节。

瞬态校正环节的输入信号取自电流调节器的输出信号。当电流调节器输出发生改变时，整流桥的触发角 $\alpha$ 将改变，使整流电压改变，而逆变桥输出的三相交流电压 $U_s$ 的大小又直接与整流电压的大小成比例，因此，电流调节器输出的改变量正比于逆变桥输出电压的改变量，取出这个信号，经微分运算后与频率给定信号 $U_{sg}$ 相叠加，作为频率控制信号送到 SPWM 环节，从而使输出电压 $U_s$ 瞬时改变时，频率 $f_s$ 也随着做相应的改变，实现在瞬态过程中恒压频比的控制方式。当系统进入稳态后，微分校正环节不起作用。

需要指出的是，由于电流源输出的交流电流是矩形波或阶梯波，因而波形中含有大量谐波分量，由此带来了电动机内部损耗增大和转矩脉动影响等问题。为提高电流源型变压变频调速系统的性能，对电流型逆变器的每一相输出电流也采用 SPWM 控制，以改善输出电流波形。还需要指出的是，实际应用中，电流源型变压变频调速系统多采用转差频率控制方式。

## 2.5 异步电动机转速闭环转差频率控制的变压变频调速系统

由前述可知，转差频率控制方式就是通过控制异步电动机的转差频率来控制其电磁转矩，从而有利于提高系统的动态性能。

### 2.5.1 电流源型转差频率控制的异步电动机变压变频调速系统的构成及工作原理

这里介绍一种比较典型的系统，其基本结构如图 2-21 所示。系统的工作原理如下：

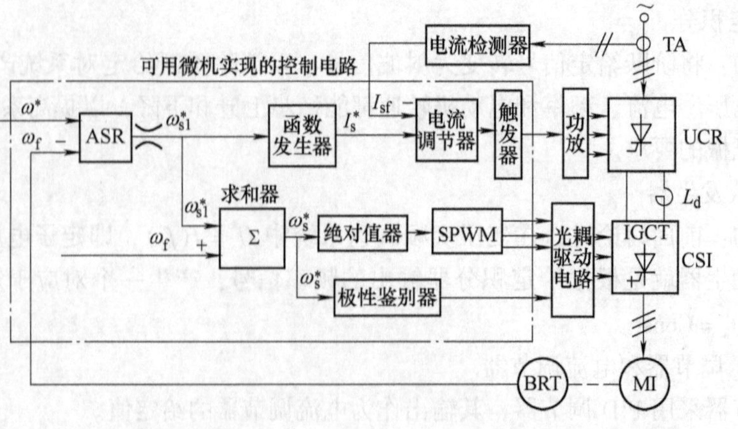


图 2-21　电流源型转差频率（SF）控制的异步电动机变压变频调速系统

**1. 起动过程**

对于转速闭环控制系统而言，转速调节器（ASR）的输出为电动机转矩的给定值（控制量）。

由转差频率控制原理可知，异步电动机的电磁转矩 $T_{ei}$ 与转差角频率 $\omega_{sl}$ 成正比，因而 ASR 的输出就是转差角频率的给定值 $\omega_{sl}^*$。

由于电动机的机械惯性影响，当设定一个转速给定值 $\omega^*$ 时，必然有一个起动过程。通常 ASR 都是采用 PI 调节器，这样在起动过程中 ASR 的输出一直为限幅值，这个限幅值就是最大转差角频率的给定值 $\omega_{slmax}^*$，它对应电动机的最大电磁转矩 $T_{eimax}$。因此，转差频率控制方式的最大特点是在起动过程中能维持一个最大的起动转矩恒定不变，电动机起动过程是沿着 $T_{ei}=T_{eimax}$ 特性曲线的包络线（见图 2-22）升速，实现快速起动的要求。

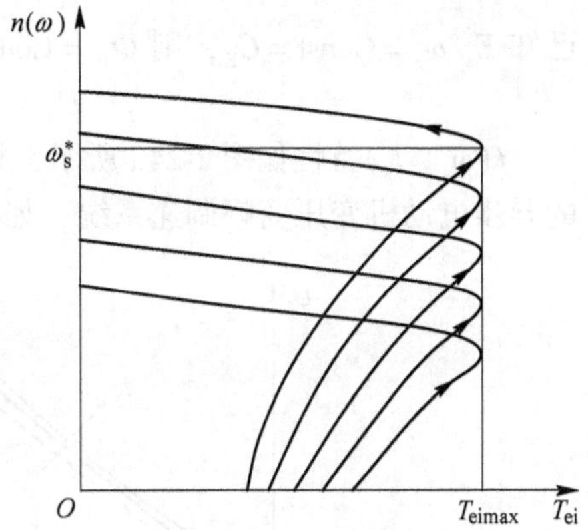


图 2-22　异步电动机转差频率控制起动特性

在起动过程中，一方面是通过 $I_s=f(\omega_{sl})$ 函数发生器来保证在起动过程中使 $\Phi_m=\text{Const}$；另一方面是通过绝对值发生器获得同步角频率给定值 $|\omega_s^*|=|\omega_f+\omega_{slmax}^*|$。当 $\omega$ 上升到 $\omega_f \geqslant \omega^*$ 时，ASR 开始退出饱和，$\omega_{sl}^*$ 由 $\omega_{slmax}^*$ 下降到 $T_{ei}=T_L$ 的对应值上（$\omega_{sl}\neq 0$），电动机稳定运行在对应 $\omega^*$ 的转速 $\omega$ 上。

**2. 负载变化**

设电动机在某一转速下运行，当突加负载 $T_L$ 时，会引起电动机转速 $\omega$ 下降，使 $\omega_f<\omega^*$，转速调节器（ASR）输出开始上升，只要 $\omega_f<\omega^*$，则 ASR 一直正向积分，直到 $\omega_{sl}^*=\omega_{slmax}^*$，使 $T_{ei}=T_{eimax}$，致使电动机很快加速。同时，经函数发生器产生对应 $\omega_{sl}^*$ 的定子电流 $I_s^*$，使电动机磁通 $\Phi_m$ 保持不变。当转速恢复到 $\omega_f \geqslant \omega^*$ 时，转速调节器（ASR）开始反向积分，$\omega_{sl}^*$ 下降，最终达到 $\omega_f=\omega^*$，重新进入稳态，实现了转速无静差调节。

**3. 再生制动**

如果使 $\omega^*=0$，由于电动机及负载的机械惯性，转速不会突变，则 $\omega^*-\omega_f=-\omega_f$，转速调节器（ASR）反向积分直到限幅输出 $\omega=-\omega_{slmax}^*$。一方面函数发生器输出一个对应 $\omega_{sl}^*=\omega_{slmax}^*$ 的 $I_s^*$ 值，使磁通 $\Phi_m$ 恒定。另一方面，电动机定子频率，将由原来的 $\omega_s$ 变到 $\omega_s'$，如图 2-23 所示，并有 $\omega_s'<\omega$，即异步电动机的同步转速 $\omega_s$ 小于转子转速 $\omega$（$s<0$）。由电机学可知，此时电动机为再生制动状态，且只要 $\omega>0$，转速调节器（ASR）一直为负限幅输出，对应 $T_{ei}=-T_{ei\,max}$，使异步电动机很快减速制动，直到 $\omega_s-\omega_{sl\,max}=0$。由于 $\omega$ 继续下降，$\omega<\omega_{sl\,max}$，则 $\omega_s<0$，这时极性鉴别器的输出改变了相序，使异步电动机定子旋转磁场开始反向旋转，此时与电动机转子转向相反，所以 $s>1$，即电动机变为

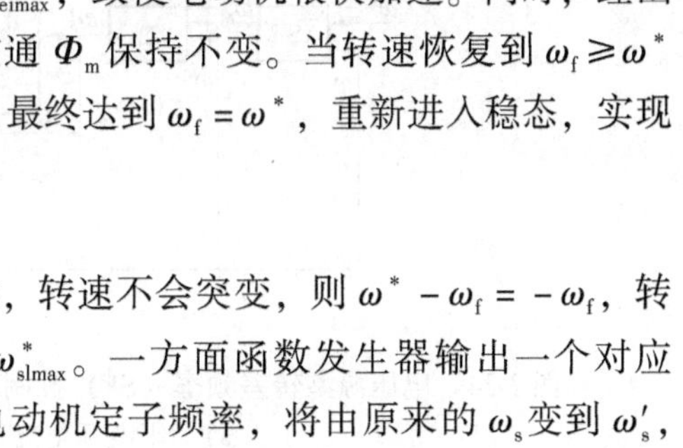

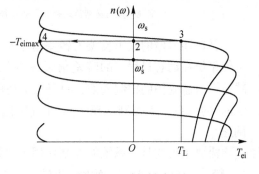

图 2-23　再生制动

反接制动状态，因 ASR 输出未变，对应转矩 $T_{eimax}$ 也未变，所以电动机很快制动到 $\omega=0$。

## 2.5.2 电压源型转差频率控制的异步电动机变压变频调速系统

根据式（2-4）可以求出电压-频率特性方程式为

$$U_s=\left(\sqrt{R_s^2+(\omega_s L_{s\sigma})^2}\right)I_s+E_s$$

由上式可知，当 $\omega_s$ 较大时，$\omega_s L_{s\sigma} I_s$ 占主导地位，$R_s I_s$ 可忽略，可得

$$U_s=\omega_s L_{s\sigma} I_s+E_s=\omega_s L_{s\sigma} I_s+\left(\frac{E_s}{\omega_s}\right)\omega_s$$

已知 $E_s/\omega_s=\text{Const}=C_E$，则 $\Phi_m=\text{Const}$，因此得到简化的电压-频率特性方程式为

$$U_s=\omega_s L_{s\sigma} I_s+C_E\omega_s=f(\omega_s,I_s)$$

$f(\omega_s,\ I_s)$特性如图 2-24a 所示，根据 $U_s=f(\omega_s,\ I_s)$可以构筑一个电压源型转差频率控制的异步电动机变压变频调速系统，如图 2-24b 所示。

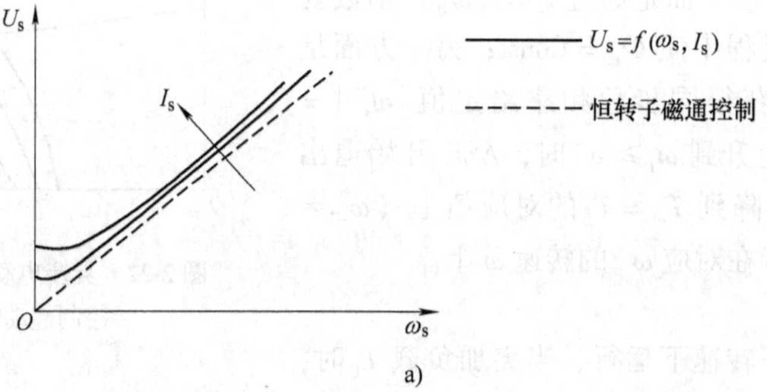


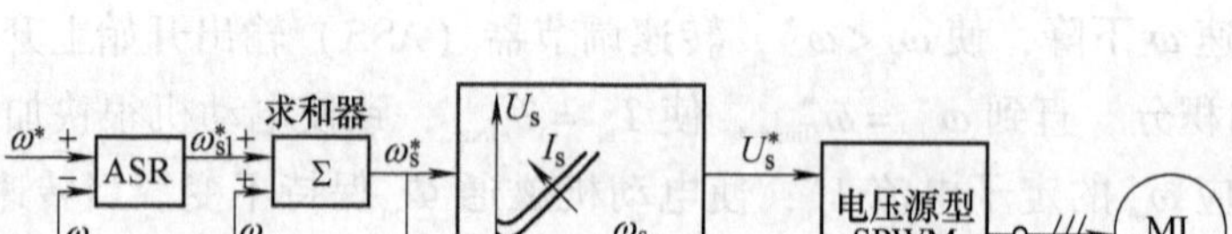

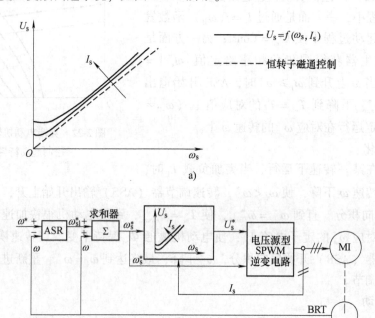

图 2-24 电压源型转差频率（SF）控制的异步电动机变压变频调速系统及其电压-频率特性

a）不同定子电流时恒 $U_s/\omega_s$ 控制的电压-频率特性

b）电压源型转差频率（SF）控制的异步电动机变压变频调速系统结构图

转速调节器的输出反映了转差角频率 $\omega_{sl}(\propto T_{ei})$，由于转速调节器的输出设有限幅器，可使系统在动态过程中的转差角频率不会超过 $\omega_{slmax}$，因而能在最大允许转矩 $T_{eimax}$ 下加速、减速，对逆变桥的控制同前，只是整流桥的控制是根据 $\omega_{sl}^*$ 的变化经函数发生器按照 $U_s/f_s=\text{Const}$ 的关系，来控制电压 $U_s$，使气隙磁通 $\Phi_m$ 保持不变，从而保证了恒磁通下的恒转矩调速。

需要指出的是，系统的控制作用主要是由转差角频率 $\omega_{sl}=\omega_s-\omega$ 决定的，由于 $\omega_{sl}$ 很小（一般 $\omega_{sl}<5\%\omega_{sN}$），因而电动机转速 $\omega$ 的很小测量误差可引起 $\omega_{sl}^*$ 的很大误差，因此在转

差频率控制方式中对测速精度的要求远远高于直流调速系统，解决办法是采用数字检测，可以大大提高检测精度。

虽然转差频率控制方式比恒压频比控制方式前进了一步，系统的动、静态特性都有一定的提高。但是，由于其基本关系式都是从稳态方程中导出的，没有考虑到电动机电磁惯性的影响及在动态中 $\Phi_m$ 如何变化，所以，严格来说，动态转矩与磁通并未得到圆满的控制。

需要指出的是，由于这类系统存在的缺点及应用的局限性，转差频率控制方式正在逐渐被转差型矢量控制方式所取代。

# 第3章 基于动态数学模型的异步电动机矢量控制变压变频调速系统

在第2章所讲述的恒压频比控制和转差频率控制的异步电动机变压变频调速系统，由于它们的基本控制关系及转矩控制原则是建立在异步电动机稳态数学模型的基础上，其被控制变量（定子电压、定子电流）都是在幅值意义上的标量控制，而忽略了幅角（相位）控制，因而异步电动机的电磁转矩未能得到精确的、实时的控制，自然也就不能获得优良的动态性能。矢量控制成功地解决了交流电动机定子电流转矩分量和励磁分量的耦合问题，从而实现了交流电动机电磁转矩的实时控制，大大提高了交流电动机变压变频调速系统的动态性能。交流电动机矢量控制系统的性能已经可以与直流调速系统的性能相媲美，甚至超过了直流调速系统的性能。

本章首先以直流电动机电磁转矩和异步电动机电磁转矩的异同及内在联系作为切入点，给出矢量控制的基本思路和基本概念；然后建立异步电动机在三相静止坐标系上的动态数学模型，利用矢量坐标变换加以简化处理，得到二相静止坐标系和二相旋转坐标系上的数学模型，进而获得二相同步旋转坐标系上的数学模型；将处理后的异步电动机数学模型与直流电动机数学模型统一起来，导出矢量控制方程式和转子磁链方程式；根据矢量控制方程式及转子磁链方程式，按直流电动机转矩控制规律构造异步电动机矢量控制系统的结构及转子磁链观测器。最后介绍实际应用的几种典型异步电动机矢量控制变压变频调速系统。

## 3.1 矢量控制的基本概念

### 3.1.1 直流电动机和异步电动机的电磁转矩

任何调速系统的任务都是控制和调节电动机的转速，然而，转速是通过转矩来改变的，因此，首先从统一的电动机转矩方程式着手，揭示电动机控制的实质和关键。

下面通过分析和对比直流电动机和异步电动机的电磁转矩，弄清两种不同电动机电磁转矩的异同和内在联系，这样有助于理解如何在交流电动机上模拟直流电动机的转矩控制规律。

作为一种动力设备的任何电动机，其主要特性是它的转矩-转速特性，在加（减）速和速度调节过程中都服从于基本运动学，即

$$T_e - T_L = J\frac{dn}{dt} \tag{3-1}$$

式中，$T_e$ 为电动机的电磁转矩；$T_L$ 为负载转矩；$J = GD^2/375$ 为转动惯量；$n$ 为电动机的转速。

由式（3-1）可知，对于恒转矩负载的起、制动及调速，如果能控制电动机的电磁转矩恒定，则就能获得恒定的加（减）速运动。当突加负载时，如果能把电动机的电磁转矩迅

速地提高到允许的最大值（$T_{eimax}$），则就能获得最小的动态速降和最短的动态恢复时间。可见，任何电动机的动态特性，取决于对电动机的电磁转矩控制效果。

由电机学可知，任何电动机产生电磁转矩的原理，在本质上都是电动机内部两个磁场相互作用的结果，因此各种电动机的电磁转矩具有统一的表达式，即

$$T_e = \frac{\pi}{2} n_p^2 \Phi_m F_s \sin\theta_s = \frac{\pi}{2} n_p^2 \Phi_m F_r \sin\theta_r \tag{3-2}$$

式中，$n_p$为电机的极对数；$F_s$、$F_r$ 为定、转子磁动势矢量的模值；$\Phi_m$为气隙主磁通矢量的模值；$\theta_s$、$\theta_r$ 为定子磁势空间矢量 $\boldsymbol{F}_s$、转子磁动势空间矢量 $\boldsymbol{F}_r$ 分别与气隙合成磁势空间矢量 $\boldsymbol{F}_\Sigma$ 之间的夹角（见图 3-1），通常用电角度表示为 $\theta_s = n_p\theta_{ms}$，$\theta_r = n_p\theta_{mr}$，其中 $\theta_{ms}$、$\theta_{mr}$ 为机械角；$\boldsymbol{F}_\Sigma$ 为气隙合成磁势空间矢量，当忽略铁损时与磁通矢量 $\boldsymbol{\Phi}_m$ 同轴同向。

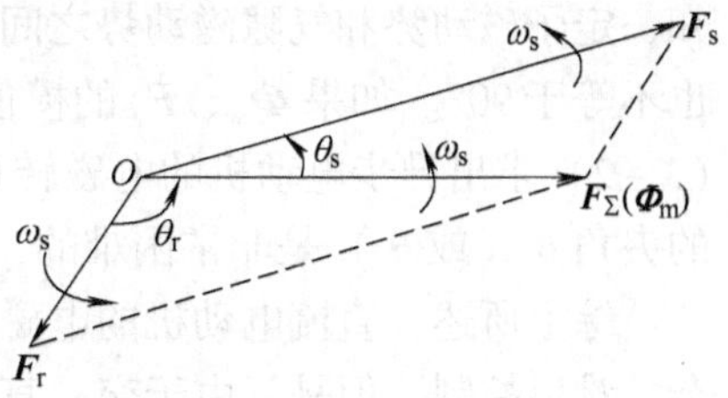

图 3-1　异步电动机的磁动势、磁通空间矢量图

在直流电动机中，主极磁场在空间固定不动；由于换向器作用，电枢磁动势的轴线在空间也是固定的，如图 3-2a 所示。通常把主极的轴线称为直轴，即 $d$ 轴（Direct Axis），与其垂直的轴称为交轴，即 $q$ 轴（Quadrature Axis）。若电刷放在几何中性线上，则电枢磁动势的轴线与主极磁场轴线互相垂直，即与交轴重合。设气隙合成磁场与电枢磁动势的夹角为 $\theta_a$，则从图 3-2b 可知，$\boldsymbol{\Phi}_m \sin\theta_a = \boldsymbol{\Phi}_d$ 为直轴每极下的磁通。在主极磁场和电枢磁动势相互作用下，产生电磁转矩为

$$T_{ed} = \frac{\pi}{2} n_p^2 \Phi_d F_a \sin\theta_{ad}$$

式中，$F_a = I_a N_a / \pi^2 n_p a$，$\sin\theta_{ad} = 1$。所以上式又可写为

$$T_{ed} = \frac{n_p}{2\pi} \frac{N_a}{a} \Phi_d I_a = C_{MD} \Phi_d I_a \tag{3-3}$$

式中，$C_{MD}$为直流电动机的转矩系数，$C_{MD} = n_p N_a / 2\pi a$，其中，$N_a$ 为绕组匝数，$a$ 为绕组并联支路数。

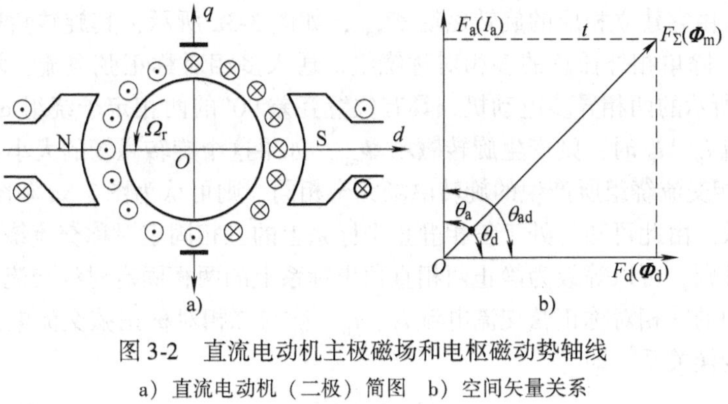

图 3-2　直流电动机主极磁场和电枢磁动势轴线

a）直流电动机（二极）简图　b）空间矢量关系

由图 3-2a 可以看出，主极磁通 $\Phi_d$ 和电枢电流方向（指该电流产生的磁动势方向）总是互相垂直的，二者各自独立，互不影响。此外，对于他励直流电动机而言，励磁和电枢是两个独立的电路，可以对电枢电流和励磁电流进行单独控制和调节，达到控制转矩的目的，

实现转速调节。可见，直流电动机的电磁转矩具有控制容易而又灵活的特点。

需要进一步指出的是，由于电枢电流 $I_a$ 和励磁电流 $I_f$（$\Phi_d$ 正比于 $I_f$）都是只有大、小和正、负变化的直流标量，因此，把 $I_a$ 和 $I_f$ 作为控制变量的直流调速系统是标量控制系统，而标量控制简单，容易实现。

在异步电动机中，同样也是两个磁场相互作用产生电磁转矩。与直流电动机的两个磁场所不同的是，异步电动机定子磁动势 $\boldsymbol{F}_s$、转子磁势 $\boldsymbol{F}_r$ 及二者合成产生的气隙磁势 $\boldsymbol{F}_\Sigma$（$\boldsymbol{\Phi}_m$）均是以同步角速度 $\omega_s$ 在空间旋转的矢量，三者的空间矢量关系如图 3-1 所示。由图 3-1 可知，定子磁动势和气隙磁动势之间的夹角 $\theta_s \neq 90°$；转子磁动势与气隙磁动势之间的夹角 $\theta_r$ 也不等于 90°。如果 $\boldsymbol{\Phi}_m$、$\boldsymbol{F}_r$ 的模值为已知，则只要知道它们空间矢量的夹角 $\theta_r$，就可按式（3－2）求出异步电动机的电磁转矩。但是，确定 $\boldsymbol{\Phi}_m$、$\boldsymbol{F}_r$（或 $\boldsymbol{F}_s$）的模值及它们空间矢量的夹角 $\theta_r$（或 $\theta_s$）是非常困难的，因此，控制异步电动机的电磁转矩并非易事。

综上所述，直流电动机的电磁转矩关系简单，容易控制；交流电动机的电磁转矩关系复杂，难以控制。但是，由于交、直流电动机产生转矩的规律有着共同的基础，是基于同一转矩公式（式 3-2）建立起来的，因而根据电动机的统一性，通过等效变换，可以将交流电动机转矩控制转化为直流电动机转矩控制的模式，从而控制交流电动机的困难问题也就迎刃而解了。

### 3.1.2 矢量控制的基本思想

由式（3-2）及图 3-1 所示的异步电动机磁动势、磁通空间矢量图可以看出，通过控制定子磁动势 $\boldsymbol{F}_s$ 的模值或控制转子磁动势的 $\boldsymbol{F}_r$ 的模值及它们在空间的位置，就能达到控制电动机转矩的目的。控制 $\boldsymbol{F}_s$ 模值的大小或 $\boldsymbol{F}_r$ 模值的大小，可以通过控制各相电流的幅值大小来实现，而在空间上的位置角 $\theta_s$、$\theta_r$，可以通过控制各相电流的瞬时相位来实现。因此，只要能实现对异步电动机定子各相电流（$i_A$、$i_B$、$i_C$）的瞬时控制，就能实现对异步电动机转矩的有效控制。

采用矢量控制方式是如何实现对异步电动机定子电流转矩分量的瞬时控制呢？异步电动机三相对称定子绕组中，通入对称的三相正弦交流电流 $i_A$、$i_B$、$i_C$ 时，则形成三相基波合成旋转磁动势，并由它建立相应的旋转磁场 $\boldsymbol{\Phi}_{ABC}$，如图 3-3a 所示，其旋转角速度等于定子电流的角频率 $\omega_s$。除单相外任意的多相对称绕组，通入多相对称正弦电流，均能产生旋转磁场，如图 3-3b 所示的两相异步电动机，具有位置互差 90°的两相定子绕组 α、β，当通入两相对称正弦电流 $i_\alpha$、$i_\beta$ 时，则产生旋转磁场 $\boldsymbol{\Phi}_{\alpha\beta}$，如果这个旋转磁场的大小、转速及转向与图 3-3a 所示三相交流绕组所产生的旋转磁场完全相同，则可认为图 3-3a 和图 3-3b 所示的两套交流绕组等效。由此可知，处于三相静止坐标系上的三相固定对称交流绕组，以产生同样的旋转磁场为准则，可以等效为静止两相直角坐标系上的两相固定对称交流绕组，并且可知三相交流绕组中的三相对称正弦交流电流 $i_A$、$i_B$、$i_C$ 与二相对称正弦交流电流 $i_\alpha$、$i_\beta$ 之间必存在着确定的变换关系，即

$$\begin{cases} i_{\alpha\beta} = A_1 i_{ABC} \\ i_{ABC} = A_1^{-1} i_{\alpha\beta} \end{cases} \tag{3-4}$$

式（3-4）表示一种变换关系方程，其中 $A_1$ 为一种变换式。

从图 3-2 中所示的直流电动机结构看到，励磁绕组是在空间上固定的直流绕组，而电枢

绕组是在空间中旋转的绕组。由图示可知，电枢绕组本身在旋转，电枢磁动势 $\boldsymbol{F}_a$ 在空间上却有固定的方向，通常称这种绕组为“伪静止绕组”（Pseudo - Stationary Coil），这样从磁效应的意义上来说，可以把直流电动机的电枢绕组当成在空间上固定的直流绕组，从而直流电动机的励磁绕组和电枢绕组就可以用图 3-3c 所示的两个在位置上互差 90°的直流绕组 M 和 T 来等效，M 绕组是等效的励磁绕组，T 绕组是等效的电枢绕组，M 绕组中的直流电流 $i_M$ 称为励磁电流分量，T 绕组中的直流电流 $i_T$ 称为转矩电流分量。

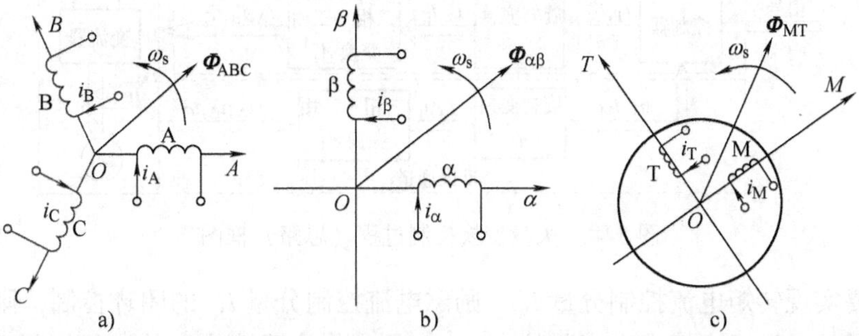


图 3-3　等效的交流电动机绕组和直流电动机绕组物理模型

a）三相交流绕组　b）两相交流绕组　c）旋转的直流绕组

设 $\boldsymbol{\Phi}_{MT}$ 为 M 绕组和 T 绕组分别通入直流电流 $i_M$ 和 $i_T$ 时产生的合成磁通，且在空间固定不动。如果人为地使这两个绕组旋转起来，则 $\boldsymbol{\Phi}_{MT}$ 也自然地随着旋转。若使 $\boldsymbol{\Phi}_{MT}$ 的大小、转速和转向与图 3-3b 所示的二相交流绕组所产生的旋转磁场 $\boldsymbol{\Phi}_{\alpha\beta}$ 及图 3-3a 所示的三相交流绕组产生的旋转磁场 $\boldsymbol{\Phi}_{ABC}$ 相同，则 M-T 直流绕组与 α-β 交流绕组及 A-B-C 交流绕组等效。显而易见，使固定的 M-T 绕组旋转起来，只不过是一种物理概念上的假设。在旋转磁场等效的原则下，α-β 交流绕组可以等效为旋转的 M-T 直流绕组，这时 α-β 交流绕组中的交流电流 $i_\alpha$、$i_\beta$ 与 M-T 直流绕组中的直流电流 $i_M$、$i_T$ 之间必存在着确定的变换关系，即

$$\begin{cases} i_{MT} = A_2 i_{\alpha\beta} \\ i_{\alpha\beta} = A_2^{-1} i_{MT} \end{cases} \tag{3-5}$$

式中，$A_2$ 为另一种变换式。

式（3-5）的物理性质是表示一种旋转变换关系，或者说，对于相同的旋转磁场而言，如果 α-β 交流绕组中的电流 $i_\alpha$、$i_\beta$ 与旋转的 M-T 直流绕组中的电流 $i_M$、$i_T$ 存在着式（3-5）的变换关系，则 α-β 交流绕组与旋转的 M-T 直流绕组完全等效。

由于 α-β 两相交流绕组又与 A-B-C 三相交流绕组等效，所以，M-T 直流绕组与A-B-C 交流绕组等效，即有

$$i_{MT} = A_2 i_{\alpha\beta} = A_2 A_1 i_{ABC} \tag{3-6}$$

由式（3-6）可知，旋转的 M-T 直流绕组中的直流电流 $i_M$、$i_T$ 与三相交流电流 $i_A$、$i_B$、$i_C$ 之间必存在着确定关系，因此通过控制 $i_M$、$i_T$ 就可以实现对 $i_A$、$i_B$、$i_C$ 的瞬时控制。

在旋转磁场坐标系上，把 $i_M$（励磁电流分量）、$i_T$（转矩电流分量）作为控制量，记为 $i_M^*$、$i_T^*$，对 $i_M^*$、$i_T^*$ 实施旋转变换就可以得到与旋转坐标系 *M-T* 等效的 *α-β* 坐标系下两相交流电流的控制量，记为 $i_\alpha^*$、$i_\beta^*$，然后通过二相-三相变换得到三相交流电流的控制量，记为 $i_A^*$、$i_B^*$、$i_C^*$，用来控制异步电动机的运行。

综上所述，对交流电动机的控制可以通过某种等效变换与直流电动机的控制统一起来，从而对交流电动机的控制就可以按照直流电动机转矩、转速规律来实现，这就是矢量控制的基本思想（思路）。

矢量变换控制的基本思想和控制过程可用框图来表达，如图 3-4 所示。

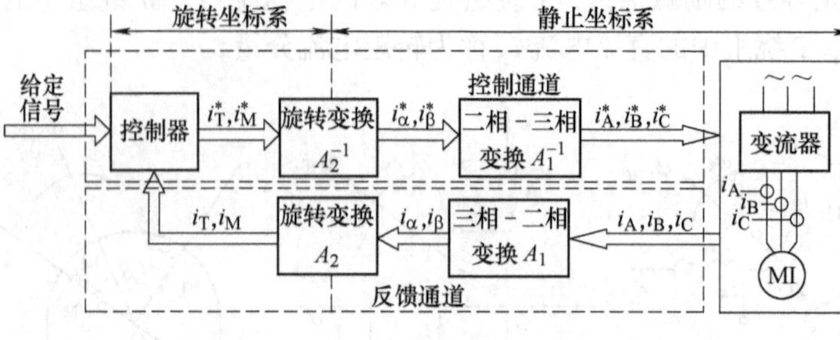


图 3-4　矢量变换控制过程（思路）框图

如果需要实现转矩电流控制分量 $i_M^*$、励磁电流控制分量 $i_T^*$ 的闭环控制，则要测量交流量，然后通过矢量坐标变换求出实际的 $i_T$、$i_M$，用来作为反馈量，其过程如图 3-4 中的反馈通道所示。

因为用来进行坐标变换的物理量是空间矢量，所以将这种控制系统称之为矢量变换控制系统（Transvector Control System），简称为矢量控制（Vector Control，VC）系统。

## 3.2 异步电动机在不同坐标系上的数学模型

本节首先建立三相异步电动机在三相静止坐标系上的数学模型，然后通过三相到二相坐标变换将三相静止坐标系上的数学模型变换为二相静止坐标系上的数学模型，再通过旋转坐标变换，将二相静止坐标系上的数学模型变换为二相旋转坐标系上的数学模型，最终将二相旋转坐标系上的数学模型变换为二相同步旋转坐标系上的数学模型，以实现将非线性、强耦合的异步电动机数学模型简化成线性、解耦的数学模型。

由前述可知，矢量控制是通过坐标变换将异步电动机的转矩控制与直流电动机的转矩控制统一起来，可见，坐标变换是实现矢量控制的关键，因此，在本节中将坐标变换的原理及实现方法也作为重点内容来讨论。

### 3.2.1 交流电动机的坐标系与空间矢量的概念

**1. 交流电动机的坐标系**

交流电动机的坐标系（也称作轴系）一般是以任意转速旋转的坐标系。其中，静止坐标系（旋转速度为零）、同步旋转坐标系（旋转速度为同步转速）是任意旋转坐标系的特例。这里，交流电动机坐标系是按电动机实际情况来确定的，后面所讲述的坐标变换就是按这种实际情况进行的，这样做的目的是为了使其物理意义更实际、更清晰。

（1）定子坐标系（*A-B-C* 和 *α-β* 坐标系）

三相电动机定子中有三相绕组，其轴线分别为 *A*、*B*、*C*，彼此相差 120°，构成一个 *A-B-C* 三相坐标系，如图 3-5 所示。某矢量 $\boldsymbol{X}$ 在三个坐标轴上的投影分别为 $X_A$、$X_B$、$X_C$，代表了该矢量在三个绕组中的分量，如果 $\boldsymbol{X}$ 是定子电流矢量，则 $X_A$、$X_B$、$X_C$ 分别为三个绕组中的电流分量。

数学上，平面矢量可用二相直角坐标系来描述，所以在定子坐标系中又定义了一个二相直角坐标系——$\alpha$-$\beta$ 坐标系，它的 $\alpha$ 轴与 $A$ 轴重合，$\beta$ 轴超前 $\alpha$ 轴 90°，也绘于图 3-5 中，$X_\alpha$、$X_\beta$ 为矢量 $\boldsymbol{X}$ 在 $\alpha$-$\beta$ 坐标轴上的投影或分量。

由于 $\alpha$ 轴和 $A$ 轴固定在定子绕组 A 相的轴线上，所以这两个坐标系在空间固定不动，称为静止坐标系。

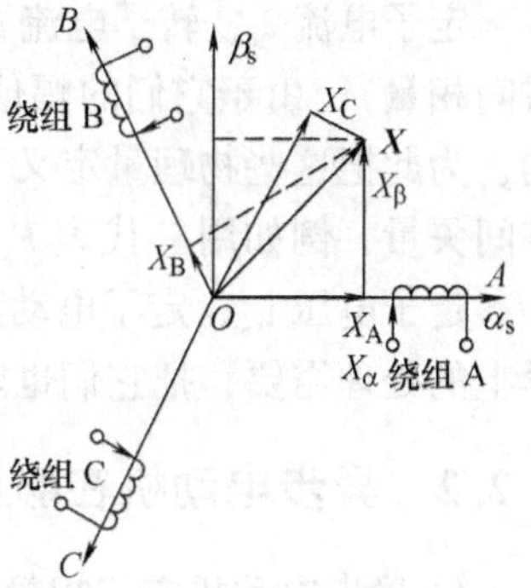

图 3-5　异步电动机定子坐标系

（2）转子坐标系（$a$-$b$-$c$）和旋转坐标系（$d$-$q$）

转子坐标系固定在转子上，其中平面直角坐标系的 $d$ 轴位于转子轴线上，$q$ 轴超前 $d$ 轴 90°，如图 3-6 所示。对于异步电动机可定义转子上任一轴线为 $d$ 轴（不固定）；对于同步电动机，$d$ 轴是转子磁极的轴线。从广义上来说，$d$-$q$ 坐标系通常称作旋转坐标系。

（3）同步旋转坐标系（$M$-$T$ 坐标系）

同步旋转坐标系的 $M$（Magnetization）轴固定在磁链矢量上，$T$（Torque）轴超前 $M$ 轴 90°，该坐标系和磁链矢量一起在空间以同步角速度 $\omega_s$ 旋转。各坐标轴之间的夹角如图 3-7 所示，$\omega_s$ 为同步角速度；$\omega_r$ 为转子角速度；$\varphi_s$ 为磁链（磁通）同步角，从定子轴 $\alpha$ 到磁链轴 $M$ 的夹角；$\varphi_L$ 为负载角，从转子轴 $d$ 到磁链轴 $M$ 的夹角；$\lambda$ 为转子位置角。其中 $\varphi_s = \varphi_L + \lambda$。

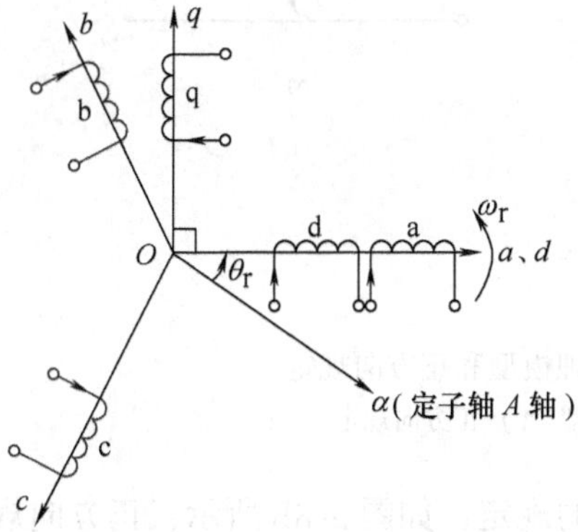

图 3-6　异步电动机转子坐标系

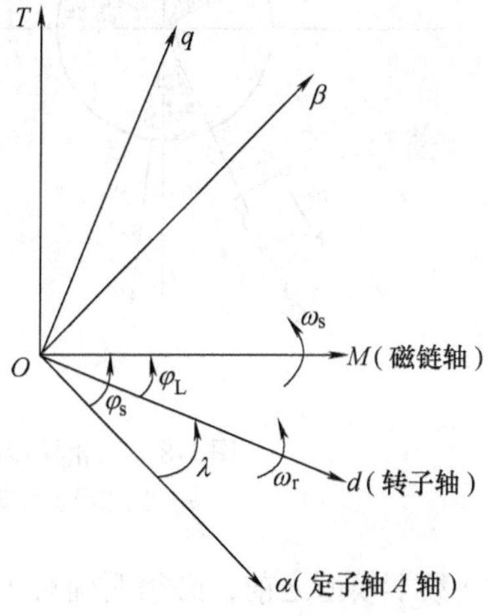

图 3-7　各坐标轴的位置图

**2. 空间矢量概念**

三相异步电动机的定子有三个绕组 A、B、C，当分别通入正弦电流 $i_A$、$i_B$、$i_C$ 时，就会在空间产生三个分磁动势矢量 $\boldsymbol{F}_A$、$\boldsymbol{F}_B$、$\boldsymbol{F}_C$，磁动势也叫做磁通势。三个分磁动势矢量之和为定子合成磁动势矢量，记为 $\boldsymbol{F}_s$，简称定子磁动势。由磁路欧姆定律可知，定子磁通矢量 $\boldsymbol{\Phi}_s = \boldsymbol{F}_s / R_m$，其中，$R_m$ 为磁阻。定子磁动势 $\boldsymbol{F}_s$ 和定子磁通 $\boldsymbol{\Phi}_s$ 是实际存在的空间矢量，且二者共轴线、共方向。同理，三相异步电动机转子实际存在的空间矢量有转子磁动势 $\boldsymbol{F}_r$、

转子磁通 $\boldsymbol{\Phi}_r$。实际存在的空间矢量还有定、转子合成磁动势 $\boldsymbol{F}_\Sigma=\boldsymbol{F}_s+\boldsymbol{F}_r$ 及气隙合成磁通 $\boldsymbol{\Phi}_m$。

定子电流 $i_s$、转子电流 $i_r$、定子磁链 $\Psi_s$、转子磁链 $\Psi_r$ 等是在空间不存在的物理量（是时间相量），由于它们的幅值正比于相应空间矢量的模值，而且 $i_s$、$\Psi_s$ 的幅值是可以测量的，为此把这些物理量定义为矢量，记为 $\boldsymbol{i}_s$、$\boldsymbol{i}_r$、$\boldsymbol{\Psi}_s$、$\boldsymbol{\Psi}_r$，并用它们代表或代替实际存在的空间矢量，例如用 $\boldsymbol{i}_s$ 代表 $\boldsymbol{F}_s$；用 $\boldsymbol{i}_r$ 代表 $\boldsymbol{F}_r$；用 $\boldsymbol{\Psi}_s$ 代表 $\boldsymbol{\Phi}_s$；用 $\boldsymbol{\Psi}_r$ 代表 $\boldsymbol{\Phi}_r$。

定子电压 $u_s$、定子电动势 $e_s$、转子电压 $u_r$、转子电动势 $e_r$ 等也不是空间矢量，为了数学上的处理需要，把它们也定义为空间矢量，记为 $\boldsymbol{u}_s(\boldsymbol{U}_s)$、$\boldsymbol{u}_r(\boldsymbol{U}_r)$、$\boldsymbol{e}_s(\boldsymbol{E}_s)$、$\boldsymbol{e}_r(\boldsymbol{E}_r)$。

### 3.2.2 异步电动机在静止坐标系上的数学模型

**1. 异步电动机在三相静止轴系上的电压方程式**（电路数学模型）

图 3-8a 表示一个定、转子绕组为星形联结的三相对称异步电动机的物理模型，其中无论电动机转子是绕线型还是笼型均等效为绕线型转子，并折算到定子侧，折算后的每相匝数都相等。

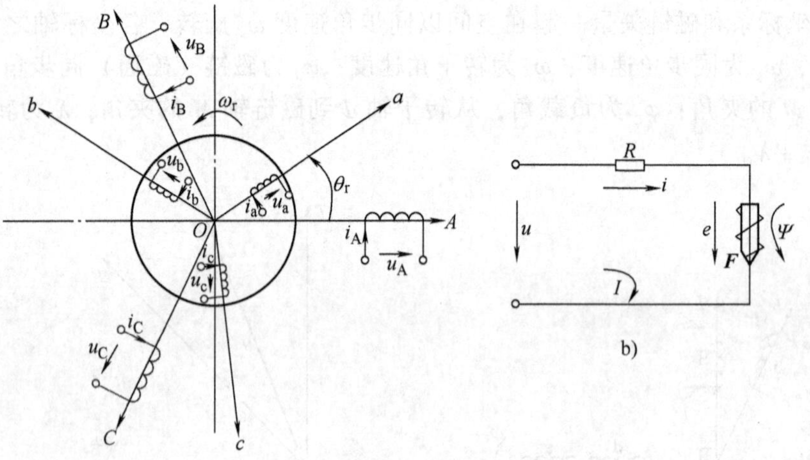


图 3-8 三相异步电动机物理模型和正方向规定

a）三相异步电动机物理模型 b）正方向规定

在建立数学模型之前，必须明确对于正方向的规定，如图 3-8b 所示，正方向规定如下：

1）电压正方向（箭头方向，下同）为电压降低方向。

2）电流正方向为自高电位流入，低电位流出方向。

3）电阻上的电压降正方向为电流箭头所指的方向。

4）磁动势和磁链的正方向与电流正方向符合右手螺旋定则，在不能区分线圈绕向的绕组中，电流正方向即代表磁动势和磁链的正方向。

5）电动势的正方向与电流正方向一致。

6）转子旋转的正方向定为逆时针方向。

根据正方向的规定，可以列出图 3-8 所示电动机的定、转子绕组的电压微分方程组，即

$$
\begin{cases}
u_A = R_A i_A + p(L_{AA} i_A) + p(L_{AB} i_B) + p(L_{AC} i_C) + p(L_{Aa} i_a) + p(L_{Ab} i_b) + p(L_{Ac} i_c) \\
u_B = p(L_{BA} i_A) + R_B i_B + p(L_{BB} i_B) + p(L_{BC} i_C) + p(L_{Ba} i_a) + p(L_{Bb} i_b) + p(L_{Bc} i_c) \\
u_C = p(L_{CA} i_A) + p(L_{CB} i_B) + R_C i_C + p(L_{CC} i_C) + p(L_{Ca} i_a) + p(L_{Cb} i_b) + p(L_{Cc} i_c) \\
u_a = p(L_{aA} i_A) + p(L_{aB} i_B) + p(L_{aC} i_C) + R_a i_a + p(L_{aa} i_a) + p(L_{ab} i_b) + p(L_{ac} i_c) \\
u_b = p(L_{bA} i_A) + p(L_{bB} i_B) + p(L_{bC} i_C) + p(L_{ba} i_a) + R_b i_b + p(L_{bb} i_b) + p(L_{bc} i_c) \\
u_c = p(L_{cA} i_A) + p(L_{cB} i_B) + p(L_{cC} i_C) + p(L_{ca} i_a) + p(L_{cb} i_b) + R_c i_c + p(L_{cc} i_c)
\end{cases} \tag{3-7}
$$

式中，$u_A$、$u_B$、$u_C$，$u_a$、$u_b$、$u_c$ 为定、转子相电压瞬时值；$i_A$、$i_B$、$i_C$，$i_a$、$i_b$、$i_c$ 为定、转子相电流瞬时值；$p = \mathrm{d}/\mathrm{d}t$ 为微分算子。

为了简化方程，必须进一步弄清式（3-7）中各类电阻、电感的性质。

（1）电阻

由于电动机绕组的对称性，并假定电阻与频率及温度无关，可令

$$R_A = R_B = R_C = R_s = 常数$$

$$R_a = R_b = R_c = R_r = 常数$$

式中，$R_s$、$R_r$ 为定、转子绕组每相电阻，$R_r$ 已归算到定子侧。

（2）自感

由于三相电动机的气隙是均匀的，故各绕组的自感与转子位置（即与角 $\theta_r$）无关；忽略磁路饱和效应，自感与电流无关；忽略趋肤效应，自感与频率无关，因此各自感均为常数。又因为绕组是对称的，可令 $L_{AA} = L_{BB} = L_{CC} = L_s$ 为定子每相绕组的自感，且为常数；$L_{aa} = L_{bb} = L_{cc} = L_r$ 为转子每相绕组的自感，已归算到定子侧，且为常数。

（3）互感

与电动机定子绕组交链的磁通主要有两类：一类是穿过气隙的相间互感磁通；另一类是只与该绕组本身交链而不和其他绕组交链的漏磁通，前者是主要的。定子互感磁通所对应的电感称为定子互感 $L_{sm}$；定子漏磁通所对应的电感称为定子漏感 $L_{s\sigma}$。由于定子绕组的对称性，各相定子互感和定子漏感值均相等；同样可以定义转子互感 $L_{rm}$ 和转子漏感 $L_{r\sigma}$，各相转子互感和转子漏感值也均相等。由于经过折算后定、转子绕组匝数相等，并且各绕组产生的互感磁通都通过气隙，磁阻相同，故可以认为 $L_{sm} = L_{rm} = L_m$。根据以上分析可知 $L_s$、$L_r$、$L_m$、$L_{s\sigma}$、$L_{r\sigma}$ 之间具有以下关系：

$$
\begin{cases}
L_s = L_m + L_{s\sigma} \\
L_r = L_m + L_{r\sigma}
\end{cases} \tag{3-8}
$$

1）定子三相绕组之间及转子三相绕组之间的互感。由于电动机气隙的均匀性和绕组的对称性，可令

$$
\begin{cases}
L_{AB} = L_{AC} = L_{BA} = L_{BC} = L_{CA} = L_{CB} = L_{ss} \\
L_{ab} = L_{ac} = L_{ba} = L_{bc} = L_{ca} = L_{cb} = L_{rr}
\end{cases} \tag{3-9}
$$

式中，$L_{ss}$、$L_{rr}$ 分别为定子任意两相绕组和转子任意二相绕组之间的互感。

由于三相定（转）子绕组的轴线在空间上的相位差是 ±120°，在假定气隙磁场为正弦分布的条件下，定子绕组、转子绕组之间的互感值应为

$$
\begin{cases}
L_{ss} = L_m \cos 120^\circ = -\dfrac{1}{2} L_m \\
L_{rr} = L_m \cos 120^\circ = -\dfrac{1}{2} L_m
\end{cases} \tag{3-10}
$$

2）定子绕组与转子绕组之间的互感。在忽略气隙磁场的空间高次谐波情况下，可以近似认为定、转子绕组之间的互感为 $\theta_r$ 角的余弦函数。当定、转子绕组恰处于同轴时，互感具有最大值 $L_m$，于是

$$\begin{cases} L_{Aa}=L_{aA}=L_{Bb}=L_{bB}=L_{Cc}=L_{cC}=L_m\cos\theta_r \\ L_{Ab}=L_{bA}=L_{Bc}=L_{cB}=L_{Ca}=L_{aC}=L_m\cos(\theta_r+2\pi/3) \\ L_{Ac}=L_{cA}=L_{Ba}=L_{aB}=L_{Cb}=L_{bC}=L_m\cos(\theta_r-2\pi/3) \end{cases} \tag{3-11}$$

将式（3-8）、式（3-10）、式（3-11）所表示的参数（电阻、自感、互感）都代入式（3-7）中，得到

$$\begin{cases} u_A=(R_s+L_mp+L_{s\sigma}p)i_A-\frac{1}{2}L_mpi_B-\frac{1}{2}L_mpi_C+L_mp\cos(\theta_r i_a) \\ \quad +L_mp\cos\left(\theta_r+\frac{2\pi}{3}\right)i_b+L_mp\cos\left(\theta_r-\frac{2\pi}{3}\right)i_c \\ u_B=-\frac{1}{2}L_mpi_A+(R_s+L_mp+L_{s\sigma}p)i_B-\frac{1}{2}L_mpi_C+L_mp\cos\left(\theta_r-\frac{2\pi}{3}\right)i_a \\ \quad +L_mp\cos\theta_r i_b+L_mp\cos\left(\theta_r+\frac{2\pi}{3}\right)i_c \\ u_C=-\frac{1}{2}L_mpi_A-\frac{1}{2}L_mpi_B+(R_s+L_mp+L_{s\sigma}p)i_C+L_mp\cos\left(\theta_r+\frac{2\pi}{3}\right)i_a \\ \quad +L_mp\cos\left(\theta_r-\frac{2\pi}{3}\right)i_b+L_mp\cos\theta_r i_c \\ u_a=L_mp\cos\theta_r i_A+L_mp\cos\left(\theta_r-\frac{2\pi}{3}\right)i_B+L_mp\cos\left(\theta_r+\frac{2\pi}{3}\right)i_C \\ \quad +(R_r+L_mp+L_{r\sigma}p)i_a-\frac{1}{2}L_mpi_b-\frac{1}{2}L_mpi_c \\ u_b=L_mp\cos\left(\theta_r+\frac{2\pi}{3}\right)i_A+L_mp\cos\theta_r i_B+L_mp\cos\left(\theta_r-\frac{2\pi}{3}\right)i_C \\ \quad -\frac{1}{2}L_mpi_a+(R_r+L_mp+L_{r\sigma}p)i_b-\frac{1}{2}L_mpi_c \\ u_c=L_mp\cos\left(\theta_r-\frac{2\pi}{3}\right)i_A+L_mp\cos\left(\theta_r+\frac{2\pi}{3}\right)i_B+L_mp\cos\theta_r i_C-\frac{1}{2}L_mpi_a \\ \quad -\frac{1}{2}L_mpi_b+(R_r+L_mp+L_{r\sigma}p)i_c \end{cases} \tag{3-12}$$

将式（3-7）及式（3-12）所表示的电压方程写成矩阵形式

$$\boldsymbol{u}=\boldsymbol{Ri}+p(\boldsymbol{Li})=\boldsymbol{Zi}=\boldsymbol{Ri}+p\boldsymbol{\Psi} \tag{3-13}$$

式中，$\boldsymbol{u}^T=\begin{pmatrix}u_A & u_B & u_C & u_a & u_b & u_c\end{pmatrix}$；$\boldsymbol{i}^T=\begin{pmatrix}i_A & i_B & i_C & i_a & i_b & i_c\end{pmatrix}$；$\boldsymbol{Z}=\boldsymbol{R}+p\boldsymbol{L}$；

$$\boldsymbol{R}=\begin{pmatrix} R_s & 0 & 0 & 0 & 0 & 0 \\ 0 & R_s & 0 & 0 & 0 & 0 \\ 0 & 0 & R_s & 0 & 0 & 0 \\ 0 & 0 & 0 & R_r & 0 & 0 \\ 0 & 0 & 0 & 0 & R_r & 0 \\ 0 & 0 & 0 & 0 & 0 & R_r \end{pmatrix}; \tag{3-14}$$

$$
\boldsymbol{L}=\left(\begin{array}{ccc|ccc}
L_{AA} & L_{AB} & L_{AC} & L_{Aa} & L_{Ab} & L_{Ac} \\
L_{BA} & L_{BB} & L_{BC} & L_{Ba} & L_{Bb} & L_{Bc} \\
L_{CA} & L_{CB} & L_{CC} & L_{Ca} & L_{Cb} & L_{Cc} \\
\hline
L_{aA} & L_{aB} & L_{aC} & L_{aa} & L_{ab} & L_{ac} \\
L_{bA} & L_{bB} & L_{bC} & L_{ba} & L_{bb} & L_{bc} \\
L_{cA} & L_{cB} & L_{cC} & L_{ca} & L_{cb} & L_{cc}
\end{array}\right)
$$

$$
=\left(\begin{array}{ccc|ccc}
L_m+L_{s\sigma} & -\frac{1}{2}L_m & -\frac{1}{2}L_m & L_m\cos\theta_r & L_m\cos\left(\theta_r+\frac{2\pi}{3}\right) & L_m\cos\left(\theta_r-\frac{2\pi}{3}\right) \\
-\frac{1}{2}L_m & L_m+L_{s\sigma} & -\frac{1}{2}L_m & L_m\cos\left(\theta_r-\frac{2\pi}{3}\right) & L_m\cos\theta_r & L_m\cos\left(\theta_r+\frac{2\pi}{3}\right) \\
-\frac{1}{2}L_m & -\frac{1}{2}L_m & L_m+L_{s\sigma} & L_m\cos\left(\theta_r+\frac{2\pi}{3}\right) & L_m\cos\left(\theta_r-\frac{2\pi}{3}\right) & L_m\cos\theta_r \\
\hline
L_m\cos\theta_r & L_m\cos\left(\theta_r-\frac{2\pi}{3}\right) & L_m\cos\left(\theta_r+\frac{2\pi}{3}\right) & L_m+L_{r\sigma} & -\frac{1}{2}L_m & -\frac{1}{2}L_m \\
L_m\cos\left(\theta_r+\frac{2\pi}{3}\right) & L_m\cos\theta_r & L_m\cos\left(\theta_r-\frac{2\pi}{3}\right) & -\frac{1}{2}L_m & L_m+L_{r\sigma} & -\frac{1}{2}L_m \\
L_m\cos\left(\theta_r-\frac{2\pi}{3}\right) & L_m\cos\left(\theta_r+\frac{2\pi}{3}\right) & L_m\cos\theta_r & -\frac{1}{2}L_m & -\frac{1}{2}L_m & L_m+L_{r\sigma}
\end{array}\right)。
\tag{3-15}
$$

**2. 磁链方程**

式（3-13）中的磁链 $\boldsymbol{\Psi}$ 可写成

$$
\boldsymbol{\Psi}=\begin{pmatrix}\psi_A\\ \psi_B\\ \psi_C\\ \psi_a\\ \psi_b\\ \psi_c\end{pmatrix}=\boldsymbol{L}_i=\left(\begin{array}{ccc|ccc}
L_{AA} & L_{AB} & L_{AC} & L_{Aa} & L_{Ab} & L_{Ac} \\
L_{BA} & L_{BB} & L_{BC} & L_{Ba} & L_{Bb} & L_{Bc} \\
L_{CA} & L_{CB} & L_{CC} & L_{Ca} & L_{Cb} & L_{Cc} \\
\hline
L_{aA} & L_{aB} & L_{aC} & L_{aa} & L_{ab} & L_{ac} \\
L_{bA} & L_{bB} & L_{bC} & L_{ba} & L_{bb} & L_{bc} \\
L_{cA} & L_{cB} & L_{cC} & L_{ca} & L_{cb} & L_{cc}
\end{array}\right)\begin{pmatrix}i_A\\ i_B\\ i_C\\ i_a\\ i_b\\ i_c\end{pmatrix}
\tag{3-16}
$$

式（3-16）称为磁链方程，显然这是一个十分庞大的矩阵方程，其中 $\boldsymbol{L}$ 矩阵是 $6\times6$ 的电感矩阵。为使矩阵运算方便，将其写成分块矩阵形式，即

$$
\boldsymbol{L}=\left(\begin{array}{c|c}(\boldsymbol{L}_{SS}) & (\boldsymbol{L}_{SR})\\ \hline (\boldsymbol{L}_{RS}) & (\boldsymbol{L}_{RR})\end{array}\right)
\tag{3-17}
$$

其中

$$
\boldsymbol{L}_{SS}=\begin{pmatrix}
L_m+L_{s\sigma} & -\frac{1}{2}L_m & -\frac{1}{2}L_m \\
-\frac{1}{2}L_m & L_m+L_{s\sigma} & -\frac{1}{2}L_m \\
-\frac{1}{2}L_m & -\frac{1}{2}L_m & L_m+L_{s\sigma}
\end{pmatrix}
\tag{3-18}
$$

$$
\boldsymbol{L}_{\mathrm{RR}}=\begin{pmatrix} L_{\mathrm{m}}+L_{\mathrm{r}\sigma} & -\frac{1}{2}L_{\mathrm{m}} & -\frac{1}{2}L_{\mathrm{m}} \\ -\frac{1}{2}L_{\mathrm{m}} & L_{\mathrm{m}}+L_{\mathrm{r}\sigma} & -\frac{1}{2}L_{\mathrm{m}} \\ -\frac{1}{2}L_{\mathrm{m}} & -\frac{1}{2}L_{\mathrm{m}} & L_{\mathrm{m}}+L_{\mathrm{r}\sigma} \end{pmatrix} \tag{3-19}
$$

$$
\boldsymbol{L}_{\mathrm{SR}}=\boldsymbol{L}_{\mathrm{RS}}^{\mathrm{T}}=L_{\mathrm{m}}\begin{pmatrix} \cos\theta_{\mathrm{r}} & \cos\left(\theta_{\mathrm{r}}+\frac{2\pi}{3}\right) & \cos\left(\theta_{\mathrm{r}}-\frac{2\pi}{3}\right) \\ \cos\left(\theta_{\mathrm{r}}-\frac{2\pi}{3}\right) & \cos\theta_{\mathrm{r}} & \cos\left(\theta_{\mathrm{r}}+\frac{2\pi}{3}\right) \\ \cos\left(\theta_{\mathrm{r}}+\frac{2\pi}{3}\right) & \cos\left(\theta_{\mathrm{r}}-\frac{2\pi}{3}\right) & \cos\theta_{\mathrm{r}} \end{pmatrix} \tag{3-20}
$$

**3. 运动方程**

一般情况下，机电系统的基本运动方程式为

$$
T_{\mathrm{ei}}=T_{\mathrm{L}}+\frac{J}{n_{\mathrm{p}}}\frac{\mathrm{d}\omega}{\mathrm{d}t}+\frac{D}{n_{\mathrm{p}}}\omega+\frac{K}{n_{\mathrm{p}}}\theta_{\mathrm{r}} \tag{3-21}
$$

式中，$T_{\mathrm{L}}$ 为负载阻转矩；$\omega$ 为电动机角速度；$J$ 为机电系统转动惯量；$n_{\mathrm{p}}$为极对数；$D$ 为与转速成正比的阻转矩阻尼系数；$K$ 为扭转弹性转矩系数。对于刚性的恒转矩负载，$K=0$；若忽略传动机构的粘性摩擦，$D=0$，则有

$$
T_{\mathrm{ei}}=T_{\mathrm{L}}+\frac{J}{n_{\mathrm{p}}}\frac{\mathrm{d}\omega_{\mathrm{r}}}{\mathrm{d}t} \tag{3-22}
$$

**4. 转矩方程**

异步电动机电磁转矩根据机电能量转换原理可以求得一种转矩表达式，即

$$
\begin{aligned} T_{\mathrm{ei}} &= n_{\mathrm{p}}L_{\mathrm{m}}\Big[(i_{\mathrm{A}}i_{\mathrm{a}}+i_{\mathrm{B}}i_{\mathrm{b}}+i_{\mathrm{C}}i_{\mathrm{c}})\sin\theta_{\mathrm{r}}+(i_{\mathrm{A}}i_{\mathrm{b}}+i_{\mathrm{B}}i_{\mathrm{c}}+i_{\mathrm{C}}i_{\mathrm{a}})\sin\left(\theta_{\mathrm{r}}+\frac{2\pi}{3}\right) \\ &\quad +(i_{\mathrm{A}}i_{\mathrm{c}}+i_{\mathrm{B}}i_{\mathrm{a}}+i_{\mathrm{C}}i_{\mathrm{b}})\sin\left(\theta_{\mathrm{r}}-\frac{2\pi}{3}\right)\Big]=f(i_{\mathrm{A}},i_{\mathrm{B}},i_{\mathrm{C}},i_{\mathrm{a}},i_{\mathrm{b}},i_{\mathrm{c}}) \end{aligned} \tag{3-23}
$$

**5. 异步电动机在静止轴系上的数学模型**

式（3-13）还可以写成

$$
\boldsymbol{u}=\boldsymbol{R}\boldsymbol{i}+\boldsymbol{L}\frac{\mathrm{d}\boldsymbol{i}}{\mathrm{d}t}+\frac{\mathrm{d}\boldsymbol{L}}{\mathrm{d}t}\boldsymbol{i}=\boldsymbol{R}\boldsymbol{i}+\boldsymbol{L}\frac{\mathrm{d}\boldsymbol{i}}{\mathrm{d}t}+\omega\frac{\mathrm{d}\boldsymbol{L}}{\mathrm{d}\theta_{\mathrm{r}}}\boldsymbol{i} \tag{3-24}
$$

式（3-16）、式（3-22）或式（3-23）、式（3-24）及 $\omega_{\mathrm{r}}=\mathrm{d}\theta_{\mathrm{r}}/\mathrm{d}t$ 归纳在一起便构成了恒转矩负载下的异步电动机在静止轴系上的数学模型，即

$$
\begin{cases} \boldsymbol{u}=\boldsymbol{R}\boldsymbol{i}+\boldsymbol{L}\dfrac{\mathrm{d}\boldsymbol{i}}{\mathrm{d}t}+\omega\dfrac{\mathrm{d}\boldsymbol{L}}{\mathrm{d}\theta_{\mathrm{r}}}\boldsymbol{i} \\ \boldsymbol{\Psi}=\boldsymbol{L}\boldsymbol{i} \\ T_{\mathrm{ei}}=T_{\mathrm{L}}+\dfrac{J}{n_{\mathrm{p}}}\dfrac{\mathrm{d}\omega}{\mathrm{d}t} \\ T_{\mathrm{ei}}=f(i_{\mathrm{A}},i_{\mathrm{B}},i_{\mathrm{C}},i_{\mathrm{a}},i_{\mathrm{b}},i_{\mathrm{c}}) \\ \omega=\dfrac{\mathrm{d}\theta_{\mathrm{r}}}{\mathrm{d}t} \end{cases} \tag{3-25}
$$

**6. 异步电动机在三相静止轴系中的数学模型性质**

由式（3-25）可以看出，异步电动机在静止轴系上的数学模型具有以下性质：

（1）异步电动机数学模型是一个多变量（多输入/多输出）系统

输入到电动机定子的是三相电压 $u_A$、$u_B$、$u_C$（或电流 $i_A$、$i_B$、$i_C$），这就是说至少有三个输入变量。输出变量中，除转速外，磁通也是一个独立的输出变量。可见异步电动机的数学模型是一个多变量系统。

（2）异步电动机数学模型是一个高阶系统

异步电动机的定子有三个绕组，转子可等效成三个绕组，每个绕组产生磁通时都有它的惯性，再加上机电系统的惯性，则异步电动机的数学模型至少为七阶系统。

（3）异步电动机数学模型是一个非线性系统

由式（3-11）可知，定、转子之间的互感（$L_{sr}$、$L_{rs}$）为 $\theta_r$ 的余弦函数，是变参数，这是数学模型非线性的一个根源；由式（3-23）可知，式中有定、转子瞬时电流相乘的项，这是数学模型中又一个非线性根源。可见异步电动机的数学模型是一个非线性系统。

（4）异步电动机数学模型是一个强耦合系统

由式（3-23）和式（3-24）可以看出，异步电动机数学模型是一个变量间具有强耦合关系的系统。

综上所述，三相异步电动机在三相轴系上的数学模型是一个多变量、高阶、非线性、强耦合的复杂系统。

分析和求解这组方程是非常困难的，也难以用一个清晰的模型结构图来描绘。为了使异步电动机数学模型具有可控性、客观性，必须对其进行简化、解耦，使其成为一个线性、解耦的系统。由数学及物理学可知，简化、解耦的有效方法就是坐标变换。

## 3.2.3 坐标变换及变换矩阵

**1. 变换矩阵及其确定原则**

（1）变换矩阵的确定原则

坐标变换的数学表达式常用矩阵方程来表示，即

$$\boldsymbol{Y}=\boldsymbol{A}\boldsymbol{X} \tag{3-26}$$

式（3-26）说明的是将一组变量 $\boldsymbol{X}$ 变换为另一组变量 $\boldsymbol{Y}$，其中系数矩阵 $\boldsymbol{A}$ 称为变换矩阵，例如，设 $\boldsymbol{X}$ 是交流电动机三相轴系上的电流，经过矩阵 $\boldsymbol{A}$ 的变换得到 $\boldsymbol{Y}$，可以认为 $\boldsymbol{Y}$ 是另一轴系上的电流，这时，$\boldsymbol{A}$ 称为电流变换矩阵，类似的还有电压变换矩阵、阻抗变换矩阵等。根据什么原则正确地确定这些变换矩阵是进行坐标变换的前提条件，因此在确定这些变换矩阵之前，必须先明确应遵守的基本变换原则。

1）确定电流变换矩阵时，应遵守变换前后所产生的旋转磁场等效的原则。

电动机是机电能量转换装置，它的气隙磁场是机电能量转换的枢纽。气隙磁场是由电动机气隙合成磁动势决定的，而合成磁动势是由各绕组中的电流产生的，可见，只有遵守变换前后气隙中旋转磁场相同，电流变换矩阵方程式才能成立，从而确定的电流变换矩阵才是正确的。

2）确定电压变换矩阵和阻抗变换矩阵时，应遵守变换前后电动机的功率不变原则。

在确定电压变换矩阵和阻抗变换矩阵时，只要遵守变换前后电动机的功率不变原则，则

电流变换矩阵与电压变换矩阵、阻抗变换矩阵之间必存在着确定的关系。这样就可以从已知的电流变换矩阵来确定电压变换矩阵或阻抗变换矩阵。

3）为了矩阵运算的简单、方便，要求电流变换矩阵应为正交矩阵。

（2）功率不变原则

功率不变原则是指变换前后功率不变。在满足功率不变原则时，电流变换矩阵与电压变换矩阵及阻抗变换矩阵之间应满足什么关系呢？

设电流变换矩阵方程为

$$\begin{pmatrix} i_1 \\ i_2 \\ i_3 \end{pmatrix} = \begin{pmatrix} c_{11} & c_{12} \\ c_{21} & c_{22} \\ c_{31} & c_{32} \end{pmatrix} \begin{pmatrix} i'_1 \\ i'_2 \end{pmatrix} \tag{3-27}$$

或写成

$$\boldsymbol{i} = \boldsymbol{C}\boldsymbol{i}' \tag{3-28}$$

式中，$i'_1$、$i'_2$规定为新变量，$i_1$、$i_2$、$i_3$ 规定为原变量，且均为瞬时值；$\boldsymbol{C}$ 为电流变换矩阵。

式（3-27）和式（3-28）表示的是从新变量变换成原变量的电流变换。

设电压变换矩阵方程为

$$\boldsymbol{u}' = \boldsymbol{B}\boldsymbol{u} \tag{3-29}$$

式中，$\boldsymbol{B} = \begin{pmatrix} B_{11} & B_{12} & B_{13} \\ B_{21} & B_{22} & B_{23} \end{pmatrix}$为电压变换矩阵；$\boldsymbol{u}'$规定为新变量，$\boldsymbol{u}$ 规定为原变量，且均为瞬时值，电压变换的矩阵方程是将原变量变换成新变量。

功率不变恒等式为

$$P = u_1 i_1 + u_2 i_2 + u_3 i_3 \equiv u'_1 i'_1 + u'_2 i'_2 \tag{3-30}$$

将式（3-27）和式（3-29）代入式（3-30）中，得

$$\begin{aligned} & C_{11}u_1 i'_1 + C_{12}u_1 i'_2 + C_{21}u_2 i'_1 + C_{22}u_2 i'_2 + C_{31}u_3 i'_1 + C_{32}u_3 i'_2 \equiv \\ & B_{11}u_1 i'_1 + B_{12}u_2 i'_1 + B_{13}u_3 i'_1 + B_{21}u_1 i'_2 + B_{22}u_2 i'_2 + B_{23}u_3 i'_2 \end{aligned} \tag{3-31}$$

对于所有 $u_1$、$u_2$、$u_3$、$i'_1$、$i'_2$的值，这个恒等式都应该成立，必有

$$\boldsymbol{B} = \boldsymbol{C}^{\mathrm{T}} \tag{3-32}$$

式中，$\boldsymbol{C}^{\mathrm{T}}$ 为矩阵 $\boldsymbol{C}$ 的转置矩阵，电压变换矩阵 $\boldsymbol{B}$ 即为 $\boldsymbol{C}^{\mathrm{T}}$，则

$$\boldsymbol{u}' = \boldsymbol{C}^{\mathrm{T}}\boldsymbol{u} \tag{3-33}$$

设变换前电动机的电压矩阵方程为

$$\boldsymbol{u} = \boldsymbol{Z}\boldsymbol{i} \tag{3-34}$$

设变换后电动机的电压矩阵方程为

$$\boldsymbol{u}' = \boldsymbol{Z}'\boldsymbol{i}' \tag{3-35}$$

式（3-34）、式（3-35）中的 $\boldsymbol{Z}$、$\boldsymbol{Z}'$分别为变换前后电动机的阻抗矩阵。将式（3-34）和式（3-28）代入式（3-33）中，得到

$$\boldsymbol{u}' = \boldsymbol{C}^{\mathrm{T}}\boldsymbol{Z}\boldsymbol{C}\boldsymbol{i}' \tag{3-36}$$

比较式（3-35）、式（3-36），可知阻抗变换矩阵为

$$\boldsymbol{Z}' = \boldsymbol{C}^{\mathrm{T}}\boldsymbol{Z}\boldsymbol{C} \tag{3-37}$$

以上表明，当按照功率不变约束条件进行变换时，若已知电流变换矩阵就可以确定电压

变换矩阵和阻抗变换矩阵。余下的工作就是如何根据确定变换矩阵原则的第一条和第三条给出的电流变换矩阵 $\boldsymbol{C}$ 了。

**2. 坐标变换及其实现**

由异步电动机坐标系可以看到，主要有三种矢量坐标变换，即三相静止坐标系变换到二相静止坐标系，反之，由二相静止坐标系变换到三相静止坐标系；由二相静止坐标系变换到二相旋转坐标系，或者由二相旋转坐标系变换到二相静止坐标系；由直角坐标系变换到极坐标系。

（1）相变换及其实现

所谓相变换就是三相轴系到二相轴系或二相轴系到三相轴系的变换，简称 3/2 变换或 2/3 变换。

1）定子绕组轴系的变换（$A-B-C \Leftrightarrow \alpha-\beta$）。图 3-9 表示三相异步电动机的定子三相绕组 A、B、C 和与之等效的二相异步电动机定子绕组 α、β 中各相磁动势的空间矢量位置。为方便起见，令三相的 $A$ 轴与两相的 $\alpha$ 轴重合。

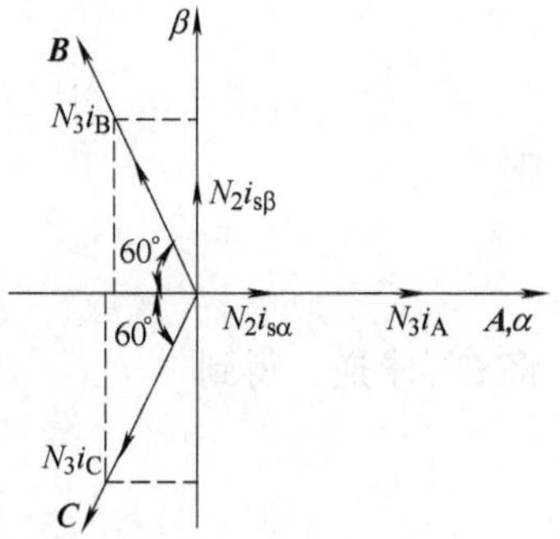


图 3-9　三相定子绕组和二相定子绕组中磁动势的空间矢量位置

假设磁动势波形是按正弦分布的，或只计其基波分量，当二者的旋转磁场完全等效时，合成磁动势沿相同轴向的分量必定相等，即三相绕组和二相绕组的瞬时磁动势沿 α、$\beta$ 轴的投影应该相等，即

$$\begin{cases} N_2 i_{s\alpha} = N_3 i_A + N_3 i_B \cos\dfrac{2\pi}{3} + N_3 i_C \cos\dfrac{4\pi}{3} \\ N_2 i_{s\beta} = 0 + N_3 i_B \sin\dfrac{2\pi}{3} + N_3 i_C \sin\dfrac{4\pi}{3} \end{cases} \tag{3-38}$$

式中，$N_3$、$N_2$分别为三相电动机和二相电动机每相定子绕组的有效匝数。

经计算并整理之后可得

$$i_{s\alpha} = \frac{N_3}{N_2}\left(i_A - \frac{1}{2}i_B - \frac{1}{2}i_C\right) \tag{3-39}$$

$$i_{s\beta} = \frac{N_3}{N_2}\left(0 + \frac{\sqrt{3}}{2}i_B - \frac{\sqrt{3}}{2}i_C\right) \tag{3-40}$$

用矩阵表示为

$$\begin{pmatrix} i_{s\alpha} \\ i_{s\beta} \end{pmatrix} = \frac{N_3}{N_2}\begin{pmatrix} 1 & -\dfrac{1}{2} & -\dfrac{1}{2} \\ 0 & \dfrac{\sqrt{3}}{2} & -\dfrac{\sqrt{3}}{2} \end{pmatrix}\begin{pmatrix} i_A \\ i_B \\ i_C \end{pmatrix} \tag{3-41}$$

这里，如果规定三相电流为原电流 $\boldsymbol{i}$，两相电流为新电流 $\boldsymbol{i}'$，根据电流变换的定义，式（3-41）具有 $\boldsymbol{i}' = \boldsymbol{C}^{-1}\boldsymbol{i}$ 的形式，可见必须求得电流变换矩阵 $\boldsymbol{C}$ 的逆矩阵 $\boldsymbol{C}^{-1}$，但是，$\boldsymbol{C}^{-1}$是奇异矩阵，是不存在逆矩阵的，为了通过求逆得到 $\boldsymbol{C}$ 就要引进另一个独立于 $i_{s\alpha}$和 $i_{s\beta}$的新变量，记这个新变量为 $i_o$，称之为零序电流，并定义为

$$N_2 i_o = KN_3 i_A + KN_3 i_B + KN_3 i_C$$

由此求得

$$i_o=\frac{N_3}{N_2}(Ki_A+Ki_B+Ki_C) \tag{3-42}$$

式中，$K$为待定系数。

对于两相系统来说，虽然零序电流是没有物理意义的，但是，这里为了纯数学上的求逆矩阵的需要，而补充定义这样一个其值为零的零序电流，补充$i_o$后，式（3-41）成为

$$\begin{pmatrix} i_{s\alpha} \\ i_{s\beta} \\ i_o \end{pmatrix}=\frac{N_3}{N_2}\begin{pmatrix} 1 & -\frac{1}{2} & -\frac{1}{2} \\ 0 & \frac{\sqrt{3}}{2} & -\frac{\sqrt{3}}{2} \\ K & K & K \end{pmatrix}\begin{pmatrix} i_A \\ i_B \\ i_C \end{pmatrix} \tag{3-43}$$

则

$$\boldsymbol{C}^{-1}=\frac{N_3}{N_2}\begin{pmatrix} 1 & -\frac{1}{2} & -\frac{1}{2} \\ 0 & \frac{\sqrt{3}}{2} & -\frac{\sqrt{3}}{2} \\ K & K & K \end{pmatrix} \tag{3-44}$$

将$\boldsymbol{C}^{-1}$求逆，得到

$$\boldsymbol{C}=\frac{2}{3}\cdot\frac{N_2}{N_3}\begin{pmatrix} 1 & 0 & \frac{1}{2K} \\ -\frac{1}{2} & \frac{\sqrt{3}}{2} & \frac{1}{2K} \\ -\frac{1}{2} & -\frac{\sqrt{3}}{2} & \frac{1}{2K} \end{pmatrix} \tag{3-45}$$

其转置矩阵为

$$\boldsymbol{C}^{\mathrm{T}}=\frac{2}{3}\cdot\frac{N_2}{N_3}\begin{pmatrix} 1 & -\frac{1}{2} & -\frac{1}{2} \\ 0 & \frac{\sqrt{3}}{2} & -\frac{\sqrt{3}}{2} \\ \frac{1}{2K} & \frac{1}{2K} & \frac{1}{2K} \end{pmatrix} \tag{3-46}$$

根据确定变换矩阵的第三条原则，要求$\boldsymbol{C}^{-1}=\boldsymbol{C}^{\mathrm{T}}$，这样就有$\frac{N_3}{N_2}=\frac{2}{3}\frac{N_2}{N_3}$及$K=\frac{1}{2K}$，从而可求得$\frac{N_2}{N_3}=\sqrt{\frac{3}{2}}$以及$K=\frac{1}{\sqrt{2}}$，代入上述各相应的变换矩阵式中，得到各变换矩阵如下：

二相-三相的变换矩阵为

$$\boldsymbol{C}=\sqrt{\frac{2}{3}}\begin{pmatrix} 1 & 0 & \frac{1}{\sqrt{2}} \\ -\frac{1}{2} & \frac{\sqrt{3}}{2} & \frac{1}{\sqrt{2}} \\ -\frac{1}{2} & -\frac{\sqrt{3}}{2} & \frac{1}{\sqrt{2}} \end{pmatrix}=\sqrt{\frac{2}{3}}\begin{pmatrix} \cos 0 & \sin 0 & \frac{1}{\sqrt{2}} \\ \cos\frac{2\pi}{3} & \sin\frac{2\pi}{3} & \frac{1}{\sqrt{2}} \\ \cos\frac{4\pi}{3} & \sin\frac{4\pi}{3} & \frac{1}{\sqrt{2}} \end{pmatrix} \tag{3-47}$$

三相-二相的变换矩阵为

$$C^{-1}=C^{\mathrm{T}}=\sqrt{\frac{2}{3}}\begin{pmatrix}1 & -\frac{1}{2} & -\frac{1}{2}\\ 0 & \frac{\sqrt{3}}{2} & -\frac{\sqrt{3}}{2}\\ \frac{1}{\sqrt{2}} & \frac{1}{\sqrt{2}} & \frac{1}{\sqrt{2}}\end{pmatrix}=\sqrt{\frac{2}{3}}\begin{pmatrix}\cos 0 & \cos\frac{2\pi}{3} & \cos\frac{4\pi}{3}\\ \sin 0 & \sin\frac{2\pi}{3} & \sin\frac{4\pi}{3}\\ \frac{1}{\sqrt{2}} & \frac{1}{\sqrt{2}} & \frac{1}{\sqrt{2}}\end{pmatrix} \tag{3-48}$$

于是，三相-二相（3/2）的电流变换矩阵方程为

$$\begin{pmatrix}i_{s\alpha}\\ i_{s\beta}\\ i_{o}\end{pmatrix}=\sqrt{\frac{2}{3}}\begin{pmatrix}1 & -\frac{1}{2} & -\frac{1}{2}\\ 0 & \frac{\sqrt{3}}{2} & -\frac{\sqrt{3}}{2}\\ \frac{1}{\sqrt{2}} & \frac{1}{\sqrt{2}} & \frac{1}{\sqrt{2}}\end{pmatrix}\begin{pmatrix}i_{A}\\ i_{B}\\ i_{C}\end{pmatrix} \tag{3-49}$$

二相-三相（2/3）的电流变换矩阵方程为

$$\begin{pmatrix}i_{A}\\ i_{B}\\ i_{C}\end{pmatrix}=\sqrt{\frac{2}{3}}\begin{pmatrix}1 & 0 & \frac{1}{\sqrt{2}}\\ -\frac{1}{2} & \frac{\sqrt{3}}{2} & \frac{1}{\sqrt{2}}\\ -\frac{1}{2} & -\frac{\sqrt{3}}{2} & \frac{1}{\sqrt{2}}\end{pmatrix}\begin{pmatrix}i_{s\alpha}\\ i_{s\beta}\\ i_{o}\end{pmatrix} \tag{3-50}$$

对于三相Y形不带零线的联结方式有 $i_{A}+i_{B}+i_{C}=0$，则 $i_{C}=-i_{A}-i_{B}$，从而式（3-41）可化简为

$$\begin{cases}i_{s\alpha}=\sqrt{\frac{3}{2}}i_{A}\\ i_{s\beta}=\frac{\sqrt{2}}{2}(i_{A}+2i_{B})\end{cases} \tag{3-51}$$

将式（3-51）写成矩阵形式

$$\begin{pmatrix}i_{s\alpha}\\ i_{s\beta}\end{pmatrix}=\begin{pmatrix}\sqrt{\frac{3}{2}} & 0\\ \frac{\sqrt{2}}{2} & \sqrt{2}\end{pmatrix}\begin{pmatrix}i_{A}\\ i_{B}\end{pmatrix} \tag{3-52}$$

而二相-三相的变换为

$$\begin{pmatrix}i_{A}\\ i_{B}\end{pmatrix}=\begin{pmatrix}\sqrt{\frac{2}{3}} & 0\\ -\frac{1}{\sqrt{6}} & \frac{1}{\sqrt{2}}\end{pmatrix}\begin{pmatrix}i_{s\alpha}\\ i_{s\beta}\end{pmatrix} \tag{3-53}$$

按式（3-52）和式（3-53）实现三相-二相和二相-三相的变换要简单得多。图3-10所示为按式（3-52）构成的三相-二相（3/2）变换模型结构图。由此可知，在三相中，只需检测

二相电流即可。

3/2 变换、2/3 变换在系统中的符号表示如图 3-11 所示。

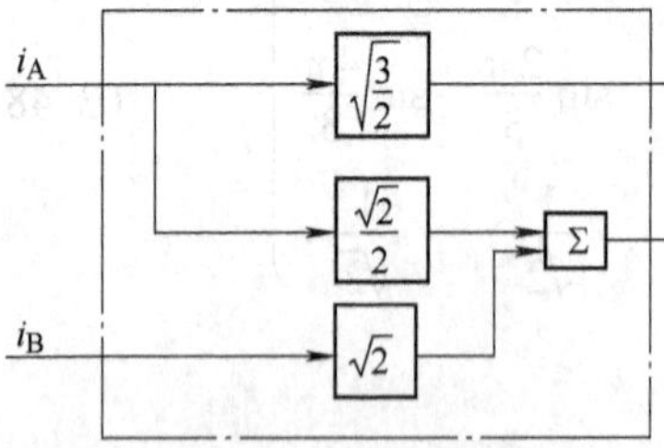


图 3-10　3/2 变换模型结构图

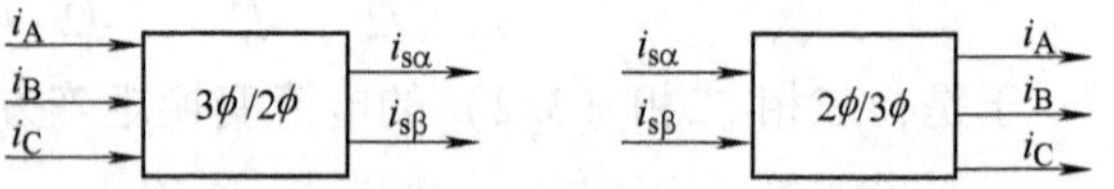


图 3-11　3/2 变换和 2/3 变换在系统中的符号表示

如前所述，根据变换前后功率不变的约束原则，电流变换矩阵也就是电压变换矩阵，还可以证明，它们也是磁链的变换矩阵。

2）转子绕组轴系变换（$a-b-c \Leftrightarrow d-q$）。图 3-12a 是一个对称的异步电动机三相转子绕组，$\omega_{sl}$为转差角频率。不管是绕线型转子还是笼型转子，这个绕组被看成是经频率和绕组归算后到定子侧的，即是将转子绕组的频率、相数、每相有效串联匝数及绕组系数都归算成和定子绕组一样，归算的原则是归算前后电动机内部的电磁效应和功率平衡关系保持不变。

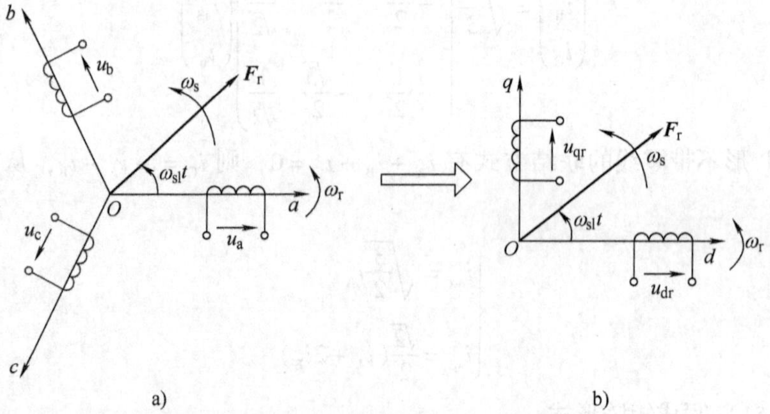


图 3-12　转子三相轴系到二相轴系的变换

a）转子三相轴系　b）转子二相轴系

在转子对称多相绕组中，通入对称多相交流正弦电流时，生成合成的转子磁动势 $\boldsymbol{F}_r$，由电机学可知，转子磁动势与定子磁动势具有相同的转速和转向。

基于对转子绕组情况的认识和根据旋转磁场等效原则及功率不变约束条件，同定子绕组一样，可把转子三相轴系变换到二相轴系。具体做法是，把等效的二相电动机的两相转子绕组 $d$、$q$ 相序和三相电动机的三相转子绕组 $a$、$b$、$c$ 相序取为一致，且使 $d$ 轴与 $a$ 轴重合，如图 3-12b 所示。然后，直接使用定子三相轴系到二相轴系的变换矩阵式（3-48）。

需要指出的是，转子三相轴系和变换后所得到的二相轴系，相对于转子实体都是静止的，但是，相对于静止的定子三相轴系及二相轴系却是以转子角频率 $\omega$ 旋转的。因此和定子部分的变换不同，这里是三相旋转轴系（$a$-$b$-$c$）变换到二相旋转轴系（$d$-$q$）。

(2) 矢量旋转（Vector Rotator，VR）变换

在二相静止坐标系上的二相交流绕组α、β和在同步旋转坐标系上的两个直流绕组M、T之间的变换属于矢量旋转变换。它是一种静止的直角坐标系与旋转的直角坐标系之间的变换。这种变换同样遵守确定变换矩阵的三条原则。

转子的二相旋转轴系 $d$-$q$，根据确定变换矩阵的三条原则，也可以把它变换到静止的 $\alpha$-$\beta$ 轴系上，这种变换也属于矢量旋转变换。

1）定子轴系的矢量旋转变换。在图3-13中，$\boldsymbol{F}_s$ 是异步电动机的定子磁动势，为空间矢量。通常以定子电流 $\boldsymbol{i}_s$ 代替它，这时定子电流被定义为空间矢量，记为 $\boldsymbol{i}_s$。图中 $M$-$T$ 是任意同步旋转轴系，旋转角速度为同步角速度 $\omega_s$。$M$ 轴与 $\boldsymbol{i}_s$ 之间的夹角用 $\theta_s$ 表示。由于两相绕组α和β在空间上的位置是固定的，因而 $M$ 轴和α轴的夹角 $\varphi_s$ 随时间而变化，即 $\varphi_s=\omega_s t+\varphi_o$，其中 $\varphi_o$ 为任意的初始角。在矢量控制系统中，$\varphi_s$ 通常称为磁通定向角，也叫磁场定向角。

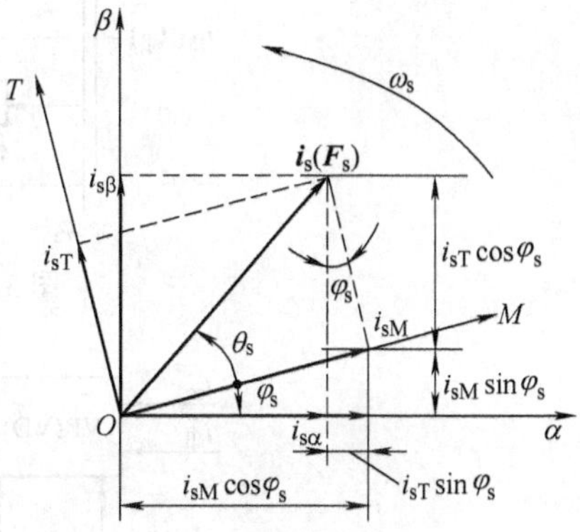

图3-13 旋转变换矢量关系图

以 $M$ 轴为基准，把 $\boldsymbol{i}_s$ 分解为与 $M$ 轴重合和正交的两个分量 $i_{sM}$ 和 $i_{sT}$，它们相当于 $M$-$T$ 轴上两个直流绕组M和T中的电流（实际是磁动势），分别称为定子电流的励磁分量和转矩分量。

由于磁通定向角 $\varphi_s$ 是随时间而变化的，因而 $\boldsymbol{i}_s$ 在α轴和 $\beta$ 轴上的分量 $i_{s\alpha}$ 和 $i_{s\beta}$ 也是随时间而变化的，它们分别相当于α和β绕组磁动势的瞬时值。

由图3-13可以看出，$i_{s\alpha}$、$i_{s\beta}$ 和 $i_{sM}$ 和 $i_{sT}$ 之间存在着下列关系：

$$i_{s\alpha}=i_{sM}\cos\varphi_s-i_{sT}\sin\varphi_s$$
$$i_{s\beta}=i_{sM}\sin\varphi_s+i_{sT}\cos\varphi_s$$

写成矩阵形式为

$$\left.\begin{aligned}\begin{pmatrix}i_{s\alpha}\\ i_{s\beta}\end{pmatrix}&=\begin{pmatrix}\cos\varphi_s & -\sin\varphi_s\\ \sin\varphi_s & \cos\varphi_s\end{pmatrix}\begin{pmatrix}i_{sM}\\ i_{sT}\end{pmatrix}\\ i_{\alpha\beta}&=\boldsymbol{C}i_{MT}\end{aligned}\right\}\tag{3-54}$$

简写为

式中，$\boldsymbol{C}=\begin{pmatrix}\cos\varphi_s & -\sin\varphi_s\\ \sin\varphi_s & \cos\varphi_s\end{pmatrix}$ 为同步旋转坐标系到静止坐标系的变换矩阵。

式（3-54）表示了由同步旋转坐标系变换到静止坐标系的矢量旋转变换。

变换矩阵 $\boldsymbol{C}$ 是正交矩阵，所以 $\boldsymbol{C}^{\mathrm{T}}=\boldsymbol{C}^{-1}$。因此，由静止坐标系变换到同步旋转坐标系的矢量旋转变换方程式为

$$\left.\begin{aligned}\begin{pmatrix}i_{sM}\\ i_{sT}\end{pmatrix}&=\begin{pmatrix}\cos\varphi_s & -\sin\varphi_s\\ \sin\varphi_s & \cos\varphi_s\end{pmatrix}^{-1}\begin{pmatrix}i_{s\alpha}\\ i_{s\beta}\end{pmatrix}=\begin{pmatrix}\cos\varphi_s & \sin\varphi_s\\ -\sin\varphi_s & \cos\varphi_s\end{pmatrix}\begin{pmatrix}i_{s\alpha}\\ i_{s\beta}\end{pmatrix}\\ i_{MT}&=\boldsymbol{C}^{-1}i_{\alpha\beta}\end{aligned}\right\}\tag{3-55}$$

简写为

式中，$\boldsymbol{C}^{-1}=\begin{pmatrix}\cos\varphi_s & \sin\varphi_s\\ -\sin\varphi_s & \cos\varphi_s\end{pmatrix}$ 为静止坐标系到同步旋转坐标系的变换矩阵。

电压和磁链的旋转变换矩阵与电流的旋转变换矩阵相同。

根据式（3-54）和式（3-55）可以绘出矢量旋转变换器模型结构，如图 3-14 所示。在系统中用符号 VR、$VR^{-1}$表示，如图 3-15 所示。在德文中，矢量旋转变换器叫做矢量回转变换，用符号 VD、$VD^{-1}$表示。

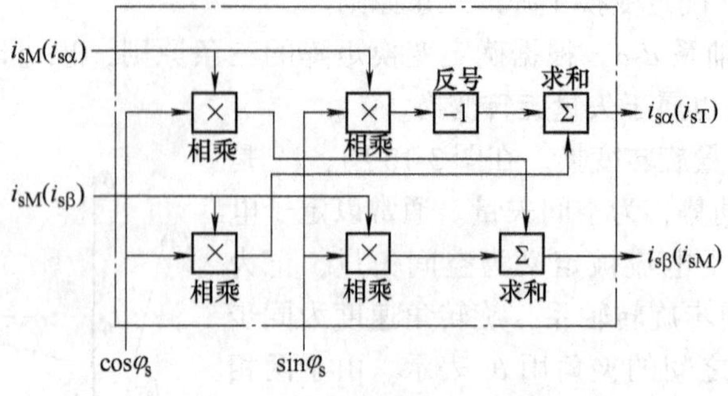

图 3-14　矢量旋转变换模型结构图

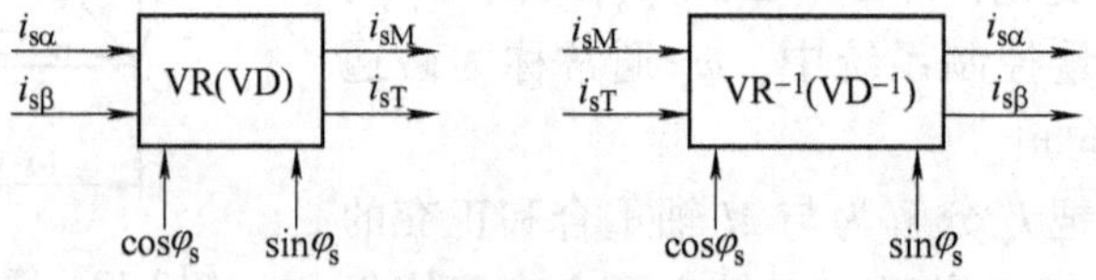

图 3-15　矢量旋转变换在系统中的符号表示

2）转子轴系的旋转变换。转子 $d$-$q$ 轴系以 $\omega_r=\dfrac{d\theta_r}{dt}$角频率旋转，根据确定变换矩阵的三条原则，可以把它变换到静止不动的 $\alpha$-$\beta$ 轴系上，如图 3-16 所示。

转子三相旋转绕组（a、b、c）经三相到二相变换得到转子两相旋转绕组（d、q）。假设两相静止绕组 $\alpha_r$、$\beta_r$ 除不旋转之外，与 d、q 绕组完全相同。

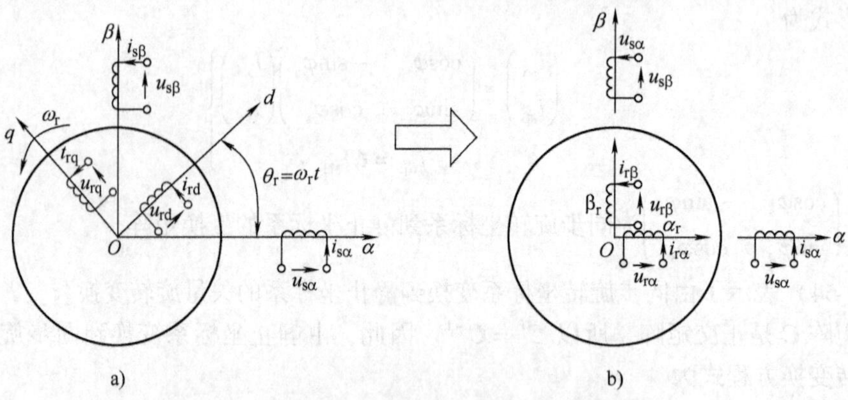

图 3-16　转子两相旋转轴系到静止轴系的变换

a）对称两相轴系电动机　b）静止轴系电动机

根据两个轴系形成的旋转磁场等效的原则，转子磁动势 $\boldsymbol{F}_r$ 沿 $\alpha$ 轴和 $\beta$ 轴给出的分量等式，再除以每相有效匝数，可得

$$i_{r\alpha}=\cos\theta_r i_{rd}-\sin\theta_r i_{rq}$$

$$i_{r\beta}=\sin\theta_r i_{rd}+\cos\theta_r i_{rq}$$

写成矩阵形式为

$$\begin{pmatrix} i_{r\alpha} \\ i_{r\beta} \end{pmatrix} = \begin{pmatrix} \cos\theta_r & -\sin\theta_r \\ \sin\theta_r & \cos\theta_r \end{pmatrix} \begin{pmatrix} i_{rd} \\ i_{rq} \end{pmatrix} \tag{3-56}$$

如果规定 $i_{rd}$、$i_{rq}$为原电流，$i_{r\alpha}$、$i_{r\beta}$为新电流，则式中

$$\begin{pmatrix} \cos\theta_r & -\sin\theta_r \\ \sin\theta_r & \cos\theta_r \end{pmatrix} = \boldsymbol{C}^{-1} \tag{3-57}$$

$\boldsymbol{C}^{-1}$的逆矩阵为

$$\boldsymbol{C} = \begin{pmatrix} \cos\theta_r & \sin\theta_r \\ -\sin\theta_r & \cos\theta_r \end{pmatrix}$$

如果不存在零序电流，上述变换阵就可用了。若存在零序电流，由于零序电流不形成旋转磁场，不用转换，只需在主对角线上增加数 1，使矩阵增加一列一行即可，即

$$\boldsymbol{C} = \begin{pmatrix} \cos\theta_r & \sin\theta_r & 0 \\ -\sin\theta_r & \cos\theta_r & 0 \\ 0 & 0 & 1 \end{pmatrix} \tag{3-58}$$

需要指出的是，在图 3-16 中由于转子磁动势 $\boldsymbol{F}_r$ 和定子磁动势 $\boldsymbol{F}_s$ 同步，可使 $\alpha_r$、$\beta_r$ 与 $\alpha_s$、$\beta_s$ 同轴。但是，实际上转子绕组与 $\alpha$-$\beta$ 轴系有相对运动，所以 $\alpha_r$ 绕组和 $\beta_r$ 绕组只能看做是伪静止绕组。

需要明确的是，在进行这个变换的前后，转子电流的频率是不同的。变换之前，转子电流 $i_{rd}$、$i_{rq}$的频率是转差频率，而变换之后，转子电流 $i_{r\alpha}$、$i_{r\beta}$的频率是定子频率。证明如下：

$$\begin{cases} i_{rd} = I_{rm}\sin\omega_{s1}t = I_{rm}\sin(\omega_s - \omega_r)t \\ i_{rq} = -I_{rm}\cos\omega_{s1}t = -I_{rm}\cos(\omega_s - \omega_r)t \end{cases} \tag{3-59}$$

利用三角公式，并考虑 $\theta_r = \omega t$ 则有

$$\begin{cases} i_{r\alpha} = \cos\theta_r i_{rd} - \sin\theta_r i_{rq} = I_{rm}\sin[\theta_r + (\omega_s - \omega_r)t] = I_{rm}\sin\omega_s t \\ i_{r\beta} = \sin\theta_r i_{rd} + \cos\theta_r i_{rq} = -I_{rm}\cos[\theta_r + (\omega_s - \omega_r)t] = -I_{rm}\cos\omega_s t \end{cases} \tag{3-60}$$

从转子三相旋转轴系到二相静止轴系也可以直接进行变换。转子三相旋转轴系 $a-b-c$ 到静止轴系 $\alpha$-$\beta$-$O$ 的变换矩阵可由式（3-48）及式（3-57）相乘得到，即

$$\begin{aligned} \boldsymbol{C}^{-1} &= \begin{pmatrix} \cos\theta_r & -\sin\theta_r & 0 \\ \sin\theta_r & \cos\theta_r & 0 \\ 0 & 0 & 1 \end{pmatrix} \sqrt{\frac{2}{3}} \begin{pmatrix} \cos 0 & \cos\frac{2\pi}{3} & \cos\frac{4\pi}{3} \\ \sin 0 & \sin\frac{2\pi}{3} & \sin\frac{4\pi}{3} \\ \frac{1}{\sqrt{2}} & \frac{1}{\sqrt{2}} & \frac{1}{\sqrt{2}} \end{pmatrix} \\ &= \sqrt{\frac{2}{3}} \begin{pmatrix} \cos\theta_r & \cos\left(\theta_r + \frac{2\pi}{3}\right) & \cos\left(\theta_r - \frac{2\pi}{3}\right) \\ \sin\theta_r & \sin\left(\theta_r + \frac{2\pi}{3}\right) & \sin\left(\theta_r - \frac{2\pi}{3}\right) \\ \frac{1}{\sqrt{2}} & \frac{1}{\sqrt{2}} & \frac{1}{\sqrt{2}} \end{pmatrix} \end{aligned} \tag{3-61}$$

求 $\boldsymbol{C}^{-1}$的逆矩阵，得到

$$\boldsymbol{C}=\sqrt{\frac{2}{3}}\begin{pmatrix}\cos\theta_{\rm r} & \sin\theta_{\rm r} & \frac{1}{\sqrt{2}}\\ \cos\left(\theta_{\rm r}+\frac{2\pi}{3}\right) & \sin\left(\theta_{\rm r}+\frac{2\pi}{3}\right) & \frac{1}{\sqrt{2}}\\ \cos\left(\theta_{\rm r}-\frac{2\pi}{3}\right) & \sin\left(\theta_{\rm r}-\frac{2\pi}{3}\right) & \frac{1}{\sqrt{2}}\end{pmatrix} \tag{3-62}$$

$\boldsymbol{C}$ 是一个正交矩阵，当电动机为三相电动机时，可直接使用式（3-61）给出的变换矩阵进行转子三相旋转轴系（$a$-$b$-$c$）到二相静止轴系（$\alpha$-$\beta$）的变换，不必从（$a$-$b$-$c$）到（$d$-$q$-$O$），再从（$d$-$q$-$O$）到（$\alpha$-$\beta$-$O$）那样分两步进行变换。

（3）直角坐标-极坐标变换（K/P）

在矢量控制系统中常用直角坐标-极坐标的变换。

直角坐标与极坐标之间的关系是

$$|\boldsymbol{i}_{\rm s}|=\sqrt{i_{\rm sM}^2+i_{\rm sT}^2} \tag{3-63}$$

所以

$$\begin{cases}\sin\theta_{\rm s}=\dfrac{i_{\rm sT}}{|\boldsymbol{i}_{\rm s}|}\\ \theta_{\rm s}=\arcsin\dfrac{i_{\rm sT}}{|\boldsymbol{i}_{\rm s}|}\end{cases} \text{或} \begin{cases}\cos\theta_{\rm s}=\dfrac{i_{sM}}{|\boldsymbol{i}_{\rm s}|}\\ \theta_{s}=arccos\dfrac{\mathrm{i}_{M}}{|\boldsymbol{i}_{\rm s}|}\end{cases} \tag{3-64}$$

式中，$\theta_{\rm s}$ 为 $M$ 轴与定子电流矢量 $\boldsymbol{i}_{\rm s}$ 之间的夹角，如图 3-13 所示。

根据式（3-63）和式（3-64）构成的直角坐标-极坐标变换器的模型结构图（德语称为矢量分析器 Vector Analyzer，VA）如图 3-17 所示。

在系统中的符号表示如图 3-18 所示。

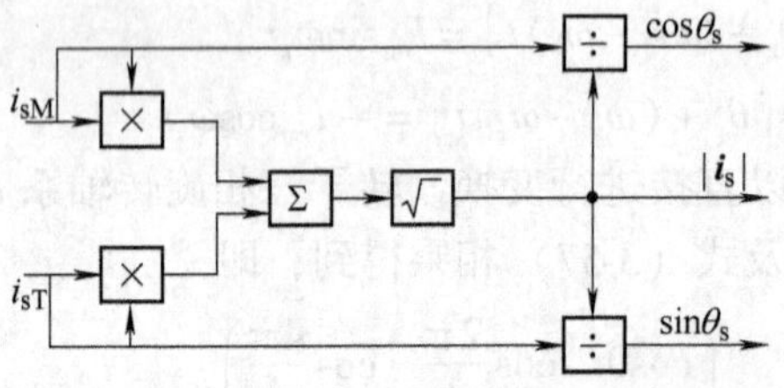


图 3-17　直角坐标-极坐标变换器模型结构图

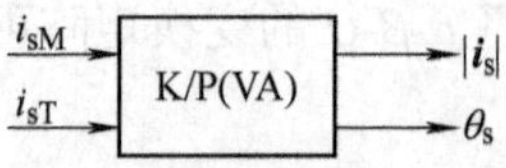


图 3-18　直角坐标-极坐标变换器在系统中的符号表示

## 3.2.4　异步电动机在二相静止坐标系上的数学模型

**1. 异步电动机在二相静止坐标系上的电压方程**（电路数学模型）

通过相变换可以将异步电动机在三相静止轴系上的电压方程变换成二相静止轴系上的电压方程，其目的是简化模型及获得常参数的电压方程。

定子部分用 $A$-$B$-$C\to\alpha_{\rm s}$-$\beta_{\rm s}$ 的变换矩阵，即式（3-48）；转子部分用 $a$-$b$-$c\to\alpha_{\rm r}$-$\beta_{\rm r}$ 的变换矩阵，即式（3-61）。总的电流变换矩阵为

$$
C^{-1}=\sqrt{\frac{2}{3}}\begin{pmatrix}
\cos 0 & \cos\frac{2\pi}{3} & \cos\frac{4\pi}{3} & 0 & 0 & 0\\
\sin 0 & \sin\frac{2\pi}{3} & \sin\frac{4\pi}{3} & 0 & 0 & 0\\
\frac{1}{\sqrt{2}} & \frac{1}{\sqrt{2}} & \frac{1}{\sqrt{2}} & 0 & 0 & 0\\
0 & 0 & 0 & \cos\theta_r & \cos\left(\theta_r+\frac{2\pi}{3}\right) & \cos\left(\theta_r-\frac{2\pi}{3}\right)\\
0 & 0 & 0 & \sin\theta_r & \sin\left(\theta_r+\frac{2\pi}{3}\right) & \sin\left(\theta_r-\frac{2\pi}{3}\right)\\
0 & 0 & 0 & \frac{1}{\sqrt{2}} & \frac{1}{\sqrt{2}} & \frac{1}{\sqrt{2}}
\end{pmatrix} \tag{3-65}
$$

其转置矩阵为

$$
\boldsymbol{C}=\sqrt{\frac{2}{3}}\begin{pmatrix}
\cos 0 & \sin 0 & \frac{1}{\sqrt{2}} & 0 & 0 & 0\\
\cos\frac{2\pi}{3} & \sin\frac{2\pi}{3} & \frac{1}{\sqrt{2}} & 0 & 0 & 0\\
\cos\frac{4\pi}{3} & \sin\frac{4\pi}{3} & \frac{1}{\sqrt{2}} & 0 & 0 & 0\\
0 & 0 & 0 & \cos\theta_r & \sin\theta_r & \frac{1}{\sqrt{2}}\\
0 & 0 & 0 & \cos\left(\theta_r+\frac{2\pi}{3}\right) & \sin\left(\theta_r+\frac{2\pi}{3}\right) & \frac{1}{\sqrt{2}}\\
0 & 0 & 0 & \cos\left(\theta_r-\frac{2\pi}{3}\right) & \sin\left(\theta_r-\frac{2\pi}{3}\right) & \frac{1}{\sqrt{2}}
\end{pmatrix} \tag{3-66}
$$

由式（3-13）可知，$\boldsymbol{Z}$ 为异步电动机在三相静止轴系上的阻抗矩阵，可以看出，为了获得异步电动机在二相静止轴系上的电压方程，首先需要将 $\boldsymbol{Z}$ 变换到二相静止轴系上，依据式（3-37）可求 $\boldsymbol{Z}_{\alpha\beta}=\boldsymbol{C}^{\mathrm{T}}\boldsymbol{Z}\boldsymbol{C}$。由三相静止轴系上的电压方程还可以看出，$p$ 是作用在 $\boldsymbol{C}$ 和 $\boldsymbol{i}$ 的乘积上，因而可知 $\boldsymbol{Z}_{\alpha\beta}$ 中包含四项，即

$$
\boldsymbol{Z}_{\alpha\beta}=\boldsymbol{C}^{\mathrm{T}}\boldsymbol{R}\boldsymbol{C}+\boldsymbol{C}^{\mathrm{T}}(p\boldsymbol{L})\boldsymbol{C}+\boldsymbol{C}^{\mathrm{T}}\boldsymbol{L}(p\boldsymbol{C})+\boldsymbol{C}^{\mathrm{T}}\boldsymbol{L}\boldsymbol{C}p \tag{3-67}
$$

因为 $p\boldsymbol{L}=\frac{\mathrm{d}\boldsymbol{L}}{\mathrm{d}t}=\frac{\mathrm{d}\boldsymbol{L}}{\mathrm{d}\theta_r}\cdot\frac{\mathrm{d}\theta_r}{\mathrm{d}t}$，所以

$$
p\boldsymbol{L}=-L_m\omega\begin{pmatrix}
0 & 0 & 0 & \sin\theta_r & \sin\left(\theta_r+\frac{2\pi}{3}\right) & \sin\left(\theta_r-\frac{2\pi}{3}\right)\\
0 & 0 & 0 & \sin\left(\theta_r-\frac{2\pi}{3}\right) & \sin\theta_r & \sin\left(\theta_r+\frac{2\pi}{3}\right)\\
0 & 0 & 0 & \sin\left(\theta_r+\frac{2\pi}{3}\right) & \sin\left(\theta_r-\frac{2\pi}{3}\right) & \sin\theta_r\\
\sin\theta_r & \sin\left(\theta_r-\frac{2\pi}{3}\right) & \sin\left(\theta_r+\frac{2\pi}{3}\right) & 0 & 0 & 0\\
\sin\left(\theta_r+\frac{2\pi}{3}\right) & \sin\theta_r & \sin\left(\theta_r-\frac{2\pi}{3}\right) & 0 & 0 & 0\\
\sin\left(\theta_r-\frac{2\pi}{3}\right) & \sin\left(\theta_r+\frac{2\pi}{3}\right) & \sin\theta_r & 0 & 0 & 0
\end{pmatrix} \tag{3-68}
$$

因为 $pC=\frac{\mathrm{d}\boldsymbol{C}\mathrm{d}\theta_r}{\mathrm{d}\theta_r\,\mathrm{d}t}$，所以

$$p\boldsymbol{C}=-\sqrt{\frac{2}{3}}\omega\begin{pmatrix}0&0&0&0&0&0\\0&0&0&0&0&0\\0&0&0&0&0&0\\0&0&0&\sin\theta_r&-\cos\theta_r&0\\0&0&0&\sin\left(\theta_r+\frac{2\pi}{3}\right)&-\cos\left(\theta_r+\frac{2\pi}{3}\right)&0\\0&0&0&\sin\left(\theta_r-\frac{2\pi}{3}\right)&-\cos\left(\theta_r-\frac{2\pi}{3}\right)&0\end{pmatrix}\tag{3-69}$$

下面，利用 MALTLAB 软件计算式（3-67）的阻抗矩阵，进而求出二相静止坐标系上的异步电动机电压矩阵方程式。

1）将矩阵 $\boldsymbol{C}$、$\boldsymbol{L}$、$\boldsymbol{R}$ 赋初值。

2）求 $\boldsymbol{C}$ 的转置 $\boldsymbol{C}^{-1}$：Ct = C'；

$\boldsymbol{C}$ 的微分 $p\boldsymbol{C}$：pC = diff（C，'thr'）；

$\boldsymbol{L}$ 的微分 $p\boldsymbol{L}$：pL = diff（L，'thr'）；

3）计算。

①计算 $\boldsymbol{C}^{\mathrm{T}}\boldsymbol{RC}$：

```
cplc0 = symop(Ct,' * ',R,' * ',C);                % 矩阵相乘;
crc = simple(cplc0);                              % 化简 cplc0,得式(3-70)
```

②计算 $\boldsymbol{C}^{\mathrm{T}}(p\boldsymbol{L})\boldsymbol{C}$：

```
clpc0 = symop(Ct,' * ',pL,' * ',pC);              % 矩阵相乘;
cplc = simple(clpc0);                             % 化简 clpc0,得式(3-71)
```

③计算 $\boldsymbol{C}^{\mathrm{T}}\boldsymbol{L}(p\boldsymbol{C})$：

```
clcp0 = symop(Ct,' * ',L,' * ',pC);               % 矩阵相乘;
clpc = simple(clcp0);                             % 化简 clcp0,得式(3-72)
```

④计算 $\boldsymbol{C}^{\mathrm{T}}\boldsymbol{LC}p$：

```
clcp0 = symop(p,' * ',Ct,' * ',L,' * ',pC);       % 矩阵相乘;
clcp = simple(clcp0);                             % 化简 clcp0,得式(3-73)
```

⑤以上四个计算结果相加得到最终结果

```
Z = symop(crc,' + ',cplc,' + ',clpc,' + 'clcp);   % 得式(3-74)
```

$$\boldsymbol{C}^{\mathrm{T}}\boldsymbol{RC}=\begin{pmatrix}R_s&&&&&\\&R_s&&&&\\&&R_s&&&\\&&&R_r&&\\&&&&R_r&\\&&&&&R_r\end{pmatrix}\tag{3-70}$$

$$C^{\mathrm{T}}(\mathrm{p}\boldsymbol{L})\boldsymbol{C}=\begin{pmatrix}0 & 0 & 0 & 0 & -\frac{3}{2}L_{\mathrm{m}}\dot{\theta}_{\mathrm{r}} & 0\\ 0 & 0 & 0 & \frac{3}{2}L_{\mathrm{m}}\dot{\theta}_{\mathrm{r}} & 0 & 0\\ 0 & 0 & 0 & 0 & 0 & 0\\ 0 & \frac{3}{2}L_{\mathrm{m}}\dot{\theta}_{\mathrm{r}} & 0 & 0 & 0 & 0\\ -\frac{3}{2}L_{\mathrm{m}}\dot{\theta}_{\mathrm{r}} & 0 & 0 & 0 & 0 & 0\\ 0 & 0 & 0 & 0 & 0 & 0\end{pmatrix}\tag{3-71}$$

$$\boldsymbol{C}^{\mathrm{T}}\boldsymbol{L}(p\boldsymbol{C})=\begin{pmatrix}0 & 0 & 0 & 0 & \frac{3}{2}L_{\mathrm{m}}\dot{\theta}_{\mathrm{r}} & 0\\ 0 & 0 & 0 & -\frac{3}{2}L_{\mathrm{m}}\dot{\theta}_{\mathrm{r}} & 0 & 0\\ 0 & 0 & 0 & 0 & 0 & 0\\ 0 & 0 & 0 & 0 & \left(\frac{3}{2}L_{\mathrm{m}}+L_{\mathrm{r}\sigma}\right)\dot{\theta}_{\mathrm{r}} & 0\\ 0 & 0 & 0 & -\left(\frac{3}{2}L_{\mathrm{m}}+L_{\mathrm{r}\sigma}\right)\dot{\theta}_{\mathrm{r}} & 0 & 0\\ 0 & 0 & 0 & 0 & 0 & 0\end{pmatrix}\tag{3-72}$$

$$\boldsymbol{C}^{\mathrm{T}}\boldsymbol{L}\boldsymbol{C}p=\begin{pmatrix}\left(\frac{3}{2}L_{\mathrm{m}}+L_{\mathrm{s}\sigma}\right)p & 0 & 0 & \frac{3}{2}L_{\mathrm{m}}p & 0 & 0\\ 0 & \left(\frac{3}{2}L_{\mathrm{m}}+L_{\mathrm{s}\sigma}\right)p & 0 & 0 & \frac{3}{2}L_{\mathrm{m}}p & 0\\ 0 & 0 & 0 & 0 & 0 & 0\\ \frac{3}{2}L_{\mathrm{m}}p & 0 & 0 & \left(\frac{3}{2}L_{\mathrm{m}}+L_{\mathrm{r}\sigma}\right)p & 0 & 0\\ 0 & \frac{3}{2}L_{\mathrm{m}}p & 0 & 0 & (\frac{3}{2}L_{\mathrm{m}}+L_{\mathrm{r}\sigma})p & 0\\ 0 & 0 & 0 & 0 & 0 & 0\end{pmatrix}\tag{3-73}$$

$$\boldsymbol{Z}_{\alpha\beta}=\begin{pmatrix}R_{\mathrm{s}}+L_{\mathrm{sd}}p & 0 & 0 & L_{\mathrm{md}}p & 0 & 0\\ 0 & R_{\mathrm{s}}+L_{\mathrm{sd}}p & 0 & 0 & L_{\mathrm{md}}p & 0\\ 0 & 0 & R_{\mathrm{s}} & 0 & 0 & 0\\ L_{\mathrm{md}}p & L_{\mathrm{md}}\dot{\theta}_{\mathrm{r}} & 0 & R_{\mathrm{r}}+L_{\mathrm{rd}}p & L_{\mathrm{rd}}\dot{\theta}_{\mathrm{r}} & 0\\ -L_{\mathrm{md}}\dot{\theta}_{\mathrm{r}} & L_{\mathrm{md}}p & 0 & -L_{\mathrm{rd}}\dot{\theta}_{\mathrm{r}} & R_{\mathrm{r}}+L_{\mathrm{rd}}p & 0\\ 0 & 0 & 0 & 0 & 0 & R_{\mathrm{r}}\end{pmatrix}\tag{3-74}$$

式中，$L_{\mathrm{sd}}=3L_{\mathrm{m}}/2+L_{\mathrm{s}\sigma}$为定子一相绕组的等效自感；$L_{\mathrm{rd}}=3L_{\mathrm{m}}/2+L_{\mathrm{r}\sigma}$为转子一相绕组的等效自感；$L_{\mathrm{md}}L_{\mathrm{md}}=3L_{\mathrm{m}}/2$ 为定、转子一相绕组的等效互感。

若三相异步电动机没有零序电流，可将零轴取消，得到

$$
\boldsymbol{Z}_{\alpha\beta}=\begin{pmatrix} R_s+L_{sd}p & 0 & L_{md}p & 0 \\ 0 & R_s+L_{sd}p & 0 & L_{md}p \\ L_{md}p & L_{md}\dot{\theta}_r & R_r+L_{rd}p & L_{rd}\dot{\theta}_r \\ -L_{md}\dot{\theta}_r & L_{md}p & -L_{rd}\dot{\theta}_r & R_r+L_{rd}p \end{pmatrix} \tag{3-75}
$$

于是，三相静止轴系 $\alpha$-$\beta$ 中的对称三相异步电动机的电压矩阵方程式为

$$
\begin{pmatrix} u_{s\alpha} \\ u_{s\beta} \\ u_{r\alpha} \\ u_{r\beta} \end{pmatrix}=\begin{pmatrix} R_s+L_{sd}p & 0 & L_{md}p & 0 \\ 0 & R_s+L_{sd}p & 0 & L_{md}p \\ L_{md}p & L_{md}\dot{\theta}_r & R_r+L_{rd}p & L_{rd}\dot{\theta}_r \\ -L_{md}\dot{\theta}_r & L_{md}p & -L_{rd}\dot{\theta}_r & R_r+L_{rd}p \end{pmatrix}\begin{pmatrix} i_{s\alpha} \\ i_{s\beta} \\ i_{r\alpha} \\ i_{r\beta} \end{pmatrix} \tag{3-76}
$$

笼型电动机的转子是短路的，对于绕线式异步电动机来说，用在变频调速中，将其转子短路，因而 $u_{r\alpha}=u_{r\beta}=0$，这样，二相静止轴系上的异步电动机电压矩阵方程式为

$$
\begin{cases} \begin{pmatrix} u_{s\alpha} \\ u_{s\beta} \\ 0 \\ 0 \end{pmatrix}=\begin{pmatrix} R_s+L_{sd}p & 0 & L_{md}p & 0 \\ 0 & R_s+L_{sd}p & 0 & L_{md}p \\ L_{md}p & L_{md}\dot{\theta}_r & R_r+L_{rd}p & L_{rd}\dot{\theta}_r \\ -L_{md}\dot{\theta}_r & L_{md}p & -L_{rd}\dot{\theta}_r & R_r+L_{rd}p \end{pmatrix}\begin{pmatrix} i_{s\alpha} \\ i_{s\beta} \\ i_{r\alpha} \\ i_{r\beta} \end{pmatrix} \\ \boldsymbol{u}_{\alpha\beta}=\boldsymbol{Z}_{\alpha\beta}\boldsymbol{i}_{\alpha\beta} \end{cases} \tag{3-77}
$$

**2. 异步电动机在二相静止坐标系上的磁链方程**

以同样的方法，通过坐标变换，还可以将式（3-16）所表达的三相静止坐标系上的磁链方程变换成二相静止坐标系上的磁链方程，即为

$$
\begin{cases} \begin{pmatrix} \psi_{s\alpha} \\ \psi_{s\beta} \\ \psi_{r\alpha} \\ \psi_{r\beta} \end{pmatrix}=\begin{pmatrix} L_{sd} & 0 & L_{md} & 0 \\ 0 & L_{sd} & 0 & L_{md} \\ L_{md} & 0 & L_{rd} & 0 \\ 0 & L_{md} & 0 & L_{rd} \end{pmatrix}\begin{pmatrix} i_{s\alpha} \\ i_{s\beta} \\ i_{r\alpha} \\ i_{r\beta} \end{pmatrix} \\ \boldsymbol{\Psi}_{\alpha\beta}=\boldsymbol{L}\boldsymbol{i}_{\alpha\beta} \end{cases} \tag{3-78}
$$

由图 3-16b 可见，$\alpha$-$\beta$ 轴系上的定、转子等效绕组都落在互相垂直的两根轴上，因而，两相绕组之间没有磁的耦合，$L_{sd}$、$L_{rd}$ 仅是一相绕组中的等效自感，$L_{md}$ 仅是定子、转子两相绕组同轴时的等效互感，因此式（3-77）变换矩阵中所有元素都为常系数，即各类电感均为常值，从而消除了异步电动机三相静止轴系数学模型中的一个非线性根源。另外还可以看出，式（3-77）变换矩阵维数为四维，比三相时降低了两维。

**3. 三相异步电动机在二相静止坐标系上的电磁转矩方程**

将式（3-77）写成

$$
\boldsymbol{u}_{\alpha\beta}=\boldsymbol{u}_{R\alpha\beta}+\boldsymbol{u}_{L\alpha\beta}+\boldsymbol{u}_{M\alpha\beta}+\boldsymbol{u}_{G\alpha\beta}=\boldsymbol{R}\boldsymbol{i}_{\alpha\beta}+\boldsymbol{L}_{l}p\boldsymbol{i}_{\alpha\beta}+\boldsymbol{M}p\boldsymbol{i}_{\alpha\beta}+\boldsymbol{G}\dot{\theta}_r\boldsymbol{i}_{\alpha\beta} \tag{3-79}
$$

式中，电阻矩阵
$$\boldsymbol{R}=\begin{pmatrix}R_s&&&\\&R_s&&\\&&R_r&\\&&&R_r\end{pmatrix}\tag{3-80}$$

自感矩阵
$$\boldsymbol{L}_1=\begin{pmatrix}L_{sd}&&&\\&L_{sd}&&\\&&L_{rd}&\\&&&L_{rd}\end{pmatrix}\tag{3-81}$$

互感矩阵
$$\boldsymbol{M}=\begin{pmatrix}0&0&L_{md}&0\\0&0&0&L_{md}\\L_{md}&0&0&0\\0&L_{md}&0&0\end{pmatrix}\tag{3-82}$$

$\dot{\theta}_r$ 的系数矩阵
$$\boldsymbol{G}=\begin{pmatrix}0&0&0&0\\0&0&0&0\\0&L_{md}&0&L_{rd}\\-L_{md}&0&-L_{rd}&0\end{pmatrix}\tag{3-83}$$

将式（3-79）两边各左乘 $\boldsymbol{i}_{\alpha\beta}^{\mathrm{T}}$，则得功率方程为

$$\boldsymbol{i}_{\alpha\beta}^{\mathrm{T}}\boldsymbol{u}_{\alpha\beta}=\boldsymbol{i}_{\alpha\beta}^{\mathrm{T}}\boldsymbol{R}\boldsymbol{i}_{\alpha\beta}+\boldsymbol{i}_{\alpha\beta}^{\mathrm{T}}\boldsymbol{L}p\boldsymbol{i}_{\alpha\beta}+\boldsymbol{i}_{\alpha\beta}^{\mathrm{T}}\boldsymbol{M}p\boldsymbol{i}_{\alpha\beta}+\boldsymbol{i}_{\alpha\beta}^{\mathrm{T}}\boldsymbol{G}\dot{\theta}_r\boldsymbol{i}_{\alpha\beta}\tag{3-84}$$

式中，$\boldsymbol{i}_{\alpha\beta}^{\mathrm{T}}\boldsymbol{R}\boldsymbol{i}_{\alpha\beta}$ 为消耗在定子以及转子上总的热损耗功率；$\boldsymbol{i}_{\alpha\beta}^{\mathrm{T}}\boldsymbol{L}p\boldsymbol{i}_{\alpha\beta}+\boldsymbol{i}_{\alpha\beta}^{\mathrm{T}}\boldsymbol{M}p\boldsymbol{i}_{\alpha\beta}$ 为储存于电动机磁场中的功率；$\boldsymbol{i}_{\alpha\beta}^{\mathrm{T}}\boldsymbol{G}\dot{\theta}_r\boldsymbol{i}_{\alpha\beta}$ 为机械输出功率。

电动机的电磁转矩应为机械输出功率除以转子机械角速度，即除以 $\dot{\theta}_r/n_p$（$\dot{\theta}_r$ 为转子电角速度），得到三相异步电动机在 $\alpha$-$\beta$ 轴系上的电磁转矩方程为

$$\boldsymbol{T}_{ei}=n_p\boldsymbol{i}_{\alpha\beta}^{\mathrm{T}}\boldsymbol{G}\boldsymbol{i}_{\alpha\beta}=n_pL_{md}(i_{s\beta}i_{r\alpha}-i_{s\alpha}i_{r\beta})\tag{3-85}$$

**4. 三相异步电动机在二相静止坐标系上的数学模型**

将式（3-22）、式（3-77）、式（3-78）、式（3-85）及 $\omega_r=\mathrm{d}\theta_r/\mathrm{d}t$ 归纳在一起，便构成在恒转矩负载下三相异步电动机在二相静止坐标系（$\alpha$-$\beta$）上的数学模型，即

$$\begin{cases}\boldsymbol{u}_{\alpha\beta}=\boldsymbol{Z}_{\alpha\beta}i_{\alpha\beta}\\ \boldsymbol{\Psi}_{\alpha\beta}=\boldsymbol{L}\boldsymbol{i}_{\alpha\beta}\\ T_{ei}=T_L+\dfrac{J}{n_p}\cdot\dfrac{\mathrm{d}\omega}{\mathrm{d}t}\\ T_{ei}=n_pL_{md}(i_{s\beta}i_{r\alpha}-i_{s\alpha}i_{r\beta})\\ \omega_r=\dfrac{\mathrm{d}\theta_r}{\mathrm{d}t}\end{cases}\tag{3-86}$$

二相静止坐标系 $\alpha$-$\beta$ 上的异步电动机数学模型也称作 Kron 异步电动机方程式或双轴原型电动机（Two Axis Primitive Machine）方程。

### 3.2.5 异步电动机在任意二相旋转坐标系上的数学模型

式（3-86）所示三相异步电动机在二相静止坐标系上的数学模型仍存在非线性因素和具有强耦合的性质。非线性因素主要存在于产生电磁转矩［见式（3-85）］环节上；强耦合关系同三相情况一样，仍未得到改善，为此还需要对式（3-86）进行简化处理。

**1. 异步电动机在任意二相旋转坐标上的电压方程**

如图 3-19 所示，$d$-$q$ 坐标系为任意旋转坐标系，其旋转角速度为 $\omega_{dqs}$，相对于转子的角速度为 $\omega_{dq1}$，$d$ 轴与 $\alpha$ 轴的夹角为 $\varphi_d=\omega_{dqs}t+\varphi_{d0}$，$\varphi_{d0}$为任意的初始角。利用旋转变换可将 $\alpha$-$\beta$ 轴系上的各量变换到 $d$-$q$ 轴系上。

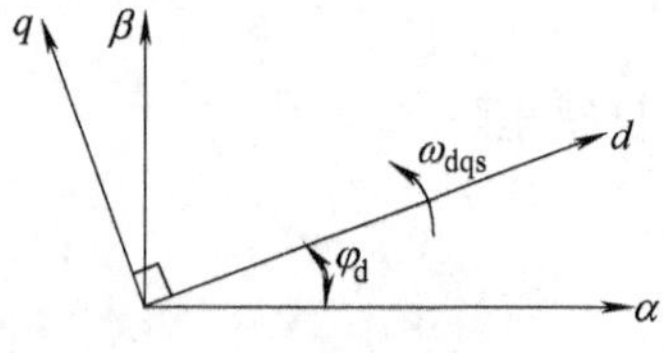

图 3-19 由 $\alpha$-$\beta$ 坐标到 $d$-$q$ 坐标的旋转变换

对于定子轴系有

$$\begin{pmatrix}u_{s\alpha}\\u_{s\beta}\end{pmatrix}=\begin{pmatrix}\cos\theta_s & -\sin\theta_s\\ \sin\theta_s & \cos\theta_s\end{pmatrix}\begin{pmatrix}u_{sd}\\u_{sq}\end{pmatrix} \tag{3-87}$$

$$\begin{pmatrix}i_{s\alpha}\\i_{s\beta}\end{pmatrix}=\begin{pmatrix}\cos\theta_s & -\sin\theta_s\\ \sin\theta_s & \cos\theta_s\end{pmatrix}\begin{pmatrix}i_{sd}\\i_{sq}\end{pmatrix} \tag{3-88}$$

$$\begin{pmatrix}\psi_{s\alpha}\\\psi_{s\beta}\end{pmatrix}=\begin{pmatrix}\cos\theta_s & -\sin\theta_s\\ \sin\theta_s & \cos\theta_s\end{pmatrix}\begin{pmatrix}\psi_{sd}\\\psi_{sq}\end{pmatrix} \tag{3-89}$$

式（3-77）第一行的定子电压方程为

$$u_{s\alpha}=R_s i_{s\alpha}+p\psi_{s\alpha} \tag{3-90}$$

把式（3-87）~式（3-89）三个变换式中相应变量 $u_{s\alpha}$、$i_{s\alpha}$、$\psi_{s\alpha}$ 代入式（3-90）中，得

$$\begin{aligned}u_{sd}\cos\varphi_d-u_{sq}\sin\varphi_d&=R_s i_{sd}\cos\varphi_d-R_s i_{sq}\sin\varphi_d+p(\psi_{sd}\cos\varphi_d-\psi_{sq}\sin\varphi_d)\\&=R_s i_{sd}\cos\varphi_d-R_s i_{sq}\sin\varphi_d+p\psi_{sd}\cos\varphi_d-p\psi_{sq}\sin\varphi_d\\&\quad-\psi_{sd}\sin\varphi_d(p\varphi_d)-\psi_{sq}\cos\varphi_d(p\varphi_d)\\&=\cos\varphi_d(R_s i_{sd}+p\psi_{sd}-\omega_{dqs}\psi_{sq})-\sin\varphi_d(R_s i_{sq}+p\psi_{sq}+\omega_{dqs}\psi_{sd})\end{aligned}$$

对于所有 $\varphi_d$ 值，上式都应成立，可令 $\cos\varphi_d$ 和 $\sin\varphi_d$ 的对应系数相等，得到

$$\begin{aligned}u_{sd}&=R_s i_{sd}+p\psi_{sd}-\omega_{dqs}\psi_{sq}\\u_{sq}&=R_s i_{sq}+p\psi_{sq}+\omega_{dqs}\psi_{sd}\end{aligned}$$

将 $\psi_{sd}$、$\psi_{sq}$的电流表达式（$\psi_{sd}=L_{sd}i_{sd}+L_{md}i_{rd}$；$\psi_{sq}=L_{sq}i_{sq}+L_{md}i_{rq}$）代入上式并整理后，得

$$\begin{cases}u_{sd}=(R_s+L_{sd}p)i_{sd}-\omega_{dqs}L_{sd}i_{sq}+L_{md}pi_{rd}-\omega_{dqs}L_{md}i_{rq}\\u_{sq}=\omega_{dqs}L_{sd}i_{sd}+(R_s+L_{sd}p)i_{sq}+\omega_{dqs}L_{md}i_{rd}+L_{md}pi_{rq}\end{cases} \tag{3-91}$$

同理，从式（3-77）第三行转子电路方程可以导出

$$\begin{cases}0=L_{md}pi_{sd}-\omega_{dql}L_{md}i_{sq}+(R_r+L_{rd}p)i_{rd}-\omega_{dql}L_{rd}i_{rq}\\0=\omega_{dql}L_{md}i_{sd}+L_{md}pi_{sq}+\omega_{dql}L_{rd}i_{rd}+(R_r+L_{rd}p)i_{rq}\end{cases} \tag{3-92}$$

将式（3-91）和（3-92）合并，并写成矩阵形式，得到三相异步电动机变换到 $d-q$ 轴上的电压矩阵方程式为

$$\begin{pmatrix} u_{sd} \\ u_{sq} \\ 0 \\ 0 \end{pmatrix} = \begin{pmatrix} R_s + L_{sd}p & -\omega_{dqs}L_{sd} & L_{md}p & -\omega_{dqs}L_{md} \\ \omega_{dqs}L_{sd} & R_s + L_{sd}p & \omega_{dqs}L_{md} & L_{md}p \\ L_{md}p & -\omega_{dql}L_{md} & R_r + L_{rd}p & -\omega_{dql}L_{rd} \\ \omega_{dql}L_{md} & L_{md}p & \omega_{dql}L_{rd} & R_r + L_{rd}p \end{pmatrix} \begin{pmatrix} i_{sd} \\ i_{sq} \\ i_{rd} \\ i_{rq} \end{pmatrix} \tag{3-93}$$

简写成

$$\boldsymbol{u}_{dq} = \boldsymbol{Z}_{dq}\boldsymbol{i}_{dq}$$

由式（3-93）可以看出，通过旋转坐标变换，可将两相静止坐标系上的交流绕组等效为两相旋转坐标系上的直流绕组。当 *A-B-C* 坐标系中的电压、电流为正弦函数时，在 *d-q* 坐标系中得到的电压、电流变量则是直流标量。但是式（3-93）的变换矩阵，即阻抗矩阵为 4 × 4 系数矩阵，矩阵中 16 个元素中无零元素，仍是一个复杂的变换矩阵。

由式（3-93）和式（3-77）可以看出，*d-q* 轴系电压方程与 $\alpha$-$\beta$ 轴系电压方程不同。其一，在 $\alpha$-$\beta$ 轴系中，定子电压中没有旋转电压项，而变换到 *d-q* 轴系后，方程中出现了旋转电压项（分量为 $\omega_{dqs}\psi_{sd}$和-$\omega_{dqs}\psi_{sq}$），这是因为 *d-q* 轴系是以任意角速度在旋转；其二，在 *d-q* 轴系上的转子电压方程中，也含有旋转电压项，但与 $\alpha$-$\beta$ 方程中的旋转电压项不同，它不是转子角速度与磁链的乘积，而是转差角速度与磁链的乘积（分量为 $\omega_{dql}\psi_{rd}$和 $\omega_{dql}\psi_{rq}$），这是因为 *d-q* 轴系中的转子绕组是以转差角速度 $\omega_{dqs}$在旋转。

**2. 异步电动机在任意二相旋转坐标系上的电磁转矩方程**

根据式（3-85）可以求得三相异步电动机在 *d-q* 轴系上的电磁转矩方程，即有

$$T_{ei} = n_p L_{md}(i_{sq}i_{rd} - i_{sd}i_{rq}) \tag{3-94}$$

**3. 异步电动机在任意二相旋转坐标系上的数学模型**

把式（3-93）、式（3-94）、式（3-22）及 $\omega_r = d\theta_r/dt$ 归纳起来，就构成在恒转矩负载下异步电动机在任意二相旋转坐标系（*d-q*）上的数学模型，即

$$\begin{cases} \boldsymbol{u}_{dq} = \boldsymbol{Z}_{dq}\boldsymbol{i}_{dq} \\ T_{ei} = n_p L_{md}(i_{sq}i_{rd} - i_{sd}i_{rq}) \\ T_{ei} = T_L + \dfrac{J}{n_p}\dfrac{d\omega}{dt} \\ \omega = \dfrac{d\theta_r}{dt} \end{cases} \tag{3-95}$$

## 3.2.6 异步电动机在二相同步旋转坐标系上的数学模型

同步旋转坐标系就是电动机的旋转磁场坐标系，通常用符号 *M-T* 来表示。由于 *M-T* 坐标系和 *d-q* 坐标系二者的差别仅是旋转速度不同，所以可以把 *M-T* 坐标系看成是 *d-q* 坐标系的一个特例，因此，将式（3-93）及式（3-94）中的下脚标 *d*、*q* 改写成 *M*、*T*；$\omega_{dqs}$改写成 $\omega_s$（同步角速度）；$\omega_{dq1}$改写成 $\omega_{s1}$（转差角速度），并有 $\omega_{sl} = \omega_s - \omega$，便可以得到了异步电动机在同步旋转坐标系上的数学模型，即

电压方程

$$
\begin{pmatrix} u_{sM} \\ u_{sT} \\ 0 \\ 0 \end{pmatrix} = \begin{pmatrix} R_s + L_{sd}p & -\omega_s L_{sd} & L_{md}p & -\omega_s L_{md} \\ \omega_s L_{sd} & R_s + L_{sd}p & \omega_s L_{md} & L_{md}p \\ L_{md}p & -\omega_{sl}L_{md} & R_r + L_{rd}p & -\omega_{sl}L_{rd} \\ \omega_{sl}L_{md} & L_{md}p & \omega_{sl}L_{rd} & R_r + L_{rd}p \end{pmatrix} \begin{pmatrix} i_{sM} \\ i_{sT} \\ i_{rM} \\ i_{rT} \end{pmatrix} \tag{3-96}
$$

磁链方程

$$
\begin{pmatrix} \psi_{sM} \\ \psi_{sT} \\ \psi_{rM} \\ \psi_{rT} \end{pmatrix} = \begin{pmatrix} L_{sd} & 0 & L_{md} & 0 \\ 0 & L_{sd} & 0 & L_{md} \\ L_{md} & 0 & L_{rd} & 0 \\ 0 & L_{md} & 0 & L_{rd} \end{pmatrix} \begin{pmatrix} i_{sM} \\ i_{sT} \\ i_{rM} \\ i_{rT} \end{pmatrix} \tag{3-97}
$$

转矩方程

$$
T_{ei} = n_p L_{md}(i_{sT}i_{rM} - i_{sM}i_{rT}) \tag{3-98}
$$

运动方程

$$
T_{ei} = T_L + \frac{J}{n_p}\frac{d\omega}{dt} \tag{3-99}
$$

将式（3-96）的 *M-T* 轴系上的电压方程绘制成动态等效电路，如图 3-20 所示。图中箭头是按电压降的方向画出的。由图可以清楚地看出，*M*、*T* 轴之间依靠 4 个旋转电动势互相耦合。

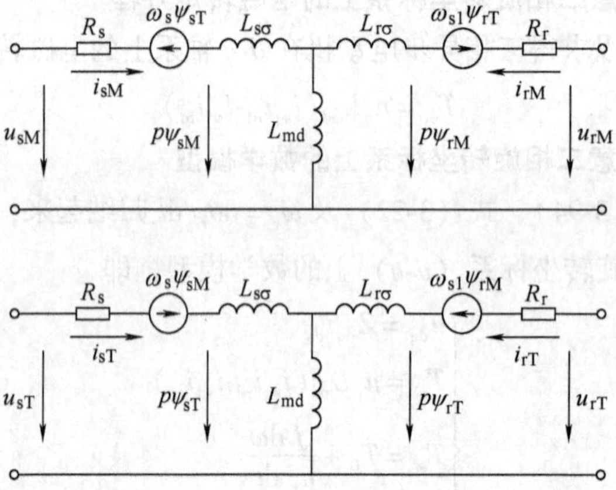


图 3-20　异步电动机在 *M-T* 轴系上的动态等效电路

### 3.2.7　异步电动机在二相坐标系上的状态方程

在二相坐标系上，异步电动机的数学模型除了可以采用矩阵方程的形式外，还可以采用状态方程的形式。在异步电动机的动态过程中，其数学模型是一组时变的非线性联立微分方程组，为了采用标准的计算方法求该方程组的解，需要使用状态方程形式的数学模型。另外，在对交流电动机调速系统进行设计和分析的时候，常使用状态方程形式的数学模型。为此，本小节专门介绍异步电动机在二相坐标系上的状态方程。

下面的状态方程是利用 3.2.6 节中介绍的二相同步旋转（*M-T*）坐标系上的数学模型得到的，对于在其他二相坐标系上的状态方程，稍加变换即可得到。

由式（3-96）和式（3-99）可知，异步电动机具有4阶电压方程和1阶运动方程，显然，其状态方程应该是5阶的，因此需要选取5个状态变量。然而可供选择的变量共有9个，即转速$\omega$、4个电流变量（$i_{sM}$、$i_{sT}$、$i_{rM}$、$i_{rT}$）和4个磁链变量（$\psi_{sM}$、$\psi_{sT}$、$\psi_{rM}$、$\psi_{rT}$）。由于$i_{rM}$和$i_{rT}$是不可测量的，不宜用来作为状态变量，因而，只能选择定子电流$i_{sM}$、$i_{sT}$以及定子磁链$\psi_{sM}$、$\psi_{sT}$（或选转子磁链$\psi_{rM}$、$\psi_{rT}$）作为状态变量。

（1）状态变量为$\boldsymbol{X}=(\omega \quad \psi_{rM} \quad \psi_{rT} \quad i_{sM} \quad i_{sT})^{T}$时的状态方程

式（3-97）可以写成

$$\begin{cases}\psi_{sM}=L_{sd}i_{sM}+L_{md}i_{rM}\\ \psi_{sT}=L_{sd}i_{sT}+L_{md}i_{rT}\\ \psi_{rM}=L_{md}i_{sM}+L_{rd}i_{rM}\\ \psi_{rT}=L_{md}i_{sT}+L_{rd}i_{rT}\end{cases} \tag{3-100}$$

式（3-100）中第3、4两式可写成

$$\begin{cases}i_{rM}=\dfrac{1}{L_{rd}}(\psi_{rM}-L_{md}i_{sM})\\ i_{rT}=\dfrac{1}{L_{rd}}(\psi_{rT}-L_{md}i_{sT})\end{cases} \tag{3-101}$$

式（3-96）可以写成

$$\begin{cases}u_{sM}=R_{s}i_{sM}+p\psi_{sM}-\omega_{s}\psi_{sT}\\ u_{sT}=R_{s}i_{sT}+p\psi_{sT}+\omega_{s}\psi_{sM}\\ 0=R_{r}i_{rM}+p\psi_{rM}-\omega_{sl}\psi_{rT}\\ 0=R_{r}i_{rT}+p\psi_{rT}-\omega_{sl}\psi_{rM}\end{cases} \tag{3-102}$$

将式（3-101）代入式（3-98）中，得电磁转矩输出方程为

$$T_{ei}=\frac{n_{p}L_{md}}{L_{rd}}(i_{sT}\psi_{rM}-i_{sM}\psi_{rT}) \tag{3-103}$$

将式（3-100）代入式（3-102），消去$i_{rM}$、$i_{rT}$、$\psi_{sM}$、$\psi_{sT}$，经过整理得到状态方程为

$$\begin{cases}\dfrac{d\omega}{dt}=\dfrac{n_{p}^{2}L_{md}}{JL_{r}}(i_{sq}\psi_{rM}-i_{sM}\psi_{rT})-\dfrac{n_{P}}{J}T_{L}\\ \dfrac{d\psi_{rM}}{dt}=-\dfrac{\psi_{rM}}{T_{r}}+\omega_{sl}\psi_{rT}+\dfrac{L_{md}}{T_{r}}i_{sM}\\ \dfrac{d\psi_{rT}}{dt}=-\dfrac{\psi_{rT}}{T_{r}}-\omega_{sl}\psi_{rM}+\dfrac{L_{md}}{T_{r}}i_{sT}\\ \dfrac{di_{sM}}{dt}=\dfrac{L_{md}}{\sigma L_{sd}L_{rd}T_{r}}\psi_{rM}+\dfrac{L_{md}}{\sigma L_{sd}L_{rd}}\omega\psi_{rT}-\dfrac{R_{s}L_{rd}^{2}+R_{r}L_{md}^{2}}{\sigma L_{sd}L_{rd}^{2}}i_{sM}+\omega_{s}i_{sT}+\dfrac{u_{sM}}{\sigma L_{sd}}\\ \dfrac{di_{sT}}{dt}=\dfrac{L_{md}}{\sigma L_{sd}L_{rd}T_{r}}\psi_{rT}-\dfrac{L_{md}}{\sigma L_{sd}L_{rd}}\omega\psi_{rM}-\dfrac{R_{s}L_{rd}^{2}+R_{r}L_{md}^{2}}{\sigma L_{sd}L_{rd}^{2}}i_{sT}-\omega_{s}i_{sM}+\dfrac{u_{sT}}{\sigma L_{sd}}\end{cases} \tag{3-104}$$

式中，$\sigma$为电动机的漏磁系数，$\sigma=1-L_{md}^{2}/(L_{sd}L_{rd})$；$T_{r}$为转子电磁时间常数，$T_{r}=L_{rd}/R_{r}$。在式（3-104）状态方程中，输入变量为

$$\boldsymbol{U}=(u_{sM} \quad u_{sT} \quad \omega_{s} \quad T_{L})^{T} \tag{3-105}$$

（2）状态变量为 $\boldsymbol{X}=(\omega \quad \psi_{sM} \quad \psi_{sT} \quad i_{sM} \quad i_{sT})^{T}$ 时的状态方程

同理，把式（3-100）代入式（3-102），消去变量 $i_{rM}$、$i_{rT}$、$\psi_{rM}$、$\psi_{rT}$，整理后就得到另一种状态方程，即

$$\begin{cases} \dfrac{d\omega}{dt}=\dfrac{n_p^2}{J}(i_{sT}\psi_{sM}-i_{sM}\psi_{sT})-\dfrac{n_p}{J}T_L \\ \dfrac{d\psi_{sM}}{dt}=-R_s i_{sM}+\omega_s\psi_{sT}+u_{sM} \\ \dfrac{d\psi_{sT}}{dt}=-R_s i_{sT}-\omega_s\psi_{sM}+u_{sT} \\ \dfrac{di_{sM}}{dt}=\dfrac{\psi_{sM}}{\sigma L_{sd}T_r}+\dfrac{\omega\psi_{sT}}{\sigma L_{sd}}-\dfrac{R_s L_{rd}+R_r L_{sd}}{\sigma L_{sd}L_{rd}}i_{sM}+\omega_{sl}i_{sT}+\dfrac{u_{sM}}{\sigma L_{sd}} \\ \dfrac{di_{sT}}{dt}=\dfrac{\psi_{sT}}{\sigma L_{sd}T_r}-\dfrac{\omega\psi_{sM}}{\sigma L_{sd}}-\dfrac{R_s L_{rd}+R_r L_{sd}}{\sigma L_{sd}L_{rd}}i_{sT}-\omega_{sl}i_{sM}+\dfrac{u_{sT}}{\sigma L_{sd}} \end{cases} \tag{3-106}$$

在式（3-106）中，输入变量为

$$\boldsymbol{U}=(u_{sM} \quad u_{sT} \quad \omega_s \quad T_L)^{T} \tag{3-107}$$

## 3.3 磁场定向和矢量控制的基本控制结构

式（3-96）是任意 $M$-$T$ 轴系上的电压方程。如果对 $M$-$T$ 轴系的取向加以规定，使其成为特定的同步旋转坐标系，这对矢量控制系统的实现具有关键的作用。

选择特定的同步旋转坐标系以及确定 $M$-$T$ 轴系的取向，称之为定向。如果选择电动机，某一旋转磁场轴作为特定的同步旋转坐标轴，则称之为磁场定向（Field Orientation）。顾名思义，矢量控制系统也称为磁场定向控制（Field Orientation Control，FOC）系统。

对于异步电动机矢量控制系统的磁场定向轴有三种选择方法，即转子磁场定向、气隙磁场定向和定子磁场定向。

### 3.3.1 转子磁场定向的异步电动机矢量控制系统

转子磁场定向即是按转子全磁链矢量 $\boldsymbol{\Psi}_r$ 方向进行定向，就是将 $M$ 轴取向于 $\boldsymbol{\Psi}_r$ 轴，如图 3-21 所示。按转子全磁链（全磁通）定向的异步电动机矢量控制系统称为异步电动机按转子磁链（磁通）定向的矢量控制系统。

**1. 按转子磁链（磁通）定向的三相异步电动机数学模型**

（1）电压方程

从图 3-21 中可以看出，由于 $M$ 轴取向于转子全磁链 $\boldsymbol{\Psi}_r$ 轴，$T$ 轴垂直于 $M$ 轴，因而使 $\boldsymbol{\Psi}_r$ 在 $T$ 轴上的分量为零，表明转子全磁链 $\Psi_r$ 唯一由 $M$ 轴绕组中电流所产生，可知定子电流矢量 $\boldsymbol{i}_s(\boldsymbol{F}_s)$ 在 $M$ 轴上的分量 $i_{sM}$ 是纯励磁电流分量；在 $T$ 轴上的分量 $i_{sT}$ 是纯转矩电流分量。$\boldsymbol{\Psi}_r$ 在 $M$、$T$ 轴系上的分量可用方程表示为

$$\psi_{rM}=\Psi_r=L_{md}i_{sM}+L_{rd}i_{rM} \tag{3-108}$$

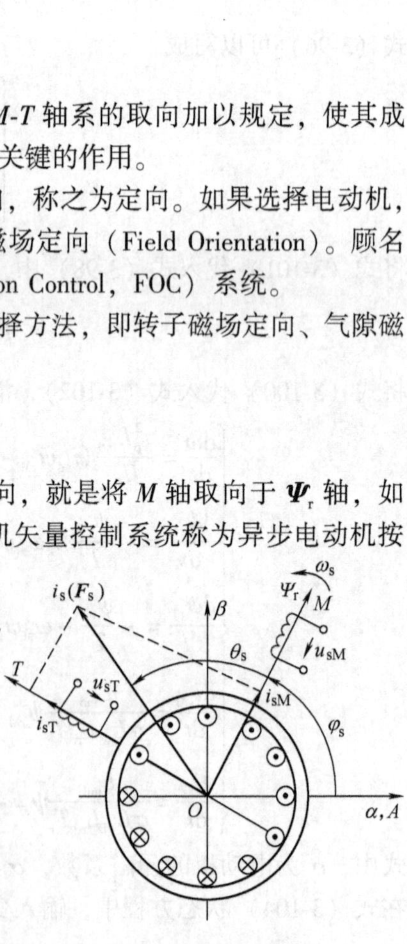

图 3-21 转子磁场定向

$$\psi_{rT}=0=L_{md}i_{sT}+L_{rd}i_{rT} \tag{3-109}$$

将式（3-109）代入式（3-96）中，则式（3-96）中的第3、4行的部分项变成零，则式（3-96）简化为

$$\begin{pmatrix} u_{sM} \\ u_{sT} \\ 0 \\ 0 \end{pmatrix} = \begin{pmatrix} R_s+L_{sd}p & -\omega_s L_{sd} & L_{md}p & -\omega_s L_{md} \\ \omega_s L_{sd} & R_s+L_{sd}p & \omega_s L_{md} & L_{md}p \\ L_{md}p & 0 & R_r+L_{rd}p & 0 \\ \omega_{sl}L_{md} & 0 & \omega_{sl}L_{rd} & R_r \end{pmatrix} \begin{pmatrix} i_{sM} \\ i_{sT} \\ i_{rM} \\ i_{rT} \end{pmatrix} \tag{3-110}$$

式（3-110）是以转子全磁链轴线为定向轴的同步旋转坐标系上的电压方程式，也称作磁场定向方程式，其约束条件是 $\psi_{rT}=0$。根据这一电压方程可以建立矢量控制系统所依据的控制方程式。

（2）转矩方程

将式（3-108）、式（3-109）代入式（3-98）中，得

$$T_{ei}=C_{IM}\Psi_r i_{sT} \tag{3-111}$$

式中，$C_{IM}=n_p L_{md}/L_{rd}$ 为转矩系数。

式（3-111）表明，在同步旋转坐标系上，如果按异步电动机转子磁链定向，则异步电动机的电磁转矩模型就与直流电动机的电磁转矩模型完全一样了。

**2. 按转子磁链定向的异步电动机矢量控制系统的控制方程式**

在矢量控制系统中，由于可测量的被控制变量是定子电流矢量 $\boldsymbol{i}_s$，因此必须从式（3-110）中找到定子电流矢量各分量与其他物理量之间的关系。由式（3-110）第3行可得到

$$0=R_r i_{rM}+p(L_{md}i_{sM}+L_{rd}i_{rM})=R_r i_{rM}+p\Psi_r \tag{3-112}$$

求出

$$i_{rM}=-\frac{p\Psi_r}{R_r} \tag{3-113}$$

将式（3-113）代入式（3-108）中，求得

$$i_{sM}=\frac{T_r p+1}{L_{md}}\Psi_r \tag{3-114}$$

或写成

$$\Psi_r=\frac{L_{md}}{T_r p+1}i_{sM} \tag{3-115}$$

式中，$T_r=L_{rd}/R_r$ 为转子电路时间常数。

由式（3-110）第4行可得

$$0=\omega_{sl}(L_{md}i_{sM}+L_{rd}i_{rM})+R_r i_{rT}=\omega_{sl}\Psi_r+R_r i_{rT}$$

求出

$$i_{rT}=-\frac{\omega_{sl}\Psi_r}{R_r} \tag{3-116}$$

将式（3-116）代入式（3-109）中，求得

$$i_{sT}=-\frac{L_{rd}}{L_{md}}i_{rT}=\frac{T_r\Psi_r}{L_{md}}\omega_{sl} \tag{3-117}$$

式（3-111）、式（3-115）、式（3-117）就是异步电动机矢量控制系统所依据的控制方程式。

式（3-115）的物理意义是，转子磁链唯一由定子电流矢量的励磁电流分量 $i_{sM}$ 产生，与定子电流矢量的转矩电流分量 $i_{sT}$ 无关，充分说明了异步电动机矢量控制系统按转子全磁链

(或全磁通）定向可以实现定子电流的转矩分量和励磁分量的完全解耦；还表明了，$\Psi_r$ 和 $i_{sM}$之间的传递函数是一个一阶惯性环节，当 $i_{sM}$ 为阶跃变化时，$\Psi_r$ 按时间常数 $T_r$ 以指数规律变化，这和直流电动机励磁绕组的惯性作用是一致的。

式（3-117）所表明的物理意义是，当 $\Psi_r$ 恒定时，无论是稳态还是动态过程，转差角频率 $\omega_{sl}$ 都与异步电动机的转矩电流分量 $i_{sT}$ 成正比。

**3. 转子磁链定向的三相异步电动机的等效直流电动机模型及矢量控制系统的基本结构**

（1）三相异步电动机的等效直流电动机模型图

用矢量控制方程式描绘的同步旋转坐标系上三相异步电动机等效直流电动机模型结构图如图 3-22 所示。

由图 3-22 可看出，等效直流电动机模型可分为转速（$\omega$）子系统和磁链（$\Psi_r$）子系统。这里需要指出的是，按转子磁链定向的矢量控制系统虽然可以实现定子电流的转矩分量和励磁分量的完全解耦，然而，从 $\omega$、$\Psi_r$ 两个子系统来看，$T_{ei}$ 因同时受到 $i_{sT}$ 和 $\Psi_r$ 的影响，两个子系统在动态过程中仍然是耦合的。这是在设计矢量控制系统时应该考虑的问题。

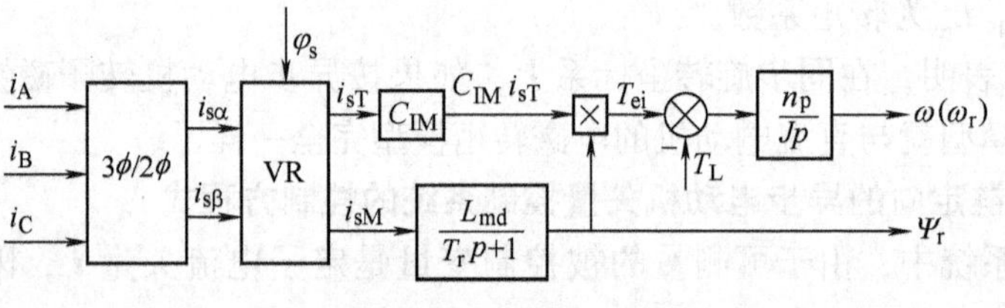


图 3-22　三相异步电动机等效直流电动机模型

（2）矢量控制的基本结构

通过坐标变换和按转子磁链定向，最终得到三相异步电动机在同步旋转坐标系上的等效直流电动机模型。余下的工作就是如何模仿直流电动机转速控制规律来构造三相异步电动机矢量控制系统的控制结构。

依据异步电动机的等效直流电动机模型，可设置转速调节器（ASR）和磁链调节器（AΨR）分别控制转速 $\omega$ 和磁链 $\Psi_r$，形成转速闭环系统和磁链闭环系统，如图 3-23 所示，图中 $\hat{\Psi}_r$、$\hat{\varphi}_s$ 表示模型计算值。

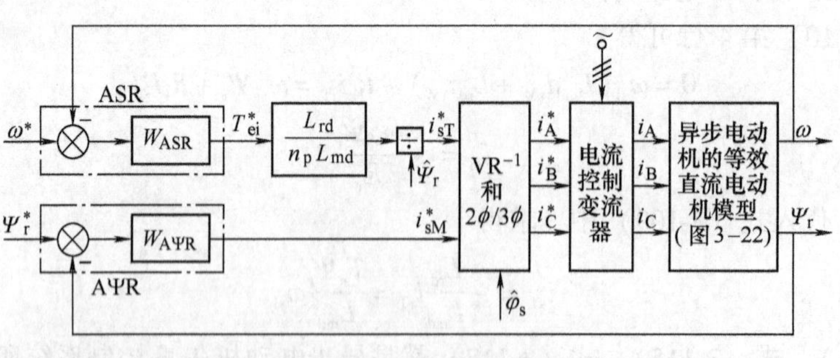


图 3-23　具有转矩、磁链闭环控制的直接矢量控制系统结构

利用直角坐标-极坐标变换，按式（3-115）和式（3-117）可实现另一种矢量控制结构，即转差型矢量控制结构，如图 3-24 所示。图中 $\theta_s$ 为 $\boldsymbol{i}_s$ 矢量与 $M$ 轴之间的夹角。

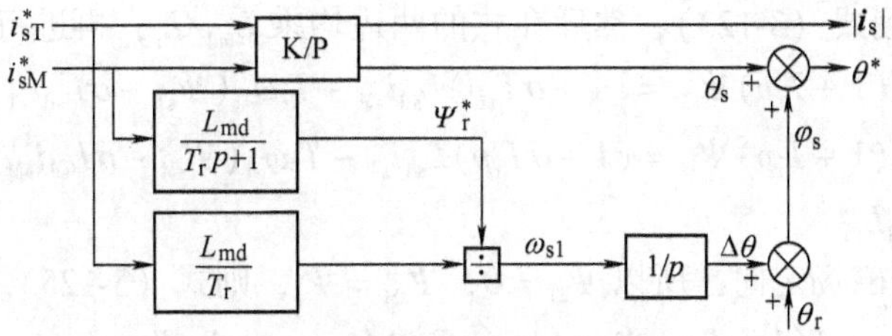


图 3-24　转差型矢量控制结构

## 3.3.2　异步电动机的其他两种磁场定向方法

### 1. 定子磁场定向

定子磁场定向是将 $M$ 轴与定子磁链矢量 $\boldsymbol{\Psi}_s$ 重合。

(1) 定子磁链 $\Psi_s$ 是 $i_{sM}$ 和 $i_{sT}$ 的函数，彼此之间存在着耦合效应

定子磁链在 $M$-$T$ 轴系上可以表示为

$$\begin{cases}\Psi_{sM}=L_{sd}i_{sM}+L_{md}i_{rM}\\ \Psi_{sT}=L_{sd}i_{sT}+L_{md}i_{rT}\end{cases}\tag{3-118}$$

依据图 3-20 所示异步电动机在 $M$-$T$ 轴系上的动态等效电路可写出转子回路方程

$$\begin{cases}p\Psi_{rM}+R_r i_{rM}-\omega_{sl}\Psi_{rT}=0\\ p\Psi_{rT}+R_r i_{rT}+\omega_{sl}\Psi_{rM}=0\end{cases}\tag{3-119}$$

转子磁链可以表示为

$$\begin{cases}\Psi_{rM}=L_{rd}i_{rM}+L_{md}i_{sM}\\ \Psi_{rT}=L_{rd}i_{rT}+L_{md}i_{sT}\end{cases}\tag{3-120}$$

将式（3-120）中 $i_{rM}$、$i_{rT}$ 突显出来，即

$$\begin{cases}i_{rM}=\dfrac{1}{L_{rd}}\Psi_{rM}-\dfrac{L_{md}}{L_{rd}}i_{sM}\\ i_{rT}=\dfrac{1}{L_{rd}}\Psi_{rT}-\dfrac{L_{md}}{L_{rd}}i_{sT}\end{cases}\tag{3-121}$$

借助式（3-121）消掉式（3-119）中的转子电流项，可得

$$\begin{cases}p\Psi_{rM}+\dfrac{R_r}{L_{rd}}\Psi_{rM}-\dfrac{L_{md}}{L_{rd}}R_r i_{sM}-\omega_{sl}\Psi_{rT}=0\\ p\Psi_{rT}+\dfrac{R_r}{L_{rd}}\Psi_{rT}-\dfrac{L_{md}}{L_{rd}}R_r i_{sT}+\omega_{sl}\Psi_{rM}=0\end{cases}\tag{3-122}$$

将式（3-122）两边均乘 $T_r=L_{rd}/R_r$，整理后得到

$$\begin{cases}(1+T_r p)\Psi_{rM}-L_{md}i_{sM}-T_r\omega_{sl}\Psi_{rM}=0\\ (1+T_r p)\Psi_{rT}-L_{md}i_{sT}+T_r\omega_{sl}\Psi_{rT}=0\end{cases}\tag{3-123}$$

依据式（3-118）可求得

$$\begin{cases}i_{rM}=\dfrac{\Psi_{sM}}{L_{md}}-\dfrac{L_{sd}}{L_{md}}i_{sM}\\ i_{rT}=\dfrac{\Psi_{sT}}{L_{md}}-\dfrac{L_{sd}}{L_{md}}i_{sT}\end{cases}\tag{3-124}$$

将式（3-124）代入到式（3-123），然后在式的两边均乘 $L_{md}/L_r$，再进行简化整理，得

$$\begin{cases}(1+T_r p)\Psi_{sM}=(1+\sigma T_r p)L_{sd}i_{sM}+T_r\omega_{sl}(\Psi_{sT}-\sigma L_{sd}i_{sT})\\(1+T_r p)\Psi_{sT}=(1+\sigma T_r p)L_{sd}i_{sT}-T_r\omega_{sl}(\Psi_{sM}-\sigma L_{sd}i_{sM})\end{cases}\tag{3-125}$$

式中，$\sigma=1-L_{md}^2/L_{sd}L_{rd}$。

由于是按照定子磁场定向，所以 $\Psi_{sT}=0$，$\Psi_{sM}=\Psi_s$，则式（3-125）式可以简化为

$$\begin{cases}(1+T_r p)\Psi_s=(1+\sigma T_r p)L_{sd}i_{sM}-\sigma L_{sd}T_r\omega_{sl}i_{sT}\\(1+\sigma T_r p)L_{sd}i_{sT}=T_r\omega_{sl}(\Psi_s-\sigma L_{sd}i_{sM})\end{cases}\tag{3-126}$$

式（3-126）表明，定子磁链 $\Psi_s$ 是 $i_{sT}$ 和 $i_{sM}$ 的函数，即彼此之间存在耦合现象，这意味着若用 $i_{sT}$ 去改变转矩，也会影响磁链。

（2）按定子磁链定向的矢量控制系统的前馈解耦方法

如图 3-25 所示，解耦控制信号 $i_{MT}$ 被加到 AΨR 调节器的输出中，二者一起产生 $i_{sM}^*$ 指令信号，即

$$i_{sM}^*=G(\Psi_s^*-\Psi_s)+i_{MT}\tag{3-127}$$

式中，$G=K_1+K_2/s$。

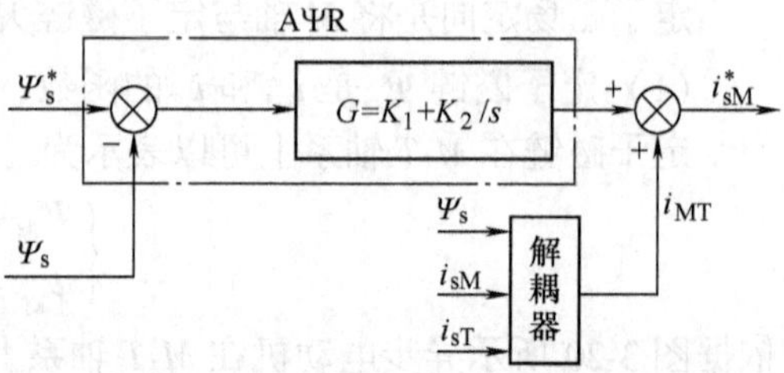


图 3-25 定子磁链定向矢量控制中的前馈解耦

将式（3-127）代入到式（3-126）的第 1 式中，可得

$$(1+T_r p)\Psi_s=(1+\sigma T_r p)L_{sd}G(\Psi_s^*-\Psi_s)+(1+\sigma T_r p)L_{sd}i_{MT}-\sigma L_{sd}T_r\omega_{sl}i_{sT}\tag{3-128}$$

为了借助 $i_{MT}$ 实现 $\Psi_s$ 的解耦控制，必须使 $(1+\sigma T_r p)L_{sd}i_{MT}-\sigma L_{sd}T_r\omega_{sl}i_{sT}=0$，则有

$$i_{MT}=\frac{\sigma L_{sd}T_r\omega_{sl}i_{sT}}{(1+\sigma T_r p)L_{sd}}\tag{3-129}$$

根据式（3-126）的第 2 式还可以求得 $\omega_{sl}$，即有

$$\omega_{sl}=\frac{(1+\sigma T_r p)L_{sd}i_{sT}}{T_r(\Psi_s-\sigma L_{sd}i_{sM})}\tag{3-130}$$

将式（3-130）代入式（3-129）有

$$i_{MT}=\frac{\sigma L_{sd}i_{sT}^2}{T_r(\Psi_s-\sigma L_{sd}i_{sM})}\tag{3-131}$$

式（3-131）说明，解耦电流 $i_{MT}$ 是 $\Psi_s$、$i_{sT}$ 和 $i_{sM}$ 的函数，图 3-25 中解耦器模块算法如式（3-131）所示。

按定子磁场定向的矢量控制系统，由于增设了解耦控制器使其控制结构复杂一些，但可以通过定子侧检测到的电压、电流直接计算定子磁链矢量 $\boldsymbol{\Psi}_s$，同时避免了转子参数变化对磁场定向及检测精度的影响，这是定子磁链磁场定向的优点，至于定子电阻变化的影响是很容易补偿的。

**2. 气隙磁场定向**

将同步旋转坐标系的 $M$ 轴与气隙磁链矢量 $\boldsymbol{\Psi}_m$ 重合，称为气隙磁场定向。气隙磁链在 $M$、$T$ 轴上可表示为

$$\begin{cases}\Psi_{mM}=L_{md}(i_{sM}+i_{rM})\\\Psi_{mT}=0=L_{md}(i_{sT}+i_{rT})\end{cases}\tag{3-132}$$

通过使用前述的类似推导方法，可以求得

$$p\Psi_{mM}=\frac{\Psi_{mM}}{T_r}+\frac{L_{md}}{L_r}(R_r+T_r)i_{sM}-\omega_{sl}T_r\frac{L_{md}}{L_r i_{sT}} \tag{3-133}$$

由式（3-133）不难看出，磁链关系中存在耦合，由于电动机磁路的饱和程度与气隙磁通一致，因而基于气隙磁链的控制方式更适合处理饱和效应，但是需要增设解耦器。解耦器的设计类似于定子磁场定向解耦器的设计方法。

比较异步电动机三种磁场定向方法可以看出，按转子磁场定向是最佳的选择，可以实现励磁电流分量、转矩电流分量二者完全解耦，因此转子磁场定向是目前主要采用的方案。但是，转子磁场定向受转子参数变化的影响较大，这在一定程度上影响了系统的性能。气隙磁场定向、定子磁场定向很少受参数时变的影响，在应用中，当需要处理饱和效应时，采用气隙磁场定向较为合适；当需要恒功率调速时，采用定子磁场定向更为适宜。

## 3.4 转子磁链观测器

在图 3-23 中，转子磁链矢量的模值 $\Psi_r$ 及磁场定向角 $\varphi_s$ 都是实际值，然而这两个量都是难以直接测量的，因而在矢量控制系统中只能采用观测值或模型计算值（记为 $\hat{\Psi}_r$、$\hat{\varphi}_s$）。$\hat{\Psi}_r$ 是用来作为磁链闭环的反馈信号，$\hat{\varphi}_s$ 是用来确定 $M$ 轴的位置，要求 $\hat{\Psi}_r=\Psi_r$（实际值），$\hat{\varphi}_s=\varphi_s$（实际值），才能达到矢量控制的有效性。因此准确地获得转子磁链值 $\hat{\Psi}_r$ 和它的空间位置角 $\hat{\varphi}_s$ 是实现磁场定向控制的关键技术。

转子磁链矢量的检测和获取方法有直接法（磁敏式检测法和探测线圈法）和间接法（模型法）。

直接法就是在电动机定子内表面装贴霍尔元件或者在电动机槽内埋设探测线圈直接检测转子磁链，此种方法检测精度较高。但是，由于在电动机内部装设元器件往往会遇到不少工艺和技术问题，特别是齿槽的影响，使检测信号中含有大量的脉动分量，为此，实际的矢量控制系统中不采用直接法，而是采用间接法，即检测交流电动机的定子电压、电流及转速等易得的物理量，利用转子磁链观测模型，实时计算转子磁链的模值和空间位置。由于计算模型中所采用的实测信号的不同，又可分为电流模型法和电压模型法。

### 3.4.1 计算转子磁链的电流模型法

#### 1. 在二相静止坐标系上计算转子磁链的电流模型法

这种电流模型法是在 $\alpha$-$\beta$ 坐标系下根据定子电流观测转子磁链的方法。转子磁链在 $\alpha$、$\beta$ 轴上的分量为

$$\psi_{r\alpha}=L_{rd}i_{r\alpha}+L_{md}i_{s\alpha}$$
$$\psi_{r\beta}=L_{rd}i_{r\beta}+L_{md}i_{s\beta}$$

由以上二式解出

$$\begin{cases}i_{r\alpha}=\dfrac{1}{L_{rd}}(\psi_{r\alpha}-L_{md}i_{s\alpha})\\ i_{r\beta}=\dfrac{1}{L_{rd}}(\psi_{r\beta}-L_{md}i_{s\beta})\end{cases} \tag{3-134}$$

依据 $\alpha$-$\beta$ 轴系上的异步电动机电压矩阵方程［式（3-77）］第 3 行求得

$$0 = L_{md}pi_{s\alpha} + \dot{\theta}_r L_{md} i_{s\beta} + R_r i_{r\alpha} + L_{rd}pi_{r\alpha} + \dot{\theta}_r L_{rd} i_{r\beta}$$

$$0 = (L_{md}pi_{s\alpha} + L_{rd}pi_{r\alpha}) + (\dot{\theta}_r L_{md} i_{s\beta} + R_r i_{r\alpha} + \dot{\theta}_r L_{rd} i_{r\beta})$$

$$0 = p\psi_{r\alpha} + \dot{\theta}_r \psi_{r\beta} + R_r i_{r\alpha} \tag{3-135}$$

同理由式（3-77）第 4 行得

$$0 = p\psi_{r\beta} - \dot{\theta}_r \psi_{r\alpha} + R_r i_{r\beta} \tag{3-136}$$

将式（3-134）的第一式代入式（3-135），第二式代入式（3-136）中，经整理，得到

$$\begin{cases} \psi_{r\alpha} = \dfrac{1}{T_r p + 1}(L_{md} i_{s\alpha} - \dot{\theta}_r T_r \psi_{r\beta}) \\ \psi_{r\beta} = \dfrac{1}{T_r p + 1}(L_{md} i_{s\beta} + \dot{\theta}_r T_r \psi_{r\alpha}) \end{cases} \tag{3-137}$$

根据式（3-137）构成的计算转子磁链的电流模型，如图 3-26 所示。

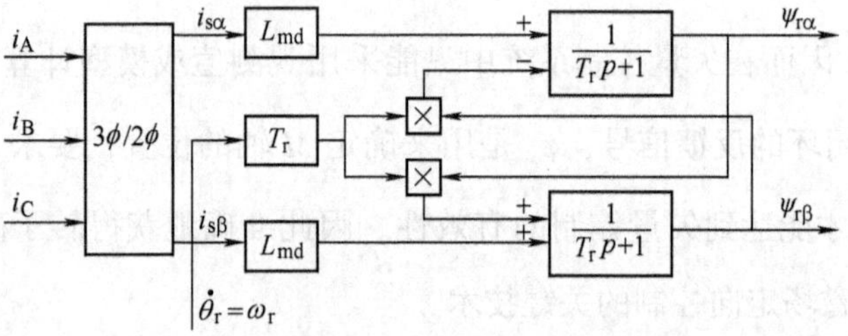


图 3-26　$\alpha$-$\beta$ 坐标系上计算转子磁链的电流模型

**2. 按转子磁链定向在二相旋转坐标系上的转子磁链观测模型**

图 3-27 所示为按转子磁链定向在二相旋转坐标系上的转子磁链观测模型的运算图，模型建立原理如下：

首先将三相定子电流 $i_A$、$i_B$、$i_C$ 经三相-二相变换得到二相静止坐标系上的电流 $i_{s\alpha}$、$i_{s\beta}$，按转子磁场定向，经过同步旋转坐标变换，可得到 *M-T* 旋转坐标系上的电流 $i_{sM}$、$i_{sT}$。利用磁场定向方程式可获得转差角频率 $\omega_{sl}$ 和转子磁链值 $\Psi_r$。把 $\omega_{sl}$ 和实测转速 $\omega$ 相加求得定子同步角频率 $\omega_s$，再将 $\omega_s$ 进行积分运算处理就得到转子磁链的瞬时方位信号 $\varphi_s$，$\varphi_s$ 是按转子磁链定向的定向角。

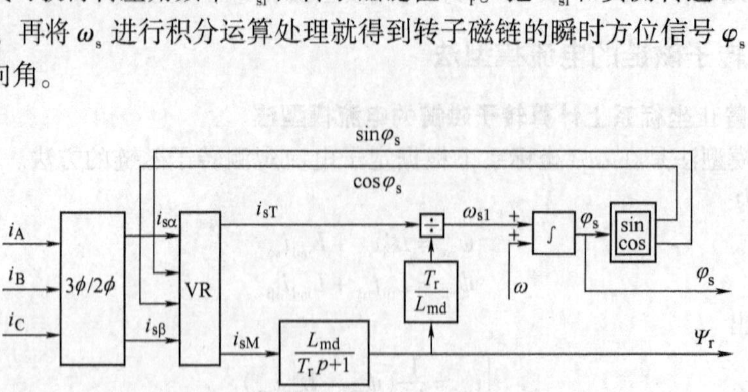


图 3-27　*M-T* 坐标系上的转子磁链观测模型

需要指出，上述两种电流模型法均需要实测的电流和转速信号，对于转速高、低两种电

流模型法都能适用。然而，由于转子磁链观测模型依赖于电动机参数（$T_r$、$L_{md}$），因而转子磁链观测模型的准确性受到参数变化的影响，这是电流模型法的主要缺点。如果要获得较高的估计精度和较快的收敛速度，则必须寻求更高级的磁链观测器。

### 3.4.2 计算转子磁链的电压模型法

电压模型法是在 $\alpha$-$\beta$ 坐标系下根据定子电压、电流观测转子磁链的方法。由式（3-77）第 1、2 行得到

$$u_{s\alpha} = (R_s + L_{sd}p)\,i_{s\alpha} + L_{md}p i_{r\alpha}$$

$$u_{s\beta} = (R_s + L_{sd}p)\,i_{s\beta} + L_{md}p i_{r\beta}$$

将式（3-134）的第 1、第 2 式分别代入上述二式，消去 $i_{r\alpha}$、$i_{r\beta}$，求得

$$u_{s\alpha} = (R_s + \sigma L_{sd}p)\,i_{s\alpha} + \frac{L_{md}}{L_{rd}}P\psi_{r\alpha}$$

$$u_{s\beta} = (R_s + \sigma L_{sd}p)\,i_{s\beta} + \frac{L_{md}}{L_{rd}}P\psi_{r\beta}$$

整理后得

$$\begin{cases} \psi_{r\alpha} = \dfrac{L_{rd}}{L_{md}p}[\,u_{s\alpha} - (R_s + \sigma L_{sd}p)\,i_{s\alpha}\,] \\ \psi_{r\beta} = \dfrac{L_{rd}}{L_{md}p}[\,u_{s\beta} - (R_s + \sigma L_{sd}p)\,i_{s\beta}\,] \end{cases} \tag{3-138}$$

式中，$\sigma = 1 - L_{md}^2/L_{sd}L_{rd}$。

按式（3-138）可绘制由电压模型构成的转子磁链观测器模型图，如图 3-28 所示。

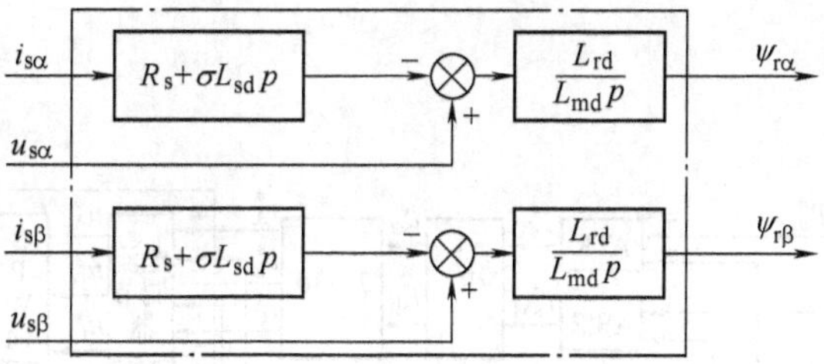


图 3-28　由电压模型构成的转子磁链观测器模型图

由图 3-28 可知，电压模型法只需要实测的电压和电流信号，不需要转速信号，且计算式与转子电阻无关，只与所测得的定子电阻 $R_s$ 有关。与电流模型法相比，电压模型法受电动机参数变化的影响较小，而且计算简单，便于使用。由于电压模型中含有纯积分项，积分的初始值和累积误差都影响计算结果，在低速时，受定子电阻电压降变化的影响也较大。

电流模型法与电压模型法相比，电流模型法适用低速情况，电压模型法适用于中、高速情况。在实际系统中往往把两种模型结合起来，即低速（$n \leqslant 5\% n_N$）时采用电流模型，在中、高速时采用电压模型，只要解决好二者的平滑切换问题，就可以提高全速范围内转子磁链的计算精度。

## 3.5 异步电动机矢量控制系统

实际应用的交流电动机矢量控制系统根据磁链是否为闭环控制可分为两种类型，一是直接矢量控制系统，这是一种转速、磁链闭环的矢量控制系统；二是间接矢量控制系统，这是一种磁链开环的矢量控制系统，通常称作转差型矢量控制系统，也称作磁链前馈矢量控制系统。

### 3.5.1 具有转矩内环的转速、磁链闭环异步电动机直接矢量控制系统

**1. SPWM 型异步电动机直接矢量控制系统**

图 3-29 所示为具有转矩内环的转速、磁链闭环异步电动机直接矢量控制系统的基本组成。图中，ASR 为转速调节器，AΨR 为磁链调节器，ATR 为转矩调节器，GF 为函数发生器，BRT 为测速传感器。本系统按转子磁场定向，分为转速控制子系统和磁链控制子系统，其中转速控制子系统的内环为转矩闭环。图中 $VR^{-1}$ 是逆向同步旋转变换环节，其作用是将 ATR 调节器输出 $i_{sT}^*$ 和 AΨR 调节器输出 $i_{sM}^*$ 从同步旋转坐标系（$M$-$T$）变换到二相静止坐标系（$\alpha$-$\beta$）上，得到 $i_{s\alpha}^*$、$i_{s\beta}^*$。图中 $2\phi/3\phi$ 变换器的作用是将二相静止轴系上的 $i_{s\alpha}^*$、$i_{s\beta}^*$ 变换到三相静止轴系上，得到 $i_A^*$、$i_B^*$、$i_C^*$。图中点划线框部分为电流控制 PWM 电压源型逆变器，逆变器所用功率器件为 IGBT 或 IGCT。由于电流控制环的高增益和逆变器具有的 PWM 控制模式，使电动机输出的三相电流（$i_A$、$i_B$、$i_C$）能够快速跟踪三相电流参考信号 $i_A^*$、$i_B^*$、$i_C^*$。这种具有强迫输入功能的快速电流控制模式是目前普遍采用的实用技术。

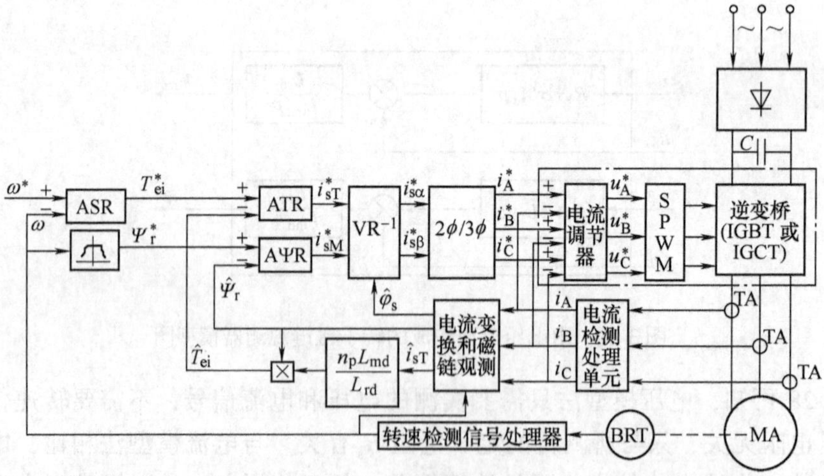


图 3-29　带转矩内环的转速、磁链闭环三相异步电动机矢量控制系统

转速调节器输出 $T_{ei}^*$ 作为内环转矩调节器（ATR）的给定值，转矩反馈信号取自转子磁链观测器，其计算式为

$$\hat{T}_{ei}=n_p\frac{L_{md}}{L_{rd}}\hat{\Psi}_r\hat{i}_{sT}$$

设置转矩闭环的目的是，从闭环意义上来说，磁链一旦发生变化，相当于对转矩内环的

一种扰动作用，必将受到转矩闭环的抑制，从而减少或避免磁链突变对转矩的影响，达到削弱两个通道之间惯性耦合的作用。

在磁链控制子系统中，设置了磁链调节器（AΨR），AΨR 的给定值 $\Psi_r^*$ 由函数发生器（GF）给出，磁链反馈信号 $\hat{\Psi}_r$ 来自于转子磁链观测器。磁链闭环的作用是：当 $\omega \leqslant \omega_N$（额定角速度）时，控制 $\Psi_r$ 使 $\Psi_r = \Psi_{rN}$（$\Psi_{rN}$为转子磁链的额定值），实现恒转矩调速方式，从而抑制了磁链变化对转矩的影响，削弱了两个通道之间的耦合作用；当 $\omega > \omega_N$时，控制 $\Psi_r$ 使其随着 $\omega$ 的增加而减小，实现恒功率（弱磁）调速方式。恒转矩调速方式和恒功率调速方式由函数发生器（GF）的输入 - 输出特性所决定。

上述分析表明，设置转矩调节器和磁链调节器都有削弱转速子系统和磁链子系统之间耦合的作用（恒功率调速方式除外），两个子系统之间的近似解耦情况如图 3-30 所示。

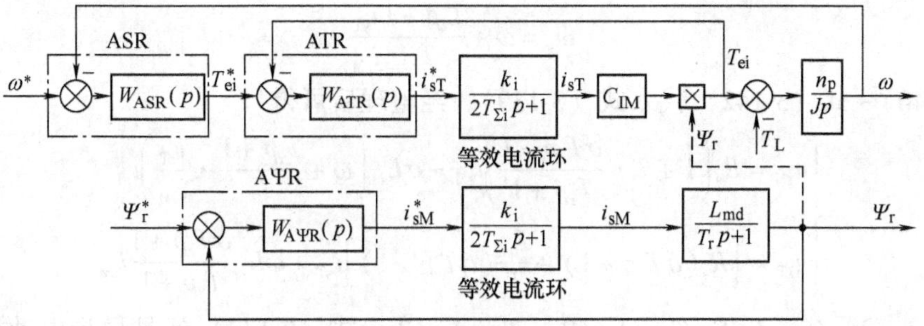


图 3-30 解耦动态结构图

**2. SVPWM 型异步电动机直接矢量控制系统**

具有 SVPWM 逆变器的异步电动机直接矢量控制系统如图 3-31 所示。

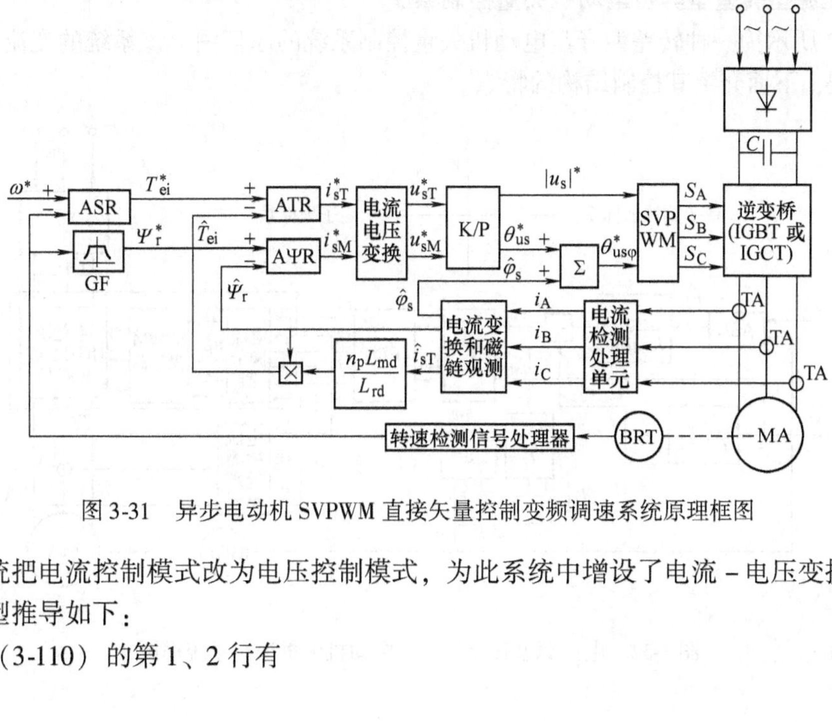


图 3-31 异步电动机 SVPWM 直接矢量控制变频调速系统原理框图

该系统把电流控制模式改为电压控制模式，为此系统中增设了电流 - 电压变换环节，变换运算模型推导如下：

由式（3-110）的第 1、2 行有

$$\begin{cases} u_{sM} = (R_s + L_{sd}p)i_{sM} - \omega_s L_{sd} i_{sT} + L_{md} p i_{rM} - \omega_s L_{md} i_{rT} \\ u_{sT} = \omega_s L_{sd} i_{sM} + (R_s + L_{sd}p) i_{sT} + \omega_s L_{md} i_{rM} + L_{md} p i_{rT} \end{cases} \tag{3-139}$$

由式（3-100）的第3行和式（3-115）可得方程

$$\Psi_r = L_{md} i_{sM} + L_{rd} i_{rM} = \frac{L_{md}}{T_r p + 1} i_{sM}$$

解得

$$i_{rM} = \frac{L_{md}}{L_{rd}}\left(\frac{1}{T_r p + 1} - 1\right) i_{sM} \tag{3-140}$$

由式（3-109）得

$$i_{rT} = -\frac{L_{md}}{L_{rd}} i_{sT} \tag{3-141}$$

把式（3-115）代入式（3-117）求得 $\omega_{sl}$ 后代入 $\omega_s = \omega + \omega_{sl}$ 可得

$$\omega_s = \omega + \frac{T_r p + 1}{T_r} \frac{i_{sT}}{i_{sM}} \tag{3-142}$$

把式（3-140）~式（3-142）代入式（3-139），经整理后可得

$$\begin{cases} u_{sM} = R_s\left(1 + T_s p \dfrac{\sigma T_r p + 1}{T_r p + 1}\right) i_{sM} - \sigma L_{sd}\left(\omega + \dfrac{T_r p + 1}{T_r} \cdot \dfrac{i_{sT}}{i_{sM}}\right) i_{sT} \\ u_{sT} = \left[R_s(\sigma T_s p + 1) + \dfrac{L_{sd}}{T_r}(\sigma T_r p + 1)\right] i_{sT} + \omega L_{sd} \dfrac{\sigma T_r p + 1}{T_r p + 1} i_{sM} \end{cases} \tag{3-143}$$

式中，$\sigma = 1 - L_{md}^2/(L_{sd}L_{rd})$；$T_s = L_{sd}/R_s$；$T_r = L_{rd}/R_r$。式（3-143）就是异步电动机在 $M$、$T$ 坐标下定子电流变换为定子电压的运算模型。

## 3.5.2 转差型异步电动机间接矢量控制系统

### 1. 电压源型转差型异步电动机矢量控制系统

图3-32所示为一种转差型异步电动机矢量控制系统的原理图。该系统的变流器为交-直-交电压源型，下面介绍其控制结构的特点。

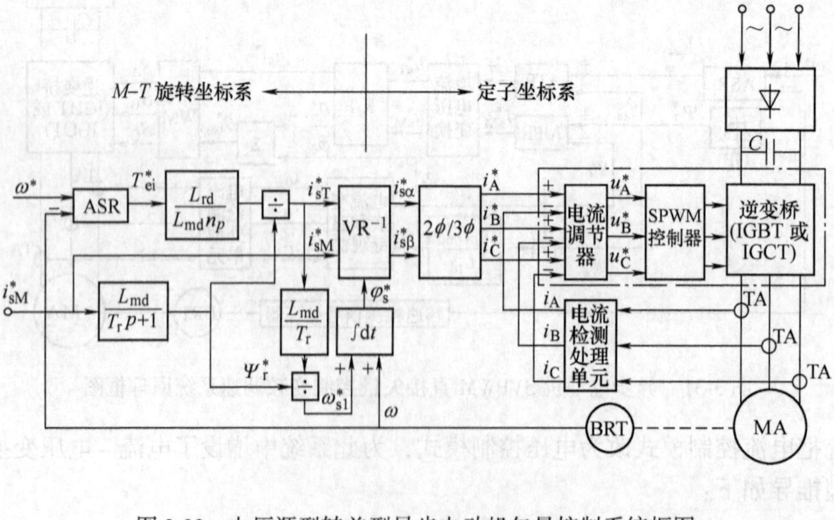


图3-32 电压源型转差型异步电动机矢量控制系统框图

外环-转速闭环控制是建立在定向于转子磁链轴的同步旋转坐标系（$M$-$T$）上，通过矢量旋转变换，将直流控制量 $i_{sT}^*$、$i_{sM}^*$变换到定子静止坐标系（$\alpha$-$\beta$）上，得到定子二相交流控制量 $i_{s\alpha}^*$、$i_{s\beta}^*$，再经 $2\phi/3\phi$ 变换获得定子三相交流控制量 $i_A^*$、$i_B^*$、$i_C^*$。这里需要明确的是，闭环电流调节器的作用是控制和调节定子相电流的瞬态变化，为瞬时值控制。

由于该系统的磁场定向角 $\varphi_s$ 是通过对转差运算求得的，因此，把这种系统称为转差型矢量控制系统，这种磁场定向角 $\varphi_s$ 的获取方法通常称作转差频率法。$\varphi_s$ 的计算过程如下：

转速调节器（ASR）的输出为定子电流的转矩分量（$i_{sT}^*$）；定子电流的励磁分量（$i_{sM}^*$）是由设定方式给出的。根据磁场定向方程式有

$$\Psi_r^* = \frac{L_{md}}{T_r p + 1} i_{sM}^*$$

$$i_{sT}^* = \frac{T_r \omega_{sl}^*}{L_{md}} \Psi_r^*$$

$$\omega_{sl}^* = \frac{i_{sT}^* L_{md}}{T_r \Psi_r^*}$$

$$\omega_{sl}^* + \omega = \omega_s^*$$

$$\int (\omega_{sl}^* + \omega)\,dt = \int \omega_s\,dt = \varphi_s^*$$

图 3-32 点画线框部分为电流控制 PWM 逆变器，其作用同 3. 5. 1 节中所述。

**2. 电流源型转差型异步电动机矢量控制系统**

根据图 3-24 所示的矢量控制结构，还可以设计出一种电流源型异步电动机转差矢量控制系统，其原理图如图 3-33 所示。图中，ASR 为转速调节器，ACR 为电流调节器，K/P 为直角坐标-极坐标变换器。该系统的主要优点是可以实现四象限运行。

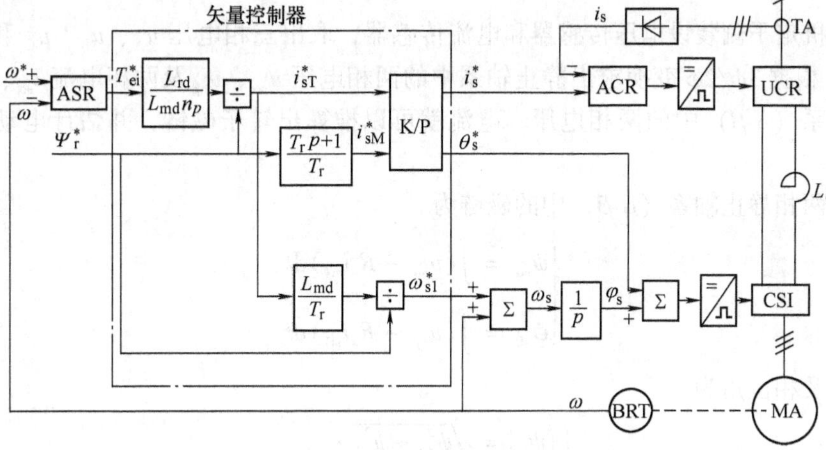


图 3-33　电流源型转差型矢量控制系统框图

需要指出的是，定子电流幅值控制是通过整流桥完成的，而定子电流的相位控制却是通过逆变桥完成的，因此定子电流的相位是否得到及时控制对于动态转矩的形成非常重要。

上述两类转差型矢量控制系统的共同特点如下：

1）磁场定向由给定信号确定，靠矢量控制方程来保证，不需要实际计算转子磁链矢值，省去了转子磁链观测器，因此系统结构简单，实现容易。

2）磁链控制采用了开环控制方式，有一定的优越性，即磁链控制过程不受电动机参数变化的影响。

3）由于运行中转子参数的变化及磁路饱和等因素的影响，不可避免地会造成实际定向轴偏离设定的定向轴，可见，转差型矢量控制系统的磁场定向仍然摆脱不了参数（$T_r$、$L_{md}$）变化对系统性能的影响。

### 3.5.3 无速度传感器矢量控制系统

为了达到高精度的转速闭环控制及磁场定向的需要，要在电动机轴上安装速度传感器。但是有许多场合不允许外装任何速度和位置检测元件，此外安装速度传感器在一定程度上会降低调速系统的可靠性。随着交流调速系统的发展和实际应用的需要，国内外许多学者和科技人员展开了无速度传感器的交流调速系统研究，目前转速观测器的主要方案有：

1）转差频率计算法。

2）串联双模型转速观测器。

3）基于状态方程的直接综合法。

4）模型参考自适应（MRAS）转速观测器。

5）扩展卡尔曼滤波器速度观测方法。

下面对基本的转速估计方法进行较为详细的介绍。

**1. 转差频率计算法**

所谓无速度传感器调速系统，就是取消图 3-29 中的速度检测装置（BRT），通过间接计算法求出电动机运行的实际转速值作为转速反馈信号。下面着重讨论间接计算转速实际值的基本方法。

在电动机定子侧装设电压传感器和电流传感器，取出三相电压 $u_A$、$u_B$、$u_C$ 和三相电流 $i_A$、$i_B$、$i_C$。根据 $3\phi/2\phi$ 变换求出静止轴系中的两相电压 $u_{s\alpha}$、$u_{s\beta}$ 及两相电流 $i_{s\alpha}$、$i_{s\beta}$。利用定子静止轴系（$\alpha$-$\beta$）中的两相电压、电流就可以推算出转子磁链，并估计电动机的实际转速。

在定子两相静止轴系（$\alpha$-$\beta$）中的磁链为

$$\begin{cases}\psi_{s\alpha} = \int(u_{s\alpha} - R_s i_{s\alpha})\mathrm{d}t \\ \psi_{s\beta} = \int(u_{s\beta} - R_s i_{s\beta})\mathrm{d}t\end{cases} \tag{3-144}$$

磁链的幅值及相位角为

$$\begin{cases}|\psi_s| = \sqrt{\psi_{s\alpha}^2 + \psi_{s\beta}^2} \\ \cos\varphi_s = \dfrac{\psi_{s\alpha}}{|\psi_s|}, \sin\varphi_s = \dfrac{\psi_{s\beta}}{|\psi_s|} \\ \varphi_s = \arctan\dfrac{\psi_{s\beta}}{\psi_{s\alpha}}\end{cases} \tag{3-145}$$

由式（3-145）中的第三式可求出同步角速度为

$$\omega_s = \frac{d\varphi_s}{dt} = \frac{d}{dt}\left(\arctan\frac{\psi_{s\beta}}{\psi_{s\alpha}}\right) = \frac{(u_{s\beta} - R_s i_{s\beta})\psi_{s\alpha} - (u_{s\alpha} - R_s i_{s\alpha})\psi_{s\beta}}{|\boldsymbol{\Psi}|^2} \tag{3-146}$$

由矢量控制方程式可求得转差角频率 $\omega_{sl}$，即

$$\omega_{sl} = \frac{L_{md}}{T_r} \cdot \frac{i_{sT}}{|\boldsymbol{\Psi}_r|} \tag{3-147}$$

根据式（3-144）~式（3-147）可得到转速推算器的基本结构，如图 3-34 所示。

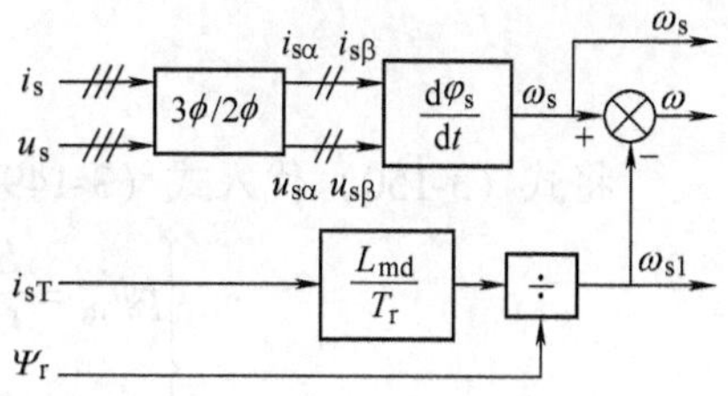

图 3-34　转速推算器结构图

无速度传感器的转差型异步电动机矢量控制变频调速系统如图 3-35 所示。由图 3-34 可知，转速推算器受转子参数变化影响。此外，转速推算器的实用性还取决于推算的精度和计算的快速性。因此，基于转子磁链定向的转速推算器还需要考虑转子参数的自适应控制技术。

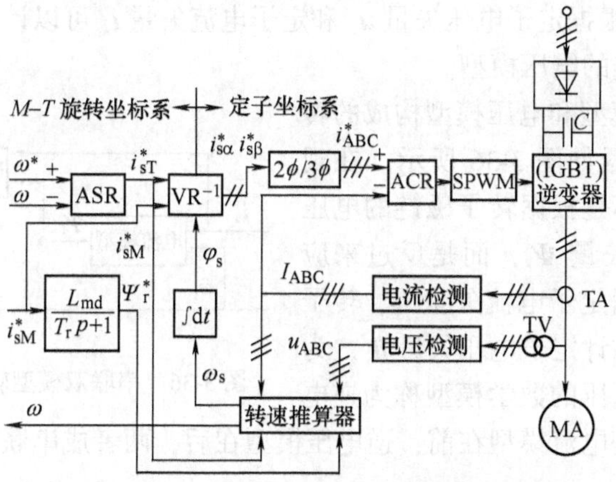

图 3-35　无速度传感器转差型矢量控制系统

除此之外，对于任何速度推算器的推算精度和计算的快速性，要达到应用水平都必须采用高速微处理器才能实现。本节的目的是指出无速度传感器的一种基本实现方法。无速度传感器的交流调速系统已经在实际应用，但是，实时性好的高精度无速度传感器交流调速系统仍处于继续研究和开发阶段。近年来又提出了许多无速度传感器矢量控制方案，下面介绍一种串联双模型转速观测器，该观测器可以实现转速、转子磁链的同时观测，并且具有较高的观测精度和动态性能。

**2. 串联双模型转速观测器**

重写式（3-137）：

$$\begin{cases}\psi_{r\alpha} = \dfrac{1}{T_r p + 1}(L_{md} i_{s\alpha} - \omega T_r \psi_{r\beta}) \\ \psi_{r\beta} = \dfrac{1}{T_r p + 1}(L_{md} i_{s\beta} + \omega T_r \psi_{r\alpha})\end{cases} \tag{3-148}$$

从式（3-148）可以看出，根据定子电流矢量 $\boldsymbol{i}_s$ 和转速 $\omega$ 可以计算出转子磁链矢量 $\boldsymbol{\Psi}_r$，此模型称为转子磁链的电流模型。

将式（3-77）中的第 1、2 行展开，有

$$\begin{cases} u_{s\alpha} = (R_s + L_{sd}p)i_{s\alpha} + L_{md}pi_{r\alpha} \\ u_{s\beta} = (R_s + L_{sd}p)i_{s\beta} + L_{md}pi_{r\beta} \end{cases} \tag{3-149}$$

重写式（3-134）：

$$\begin{cases} i_{r\alpha} = \dfrac{1}{L_{rd}}(\psi_{r\alpha} - L_{md}i_{s\alpha}) \\ i_{r\beta} = \dfrac{1}{L_{rd}}(\psi_{r\beta} - L_{md}i_{s\beta}) \end{cases} \tag{3-150}$$

将式（3-150）代入式（3-149）中，经整理有

$$\begin{cases} p\psi_{r\alpha} = \dfrac{L_{rd}}{L_{md}}(u_{s\alpha} - R_s i_{s\alpha}) + \left(L_{md} - \dfrac{L_{rd}L_{sd}}{L_{md}}\right)pi_{s\alpha} \\ p\psi_{r\beta} = \dfrac{L_{rd}}{L_{md}}(u_{s\beta} - R_s i_{s\beta}) + \left(L_{md} - \dfrac{L_{rd}L_{sd}}{L_{md}}\right)pi_{s\beta} \end{cases} \tag{3-151}$$

式（3-151）表示根据定子电压矢量 $\boldsymbol{u}_s$ 和定子电流矢量 $\boldsymbol{i}_s$ 可以计算出转子磁链矢量 $\boldsymbol{\Psi}_r$，此模型被称为转子磁链的电压模型。

根据上述的电流模型和电压模型构成的转速和转子磁链的观测器如图 3-36 所示。在观测器中的电压模型，不是根据转子磁链的电压模型来计算转子磁链矢量 $\boldsymbol{\Psi}_r$，而是反过来应用电压模型，即是根据定子电流矢量 $\boldsymbol{i}_s$、转子磁链矢量的估计值来估计定子电压矢量 $\hat{\boldsymbol{u}}_s$，为此，将这个计算定子电压的数学模型称为逆电压模型。图示观测器是电流模型在前，逆电压模型在后，两者成串联形式，因而称为转子磁链串联双模型观测器。

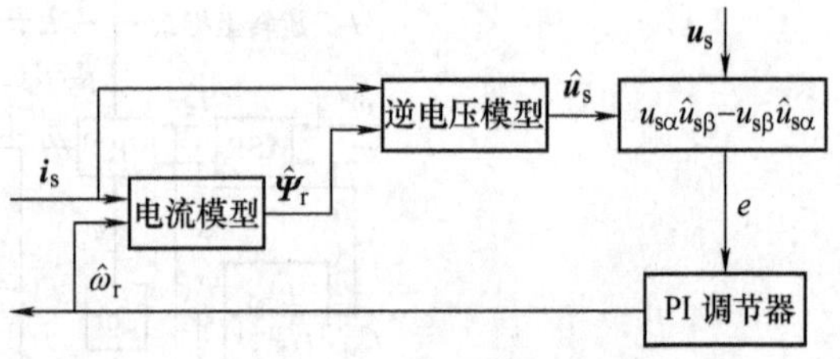


图 3-36　串联双模型转子磁链和转速观测器

该观测器含一个 PI 调节器，对转速估计值进行无静差调整。图中，定子电压矢量 $\boldsymbol{u}_s$ 可以通过检测三相电压瞬时值求得；$\boldsymbol{e}$ 表示定子电压矢量的估计误差，取

$$\boldsymbol{e} = u_{s\alpha}\hat{u}_{s\beta} - u_{s\beta}\hat{u}_{s\alpha} \tag{3-152}$$

基于串联双模型观测器可以构成转子磁链闭环的异步电动机无速度传感器矢量控制系统，如图 3-37 所示。

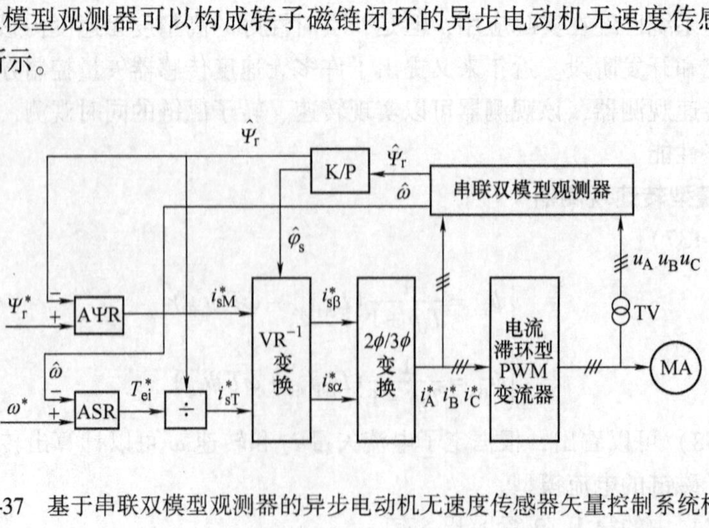


图 3-37　基于串联双模型观测器的异步电动机无速度传感器矢量控制系统框图

无速度传感器矢量控制系统在实际中已有许多应用，调速范围达到1∶200，稳速精度达到1%~3%。带速度传感器的矢量控制系统调速范围达到1∶1000，稳速精度<0.1%。二者相比，无速度传感器矢量控制系统在性能上还有一定的差距，其中主要问题是转速辨识（转速推算）精度受到电动机模型中各种参数变动的影响以及算法（积分运算）产生的误差。在实际应用中提高转速估算精度是努力方向之一。

这里还必须指出，各种转速观测器对处于低速运行的调速系统而言，其转速观测精度较差，至今仍然是一个还没有彻底解决的问题。

## 3.6 具有双 PWM 变换器的矢量控制系统

如果整流部分也采用由全控型电力电子器件（IGBT 或 IGCT）构成 PWM 整流器，并对其采用矢量控制，就能得到图 3-38 所示的具有双 PWM 变流器的矢量控制系统。

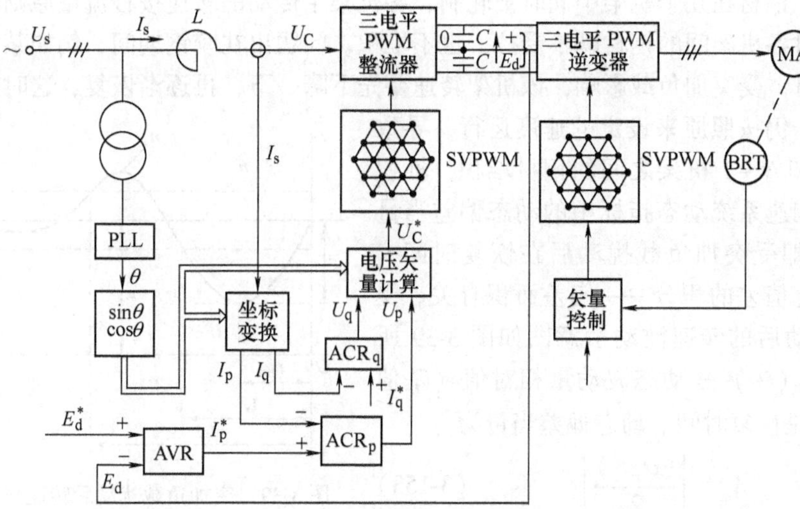


图 3-38　具有双 PWM 变换器的矢量控制系统框图

图 3-38 中，PWM 整流器、PWM 逆变器采用了三电平拓扑结构。顺便指出，这种结构的变流器适用于中压大容量、高性能的变频调速场合。

PWM 整流器的功能是：输出直流电压可调；输入电流谐波失真低，输入电流波形接近正弦波；输入功率因数可调（可等于 1）；能量可双向流动。

网侧 PWM 整流器矢量控制原理简介如下：

通过锁相环（PLL）电路，得到电网三相电压合成空间矢量 $\boldsymbol{U}_s$ 的位置角信号 $\theta$，采用类似矢量控制中磁场定向的办法，将输入电流空间矢量按电网电压空间矢量位置（参考坐标）进行定向，通过坐标变换将输入电流矢量 $\boldsymbol{I}_s$ 分解为与电网电压矢量同向和与之垂直的两个分量：$I_p = I_s\cos\theta$、$I_q = I_s\sin\theta$；前者代表输入电流的有功分量，后者代表无功分量。直流母线电压给定信号 $E_d^*$ 与直流母线电压反馈信号 $E_d$ 经过直流母线调节器（AVR）输出电流有功分量的给定值 $I_P^*$（通过调节输入电流的有功分量，即可调节直流母线的电压），该给定值与经坐标变换得到的实际电流有功分量反馈值 $I_p$ 进行比较，经过电流调节器 ACR$_p$ 输出 $U_p$。电流的无功分量的给定值 $I_q^*$ 与根据实际检测电流经坐标变换得到的电流无功分量 $I_q$ 进行比较，经电流调节器 $ACR_q$ 得到 $U_q$。$U_p$ 和 $U_q$ 经过电压矢量计算，得到整流器输入空间电压矢量 $\boldsymbol{U}_C$ 的控制矢量 $\boldsymbol{U}_C^*$，用其来控制整流器功率开关的动作。

当 $I_q^*=0$ 时，系统处于输入功率因数为 1 的控制模式；当 $I_q^*$ 恒定值时，为恒无功功率控制模式；当 $I_q^*$ 随 $I_P^*$ 正比变化，其比值保持恒定时，为恒功率因数控制模式。

需要指出，具有双 PWM 变流器的矢量控制系统也可以推广到同步电动机调速系统中。

## 3.7 抗负载扰动调速系统

在工程应用中，负载扰动是调速系统中最大的扰动，因而对调速系统的影响也最严重。本节讨论如何抗负载扰动。

抗负载扰动系统要求抗负载扰动性能好。抗负载扰动系统的典型应用是连续轧钢机主传动。工作时，钢材在几个机架中同时被轧制，各机架主传动的转速按秒流量原则设定，使得在正常轧制时各机架间的钢材既不受拉，也不堆积。问题出在咬钢期间，例如某一时刻第 $N$ 机架咬入钢材，受突加负载影响，该机架转速要先下降一下，再逐渐恢复，这时前一机架的转速已恢复，仍按照原来设定的速度运行，导致在第 $N$ 机架和 $N-1$ 机架之间的钢材堆积，堆积量的大小与调速系统动态指标中的动态偏差当量 $A_m$ 成正比，即受突加负载扰动后在恢复时间 $t_v$ 内转速与给定值差的积分——偏差面积有关。受突加负载扰动后的转速波动示意图如图 3-39 所示，图中 $\sigma_m$（%）是动态波动量相对值（基值是 $n_{max}^*$），$t_v$ 是恢复时间。动态偏差当量为

$$A_m \approx \left|\frac{(\sigma_m t_v)}{2}\right| \qquad (3\text{-}153)$$

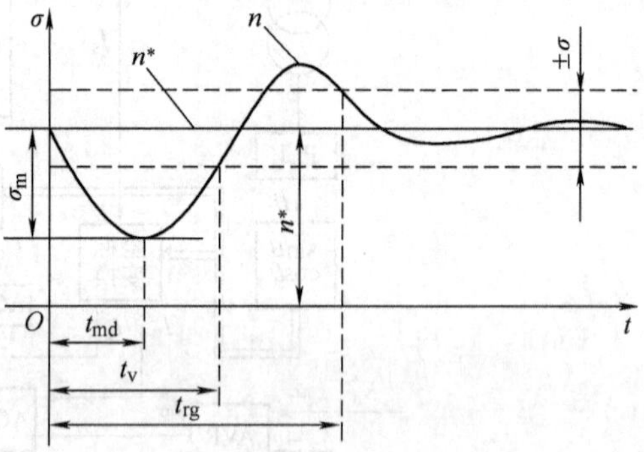

图 3-39　突加负载扰动后转速波动示意图

减小动态偏差当量 $A_m$ 最有效的措施是引入负载观测器，它的框图如图 3-40 所示。由斜坡转速给定（RFG）、转速调节器（ASR）和转矩调节器（ATR）组成。负载观测器的任务是根据调速系统转速实际值 $n$ 和转矩实际值 $T$（对于直接转矩控制系统，$T$ 是转矩滞环控制器的反馈信号；对于矢量控制系统，$T$ 是定子电流转矩分量 $i_{sT}$ 与磁链值 $\Psi$ 的乘积），计算和输出电动机负载转矩的观测值 $T_{L,ob,I}$，它是 ATR 的附加转矩给定，与 ASR 输出的转矩给定 $T^*$ 相加，共同产生转矩。没有负载观测器时，克服负载转矩所需的电动机转矩要在转速降低，转速偏差 $n^*$-$n$ 出现后，经 ASR 的 PI 作用，使 $T^*$ 增大才能得到，这个过程较慢。有负载观测器后，在转速降低和转矩增加双重因

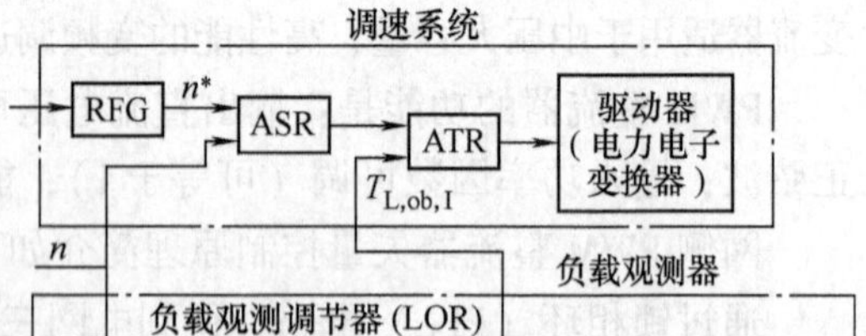

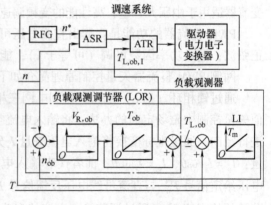

图 3-40　负载观测器框图

素的作用下，观测器很快输出负载转矩的观测值，送到 ATR，使转矩迅速增大，$\sigma_m$、$t_v$ 和 $A_m$ 减小。这时 ASR 的输出不再承担提供负载转矩给定的任务，只承担动态转矩给定和补偿负载观测误差任务，变化范围大大减小，稳态时 $T^* \approx 0$。

负载观测器由负载观测调节器（LOR）（比例 P 和积分 I 分离的 PI 调节器）和模拟电动机的积分器（LI）组成，LI 的积分时间常数等于电动机和机械的机电时间常数 $T_m$。在负载观测器里，转速观测值为

$$n_{ob} = \frac{1}{T_m s}(T - T_{L,ob}) \tag{3-154}$$

在实际的电动机里，转速为

$$n = \frac{1}{T_m s}(T - T_L) \tag{3-155}$$

负载观测调节器（LOR）是 PI 调节器，在观测器内小闭环调节结束后，LOR 的输入 $n_{ob} - n = 0$，则

$$T_{L,ob} = T_L \tag{3-156}$$

由式（3-156）可知，在观测器内小闭环的调节过程结束后，LOR 的输出 $T_{L,ob}$ 等于电动机负载转矩 $T_L$，条件是调速系统转矩 $T$ 计算准确和 LI 积分时间常数确实等于电动机和机械的机电时间常数（$T_m$ 测量准确）。

通常 LOR 的比例系数 $V_{R,ob}$ 很大，积分时间常数 $T_{ob}$ 较小，输出信号 $T_{L,ob}$ 中容易含有较大噪声，若把它作为附加转矩给定送到 ATR，会给调速系统带来干扰。用 LOR 中的 I 输出（积分输出）$T_{L,ob,I}$ 代替 PI 总输出 $T_{L,ob}$ 作为附加转矩给定信号（参见图 3-40），能解决噪声问题。在观测器内小闭环调节结束 $n_{ob} - n = 0$ 时，PI 调节器的总输出等于其 I 输出，所以 $T_{L,ob,I}$ 和 $T_{L,ob}$ 一样，也等于电动机负载转矩。$T_{L,ob,I}$ 是积分器的输出，波形平滑，噪声小。

观测器内小闭环的动态结构框图如图 3-41 所示。数字控制的采样开关通常用零阶保持器来描述，在用频率法分析系统时，可以用一个时间常数为 $\sigma_{sam} = T_{sam}/2$（$T_{sam}$ 为调速系统转速环采样周期）的小惯性环节来近似。小闭环内除调节器（LOR）外，还有一个积分环节（LI）和一个小惯性环节（采样），根据调节器的工程设计方法，调节器宜采用 PI 调节器，可以按典型Ⅱ型系统来设计调节器参数。取 $h = 5$，则

$$\begin{cases} T_{ob} = h\sigma_{sam} = 5\sigma_{sam} \\ V_{R,ob} = 0.6\dfrac{T_m}{\sigma_{sam}} \end{cases} \tag{3-157}$$

注意，在计算调节器参数时，小时间常数 $\sigma_{sam}$ 中，除 $T_{sam}/2$ 外，还应包括环内所有滤波环节的时间常数。

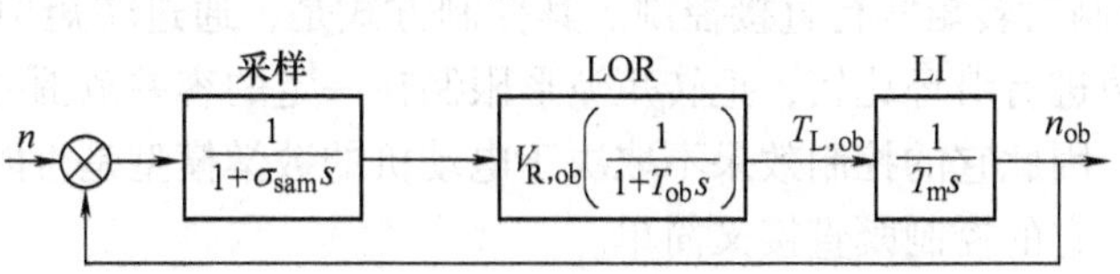


图 3-41　观测器内小闭环的动态结构框图

调试时，有时按此式算出的 $V_{R,ob}$ 较大，噪声大，影响系统工作情况，这时需适当减小 $V_{R,ob}$，加大 $T_{ob}$。

# 第4章　异步电动机直接转矩控制系统

本章介绍两类异步电动机直接转矩控制系统：①异步电动机 DSC（直接自控制）直接转矩控制系统的组成、特点、工作原理分析、低速范围内 DSC 系统的特点、弱磁范围内 DSC 系统特点及恒功率控制方法；②异步电动机直接转矩控制（DTC）系统的组成、特点及工作原理分析。本章还将介绍无速度传感器直接转矩控制系统；直接转矩控制系统存在的问题及改进方法。

## 4.1　概述

1985 年，德国学者 M. Depenbrock 首次提出了直接转矩控制理论，随后日本学者 I. Takahashi 也提出了类似而又不尽相同的控制方案。

和矢量控制不同，直接转矩控制摒弃了解耦的思想，取消了旋转坐标变换，简单地通过检测电动机定子电压和电流，借助瞬时空间矢量理论计算电动机的磁链和转矩，并根据与给定值比较所得差值，实现磁链和转矩的直接控制。

与矢量控制相比，直接转矩控制有以下几个主要特点：

1）直接转矩控制直接在定子坐标系下分析交流电动机的数学模型、控制电动机的磁链和转矩。它不需要将交流电动机与直流电动机作比较、等效和转化；既不需要模仿直流电动机的控制，也不需要为解耦而简化交流电动机的数学模型。它省掉了矢量旋转变换等复杂的变换与计算，因而，它所需要的信号处理工作较简单。

2）直接转矩控制所用的是定子磁链，只要知道定子电压及电阻就可以把它观测出来。而矢量控制所用的是转子磁链，观测转子磁链需要知道电动机转子电阻和电感。因此直接转矩控制减少了矢量控制中控制性能易受参数变化影响的问题。

3）直接转矩控制采用空间矢量的概念来分析三相交流电动机的数学模型和控制其各物理量，使问题变得简单明了。与矢量控制方法不同，它不是通过控制电流、磁链等量来间接控制转矩，而是把转矩直接作为被控量，直接控制转矩。因此它并非极力获得理想的正弦波波形，也不追求磁链完全理想的圆形轨迹。相反，从控制转矩的角度出发，它强调的是转矩的直接控制效果，因而它采用离散的电压状态和六边形磁链轨迹或近似圆形磁链轨迹。

4）直接转矩控制对转矩实行直接控制。其控制方式是，通过转矩两点式调节器把转矩检测值与转矩给定值进行滞环比较，把转矩波形限制在一定的容差范围内，容差的大小，由滞环调节器来控制。因此它的控制效果不取决于电动机的数学模型是否能够简化，而是取决于转矩的实际状况，它的控制既直接又简单。

综上所述，直接转矩控制是用空间矢量的分析方法直接在定子坐标系下计算与控制交流电动机的转矩，借助于 Bang-Bang 式调节器产生 PWM 信号，直接对逆变器的开关状态进行最佳控制，以获得转矩的高动态性能。它省掉了复杂的矢量变换，其控制思想新颖别致，控制系统结构简单，信号处理的物理概念明确。直接转矩控制系统具有快速的转矩响应特性，是一种高性能的交流调速系统。

## 4.2 异步电动机直接转矩控制原理

### 4.2.1 通过异步电动机定子数学模型来了解直接转矩控制的基本思想

异步电动机直接转矩控制系统是依据异步电动机定子轴系的数学模型而建立起来的，因此掌握异步电动机定子轴系的数学模型对分析和设计直接转矩控制系统是非常必要的。

**1. 异步电动机定子轴系的数学模型**

定子轴系的电压矢量可表示为

$$\boldsymbol{u}_{s} = \sqrt{2/3}(u_{sa} + u_{sb}e^{j2\pi/3} + u_{sc}e^{j4\pi/3}) = u_{s\alpha} + ju_{s\beta} \tag{4-1}$$

式中，

$$u_{s\alpha} = \sqrt{\frac{2}{3}}\left(u_{sa} - \frac{1}{2}u_{sb} - \frac{1}{2}u_{sc}\right)$$

$$u_{s\beta} = \frac{\sqrt{2}}{2}(u_{sb} - u_{sc})$$

异步电动机的动态特性可由下述方程描述：

$$\begin{pmatrix}\boldsymbol{u}_{s}\\0\end{pmatrix} = \begin{pmatrix}R_{s} + pL_{s} & L_{m}p\\(p - j\omega)L_{m} & R_{r} + (p - j\omega)L_{r}\end{pmatrix}\begin{pmatrix}\boldsymbol{i}_{s}\\\boldsymbol{i}_{r}\end{pmatrix} \tag{4-2}$$

$$\begin{cases}\boldsymbol{\Psi}_{s} = L_{s}\boldsymbol{i}_{s} + L_{m}\boldsymbol{i}_{r}\\\boldsymbol{\Psi}_{r} = L_{m}\boldsymbol{i}_{s} + L_{r}\boldsymbol{i}_{r}\end{cases} \tag{4-3}$$

将实部和虚部分离可得

$$\begin{cases}u_{s\alpha} = R_{s}i_{s\alpha} + p\psi_{s\alpha}\\u_{s\beta} = R_{s}i_{s\beta} + p\psi_{s\beta}\\0 = R_{r}i_{r\alpha} + p\psi_{r\alpha} + \omega\psi_{r\beta}\\0 = R_{r}i_{r\beta} + p\psi_{r\beta} - \omega\psi_{r\alpha}\end{cases} \tag{4-4}$$

依据式（4-4）定子磁链可确定为

$$\begin{cases}\psi_{s\alpha} = \int(u_{s\alpha} - R_{s}i_{s\alpha})dt\\\psi_{s\beta} = \int(u_{s\beta} - R_{s}i_{s\beta})dt\\\boldsymbol{\Psi} = \int(\boldsymbol{u}_{s} - R_{s}\boldsymbol{i}_{s})dt\end{cases} \tag{4-5}$$

忽略定子电阻电压降 $R_{s}\boldsymbol{i}$，有

$$\boldsymbol{\Psi} \approx \int\boldsymbol{u}_{s}dt \tag{4-6}$$

转矩方程为

$$T_{ei} = n_{p}L_{m}(i_{s\beta}i_{r\alpha} - i_{r\beta}i_{s\alpha})$$

$$\begin{aligned}T_{ei} &= n_{p}L_{m}(i_{s\beta}i_{r\alpha} - i_{r\beta}i_{s\alpha}) = n_{p}(i_{s\beta}\psi_{s\alpha} - i_{s\alpha}\psi_{s\beta})\\&= n_{p}(\boldsymbol{\Psi}_{s}\otimes\boldsymbol{i}_{s}) = n_{p}\frac{L_{m}}{L_{s}L_{r}}\Psi_{s}\Psi_{r}\sin\theta_{sr}\end{aligned} \tag{4-7}$$

式（4-1）~式（4-7）中，黑体字（$\boldsymbol{u}$、$\boldsymbol{i}$；$\boldsymbol{\Psi}_s$、$\boldsymbol{\Psi}_r$）表示矢量；$\Psi_s$、$\Psi_r$ 分别表示定、转子磁链矢量的幅值；$\theta_{sr}$ 称为转矩角，是矢量 $\boldsymbol{\Psi}_s$、$\boldsymbol{\Psi}_r$ 之间的夹角。异步电动机的磁链空间矢量如图 4-1 所示。

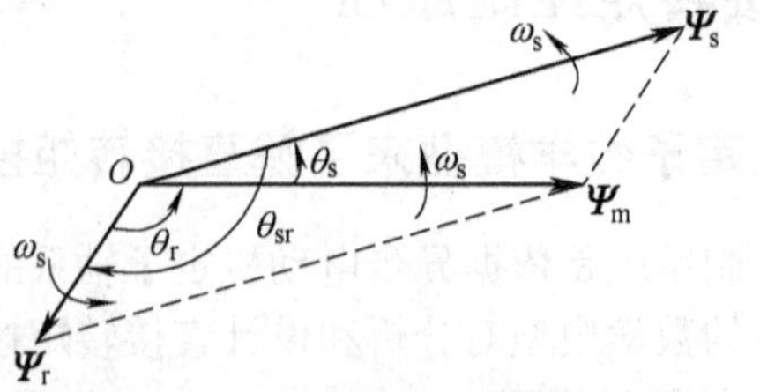


图 4-1　异步电动机的磁链空间矢量

**2. 由定子轴系的数学模型分析直接转矩控制的基本思想**（思路）

若 $\Psi_s$ = Const、$\Psi_r$ = Const，由式（4-7）可以看出 $\theta_{sr}$ 对转矩的调节和控制作用是明显的。由于 $\boldsymbol{\Psi}_r$ 的变化总是滞后于 $\boldsymbol{\Psi}_s$ 的变化，因此在短暂的动态过程中，就可以认为 $|\boldsymbol{\Psi}_r|$ 不变。可见只要通过控制保持 $\boldsymbol{\Psi}_s$ 的幅值不变，就可以通过调节 $\theta_{sr}$ 来改变和控制电磁转矩，这是直接转矩控制的实质。按式（4-7）来控制转矩时要做的工作有：

1）将定子磁链的幅值 $\Psi_s$ 控制为一定。这一策略还可以保证电动机工作在设计的额定励磁值附近。

2）通过控制定子磁链角度 $\theta_s$ 来控制 $\theta_{sr}$，也就控制了电磁转矩 $T_{ei}$。实际上，如果控制转子磁链幅值 $\Psi_r$ 为常值，在电角度 $-4/\pi \leqslant \theta_{sr} \leqslant \pi/4$ 范围内电磁转矩与角度 $\theta_{sr}$ 成单增函数关系。

需要注意的是，上述两项控制之间是耦合的，因此采用线性控制律难以得到满意的控制结果。

通常，调节 $\boldsymbol{u}_s$ 的幅值和频率需要用 PWM 电压型逆变器来实现，可知，该电压的本质是离散的，所以式（4-6）中的磁链矢量方程改为开关频率为 $1/T_{sm}$ 的离散系统表达式为

$$\boldsymbol{\Psi}_s(t_{K+1}) \approx \boldsymbol{\Psi}_s(t_K) + \boldsymbol{U}_s(t_K)T_{sm} \tag{4-8}$$

式中，$\boldsymbol{U}_s(t_K)$ 是时刻 $t_K$ 电压型逆变器施加于电动机端子上的电压矢量。式（4-8）说明可以用逆变器输出的离散电压直接控制定子磁链幅值和幅角，也就是控制定子磁链幅值和输出转矩。所以对定子磁链的控制本质上是对空间电压矢量的控制。

### 4.2.2　异步电动机定子磁链和电磁转矩控制原理

本节具体阐述如何利用逆变器输出的离散电压直接控制定子磁链幅值和幅角，从而实现异步电动机直接转矩控制。

**1. 逆变器的开关状态和逆变器输出的电压状态**

两电平电压型逆变器（见图4-2）由 3 组、6 个开关（$S_A$、$\overline{S}_A$、$S_B$、$\overline{S}_B$、$S_C$、$\overline{S}_C$）组成。由于 $S_A$ 与 $\overline{S}_A$、$S_B$ 与 $\overline{S}_B$、$S_C$ 与 $\overline{S}_C$ 之间互为反向，即一个接通，另一个断开，所以三组开关有 $2^3=8$ 种可能的开关组合。把开关 $S_A$、$\overline{S}_A$ 称为 A 相开关，用 $S_A$ 表示；$S_B$、$\overline{S}_B$ 称之为 B 相开关，用 $S_B$ 表示；把 $S_C$、$\overline{S}_C$ 称之为 C 相开关，用 $S_C$ 表示。也可用 $S_{ABC}$ 表示三相开关 $S_A$、$S_B$ 和 $S_C$。若规定 A、B、C 三相负载的某一相与“+”极接通时，该相的开关状态为“1”；反之，与“-”极接通时，为“0”，这 8 种可能的开关组合状态见表 4-1。

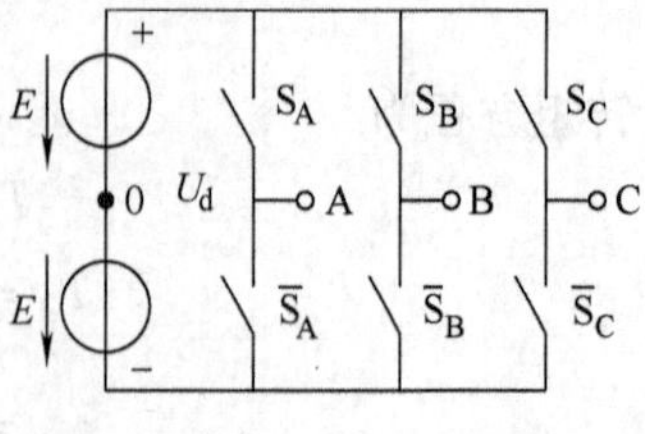


图 4-2　电压源型理想逆变器

8 种可能的开关状态可以分成两类：一类是 6 种所谓的工作状态，即表 4-1 中的“1”～“6”，它们的特点是三相负载并不都接到相同的电位上去；另一类开关状态是零开关状态，如表 4-1 中的状态“0”和状态“7”，它们的特点是三相负载都被接到相同的电位上去。当三相负载都与“+”极接通时，得到的状态是“111”，三相都有相同的正电位，所得到的负载电压为零。当三相负载都与“-”极接通时，得到的状态是“000”，负载电压也是零。

**表 4-1 逆变器的 8 种开关状态组合**

| 状态 | 0 | 1 | 2 | 3 | 4 | 5 | 6 | 7 |
|---|---|---|---|---|---|---|---|---|
| $S_A$ | 0 | 1 | 0 | 1 | 0 | 1 | 0 | 1 |
| $S_B$ | 0 | 0 | 1 | 1 | 0 | 0 | 1 | 1 |
| $S_C$ | 0 | 0 | 0 | 0 | 1 | 1 | 1 | 1 |

表 4-1 中的开关顺序与编号只是一种数学上的排列顺序，它与直接转矩控制系统工作时逆变器的实际开关状态的顺序并不相符。现将实际工作的开关顺序列于表 4-2 中，并按照分析方便的原则重新编号。在以后的分析过程中可以看到，这样的编排正符合直接转矩控制的工作情况。所以在以后的分析中，将采用表 4-2 的编号次序。

**表 4-2 逆变器的开关状态**

| 状态 | | 工作状态 | | | | | | 零状态 | |
|---|---|---|---|---|---|---|---|---|---|
| | | 1 | 2 | 3 | 4 | 5 | 6 | 7 | 8 |
| 开关组 | $S_A$ | 0 | 0 | 1 | 1 | 1 | 0 | 0 | 1 |
| | $S_B$ | 1 | 0 | 0 | 0 | 1 | 1 | 0 | 1 |
| | $S_C$ | 1 | 1 | 1 | 0 | 0 | 0 | 0 | 1 |

下面分析逆变器的电压状态。

对应于逆变器的 8 种开关状态，对外部负载来说，逆变器输出 7 种不同的电压状态。这 7 种不同的电压状态也分成两类：一类是 6 种工作电压状态，它对应于开关状态“1”～“6”，分别称为逆变器的电压状态“1”～“6”；另一类是零电压状态，它对应于零开关状态“7”和“8”（见表 4-2），由于对外部来说，输出的电压都为零，因此统称为逆变器的零电压状态“7”。

如果用符号 $\boldsymbol{u}_s(t)$ 表示逆变器输出电压状态的空间矢量，那么逆变器的电压状态可以用 $\boldsymbol{u}_{s1}$ ～ $\boldsymbol{u}_{s7}$ 表示；对应的开关状态还可以用 $\boldsymbol{u}_s(011)$-$\boldsymbol{u}_s(001)$-$\boldsymbol{u}_s(101)$-$\boldsymbol{u}_s(100)$-$\boldsymbol{u}_s(110)$-$\boldsymbol{u}_s(010)$-$\boldsymbol{u}_s(000)$-$\boldsymbol{u}_s(111)$ 表示。关于逆变器的电压状态的表示与开关的对照关系见表 4-3。表 4-3 中的 $S_{ABC}$ 开关状态对应于表 4-2 中 $S_A$、$S_B$ 和 $S_C$ 的开关状态。例如表 4-3 中的 $S_{ABC}=011$，对应于表 4-2 中 $S_A=0$、$S_B=1$、$S_C=1$。

**表 4-3 逆变器的电压状态与开关状态的对照关系**

| 状态 | | 工作状态 | | | | | | 零状态 | |
|---|---|---|---|---|---|---|---|---|---|
| | | 1 | 2 | 3 | 4 | 5 | 6 | 7 | 8 |
| $S_{ABC}$ 开关状态 | | 011 | 001 | 101 | 100 | 110 | 010 | 000 | 111 |
| 电压状态 | 表示一 | $\boldsymbol{u}_s(011)$ | $\boldsymbol{u}_s(001)$ | $\boldsymbol{u}_s(101)$ | $\boldsymbol{u}_s(100)$ | $\boldsymbol{u}_s(110)$ | $\boldsymbol{u}_s(010)$ | $\boldsymbol{u}_s(000)$ | $\boldsymbol{u}_s(111)$ |
| | 表示二 | $\boldsymbol{u}_{s1}$ | $\boldsymbol{u}_{s2}$ | $\boldsymbol{u}_{s3}$ | $\boldsymbol{u}_{s4}$ | $\boldsymbol{u}_{s5}$ | $\boldsymbol{u}_{s6}$ | $\boldsymbol{u}_{s7}$ | |
| | 表示三 | 1 | 2 | 3 | 4 | 5 | 6 | 7 | |

电压型逆变器在不输出零状态电压的情况下，根据逆变器的基本理论，其输出的 6 种工作电压状态的电压波形如图 4-3 所示。图 4-3 表示逆变器的相电压波形、幅值及开关状态和电压状态的对应关系。

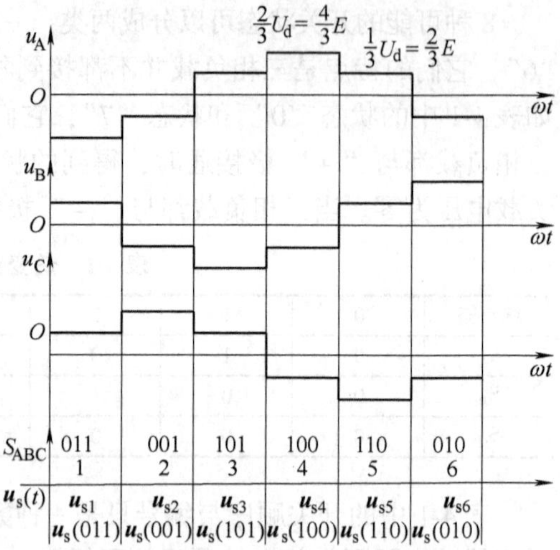


图 4-3　无零状态输出时相电压波形及所对应的开关状态和电压状态

由图 4-3 可知：①相电压波形的极性和逆变器的开关状态的关系符合本节开始时作出的规定，即某相负载与“+”极接通时（对照图 4-2），该相逆变器的开关状态为“1”，反之为“0”，因此由相电压 $u_A$、$u_B$、$u_C$ 的波形图可直接得到逆变器的各开关状态；②由相电压波形得到的开关状态顺序与表 4-2 中所规定的顺序完全一致；③电压状态和开关状态都是 6 个状态为一个周期，从状态“1”～“6”，然后再循环；④相电压波形的幅值是 $\pm 2U_d/3=\pm 4E/3$。

以上分析了逆变器的电压状态及其相电压波形。如果把逆变器的输出电压用电压空间矢量来表示，则逆变器的各种电压状态和次序就有了空间的概念，比较容易理解。下面直接给出电压空间矢量的空间顺序，如图 4-4 所示。

由图 4-4 可见，逆变器的 7 个电压状态，若用电压空间矢量 $\boldsymbol{u}_s(t)$ 来表示，则形成了 7 个离散的电压空间矢量。每两个工作电压空间矢量在空间的位置相隔 60°，6 个工作电压空间矢量的顶点构成正六边形的 6 个顶点。矢量的顺序正是从状态“1”到状态“6”逆时针旋转。所对应的开关状态是 011-001-101-100-110-010，所对应的逆变器输出电压，或称电压空间矢量是 $\boldsymbol{u}_{s1}$-$\boldsymbol{u}_{s2}$-$\boldsymbol{u}_{s3}$-$\boldsymbol{u}_{s4}$-$\boldsymbol{u}_{s5}$-$\boldsymbol{u}_{s6}$，或者表示成 $\boldsymbol{u}_s$(011)-$\boldsymbol{u}_s$(001)-$\boldsymbol{u}_s$(101)-$\boldsymbol{u}_s$(100)-$\boldsymbol{u}_s$(110)-$\boldsymbol{u}_s$(010)-$\boldsymbol{u}_s$(000)-$\boldsymbol{u}_s$(111)。零电压矢量 7 则位于六边形的中心点。

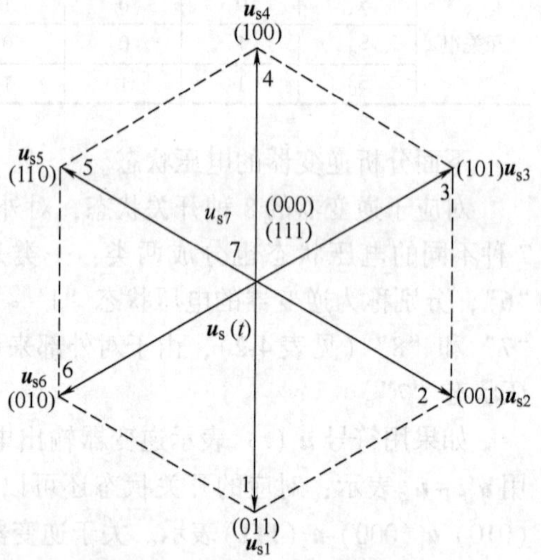


图 4-4　用电压空间矢量表示的 7 个离散的电压状态

由上述可知，用电压空间矢量进行分析，形象而又简明。这是分析直接转矩控制系统的基本方法。那么，逆变器的三相输出电压怎样能表示成一个电压空间矢量？它们在空间的位置以及顺序为什么是图 4-4 所示的状况？这些问题，将在下面逐一说明，也就是说要引入电压空间矢量的概念。

**2. 电压空间矢量**

在对异步电动机进行分析和控制时，若引入 Park 矢量变换会带来很多方便。Park 矢量变换将三个标量变换为一个矢量。这种表达关系对于时间函数也适用。如果三相异步电动机中对称的三相物理量如图 4-5 所示，选三相定子坐标系的 $A$ 轴与 Park 矢量复平面的实轴 α

重合，则其三相物理量 $X_A(t)$、$X_B(t)$、$X_C(t)$ 的 Park 矢量 $\boldsymbol{X}(t)$ 为

$$\boldsymbol{X}(t)=\frac{2}{3}[X_A(t)+\rho X_B(t)+\rho^2 X_C(t)]$$

式中，$\rho$ 为复系数，称为旋转因子，$\rho=e^{j2\pi/3}$。

旋转空间矢量 $\boldsymbol{X}(t)$ 的某个时刻在某相轴线（$A$、$B$、$C$ 轴上）的投影就是该时刻该相物理量的瞬时值。

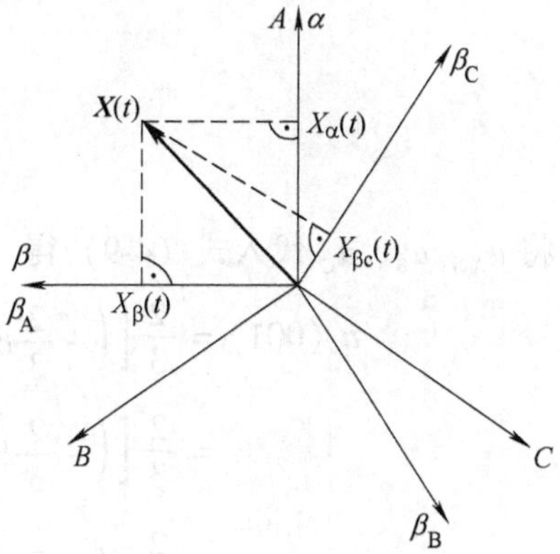

图 4-5　空间矢量分量的定义

就图 4-2 所示的逆变器来说，若其 $A$、$B$、$C$ 三相负载的定子绕组接成星形联结，其输出电压的空间矢量 $\boldsymbol{u}_s(t)$ 的 Park 矢量变换表达式应为

$$\boldsymbol{u}_s(t)=\frac{2}{3}[u_A+u_B e^{j2\pi/3}+u_C e^{j4\pi/3}] \tag{4-9}$$

式中 $u_A$、$u_B$、$u_C$ 分别是 A、B、C 三相定子绕组的相电压。在逆变器无零状态输出的情况下其波形、幅值及与逆变器开关状态的对应情况如图 4-3 所示，这在上面已分析过，这样就可以用电压空间矢量 $\boldsymbol{u}_s(t)$ 来表示逆变器的三相输出电压的各种状态。

对于式（4-9）的电压空间矢量 $\boldsymbol{u}_s(t)$ 的理解可以举例说明。为此把图 4-5 与图 4-4 合并在一张图上，构成图 4-6，以便描述电压空间矢量 $\boldsymbol{u}_s(t)$ 在 $\alpha$-$\beta$ 坐标系和定子三相坐标系（$A$-$B$-$C$ 坐标系）上的相对位置。在图 4-6 中，三相坐标系中的 $A$ 轴与复平面正交的 $\alpha$-$\beta$ 坐标系的实轴 $\alpha$ 轴重合。各电压状态空间矢量的离散位置如图 4-6 所示。

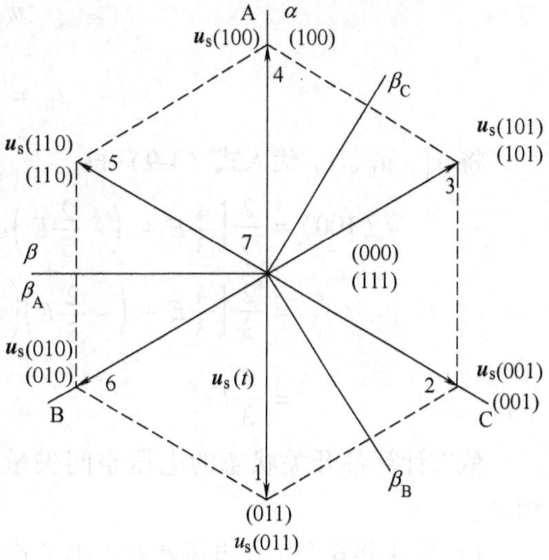

图 4-6　电压空间矢量在坐标系中的离散位置

下面根据式（4-9）对电压空间矢量在坐标系中的离散位置举例说明如下：

对于状态“1”，$S_{ABC}=011$，由图 4-3 可知

$$u_A=-2u_d/3=-4E/3$$

$$u_B=u_C=u_d/3=2E/3$$

将 $u_A$、$u_B$、$u_C$ 代入式（4-9）得

$$\begin{aligned}\boldsymbol{u}_s(011)&=\frac{2}{3}\left[\left(-\frac{4}{3}E\right)+\frac{2}{3}Ee^{j2\pi/3}+\frac{2}{3}Ee^{j4\pi/3}\right]\\&=\frac{2}{3}\left[\left(-\frac{4}{3}E\right)+\frac{2}{3}E\left(-\frac{1}{2}+j\frac{\sqrt{3}}{2}\right)+\frac{2}{3}E\left(-\frac{1}{2}-j\frac{\sqrt{3}}{2}\right)\right]\\&=\frac{2}{3}\left[\left(-\frac{4}{3}E\right)+\left(-\frac{2}{3}E\right)\right]\\&=-\frac{4}{3}E=\frac{4}{3}Ee^{j\pi}\end{aligned}$$

对照图 4-6 可知，$\boldsymbol{u}_s(011)$ 位于 $\alpha$ 轴的负方向上。

对于下一个状态“2”，$S_{ABC}=001$ 时有

$$u_A = u_B = -\frac{2}{3}E$$

$$u_C = \frac{4}{3}E$$

将 $u_A$、$u_B$、$u_C$ 代入式（4-9）得

$$\begin{aligned}
\boldsymbol{u}_s(001) &= \frac{2}{3}\left[\left(-\frac{2}{3}E\right)+\left(-\frac{2}{3}E\right)e^{j2\pi/3}+\frac{4}{3}Ee^{j4\pi/3}\right] \\
&= \frac{2}{3}\left[\left(-\frac{2}{3}E\right)+\left(-\frac{2}{3}E\right)\left(-\frac{1}{2}+j\frac{\sqrt{3}}{2}\right)+\frac{4}{3}E\left(-\frac{1}{2}-j\frac{\sqrt{3}}{2}\right)\right] \\
&= \frac{2}{3}\left[(-E)+(-j\sqrt{3}E)\right] \\
&= \frac{4}{3}E\left[-\frac{1}{2}-j\frac{\sqrt{3}}{2}\right]=\frac{4}{3}Ee^{j4\pi/3}
\end{aligned}$$

再计算一个 $e^{j0}$ 的矢量，即状态“4”，$S_{ABC}=100$ 时有

$$u_A = \frac{4}{3}E$$

$$u_B = u_C = -\frac{2}{3}E$$

将 $u_A$、$u_B$、$u_C$ 代入式（4-9）得

$$\begin{aligned}
\boldsymbol{u}_s(100) &= \frac{2}{3}\left[\frac{4}{3}E+\left(-\frac{2}{3}E\right)e^{j2\pi/3}+\left(-\frac{2}{3}E\right)e^{j4\pi/3}\right] \\
&= \frac{2}{3}\left[\frac{4}{3}E+\left(-\frac{2}{3}E\right)\left(-\frac{1}{2}+j\frac{\sqrt{3}}{2}\right)+\left(-\frac{2}{3}E\right)\left(-\frac{1}{2}-j\frac{\sqrt{3}}{2}\right)\right] \\
&= \frac{4}{3}Ee^{j0}
\end{aligned}$$

依次计算各开关状态的电压空间矢量，可以得到本节所给出的有关电压空间矢量的结论：

1）逆变器 6 个工作电压状态给出了 6 个不同方向的电压空间矢量。它们周期性地顺序出现，相邻两个矢量之间相差60°。

2）电压空间矢量的幅值不变，都等于 $4E/3$。因此 6 个电压空间矢量的顶点构成了正六边形的 6 个顶点。

3）六个电压空间矢量的顺序是 $\boldsymbol{u}_s(011)$-$\boldsymbol{u}_s(001)$-$\boldsymbol{u}_s(101)$-$\boldsymbol{u}_s(100)$-$\boldsymbol{u}_s(110)$-$\boldsymbol{u}_s(010)$。它们依次沿逆时针方向旋转。

4）零电压状态“7”位于六边形的中心。

**3. 电压空间矢量对定子磁链的控制作用**

这里引出六边形磁链的概念。逆变器的输出电压 $\boldsymbol{u}_s(t)$ 直接加到异步电动机的定子上，则定子电压也为 $\boldsymbol{u}_s(t)$。定子磁链 $\boldsymbol{\Psi}_s(t)$ 与定子电压 $\boldsymbol{u}_s(t)$ 之间的关系为

$$\boldsymbol{\Psi}_s(t) = \int[\boldsymbol{u}_s(t) - \boldsymbol{i}_s(t)R_s]\,dt \tag{4-10}$$

若忽略定子电阻电压降的影响，则

$$\boldsymbol{\Psi}_s(t) \approx \int \boldsymbol{u}_s(t)\mathrm{d}t \qquad (4\text{-}11)$$

式（4-11）表示定子磁链空间矢量与定子电压空间矢量之间为积分关系，该关系如图 4-7 所示。

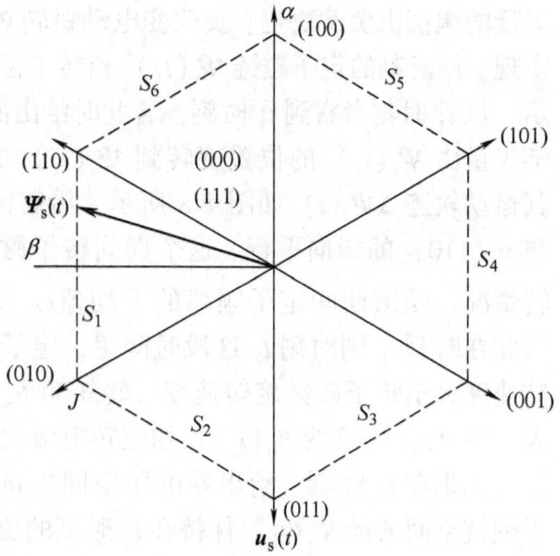


图 4-7　电压空间矢量与磁链空间矢量的关系

图 4-7 中，$\boldsymbol{u}_s(t)$ 表示电压空间矢量，$\boldsymbol{\Psi}_s(t)$ 表示磁链空间矢量，$S_1$、$S_2$、$S_3$、$S_4$、$S_5$、$S_6$ 是正六边形的 6 条边。当磁链空间矢量如 $\boldsymbol{\Psi}_s(t)$ 在图 4-7 所示位置时（其顶点在边 $S_1$ 上），如果逆变器加到定子上的电压空间矢量 $\boldsymbol{u}_s(t)$ 为 $\boldsymbol{u}_s(011)$（见图 4-7，在 $-\alpha$ 轴方向），则根据式（4-11），定子磁链空间矢量的顶点沿着 $S_1$ 边的轨迹，朝着电压空间矢量 $\boldsymbol{u}_s(011)$ 所作用的方向运动。当 $\boldsymbol{\Psi}_s(t)$ 沿着边 $S_1$ 运动到 $S_1$ 与 $S_2$ 的交点 $J$ 时，如果给出电压空间矢量 $\boldsymbol{u}_s(001)$（它与电压空间矢量 $\boldsymbol{u}_s(011)$ 成 60°夹角），则磁链空间矢量 $\boldsymbol{\Psi}_s(t)$ 的顶点会按照与 $\boldsymbol{u}_s(001)$ 相平行的方向，沿着边 $S_2$ 的轨迹运动。若在 $S_2$ 与 $S_3$ 的交点时给出电压 $\boldsymbol{u}_s(101)$，则 $\boldsymbol{\Psi}_s(t)$ 的顶点将沿着边 $S_3$ 的轨迹运动。同样的方法依次给出 $\boldsymbol{u}_s(100)$、$\boldsymbol{u}_s(110)$、$\boldsymbol{u}_s(010)$，则 $\boldsymbol{\Psi}_s(t)$ 的顶点依次沿着边 $S_4$、$S_5$、$S_6$ 的轨迹运动。至此可以得到以下结论：

1）定子磁链空间矢量顶点的运动方向和轨迹（以后简称为定子磁链的运动方向和轨迹，或 $\boldsymbol{\Psi}_s(t)$ 的运动方向和轨迹），对应于相应的电压空间矢量的作用方向，$\boldsymbol{\Psi}_s(t)$ 的运动轨迹平行于 $\boldsymbol{u}_s(t)$ 指示的方向。只要定子电阻电压降 $|\boldsymbol{i}_s(t)|R_s$ 比起 $|\boldsymbol{u}_s(t)|$ 足够小，那么这种平行就能得到很好的近似。

2）在适当的时刻依次给出定子电压空间矢量 $\boldsymbol{u}_{s1}$-$\boldsymbol{u}_{s2}$-$\boldsymbol{u}_{s3}$-$\boldsymbol{u}_{s4}$-$\boldsymbol{u}_{s5}$-$\boldsymbol{u}_{s6}$，则得到定子磁链的运动轨迹依次沿边 $S_1$-$S_2$-$S_3$-$S_4$-$S_5$-$S_6$ 运动，形成了正六边形磁链。

3）正六边形的 6 条边代表着磁链空间矢量 $\boldsymbol{\Psi}_s(t)$ 一个周期的运动轨迹。每条边代表一个周期磁链轨迹的 1/6，称为一个区段。6 条边分别称为磁链轨迹的区段 $S_1$、区段 $S_2$、……、区段 $S_6$。区段的名称在以后的分析中经常要用到。

直接利用逆变器的 6 种工作开关状态，简单地得到六边形的磁链轨迹以控制电动机，这种方法是直接转矩控制的基本思路。

**4. 电压空间矢量对电动机转矩的控制作用**

在直接转矩控制技术中，其控制机理是通过电压空间矢量 $\boldsymbol{u}_s(t)$ 来控制定子磁链的旋转速度，实现改变定、转子磁链矢量之间的夹角，达到控制电动机转矩的目的。为了便于弄清电压空间矢量 $\boldsymbol{u}_s(t)$ 与异步电动机电磁转矩之间的关系，明确电压空间矢量 $\boldsymbol{u}_s(t)$ 对电动机转矩的控制作用，用定、转子磁链矢量的矢量积来表达异步电动机的电磁转矩，即

$$T_{ei} = K_m[\boldsymbol{\Psi}_s(t) \times \boldsymbol{\Psi}_r(t)] = K_m \boldsymbol{\Psi}_s \boldsymbol{\Psi}_r \sin\angle[\boldsymbol{\Psi}_s(t), \boldsymbol{\Psi}_r(t)] = K_m \boldsymbol{\Psi}_s \boldsymbol{\Psi}_r \sin\theta_{sr} \quad (4\text{-}12)$$

式中，$\boldsymbol{\Psi}_s$、$\boldsymbol{\Psi}_r$ 分别为定、转子磁链矢量 $\boldsymbol{\Psi}_s(t)$、$\boldsymbol{\Psi}_r(t)$ 的模值；$\theta_{sr}$ 为 $\boldsymbol{\Psi}_s(t)$ 与 $\boldsymbol{\Psi}_r(t)$ 之间的夹角，称为转矩角。

在实际运行中，保持定子磁链矢量的幅值为额定值，以充分利用电动机铁心；转子磁链

矢量的幅值由负载决定。要改变电动机转矩的大小，可以通过改变转矩角 $\theta_{sr}(t)$ 的大小来实现。$t_1$ 时刻的定子磁链 $\boldsymbol{\Psi}_s(t_1)$ 和转子磁链 $\boldsymbol{\Psi}_r(t_1)$ 及转矩角 $\theta_{sr}(t_1)$ 的位置如图 4-8 所示。从 $t_1$ 时刻考察到 $t_2$ 时刻，若此时给出的定子电压空间矢量 $\boldsymbol{u}_s(t)=\boldsymbol{u}_s(110)$，则定子磁链矢量由 $\boldsymbol{\Psi}_s(t_1)$ 的位置旋转到 $\boldsymbol{\Psi}_s(t_2)$ 的位置，其运动轨迹 $\Delta\boldsymbol{\Psi}_s(t)$ 如图 4-8 所示，沿着区段 $S_5$，与 $\boldsymbol{u}_s(110)$ 的指向平行。这个期间转子磁链的旋转情况，受该期间定子频率的平均值 $\bar{\omega}_s$ 的影响。因此在时刻 $t_1$ 到时刻 $t_2$ 这段时间里，定子磁链旋转速度大于转子磁链旋转速度，转矩角 $\theta_{rs}(t)$ 加大，由 $\theta_{sr}(t_1)$ 变为 $\theta_{sr}(t_2)$，相应转矩增大。

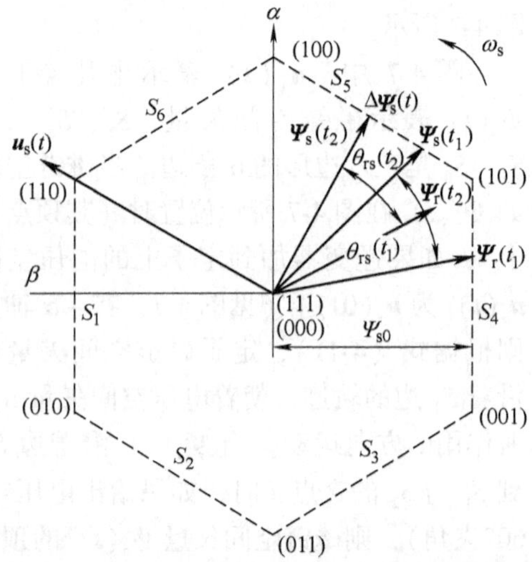


图 4-8　电压空间矢量对电动机转矩的控制作用

如果在 $t_2$ 时刻，给出零电压空间矢量，则定子磁链空间矢量 $\boldsymbol{\Psi}_s(t_2)$ 保持在 $t_2$ 时刻的位置静止不动，而转子磁链空间矢量却继续以 $\bar{\omega}_s$ 的速度旋转，则转矩角减小，从而使转矩减小。通过转矩两点式调节来控制电压空间矢量的工作状态和零状态的交替出现，就能控制定子磁链空间矢量的平均角速度 $\bar{\omega}_s$ 的大小，通过这样的瞬态调节就能获得高动态响应的转矩特性。

以上分析了直接转矩控制的基本原理，但必须注意实际应用的异步电动机直接转矩控制系统由于磁链控制方式不同，分为两种：一种是磁链直接自控制（Direct Self Control，DSC）直接转矩控制系统，定子磁链为六边形是 DSC 系统的基本特征；另一种是直接转矩控制（Direct Torque Control，DTC）系统，定子磁链为圆形是 DTC 系统的基本特征。至今，许多书籍、刊物及论文中经常把 DSC 系统误认为是 DTC 系统，造成概念上的混淆。实际上 DSC 系统与 DTC 系统是有些区别的，为此，本书分别介绍 DSC 系统和 DTC 系统。为了以后讲述方便将两类直接转矩控制系统分别称为 DSC 直接转矩控制系统和 DTC 直接转矩控制系统。

## 4.3　异步电动机 DSC 系统

### 4.3.1　异步电动机 DSC 系统的基本组成

#### 1. 直接自控制概念

当初直接自控制（DSC）系统是为具有电压源逆变器的大功率变频调速系统而提出的。在这样的逆变器中，使磁链矢量沿六边形磁链轨迹运动，一般要求低开关频率。因此，在 DSC 中，逆变器运行在类似于矩形波逆变器模式，如图 4-9 所示。

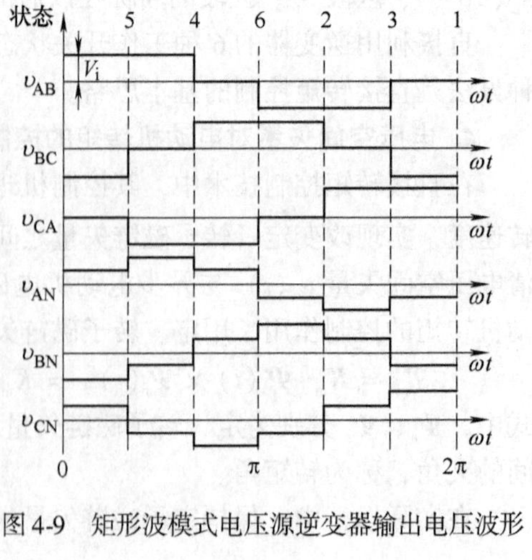


图 4-9　矩形波模式电压源逆变器输出电压波形

直接自控制的思想是注意到虽然电压源逆变

器中输出电压波形是不连续的，但这些波形的时间积分是连续的，并且接近正弦波。可以证明，采用这种积分和反馈方案中的滞环继电器，在没有外部信号下，可以自行实施逆变器的矩形波运行（这就有了“自”的概念）。这样运行的逆变器的输出频率$f_s$。正比于$U_d/\Psi_s$，这里，$U_d$为逆变器的直流输入电压，而$\Psi_s$为定子磁链的设定值。明确地说，当用逆变器的输出线电压时间积分计算定子磁链时，有

$$f_s=\frac{1}{4\sqrt{3}}\frac{U_d}{\Psi_s} \tag{4-13}$$

且当积分相电压时有

$$f_s=\frac{1}{6}\frac{U_d}{\Psi_s} \tag{4-14}$$

自控制方案如图4-10所示，而滞环继电器特性如图4-11所示。

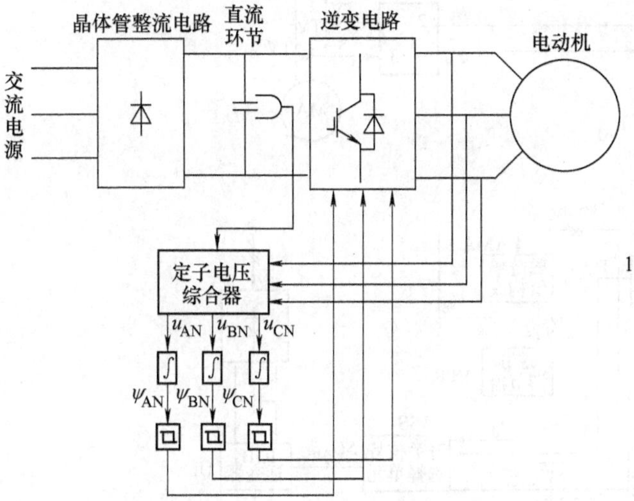


图4-10 逆变器的磁链自控制方案

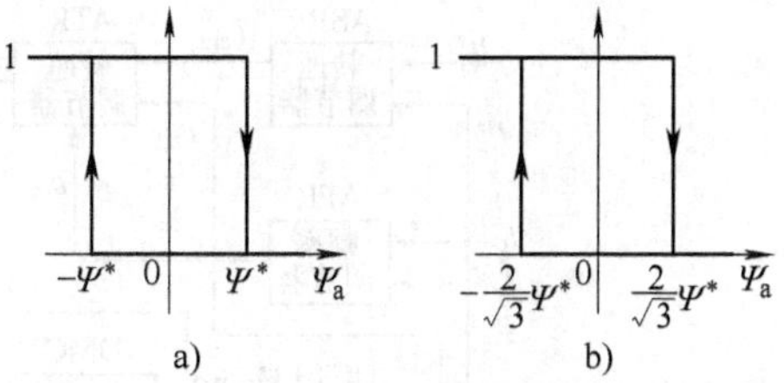


图4-11 逆变器自控制方案中的滞环继电器特性

**2. 异步电动机DSC直接转矩控制系统的基本结构**

前面阐述了直接转矩控制系统的基本概念、基本控制原理。所谓“直接转矩控制”，其本质是：在异步电动机定子坐标系中，采用空间矢量分析方法，直接计算和控制电动机的电磁转矩。一台电压型逆变器处于某一工作状态时，定子磁链轨迹沿着该状态所对应的定子电压矢量方向运动，速度正比于电压矢量的幅值$4E/3$。利用磁链的Bang-Bang控制切换电压矢量的工作状态，可使磁链轨迹按六边形（或近似圆形）运动。如果要改变定子磁链矢量$\boldsymbol{\Psi}_s(t)$的旋转速度，引入零电压矢量，在零状态下，电压矢量等于零，磁链停止旋转。利用转矩的Bang-Bang控制交替使用工作状态和零状态，使磁链走走停停，从而改变了磁链平均旋转速度$\bar{\omega}_s$的大小，也就改变了转矩角$\theta_{sr}(t)$的大小，达到控制电动机转矩的目的。转矩、磁链闭环控制所需要的反馈控制量由电动机定子侧转矩、磁链观测模型计算给出。根据以上所述内容，可以构成DSC直接转矩控制系统的基本结构图，如图4-12a所示。

如图所示，磁链自控制单元（DMC）的输入量是定子磁链在$\beta$三相坐标系上的三相分量$\psi_{\beta A}$、$\psi_{\beta B}$、$\psi_{\beta C}$。DMC的参考比较信号是磁链设定值$\Psi_{sg}$，通过DMC内的三个施密特触

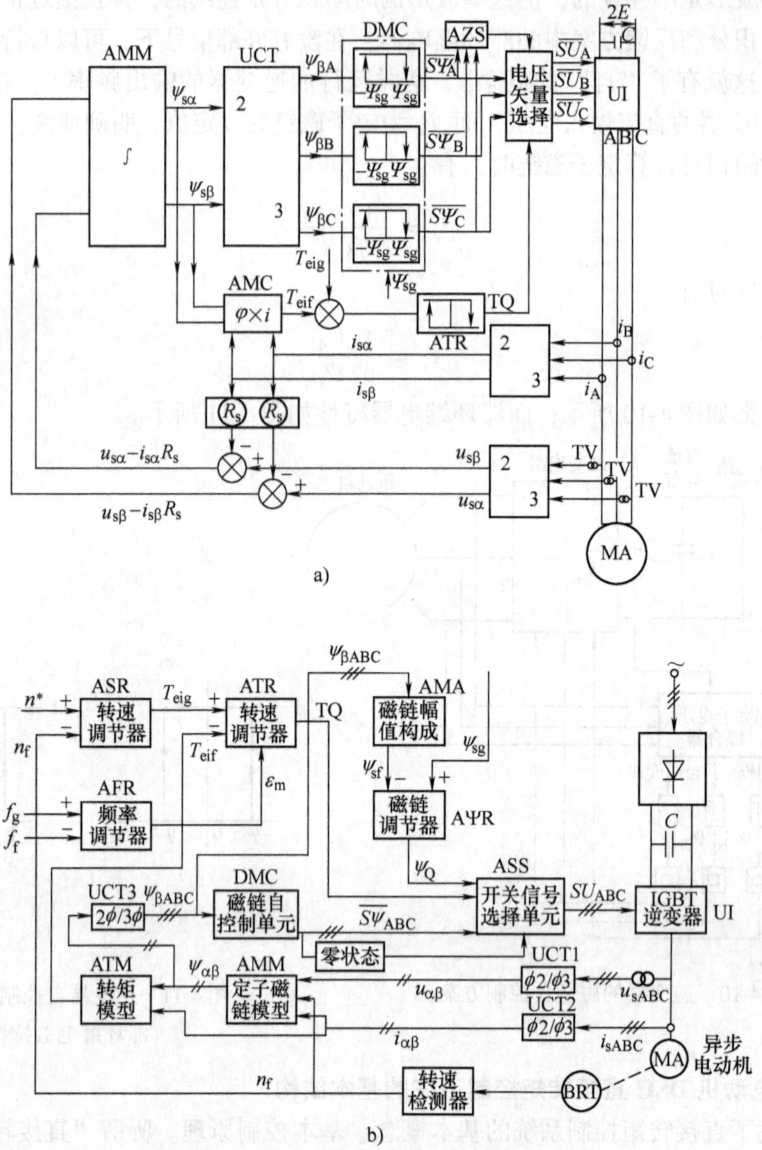


图 4-12 DSC 直接转矩控制系统的原理及组成

a）DSC 直接转矩控制系统的原理框图 b）DSC 直接转矩控制系统的组成

发器分别把三个磁链分量与 $\Psi_{sg}$ 相比较，在 DMC 输出端得到三个磁链开关信号$\overline{S\Psi_A}$、$\overline{S\Psi_B}$和$\overline{S\Psi_C}$。三相磁链开关信号通过开关 S 换相，得到三相电压开关信号$\overline{SU_A}$、$\overline{SU_B}$、$\overline{SU_C}$。其中开关 S 的换相原则就是第 4.2.2 节中介绍过的原则：$\overline{S\Psi_A}=\overline{SU_C}$、$\overline{S\Psi_B}=\overline{SU_A}$、$\overline{S\Psi_C}=\overline{SU_B}$。图 4-12a 中的电压开关信号$\overline{SU_A}$、$\overline{SU_B}$ 和$\overline{SU_C}$，经反相后变成电压状态信号 $SU_A$、$SU_B$、$SU_C$（图中未画出），就可直接去控制逆变器 UI，输出相应的电压空间矢量，去控制产生所需的六边形磁链。

$\beta$ 磁链分量 $\psi_{\beta A}$、$\psi_{\beta B}$、$\psi_{\beta C}$ 可通过坐标变换单元（UCT）的坐标变换得到。UCT 的输入量是定子磁链在 $\alpha$-$\beta$ 坐标系上的分量 $\psi_{s\alpha}$ 和 $\psi_{s\beta}$。UCT 的输出量是 3 个 $\beta$ 磁链分量。定子磁链

在 $\alpha$-$\beta$ 坐标系上的分量 $\psi_{s\alpha}$、$\psi_{s\beta}$ 可以由磁链模型单元（AMM）得到。

下面再来分析转矩调节部分。4.2.2 节中已经介绍过，转矩的大小通过改变定子磁链运动轨迹的平均速度来控制。要改变定子磁链沿轨迹运动的平均速度，就要引入零电压空间矢量来进行控制，零状态选择单元（AZS）提供零状态电压信号，它的给出时间由开关 S 来控制。开关 S 又由转矩调节器（ATR）的输出信号“TQ”来控制。转矩调节器的输入信号是转矩给定值 $T_{eig}$ 和转矩反馈值 $T_{eif}$ 的差值。ATR 是与磁链比较器一样的施密特触发器，它的容差是 $\pm\varepsilon_m$。它对转矩实行离散式的两点式调节（或称为双位式调节）：当转矩实际值和转矩给定值的差值小于 $-\varepsilon_m$ 时，即 $(T_{eif}-T_{eig})<-\varepsilon_m$ 时，ATR 的输出信号“TQ”变为“1”，控制开关 S 接通磁链自控制单元（DMC）输出的磁链开关信号 $\overline{S\Psi}_{ABC}$，把工作电压空间矢量加到电动机上，使定子磁链旋转，转矩角 $\theta_{sr}$ 加大，转矩加大；当转矩实际值和转矩给定值的差值大于 $\varepsilon_m$ 时，即 $(T_{eif}-T_{eig})>\varepsilon_m$ 时，ATR 的输出信号“TQ”变为“0”，控制开关 S 接通零状态选择单元（AZS）提供的零电压信号，把零电压加到电动机上，使定子磁链停止不动，磁通角 $\theta_{sr}$ 减小，转矩减小，该过程即是所谓的“转矩直接自调节”过程。通过直接自调节作用，使电压空间矢量的工作状态与零状态交替接通，控制定子磁链走走停停，从而使转矩动态平衡保持在给定值的 $\pm\varepsilon_m$（容差）的范围内，如此就控制了转矩。

转矩调节器又称为转矩两点式调节器或转矩双位式调节器。转矩实际值 $T_{eif}$ 由转矩计算单元（AMC）根据式（4-7）计算得到。AMC 的输入量是 AMM 的输出量 $\psi_{s\alpha}$ 和 $\psi_{s\beta}$ 以及被测量 $i_{s\alpha}$ 和 $i_{s\beta}$。

磁链模型单元（AMM）和转矩计算单元（AMC）都是通过异步电动机定子轴系数学模型得到的。

**3. 转矩计算单元**（转矩观测模型）**和定子磁链模型单元**（定子磁链观测模型）

（1）转矩计算单元

根据式（4-7）可构成转矩观测模型（转矩计算单元），如图 4-13 所示。

（2）磁链的电压模型法（定子磁链观测模型）

用式（4-5）来确定异步电动机定子磁链的方法有一个优点，就是在计算过程中唯一需要了解的电动机参数，是易于确定的定子电阻。式中的定子电压 $\boldsymbol{u}_s$ 和定子电流 $\boldsymbol{i}_s$ 同样也是易于确定的物理量，它们能以足够的精度被检测出来。计算出定子磁链后，再把定子磁链和测量所得的定子电流代入式（4-7），就可以计算出电动机的转矩。

用定子电压与定子电流来确定定子磁链的方法叫电动机的磁链电压模型法，简称为 $u$-$i$ 模型，其结构如图 4-14 所示。磁链电压模型法的主要优点是运算量小，容易实现，因此应用较多。

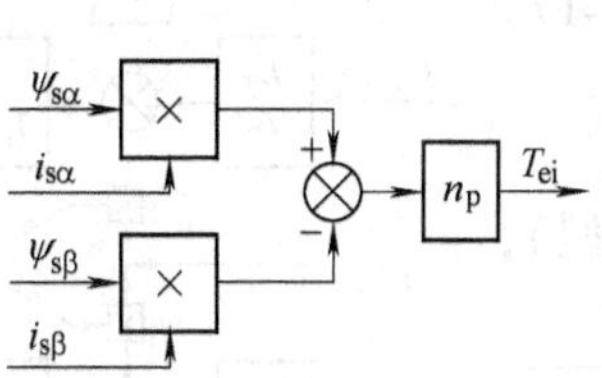

图 4-13　异步电动机转矩观测模型框图

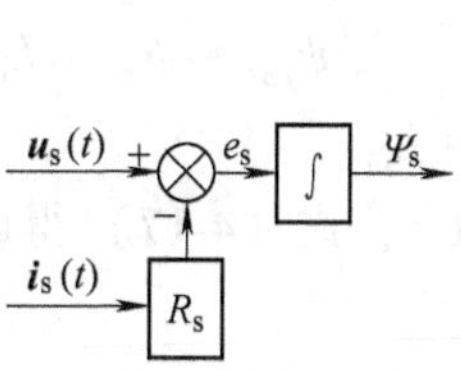

图 4-14　定子磁链的 $u$-$i$ 模型

由式（4-5）可知，用积分器便可计算电动机磁链，但实现起来存在下列问题：

1）在运算过程中，需要使用纯积分环节，造成电压模型法运算精度受电压和电流信号中的直流分量和初始误差的影响较大，特别在低频时，这种影响更是严重。

2）随着电动机转速和频率的降低和 $\boldsymbol{u}_s$ 的模值的减小，由 $i_sR_s$ 项补偿不准确带来的误差就越大。

3）电动机不转时 $e_s=0$，无法按式（4-5）计算磁链，也无法建立初始磁链。

针对磁链电压模型法存在的问题，在实际工程应用中作了必要的改进，例如低通滤波器法、交叉校正法、级联低通滤波器法等。

（3）磁链的电流模型法

电动机的电流模型（简称 $i$-$n$ 模型）可以解决上述问题，电流模型用定子电流计算磁链，精度与转速有关，也受电动机参数，特别是转子时间常数的影响，在高速时不如电压模型，但低速时比电压模型准确，因此两模型必须配合使用，高速时用电压模型，低速时用电流模型。如何实现两模型的过渡呢？简单的切换是不行的，由于两模型计算结果不可能一样，简单切换又会在切换点附近造成冲击和振荡。采用图 4-15 所示的模型既解决了两模型的过渡，又解决了电压模型积分器漂移问题。

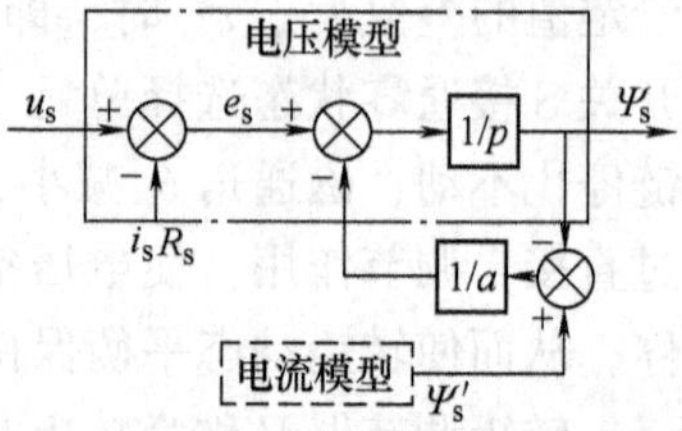


图 4-15 两模型的切换

电流模型算出的磁链值为 $\boldsymbol{\Psi}'_s$，电压模型算出的磁链值为 $\boldsymbol{\Psi}_s$。若两模型均准确，则两磁链值相等，$\Delta\boldsymbol{\Psi}_s=\boldsymbol{\Psi}'_s-\boldsymbol{\Psi}_s$ 为零，积分器反馈通道不起作用，无积分误差；但当积分器漂移时，$\boldsymbol{\Psi}'_s$中无信号抵消它，反馈通道起作用，抑制漂移。实际上，两模型计算结果不可能完全相等，$\Delta\boldsymbol{\Psi}_s\neq0$，反馈通道对积分仍有一些影响，但比无电流模型的小得多，图 4-15 所示框图可表示为

$$\boldsymbol{\Psi}_s=\frac{\alpha}{1+\alpha p}\left(e_s+\frac{1}{\alpha}\boldsymbol{\Psi}'_s\right) \tag{4-15}$$

式中，$\boldsymbol{\Psi}'_s$ 的大小与转速有关；$e_s$ 与转速成比例，低速时 $e_s<0.5\boldsymbol{\Psi}'_s$，以电流模型为主，高速时 $e_s>0.5\boldsymbol{\Psi}'_s$，以电压模型为主；$\alpha$ 值决定过渡点，通常 $\alpha=10$，以 10% 额定速度过渡。

电动机的电流模型表示为

$$\begin{cases} T_r\dfrac{d\psi_{r\alpha}}{dt}+\psi_{r\alpha}=L_{md}i'_{s\alpha}+T_r\omega_r\psi_{r\beta} \\ T_r\dfrac{d\psi_{r\beta}}{dt}+\psi_{r\beta}=L_{md}i'_{s\beta}-T_r\omega_r\psi_{r\alpha} \end{cases} \tag{4-16}$$

式中，$T_r$ 为转子时间常数，$T_r=L_{rd}/R_r$；$\omega_r$ 为转子角速度；$\psi_{r\alpha}$、$\psi_{r\beta}$可表示为

$$\begin{cases} \psi_{s\alpha}\approx\psi_{r\alpha}+L_\sigma i'_{s\alpha} \\ \psi_{s\beta}\approx\psi_{r\beta}+L_\sigma i'_{s\beta} \end{cases} \tag{4-17}$$

式中，$L_\sigma=L_{r\sigma}+L_{s\sigma}$。

由式（4-16）、式（4-17）得电流模型（$i$-$n$ 模型），如图 4-16 所示。

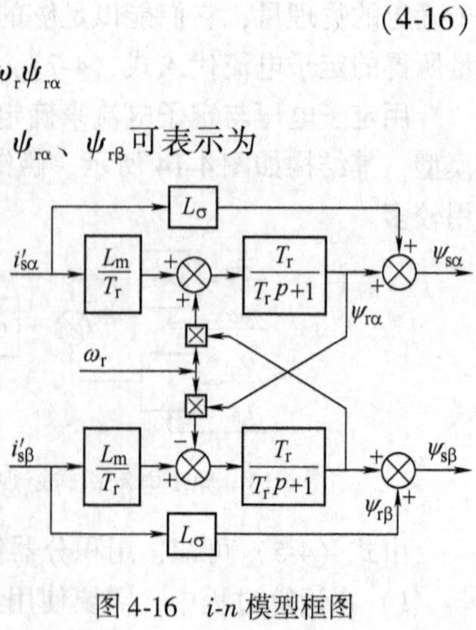


图 4-16 $i$-$n$ 模型框图

（4）磁链的全速度模型

实验证明，$u$-$i$ 模型与 $i$-$n$ 模型相互切换使用是可行的。但是，由于 $u$-$i$ 模型向 $i$-$n$ 模型进行快速平滑切换的困难仍未得到解决，而且实际上两模型计算结果不可能

完全相等，所以当 $\Delta\Psi_s \neq 0$ 时，反馈通道对积分仍有一些影响，磁链计算结果仍存在一定的误差，只不过比无电流模型时小得多而已，取而代之的是在全速范围内都使用的高精度磁链模型，称为 *u-n* 模型，也叫电动机模型。

*u-n* 模型由定子电压和转速来获得定子磁链，它综合了 *u-i* 模型和 *i-n* 模型的特点。为表达清楚，重列 *u-n* 模型所用到的数学方程式如下：

$$\begin{cases} T_r \dfrac{d\psi_{r\alpha}}{dt} + \psi_{r\alpha} = L_{md} i_{s\alpha} + T_r \omega_r \psi_{r\beta} \\ T_r \dfrac{d\psi_{r\beta}}{dt} + \psi_{r\beta} = L_{md} i_{s\beta} - T_r \omega_r \psi_{r\alpha} \end{cases} \tag{4-18}$$

$$\begin{cases} \psi_{s\alpha} = \int (u_{s\alpha} - R_s i_{s\alpha}) dt \\ \psi_{s\beta} = \int (u_{s\beta} - R_s i_{s\beta}) dt \end{cases} \tag{4-19}$$

$$\begin{cases} \psi_{s\alpha} \approx \psi_{r\alpha} + L_\sigma i'_{s\alpha} \\ \psi_{s\beta} \approx \psi_{r\beta} + L_\sigma i'_{s\beta} \end{cases} \tag{4-20}$$

根据上面三组方程构成的 *u-n* 模型如图 4-17 所示。

图 4-17 同图 4-16 一样，分为两个通道（$\alpha$ 通道和 $\beta$ 通道），以分别获得磁链的两个分量 $\psi_{s\alpha}$、$\psi_{s\beta}$。

下面以 $\alpha$ 通道为例来进行说明。

根据式（4-18）得到转子磁链 $\psi_{r\alpha}$ 信号；根据式（4-19）得到定子磁链 $\psi_{s\alpha}$ 信号；根据式（4-20）得到定子电流 $i'_{s\alpha}$ 信号。由此可见，*u-n* 模型的输入量是定子电压和转速信号，以此可以获得电动机的其他各量，如果再计及式（4-7），则还能获得电动机的转矩，因此 *u-n* 模型也可称为电动机模型，它很好地模拟了异步电动机的各个物理量。

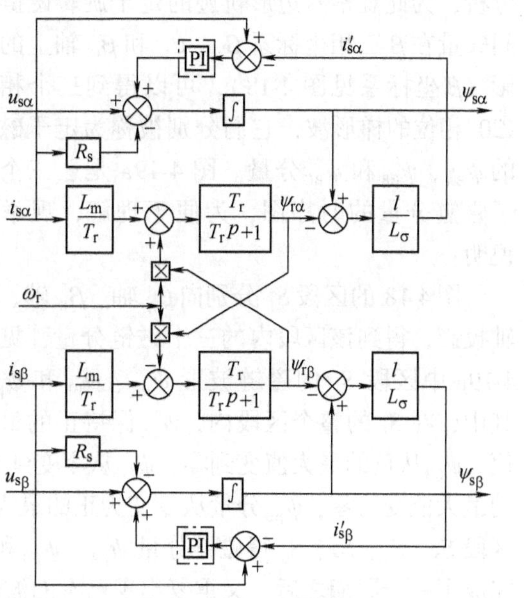

图 4-17　定子磁链的 *u-n* 动态模型（电动机模型）

图 4-17 中点画线框内的单元是电流调节器（PI），它的作用是强迫电动机模型的电流和实际的电动机电流相等。如果电动机模型得到的电流 $i'_{s\alpha}$ 与实际测量到的电动机电流 $i_{s\alpha}$ 不相等，就会产生一个差值 $\Delta i = i_{s\alpha} - i'_{s\alpha}$ 送入到电流调节器的输入端。电流调节器就会输出补偿信号加到积分单元的输入端，以修正 $\psi_{s\alpha}$ 和电流值，直到 $i'_{s\alpha}$ 完全等于 $i_{s\alpha}$ 为止，$\Delta i$ 才为零，电流调节器才停止调节。由此可见，由于引入了电流调节器，使得电动机模型的仿真精度大大提高了。

电动机模型综合了 *u-i* 模型和 *i-n* 模型的优点，又很自然地解决了切换问题。高速时，电动机模型实际工作在 *u-i* 模型下，磁链实际上只是由定子电压和定子电流计算得到。由定子电阻误差、转速测量误差及电动机参数误差引起的磁链误差在这个工作范围内将不再有意义。低速时，电动机模型实际工作在 *i-n* 模型下。

上述转矩观测模型和定子磁链观测模型也完全可以应用在DTC系统中。

**4. 电压空间矢量选择**（单元）

正确选择电压空间矢量，可以形成六边形磁链。所谓正确选择，包括两个含义：一是电压空间矢量顺序的选择；二是各电压空间矢量给出时刻的选择。

在控制时，将电动机内的电角度空间均匀分为6个扇区，每个扇区60°。控制 $\boldsymbol{\Psi}_s$ 的幅值和转矩 $T_s$ 都是由空间电压矢量来完成的。但优选空间电压矢量时，和 $t$ 时刻的 $\boldsymbol{\Psi}_s$ 在哪一个扇区和转向有关。因此，必须确定 $\boldsymbol{\Psi}_s$ 所在的扇区。同一个扇区内，在直接转矩控制中，对空间电压矢量的最优选择都是一样的。

由扇区 $\theta(N)$、$\boldsymbol{\Psi}_s$ 和 $T_{ei}$ 三个信息，综合选择最优空间电压矢量。这步综合优选工作离线进行。优选好最优空间电压矢量后，将它们制成表格，存储在计算机中，实时控制时，只要查表执行即可。

定子磁链空间矢量的运动轨迹取决于定子电压空间矢量。反过来，定子电压空间矢量的选择又取决于定子磁链空间矢量的运动轨迹。要想得到六边形磁链，就要对六边形磁链进行分析，为此观察六边形轨迹的定子旋转磁链空间矢量在 $\beta$ 三相坐标系 $\beta_A$、$\beta_B$ 和 $\beta_C$ 轴上的投影（$\beta$ 坐标系见图4-18），可以得到三个相差120°相位的梯形波，它们分别被称为定子磁链的 $\psi_{\beta A}$、$\psi_{\beta B}$ 和 $\psi_{\beta C}$ 分量。图4-19a是这三个定子磁链分量的时序图，为便于理解，现举例说明：

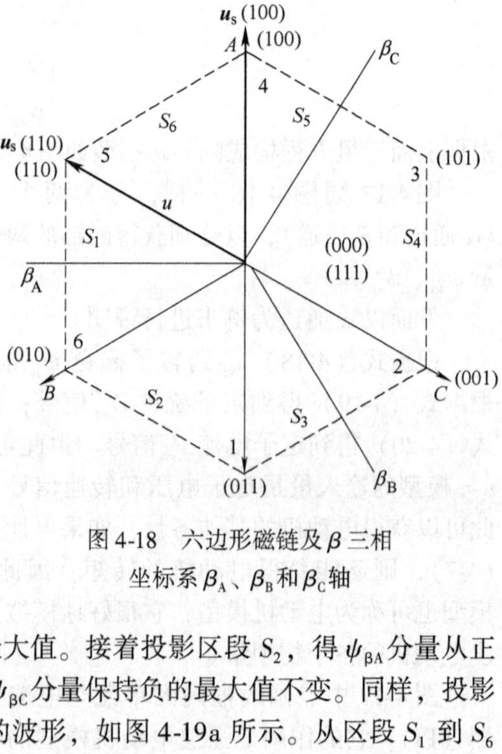

图4-18　六边形磁链及 $\beta$ 三相坐标系 $\beta_A$、$\beta_B$ 和 $\beta_C$ 轴

图4-18的区段 $S_1$ 分别向 $\beta_A$ 轴、$\beta_B$ 轴、$\beta_C$ 轴投影，得到该区段内的三个磁链分量，见图4-19a中区段 $S_1$ 的磁链波形 $\psi_{\beta A}$、$\psi_{\beta B}$ 和 $\psi_{\beta C}$。其中，在 $S_1$ 的整个区段内，$\psi_{\beta A}$ 保持正的最大值，$\psi_{\beta B}$ 从负的最大值变到零，$\psi_{\beta C}$ 从零变到负的最大值。接着投影区段 $S_2$，得 $\psi_{\beta A}$ 分量从正的最大值变为零，$\psi_{\beta B}$ 分量从零变为正的最大值，$\psi_{\beta C}$ 分量保持负的最大值不变。同样，投影区段 $S_3$、$S_4$、$S_5$、$S_6$ 得磁链分量 $\psi_{\beta A}$、$\psi_{\beta B}$ 和 $\psi_{\beta C}$ 的波形，如图4-19a所示。从区段 $S_1$ 到 $S_6$ 完成了一个周期之后，又重复出现已有的波形。

如图4-20所示，施密特触发器的容差是 $\pm\Psi_{sg}$。$\pm\Psi_{sg}$ 作为磁链给定值，它等于图4-8中的 $\Psi_{s0}$。通过三个施密特触发器，用磁链给定值 $\pm\Psi_{sg}$，分别与三个磁链分量 $\psi_{\beta A}$、$\psi_{\beta B}$、$\psi_{\beta C}$ 进行比较，得到图4-19b所示的磁链开关信号 $\overline{S\Psi_A}$、$\overline{S\Psi_B}$ 和 $\overline{S\Psi_C}$。对照图4-19a、b可见，当 $\psi_{\beta A}$ 上升达到正的磁链给定值 $\Psi_{sg}$ 时，施密特触发器输出低电平信号，$\overline{S\Psi_A}$ 为低电平；当 $\psi_{\beta A}$ 下降达到负的磁链给定值 $-\Psi_{sg}$ 时，$\overline{S\Psi_A}$ 为高电平。由此得到磁链开关信号 $\overline{S\Psi_A}$ 的时序图，同理可得到 $\overline{S\Psi_B}$ 和 $\overline{S\Psi_C}$ 的时序图，如图4-19b所示。

磁链开关信号 $\overline{S\Psi_A}$、$\overline{S\Psi_B}$ 和 $\overline{S\Psi_C}$ 可以很方便地构成电压开关信号 $\overline{SU_A}$、$\overline{SU_B}$ 和 $\overline{SU_C}$。其关系是

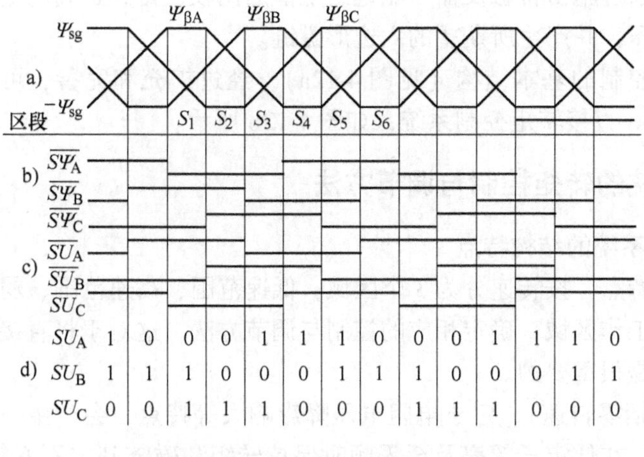


图 4-19　直接转矩控制开关信号及电压空间矢量的正确选择

a）定子磁链的三个 $\beta$ 分量　b）磁链开关信号

c）电压开关信号　d）电压状态信号

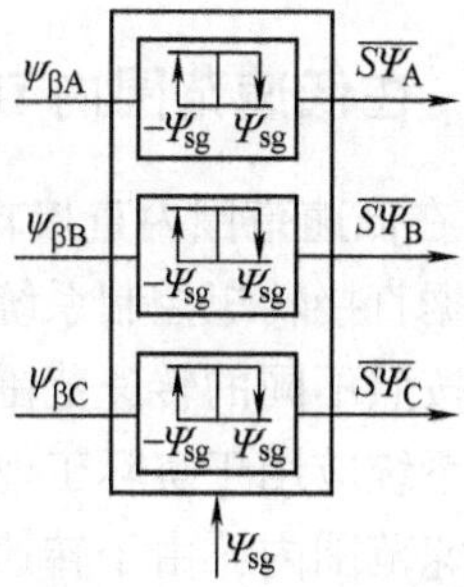


图 4-20　用作磁链比较器的施密特触发器

$$\overline{S\Psi_{\mathrm{A}}}=\overline{SU_{\mathrm{C}}}$$
$$\overline{S\Psi_{\mathrm{B}}}=\overline{SU_{\mathrm{A}}}$$
$$\overline{S\Psi_{\mathrm{C}}}=\overline{SU_{\mathrm{B}}}$$

电压开关信号$\overline{SU_{\mathrm{A}}}$、$\overline{SU_{\mathrm{B}}}$ 和$\overline{SU_{\mathrm{C}}}$ 的时序图如图 4-19c 所示。电压开关信号与磁链开关信号的关系可对比图 4-19b、c。

把电压开关信号$\overline{SU_{\mathrm{A}}}$、$\overline{SU_{\mathrm{B}}}$ 和$\overline{SU_{\mathrm{C}}}$ 反相，便直接得到电压状态信号 $SU_{\mathrm{A}}$、$SU_{\mathrm{B}}$ 和 $SU_{\mathrm{C}}$，如图 4-19d 所示。

对比图 4-19a、d 可以清楚地看到，由以上分析已经得到了电压开关状态顺序的正确选择。所得到的电压开关状态的顺序是 011-001-101-100-110-010，正好对应于六边形磁链的六个区段 $S_1$-$S_2$-$S_3$-$S_4$-$S_5$-$S_6$，这个顺序与第 4.2.2 小节中分析的顺序是一致的。按顺序依次给出电压空间矢量 $\boldsymbol{u}_{\mathrm{s}}(011)$-$\boldsymbol{u}_{\mathrm{s}}(001)$-$\boldsymbol{u}_{\mathrm{s}}(101)$-$\boldsymbol{u}_{\mathrm{s}}(100)$-$\boldsymbol{u}_{\mathrm{s}}(110)$-$\boldsymbol{u}_{\mathrm{s}}(010)$ 就可以得到按逆时针方向旋转的正六边形磁链轨迹，其相对应的顺序是 $S_1$-$S_2$-$S_3$-$S_4$-$S_5$-$S_6$，这是 4.2.2 节中所分析的问题。现在所分析的问题正好是逆方向的，从逆时针旋转的六边形磁链 $S_1$-$S_2$-$S_3$-$S_4$-$S_5$-$S_6$ 得到了应正确选择的电压状态 011-001-101-100-110-010，或者说得到了应正确选择的电压空间矢量 $\boldsymbol{u}_{\mathrm{s}}(011)$-$\boldsymbol{u}_{\mathrm{s}}(001)$-$\boldsymbol{u}_{\mathrm{s}}(101)$-$\boldsymbol{u}_{\mathrm{s}}(100)$-$\boldsymbol{u}_{\mathrm{s}}(110)$-$\boldsymbol{u}_{\mathrm{s}}(010)$。两者的分析完全一致。

对比图 4-19a ~ d 还可以清楚地看到：通过以上分析，解决了所选电压空间矢量的给出时刻问题，这个时刻就是各 $\beta$ 磁链分量 $\psi_{\beta\mathrm{A}}$、$\psi_{\beta\mathrm{B}}$、$\psi_{\beta\mathrm{C}}$ 到达磁链给定值 $\boldsymbol{\Psi}_{\mathrm{sg}}$ 的时刻。通过磁链给定值比较器得到相应的磁链开关信号$\overline{S\boldsymbol{\Psi}_{\mathrm{A}}}$、$\overline{S\boldsymbol{\Psi}_{\mathrm{B}}}$ 和$\overline{S\boldsymbol{\Psi}_{\mathrm{C}}}$，再通过电压开关信号$\overline{SU_{\mathrm{A}}}$、$\overline{SU_{\mathrm{B}}}$ 和$\overline{SU_{\mathrm{C}}}$ 得到电压状态信号 $SU(SU_{\mathrm{A}}$、$SU_{\mathrm{B}}$、$SU_{\mathrm{C}})$，也就得到了电压空间矢量 $\boldsymbol{u}_{\mathrm{s}}(t)$。在这里磁链给定值 $\boldsymbol{\Psi}_{\mathrm{sg}}$ 是一个很重要的参考值，它决定了电压空间矢量的切换时间。当磁链的 $\beta$ 分量变化达到 $\pm\boldsymbol{\Psi}_{\mathrm{sg}}$ 值时，电压状态信号发生变化，进行切换。磁链给定值 $\boldsymbol{\Psi}_{\mathrm{sg}}$ 的几何概念是六边形磁链的边到中心的距离，它就是图 4-8 中的 $\boldsymbol{\Psi}_{\mathrm{s0}}$。

为了获得定子磁链的 $\beta$ 分量，必须对定子磁链进行检测。由检测出的定子磁链，向 $\beta$ 三相坐标系投影得到磁链的$\beta$分量，通过施密特触发器与磁链给定值的比较，得到正确的电压状态信号，以控制逆变器的输出电压，并产生所期望的六边形磁链。

根据4.3.1节提出的直接转矩控制的基本结构（见图4-12a），经过扩充和完善，可以得到一个比较完整的异步电动机DSC直接转矩控制系统，如图4-12b所示。

### 4.3.2 在低速范围内DSC系统的转矩控制与调节方法

**1. 在低速范围内直接转矩控制系统的结构特点**

根据直接转矩控制系统的工作特点，按转速分为3个区域：低速范围、高速范围、弱磁范围。按照不同的转速范围，划分工作区域，确定相应的控制与调节方法，这对于将直接转矩控制系统应用于实际工业生产中是很重要的。

低速范围内，由于转速低（包括零转速）、定子电阻电压降影响大等特点，会产生一些需要解决的问题，如磁链波形畸变、在低定子频率及至零频时保持转矩和磁链基本不变等。为此要求在控制方法上做相应的考虑。

低速范围的调节方案有如下特点：

1）用电动机模型检测计算电动机磁链和转矩。在4.3.1节已经分析过，电动机模型适用于整个转速范围。

2）为了改善转矩动态性能，对定子磁链空间矢量要实现正反向变化控制。

3）转矩调节器和磁链调节器的多功能协调工作。

4）用符号比较器确定区段。

5）调节每个区段的磁链量。

6）六边形磁链轨迹：六边形磁链轨迹用于（15%～30%）$n_{sN}$范围。

7）每个区段上，有4个工作电压状态和2个零电压状态的使用与选择。内容包括：区段电压状态的选择；转矩调节器和磁链控制在低速范围内的协调；$-120°$电压的应用。

**2. 区段的电压状态选择**

下面进一步分析各种电压状态所能起的作用。

图4-2所示的逆变器的6个可能的工作电压状态，输出6个工作电压空间矢量，由于定子磁链空间矢量的运动方向由电压空间矢量的方向确定，所以磁链只能在这6个方向上运行，磁链的任何其他方向的运行，都只能通过多个电压空间矢量的组合来实现。

六边形磁链轨迹的调节方案，使得调节结构很简单，在每个区段只需要两种电压状态：区段的工作电压状态和零电压状态。用一个双值输出的调节器分别控制接通“工作电压”或“零电压”就够了。在DSC中，这种控制信号由转矩两点式调节器提供。如果要在区段内改变定子磁链的方向，则必须增加区段内所需的电压状态的数目，配合以转矩调节器、磁链调节器、P/N调节器、磁链自控制单元等，提供相应的电压开关信号，通过电压空间矢量的不同组合方式，实现不同的调节目的。用多个电压空间矢量组合的办法，还能实现近似圆形磁链轨迹的运行方式，只要每个区段中的电压状态的数目足够多，圆形磁链轨迹就能得到很好的近似，当然，此时调节器的输出状态也将增加。

图4-2所示逆变器，对定子磁链运动轨迹的每个区段，可以利用的电压空间矢量有4个，代表着定子磁链4个有意义的方向。下面进一步分析这4个电压状态的特点和作用，以

便在 DSC 中更好地利用这 4 个电压状态。图 4-21 画出了区段 $S_4$ 中定子磁链的 4 个有意义的变化方向和电压状态。

图 4-21 中，定子磁链空间矢量 $\boldsymbol{\Psi}_s$ 的顶点位于区段 $S_4$，4 个虚线的箭头代表着 $\boldsymbol{\Psi}_s$ 运行的 4 个方向：方向①、方向②、方向③和方向④。方向①沿着区段 $S_4$ 的边，向着磁链旋转的正向，因此称为 0°方向。方向②比方向①超前 60°，称为 +60°方向。方向③比方向①落后 60°，称为 −60°方向。方向④比方向①落后 120°，称为 −120°方向。

使定子磁链空间矢量向着 0°方向运动的电压空间矢量，称为 0°电压，对于图 4-21 所示的区段 $S_4$，0°电压是对应于开关状态 $S_{ABC}=100$ 的电压空间矢量 $\boldsymbol{u}_s(100)$($\boldsymbol{u}_{s4}$)。同样，使定子磁链空间矢量向着 +60°方向运动的电压空间矢量称为 +60°电压。使定子磁链空间矢量向着 −60°方向和 −120°方向运动的电压空间矢量，分别称为 −60°电压和 −120°电压。对于图 4-21 所示的区段 $S_4$，+60°电压是对应于开关状态 $S_{ABC}=110$ 的电压空间矢量 $\boldsymbol{u}_s(110)$($\boldsymbol{u}_{s5}$)。−60°电压是电压空间矢量 $\boldsymbol{u}_s(101)$($\boldsymbol{u}_{s3}$)，−120°电压是电压空间矢量 $\boldsymbol{u}_s(001)$($\boldsymbol{u}_{s2}$)。

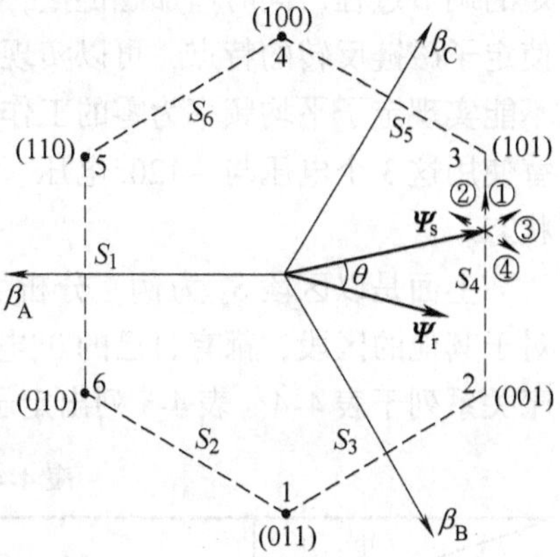


图 4-21　一个区段内的 4 中电压状态

图 4-22 表示在六边形磁链轨迹情况下，4 种电压空间矢量如何影响定子磁链的大小、方向和角度。在图 4-22 中，除了画出理想的磁链轨迹外，还画出了磁链的两条容差线。

(1) 0°电压 $\boldsymbol{u}_{s4}$($S_{ABC}=100$) 的作用

对于六边形磁链轨迹，当 $\boldsymbol{u}_{s4}$ 接通时定子磁链空间矢量的顶点沿六边形区段 $S_4$ 朝正向运行。该电压在整个区段上使磁通角加大，从而使转矩增加。$\boldsymbol{u}_{s4}$ 在区段 $S_4$ 不改变磁链量的大小，也不改变六边形磁链的运动方向，只是增加转矩，如图 4-22 所示。

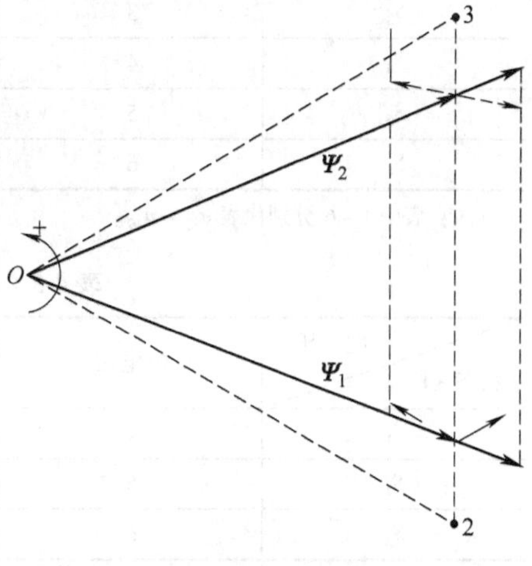


图 4-22　六边形磁链轨迹中电压状态的作用

(2) −60°电压 $\boldsymbol{u}_{s3}$($S_{ABC}=101$) 作用

对于六边形磁链轨迹，电压 $\boldsymbol{u}_{s3}$ 既影响磁链，又影响转矩，影响的大小与定子磁链空间矢量在区段内的位置有关。对于转矩来说，在区段的开始，磁通角增加较多，形成的转矩较大。在区段的起始边界，磁通角和转矩增加最大，而在区段的末尾，磁通角和转矩增加较小。在区段末尾的边界，磁通角改变为零，转矩不增加。对磁链量来说，则相反，在区段的开始，磁链量增加较小，在区段的末尾，增加较大，在区段末尾的边界，增加最大。

(3) +60°电压 $\boldsymbol{u}_{s5}$($S_{ABC}=110$) 的作用

对于六边形磁链轨迹，电压 $\boldsymbol{u}_{s5}$ 的作用是增加转矩和减小磁链量，对转矩和磁链量的影响与定子磁链空间矢量在区段内的位置有关。对于转矩的增加来说，在区段的开始最小，在区段的末尾最大。对于磁链量的减小来说，在区段的开始最大，在区段的末尾最小。

(4) $-120°$电压 $\boldsymbol{u}_{s2}$ ($S_{ABC}=001$) 的作用

电压 $\boldsymbol{u}_{s2}$的作用是增加磁链量和减小转矩。关于它对磁链量的作用可与 $-60°$电压相比较。与 $-60°$电压的作用相反，$-120°$电压在区段的开始时磁链量增加的作用最大，在区段的末尾，相对较小。

$-120°$电压是 4 个电压中唯一一个能使定子磁链反转的电压，因而是使转矩减小的电压。在利用零电压减小转矩还嫌不够快的场合，可用 $-120°$电压来加速转矩的减小，加快转矩的调节过程，同时增加磁链量，特别是利用 $-120°$电压能使定子磁链量增加的同时，又能使定子磁链反转的特点，可以实现定子磁链平均频率为零时的工作状态。用其他 3 个电压是不能实现定子平均频率为零的工作状态的，因为这 3 个电压都使定子磁链向正方向旋转。交替使用这 3 个电压与 $-120°$电压，可以使定子磁链的平均频率达到任意值，实现各种工作状态。

上面是以区段 $S_4$ 为例，分析了 0°电压、+60°电压、−60°电压、−120°电压的作用。对于其他的区段，都有自己的0°电压、+60°电压、−60°电压、−120°电压。它们之间的顺序关系列于表 4-4。表 4-5 列出定子磁链反转时所对应的这 4 种电压的顺序关系。

**表 4-4　区段电压状态顺序表（正转）**

| 电压 / 状态区段 | 0°电压 | +60°电压 | −60°电压 | −120°电压 |
|---|---|---|---|---|
| $S_1$ | 1 | 2 | 6 | 5 |
| $S_2$ | 2 | 3 | 1 | 6 |
| $S_3$ | 3 | 4 | 2 | 1 |
| $S_4$ | 4 | 5 | 3 | 2 |
| $S_5$ | 5 | 6 | 4 | 3 |
| $S_6$ | 6 | 1 | 5 | 4 |

注：表中 1 ~6 分别代表 $\boldsymbol{u}_{s1}\sim\boldsymbol{u}_{s6}$。

**表 4-5　区段电压状态顺序表（反转）**

| 电压 / 状态区段 | 0°电压 | +60°电压 | −60°电压 | −120°电压 |
|---|---|---|---|---|
| $S_1$ | 4 | 3 | 5 | 6 |
| $S_2$ | 5 | 4 | 6 | 1 |
| $S_3$ | 6 | 5 | 1 | 2 |
| $S_4$ | 1 | 6 | 2 | 3 |
| $S_5$ | 2 | 1 | 3 | 4 |
| $S_6$ | 3 | 2 | 4 | 5 |

注：表中 1 ~6 分别代表 $\boldsymbol{u}_{s1}\sim\boldsymbol{u}_{s6}$。

### 3. 低速范围内转矩与磁链调节的协调

在转速很低时，由于六边形磁链畸变得比较厉害，因此采用圆形磁链轨迹的控制方案。此外，在转矩调节器与磁链调节器的协调方式上也有所不同。下面分析这种情况。

转矩调节器包括转矩调节器和 P/N 调节器两部分。磁链调节器却不一样，其结构如

图 4-23 所示。

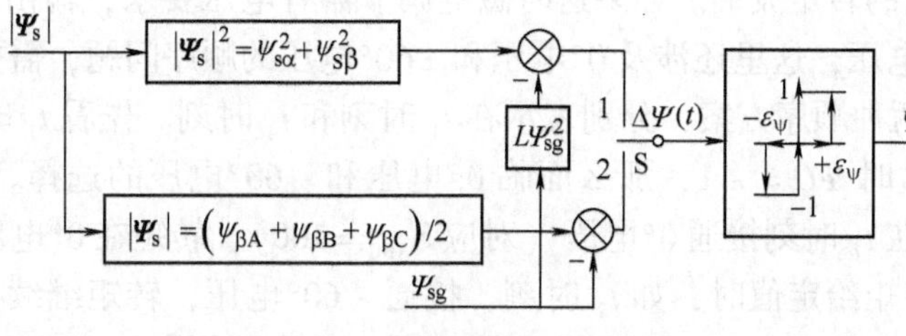


图 4-23　带有计算切换的三点式磁链调节器

图 4-23 带有六边形磁链和圆形磁链切换功能。当开关 S 在位置 2 时，执行六边形磁链调节，此时磁链给定值 $\Psi_{sg}$ 与六边形磁链的模 $|\boldsymbol{\Psi}_s| = (\psi_{\beta A}+\psi_{\beta B}+\psi_{\beta C})/2$ 相比较。当开关 $S$ 在位置 1 时，执行圆形磁链调节方案。此时磁链给定值平方的 $k$ 倍 $k\Psi_{sg}^2$ 与圆形磁链模的 $|\boldsymbol{\Psi}_s|^2 = (\psi_{s\alpha}^2+\psi_{s\beta}^2)$ 相比较，系数 $k$ 的值为

$$k = \left(\frac{6\sqrt{3}}{\pi^2}\right)^2 = 1.10873 \tag{4-21}$$

当开关 S 的切换值为 15% $n_{sN}$，即小于 15% $n_{sN}$ 时执行圆形磁链轨迹调节；大于 15% $n_{sN}$ 时执行六边形磁链轨迹调节。磁链调节器为三点式调节器，这与第 4.2.2 节所述的基本方案中的磁链调节器不同。调节器的输出是磁链量开关信号 $\Psi Q$，$\Psi Q$ 有 3 个值：1、－1 和 0。当 $\Delta\Psi(t)\geqslant\varepsilon_\psi$ 时，也就是磁链实际值比给定值大 $\varepsilon_\psi$ 时，$\Psi Q=1$，当 $\Delta\Psi(t)=0$ 时，也就是磁链实际值回到给定值时，$\Psi Q=0$；当 $\Delta\Psi(t)\leqslant-\varepsilon_\psi$ 时，即磁链实际值比给定值小 $\varepsilon_\psi$ 时，$\Psi Q=-1$；当磁链实际值再次回到给定值时，$\Psi Q$ 又为零。

磁链开关信号 $\Psi Q$ 与所需的电压状态的关系如下：

$\Psi Q=-1$ 时，接通 －60°电压。

$\Psi Q=1$ 时，接通 ＋60°电压。

$\Psi Q=0$ 时，不需要电压。

转矩调节器和磁链调节器的协调控制关系如下：由转矩调节器决定应接通的是工作电压还是零状态电压，在应接通工作电压的时间内，再来选择应接通 0°电压，或 －60°电压，或 ＋60°电压。

图 4-24 表示以 0°电压和 －60°电压的配合为例的调节过程。在 $t_1$ 时刻，由于转矩实际值减小到转矩容差的下限，因此转矩调节器改变输出状态，$TQ$ 变为“1”态，要求接通工作电压。这时应该接通哪一个工作电压，有 3 种可能的选择，如果这时磁链调节器没有电压要

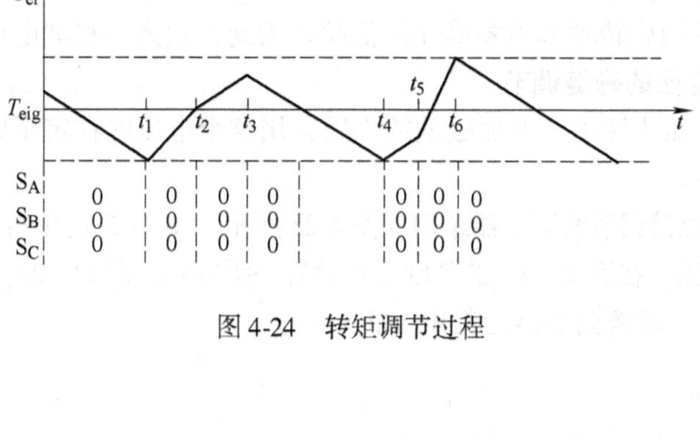


图 4-24　转矩调节过程

求，即 $\Psi Q=0$，则接通相应区段的0°电压来增加转矩，这种情况与以前所分析过的相同，图中未画出这种情况的转矩波形。如果这时磁链调节器有电压要求，输出“±1”信号，就应该考虑接通±60°电压，这里还涉及0°电压和±60°电压的顺序问题，需要进一步选择。

图4-24指出了两种顺序方案，分别表示在 $t_1$ 时刻和 $t_4$ 时刻。先看 $t_1$ 时刻，设定子磁链位于区段 $S_4$，如果这时 $\Psi Q=-1$，那么面临0°电压和－60°电压的选择。采取先0°电压后－60°电压的顺序。在 $t_1$ 时刻接通0°电压（对应 $S_{ABC}=100$），转矩在0°电压的作用下很快上升，当转矩上升到转矩给定值时，如 $t_2$ 时刻，接通－60°电压，转矩继续上升。到 $t_3$ 时刻，磁链已增长到给定值，且 $\Psi Q=0$，不要求接通电压，0°电压状态（$S_{ABC}=111$）被接通，转矩减小，到了 $t_4$ 时刻，转矩又下降到容差的下限，情况又与 $t_1$ 时刻相同，应该改变状态。这次选择的顺序却与 $t_1$ 时相反，采取－60°磁链在前、0°电压在后的顺序。$t_4$ 时刻接通－60°电压，转矩和磁链同时上升，当磁链上升到给定值时，即 $t_5$ 时刻，$\Psi Q=0$，接通0°电压，转矩迅速上升，直至达到转矩容差的上限，即达到 $t_6$ 时刻，$TQ$ 变为“0”，接通0°电压（$S_{ABC}=000$），转矩又下降。

总结以上转矩调节器和磁链调节器协调控制的过程，两种控制顺序有着以下特点：

（1）0°电压位于－60°电压之前时

首先接通0°电压，当转矩调节偏差 $\Delta T_{ei}(t)$ 为零时，0°电压结束，－60°电压接通。当磁链调节偏差 $\Delta\Psi(t)$ 过零或转矩调节偏差 $\Delta T_{ei}(t)$ 达到转矩容差的上限时，－60°电压结束。

（2）0°电压位于－60°电压之后时

－60°电压首先接通，当 $\Delta\Psi(t)$ 过零时，如果这时转矩还没有达到容差的上限，则结束－60°电压，接通0°电压，直到转矩达到容差上限，0°电压结束。如果接通－60°电压就能使转矩达到容差的上限，则不必接通0°电压。

两种情况都在工作电压结束时接通零状态电压，但两次接通的零状态电压不一样。$t_3$ 时刻从状态 $S_{ABC}=101$ 切换到零状态 $S_{ABC}=111$。$t_6$ 时刻是从状态 $S_{ABC}=100$ 接通零状态 $S_{ABC}=000$。两者都是在满足最小开关持续时间的条件下，实行了逆变器开关次数最小的原则（每次变为零状态只有一个开关状态变化）。

上面是以0°电压和－60°电压的配合为例来说明转矩调节器与磁链调节器的协调工作。同样，协调工作也适用于0°电压和＋60°电压的配合。由于＋60°电压使磁链量减小，所以这时当 $\Delta\Psi(t)$ 反向过零时，＋60°电压结束。

用转矩两点式调节器和磁链三点式调节器能够很好地实现协调控制，并适应各种要求。但是，当定子频率（即定子磁链平均旋转频率）接近或等于零时，仍要保持磁链量就会存在问题。因为0°电压、－60°电压、＋60°电压都只能使定子磁链空间矢量正转，不能解决零频和低频下的磁链调节任务。只有－120°电压才能使定子磁链空间矢量反转，在增磁调磁的同时，使定子磁链平均旋转频率为零或保持低频。为此，引入－120°电压的使用。

**4. 使用－120°电压的磁链调节**

－120°电压具有减小转矩、增加磁链的作用，用这个电压能在定子频率为零或低频时形成定子磁链空间矢量。

带有－120°电压磁链调节的调节器结构如图4-25所示。图4-25是在图4-23磁链调节器的基础上扩展了一级容差限。在容差 $-\varepsilon_m$ 的基础上在设置一级容差，即为 $-2\varepsilon_\psi$。当调节偏差 $\Delta\Psi(t)$ 小于容差限 $-2\varepsilon_\psi$ 时，磁链调节器的输出 $\Psi Q=-2$。

在转矩开关信号 $TQ=0$ 的前提下，若磁链开关信号 $\Psi Q=-2$，则接通 $-120°$电压。在此电压作用下，磁链反转，转矩迅速减小，磁链量加大，直到磁链调节偏差 $\Delta\Psi(t)$ 达到磁链容差 $-\varepsilon_{\psi}$ 为止，自动结束。

当定子频率升高时，由于零电压起作用的时间变短（即 $TQ=0$ 的时间变短），磁链不会减小到容差（$-2\varepsilon_{\psi}$）处，则 $-120°$电压自动退出调节。

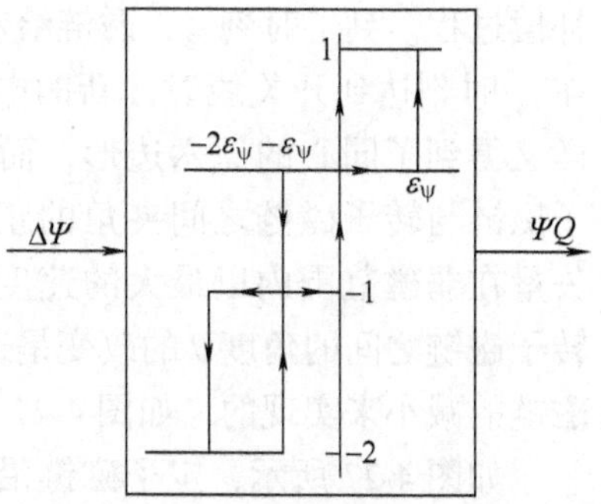

图 4-25 扩展的磁链调节器

$-120°$电压能使磁链反向旋转。注意磁链反向有两种情况：稳态反向意味着平均定子频率变负；而动态反向是指定子磁链运动方向瞬时变负，这种反向只是为了改变动态转矩，加快调节特性而进行的。

### 4.3.3 在弱磁范围内 DSC 系统的转矩控制及恒功率调节

**1. 弱磁范围内直接转矩控制系统的结构特点**

异步电动机 DSC 变频调速系统在弱磁范围内的工作情况与基速以下时有许多不同之处。由于电动机工作在基速以上，因此在弱磁范围内所进行的是恒功率调节（基速以下为恒转矩调节），这时电动机定子电压为额定值，并在弱磁范围内不变，因而没有零状态电压工作时间，转矩的调节方法不能再靠工作电压与零电压状态交替工作的方式来实现。

在弱磁范围内直接转矩控制系统的特点如下：

1）通过改变磁链给定值实现平均转矩的动态调节，本节通过六边形磁链给定值动态变化调节的方法实现平均转矩的动态调节。

2）在每个区段上只用一个工作电压状态。

3）系统中设置功率调节器，以实现恒功率调节。在弱磁范围内，转速调节器的输出由转矩给定值变为功率给定值，借以控制功率调节器进行弱磁范围内的功率调节。

**2. 弱磁范围内的转矩控制与调节**

当异步电动机在额定磁链和额定转速下工作时，如果减小磁链给定值，则可以加大定子频率，提高电动机转速。由于定子磁链空间矢量顶点的轨迹速度是由中间直流电压确定的，从六边形磁链的区段的边到其中心的距离等于磁链给定值比较器设定的磁链给定值 $\boldsymbol{\Psi}_{s0}$。

图 4-26 表示改变磁链给定值时，定子磁链空间矢量运动轨迹的变化过程。

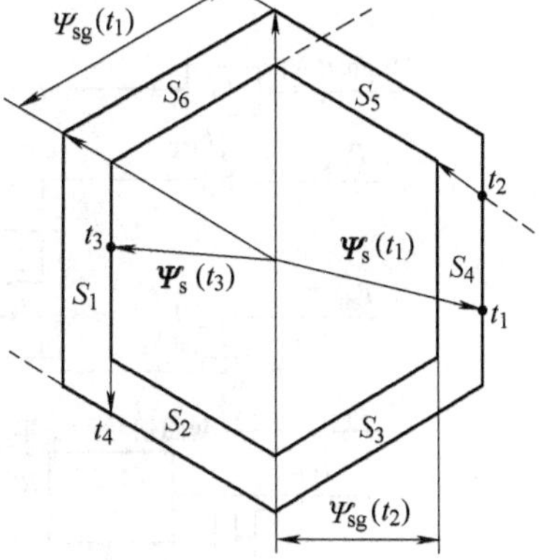

图 4-26 磁链给定值变化时，定子磁链空间矢量顶点的轨迹变化曲线

在时刻 $t_1$，定子磁链空间矢量位于 $\boldsymbol{\Psi}_s(t_1)$ 位置，这时磁链给定值由 $\boldsymbol{\Psi}_{sg}(t_1)$ 降到 $\boldsymbol{\Psi}_{sg}(t_2)$。在时刻 $t_2$，定子磁链空间矢量的顶点到达由 $\boldsymbol{\Psi}_{sg}(t_2)$ 新确定的开关线。这时磁链给定值比较器变化（在这种情况下 $\overline{S\Psi_C}$ 从 1 变到 0），新的电压开关信号从 100 变化到 110。磁链给定值不再变化，定子磁链空间矢量的顶点保持在新的较小的六边形上，因为在下一个开关线以及所有的开关线有相同的距离 $\boldsymbol{\Psi}_{sg}(t_2)$。这个新六边形总是和原六边形同心，因此避免了

补偿过程。到了时刻 $t_3$，磁链给定值又回到原来的值 $\boldsymbol{\Psi}_{sg}(t_1)$，当定子磁链空间矢量的顶点在 $t_4$ 时刻达到开关线时，新的电压空间矢量才接通。这样又得到了同心的原六边形。而异步机的转矩正比于定子磁链与转子磁链之间夹角的正弦值，且定子磁链空间矢量在弱磁范围内以最大的速度旋转，所以定子磁链和转子磁链之间的角度 $\theta$ 的改变是通过至少一个区段内定子磁链的减小来实现的，如图 4-27 所示。

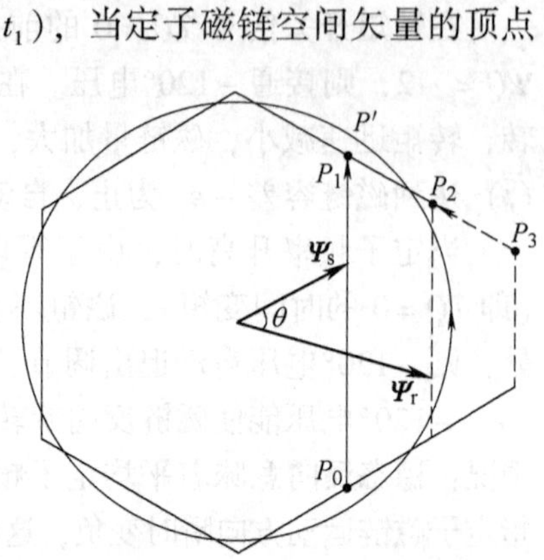


图 4-27　转矩随磁链给定值的变化情况

如图 4-27 所示，定子磁链沿 $P_0$ 到 $P_1$ 直接运行需要较短的时间到达原六边形轨迹。而沿着图示圆形轨迹运行的转子磁链以原有的平均轨迹速度到达 $P_1'$，所需时间较长。因此 $\theta$ 角加大，转矩增加。如果要减小转矩，则必须加大磁链给定值。定子磁链这时沿图 4-27 虚线所示运行，轨迹加长，定子磁链空间矢量到达原六边形 $P_2$ 点时，$\theta$ 角减小较多。

当磁链给定值稳定变化时，所设定的转矩也保持稳定，通过不断比较转矩给定值和实际值以及 PI 调节器不断地调节给出的磁链给定值可知，该调节适合于转矩变化的情况，因为更能避免逆变器的过载，而不需要限制转矩给定值。

综上所述，在弱磁范围内，由于定子磁链空间矢量在全电压控制时是以最大的轨迹速度旋转的，所以改变磁链给定值的大小（至少在一个区段内），也就改变了路径的长短，从而达到改变 $\theta$ 角的大小来调节转矩的目的。当磁链给定值保持不变时，转矩也保持稳定。通过 PI 调节器输出控制信号不断地调节磁链给定值的大小，使其变化满足转矩平均值的要求，完成转矩的动态调节任务。可见，弱磁范围内的转矩调节是通过改变磁链给定值的方法来实现的，这同基速范围内通过工作电压与零状态电压交替工作来控制和调节转矩的方法完全不同。

**3. 弱磁范围内的功率调节**

转速调节器输出的转矩给定值在弱磁范围内作为功率给定值来工作。图 4-28 所示为弱磁范围内功率调节的原理框图。

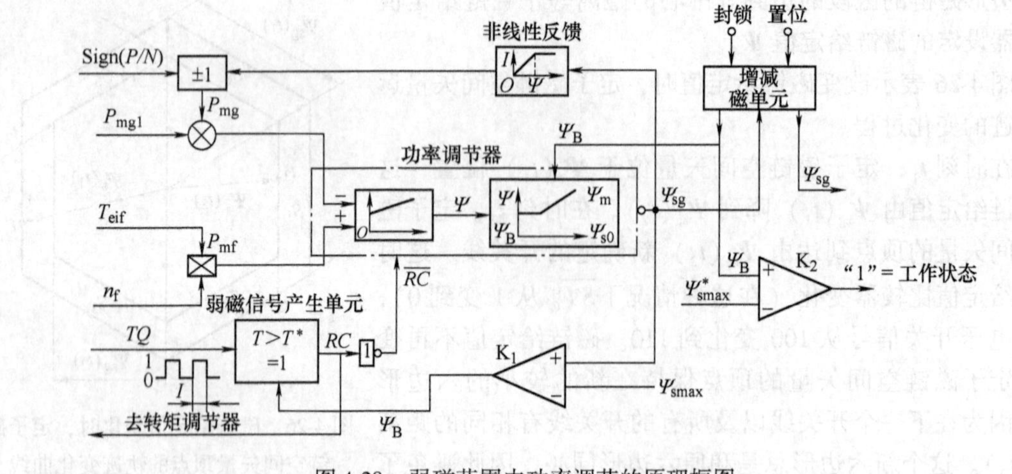


图 4-28　弱磁范围内功率调节的原理框图

由测得的转速实际值 $n_f$ 和由电动机模型计算得到的转矩实际值 $T_{eif}$，可以计算出功率实际值。功率给定值和实际值 $P_{mf}$ 进行比较后，输入到功率调节器（APR）。当转速在基速以上的弱磁范围内升速时，功率调节器开始进行自动调节，改变磁链给定值的大小，使得在稳态工作点下转矩减小到 $1/n$，以保持功率恒定。

在异步电动机的整个转速范围内可分为三个区域，如图4-29所示。

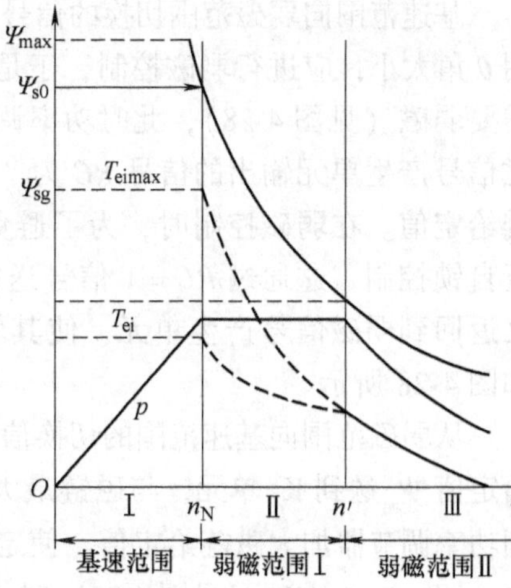

图4-29　在全速范围内转矩与功率特性

（1）区域Ⅰ：基本转速范围（基速 $n_N$ 以下范围）

1）$P_m/n$ = 常数，即功率 $P_m$ 与转速 $n$ 成正比。

2）$T_{ei}$ = 常数 < $T_{eimax}$。电动机转矩即为负载转矩 $T_L$，且为常数，小于电动机最大转矩 $T_{eimax}$，约为 $T_{eimax}$ 的1/2。$\Psi_{s0} = \Psi_{sg}$ = 常数，定子磁链为常数，等于给定值。

3）功率值为

$$P_m = T_{ei}\omega \tag{4-22}$$

（2）区域Ⅱ：弱磁范围Ⅰ（$n_N < n < n'$ 范围）

1）$P_m$ = 常数，功率 $P_m$ 在整个范围内保持恒定。

2）$T_{ei} \propto 1/n$，实际转矩与转速成反比。

3）$T_{eimax} \propto 1/n$，电动机的最大转矩也与转速成反比。

4）$\Psi \propto 1/n$，定子磁链也与转速成反比。

（3）区域Ⅲ：弱磁范围Ⅱ（$n' < n$）

1）$P_m n$ = 常数。由于受电动机机械条件的限制，在 $n' < n$ 的范围内，功率不能再保持恒定，功率 $P_m$ 只能随转速的升高而下降，$P_m$ 与 $n$ 成反比。

2）$T_{ei} = T_{eimax}$。

3）$\Psi = 1/n_{sN}$，$n_{sN}$ 是额定的理想空载转速。转速在 $n_{sN}$ 以下的范围叫基速范围，它包括前面分析过的低转速范围和高转速范围。转速 $n_{sN}$ 以上的范围叫弱磁范围，弱磁范围又分弱磁Ⅰ和弱磁Ⅱ范围。在整个弱磁范围内，$\Psi_{sg}$ 都与转速成反比，所不同的是：在弱磁范围Ⅰ，功率 $P_m$ 恒定，转矩 $T_{ei}$ 与转速 $n$ 成正比，而在弱磁范围Ⅱ，$P_m$ 与 $n$ 成反比，$T_{ei} = T_{eimax}$ 与 $n^2$ 成反比。

在区域Ⅱ（弱磁Ⅰ），通过功率调节器的调节，使得磁链幅值与转速成反比地减小。在稳态情况下，转矩也随着转速的升高成反比地减小，可表示为

$$P_{mf} = P_{mg,max} \tag{4-23}$$

$$T_{ei} = T_{eif} = \frac{P_{mg,max}}{\omega} \tag{4-24}$$

在区域Ⅲ（弱磁Ⅱ），即 $n' < n$ 时，功率给定值应随着转速的升高而减小。换言之，功率给定值应随着磁链的减小而减小。因此特设非线性反馈单元（见图4-28），使 $P_{mgl}$ 与 $\Psi_{sg}$ 相乘，达到在弱磁Ⅱ内，$P_{mg}$ 与 $n$ 成反比的目的。在这个区域内，转矩 $T_{ei}$ 与最大转矩 $T_{eimax}$ 相等，受 $T_{eimax}$ 的约束限制。

（4）基速范围和弱磁范围之间的切换问题

基速范围向弱磁范围切换的信号是转矩开关信号 $TQ$。当 $TQ$ 信号长时间为“1”时，表明 $\theta$ 角太小，应进行弱磁控制，于是弱磁信号产生单元输出的弱磁信号 $RC$ 为“1”，表示需要弱磁（见图 4-28），此时功率调节器就会进行弱磁调节。如果是在基速范围内，则弱磁信号产生单元输出的信号 $RC$ 为“0”，表明不需要进行弱磁，则功率调节器输出额定磁链给定值。在弱磁控制时，为了避免转矩调节器在弱磁范围内给出零状态指令，必须进行自锁控制，这通过 $RC=1$ 信号送往转矩调节器，使转矩调节器的输出 $TQ=1$，$TQ=1$ 又返回到弱磁信号产生单元，使其输出信号 $RC=1$，这样就完成了弱磁时的自锁任务，如图 4-28 所示。

从弱磁范围向基速范围的切换信号，可以通过功率调节器的磁链给定值来识别。把磁链给定值 $\Psi_{sg}$ 送到 $K_1$ 单元，与磁链最大值 $\Psi_{smax}$ 进行比较。如果转速要下降，退出弱磁范围，则功率调节器加大磁链给定值，使定子磁链空间矢量的角速度下降。当 $\Psi_{sg}$ 大于 $\Psi_{smax}$，即 $\Psi_{sg}-\Psi_{smax}=1.1\Psi_{s0}$（见图 4-29）时，$K_1$ 单元输出信号控制弱磁信号产生单元，使信号 $RC=0$，功率调节器输出额定磁链给定值，工作状态回到基速范围内，即 $\Psi_{sg}=\Psi_{s0}$，转矩调节器恢复两点式调节。

为了使基速范围到弱磁范围能实现平滑转换，还应注意给定值的切换条件。由于转矩给定值和功率给定值都来自转速调节器的输出，因此必须考虑在转矩给定值和功率给定值的转换过程中，转换点应有相同的电压值，也就是说必须符合下式：

$$K_P P_{mg} = K_T T_{eig} \tag{4-25}$$

$$P_{mg} = T_{eig} n_0 \tag{4-26}$$

式中，$K_P$ 为功率系数；$K_T$ 为转矩系数。

在满足上式的情况下，转换点处功率实际值与功率给定值之差为 0，从而使功率调节器投入工作的瞬间无输出扰动，得到转换过程的平滑过渡。

图 4-28 中还有两个单元：增减磁单元和 $K_2$ 单元。它们的作用是控制励磁、去磁以及工作状态的联锁。增减磁单元的控制信号是“封锁”和“置位”两个信号的组合。增减磁单元的输出信号 $\Psi_B$ 一方面去控制功率调节器的磁链给定限幅值，另一方面去控制 $K_2$ 单元，以决定系统的工作状态。

如果 DSC 系统为“断开”状态，则“封锁”信号为“1”，“置位”信号为“1”，增减磁单元的输出 $\Psi_B$ 为起始磁链给定初始值，控制功率调节器的磁链给定初始值为 $\Psi_B$（见调节器中的 $\Psi_B$），同时，$K_2$ 单元输出为“封锁”状态。

如果 DSC 系统为“工作状态”，则“封锁”=0，“置位”=0，$\Psi_B$ 为最大磁链值 $\Psi_{smax}$，一方面使功率调节器的磁链限幅值为 $\Psi_{smax}$，另一方面与 $\Psi^*_{smax}$ 在 $K_2$ 单元进行比较。$\Psi_{smax}$ 选择得要比磁链给定值的最大值 $\Psi^*_{smax}$ 更大一些，通过比较，$K_2$ 单元输出为“1”，即为工作状态，则系统进入工作状态，电动机增加转矩。

如果电动机处于停止工作状态，则“封锁”=1，“置位”=0，$\Psi_B$ 低于 $\Psi^*_{smax}$ 时，$K_2$ 单元立刻输出“非工作状态”信号，转矩给定值和实际平均值为零，电动机去磁。当定子磁链幅值降到它的额定值 $\Psi_{s0}$ 的 10% 以下时，“置位”=1，DSC 系统又处于“断开”状态（“封锁”=1，“置位”=1）。

## 4.4 异步电动机 DTC 系统

DTC 系统类似于 DSC 系统，但又不同于 DSC 系统。DTC 系统的工作原理如下：

**1. DTC 的磁链控制**

由于电动机转矩与磁链大小有关，为了精确控制转矩，必须同时控制磁链，使其在转矩调节期间幅值不变或变化不大。

DTC 的磁链控制通过磁链滞环 Bang-Bang 控制器实现，它的输入是定子磁链幅值给定 $\Psi_s^*$ 及来自电动机模型的定子磁链幅值实际值 $\Psi_s$，滞环宽度为 $2\varepsilon_\psi$。

可知，二电平三相逆变器的三组开关有 8 种可能的工作状态，产生 6 个有效基本电压空间矢量（$\boldsymbol{u}_1$，…，$\boldsymbol{u}_6$）及两个零基本电压空间矢量（$\boldsymbol{u}_0$、$\boldsymbol{u}_7$）。6 个有效基本电压空间矢量如图 4-30 所示，在图中还绘出两个幅值为（$\Psi_s^* + \varepsilon_\psi$）和（$\Psi_s^* - \varepsilon_\psi$）的圆，它们是磁链调节器（AΨR）的动作值。整个图分成 6 个扇区Ⅰ，…，Ⅵ，在每个扇区中有一个有效基本电压空间矢量（注意：这个扇区是按电压矢量位于扇区中央来划分的）。

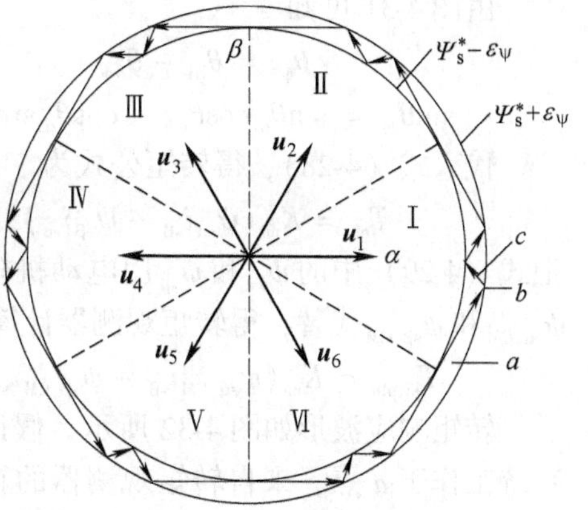


图 4-30 电压空间矢量及扇区

由式（4-5）知，在忽略定子电阻电压降后，定子磁链矢量为

$$\boldsymbol{\Psi}_s \approx \int \boldsymbol{u}_s \mathrm{d}t \tag{4-27}$$

式（4-27）表明，在施加某一个有效的基本电压空间矢量后，定子磁链矢量 $\boldsymbol{\Psi}_s$ 将从起始点沿该电压矢量方向直线运动。改用另一个电压矢量后，$\boldsymbol{\Psi}_s$ 将从改变时刻的位置沿新基本电压矢量的方向运动。

假设某一时刻来自电动机模型的矢量 $\boldsymbol{\Psi}_s$ 位于扇区Ⅰ的 $a$ 点，选用电压矢量 $\boldsymbol{u}_2$，磁链矢量 $\boldsymbol{\Psi}_s$ 沿 $\boldsymbol{u}_2$ 方向运动，幅值 $\Psi_s$ 逐渐加大。当矢量 $\boldsymbol{\Psi}_s$ 移动到 $b$ 点时，幅值 $\Psi_s = \Psi_s^* + \varepsilon_\psi$，AΨR 动作，改用电压矢量 $\boldsymbol{u}_3$，随后矢量 $\boldsymbol{\Psi}_s$ 沿 $\boldsymbol{u}_3$ 方向运动，幅值 $\Psi_s$ 逐渐减小。当矢量 $\boldsymbol{\Psi}_s$ 移动到 $c$ 点时，幅值 $\Psi_s = \Psi_s^* - \varepsilon_\psi$，AΨR 翻转回原状态，再次用电压矢量 $\boldsymbol{u}_2$，幅值 $\Psi_s$ 再加大。如此交替使用电压矢量 $\boldsymbol{u}_2$ 和 $\boldsymbol{u}_3$，磁链矢量 $\boldsymbol{\Psi}_s$ 将近似沿圆弧轨迹运动至该扇区结束。在进入扇区Ⅱ后，改为交替使用电压矢量 $\boldsymbol{u}_3$ 和 $\boldsymbol{u}_4$，在 AΨR 的控制下，$\Psi_s$ 将继续沿圆弧轨迹运动至该扇区结束。如此每换一个扇区就更换一次交替工作的电压矢量，便可控制磁链矢量不停地近似沿圆弧轨迹旋转，保持幅值 $\Psi_s \approx \Psi_s^*$。

由式（4-27）知，磁链矢量移动的线速度比例于有效基本电压空间矢量的幅值，在逆变器直流母线电压不变时，它是一个固定值。磁链幅值给定越小，圆轨迹的半径越小，磁链矢量旋转的角速度 $\omega_s$ 越高，$\omega_s \propto 1/\Psi_s^*$，它与电动机的恒功率调速（弱磁调速）要求相符。

由于有效基本电压空间矢量的幅值是逆变器输出的最高电压，所以上述全部用有效电压矢量构造的旋转磁场是它转得最快的情况，即这时逆变器输出的频率是其最高频率（对应于给定的 $\Psi_s^*$）。为获得从零到最高频率之间的中间频率，必须在磁链矢量运动过程中不断插入零基本电压矢量。插入零矢量期间，由于它的电压值为 0，磁链矢量停止运动，从而降

低 $\boldsymbol{\Psi}_s$ 运动的平均速度，获得了较低的输出频率，零矢量时间占的比例越大，输出频率越低。零矢量插入的时刻及时间长短由转矩滞环控制器（TBC）决定（见下节）。

**2. DTC 的转矩控制**

DTC 的转矩控制通过转矩滞环 Bang-Bang 控制器实现，它的输入是转速调节器（ASR）输出的转矩给定 $T_{ei}^*$ 及来自转矩观测器的转矩实际值 $T_{ei}$，滞环宽度 $2\delta_T$。

从统一的电动机转矩公式和异步电动机矢量图 4-1 可知，异步电动机转矩与由矢量 $L_s\boldsymbol{i}_s$、$L_m\boldsymbol{i}_r$ 和 $\boldsymbol{\Psi}_s$ 构成的平行四边形面积成比例，即

$$T_d = K_{mi}\Psi_s i_s \sin\theta_{\psi i} \tag{4-28}$$

式中，$K_{mi}$ 为比例系数；$\theta_{\psi i}$ 为从矢量 $\boldsymbol{\Psi}_s$ 到矢量 $\boldsymbol{i}_s$ 的夹角，如图 4-31 所示；$i_s$ 为矢量 $\boldsymbol{i}_s$ 的幅值。

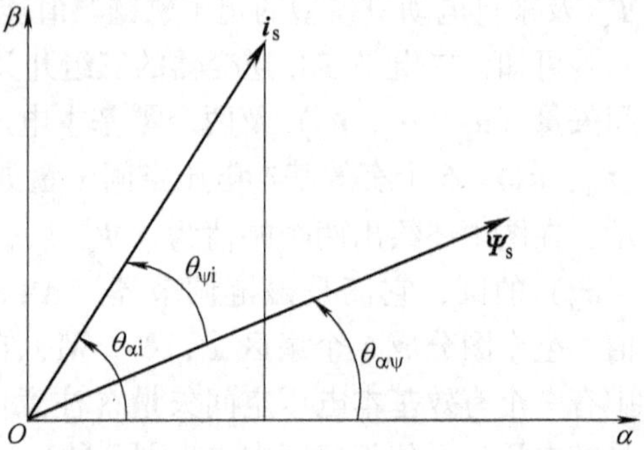


图 4-31 矢量 $\boldsymbol{\Psi}_s$ 和 $\boldsymbol{i}_s$

由图 4-31 可知

$$\theta_{\psi i} = \theta_{\alpha i} - \theta_{\alpha\psi}$$

$$\sin\theta_{\psi i} = \sin\theta_{\alpha i}\cos\theta_{\alpha\psi} - \cos\theta_{\alpha i}\sin\theta_{\alpha\psi}$$

代入式（4-28），得转矩公式为

$$T_{ei} = K_{mi}(\psi_{s\alpha}i_{s\beta} - \psi_{s\beta}i_{s\alpha}) \tag{4-29}$$

把式（4-29）中的 $\psi_{s\alpha}$ 和 $\psi_{s\beta}$ 用电动机模型输出的 $\psi_{s\alpha,CM}$ 和 $\psi_{s\beta,CM}$ 代替，得转矩观测器计算公式为

$$T_{ei,ob} = K_{mi}(\psi_{s\alpha,CM}i_{s\beta} - \psi_{s\beta,CM}i_{s\alpha}) \tag{4-30}$$

转矩响应波形如图 4-32 所示。假设某一时刻系统工作于 $a$ 点，来自转矩观测器的转矩实际值信号 $T_{ei,ob}$ 等于转矩调节器（ATR）的上限动作值 $T_{ei}^* + \varepsilon_T$（$T_{ei,ob} = T_{ei}^* + \varepsilon_T$），ATR 输出翻转，电压空间矢量从有效矢量改为零矢量，定子磁链矢量 $\boldsymbol{\Psi}_s$ 停止转动（$\omega_{s,ins} = 0$，$\omega_{s,ins}$ 为 $\boldsymbol{\Psi}_s$ 转动的瞬时角速度），这时电动机转子在转，$\omega_{s,ins} < \omega_r$，转子电动势矢量反方向，使转子电流及转矩减小，$T_{ei,ob}$ 逐渐下降。到 $b$ 点，$T_{ei,ob}$ 等于 ATR 的下限动作值 $T_{ei}^* - \varepsilon_T$（$T_{ei,ob} = T_{ei}^* - \varepsilon_T$），ATR 输出转回原状态，电压矢量从零矢量改回有效矢量，矢量 $\boldsymbol{\Psi}_s$ 以最高角速度旋转，$\omega_{s,ins} > \omega_r$，转子电动势矢量转回原方向，使转子电流及转矩加大，$T_{ei,ob}$ 逐渐上升。到 $c$ 点，再次 $T_{ei,ob} = T_{ei}^* + \varepsilon_T$，ATR 又翻转，$T_{ei,ob}$ 又下降。如此反复，$T_{ei,ob}$ 始终在转矩给定 $T_{ei}^*$ 两边摆动，使它的一个开关周期平均值 $T_{ei,ob,av} = T_{ei}^*$。在 $T_{ei}^*$ 变化时，$T_{ei,ob}$ 紧随其变化，转矩相应时间为一个开关周期（$T_{ei}^*$ 变化时的开关周期与稳态时的开关周期不同）。

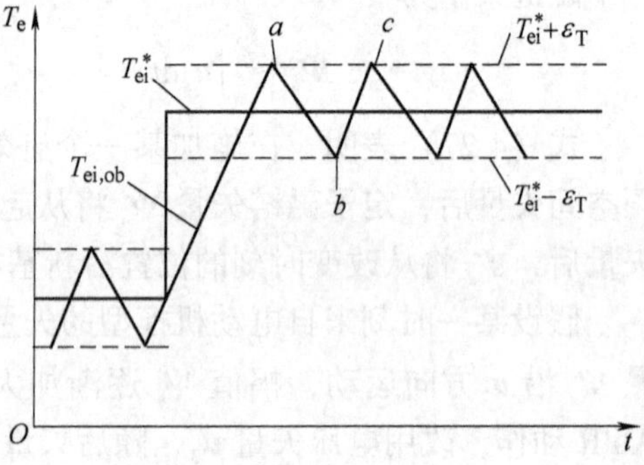


图 4-32 转矩响应波形

注意：零矢量有两个，分别是 $\boldsymbol{u}_0(000)$ 和 $\boldsymbol{u}_7(111)$，为减少功率开关动作次数，零矢量按下述原则选用：若插入零矢量前，有效电压矢量为 $\boldsymbol{u}_1$ 或 $\boldsymbol{u}_3$ 或 $\boldsymbol{u}_5$，选 $\boldsymbol{u}_0$；若插入零矢量前，有效电压矢量为 $\boldsymbol{u}_2$ 或 $\boldsymbol{u}_4$ 或 $\boldsymbol{u}_6$，则选 $\boldsymbol{u}_7$。按此原则插入零矢量，只需改变一组开关的状态，开关损耗最小。

从上述工作原理可知，ATR 不仅控制了零矢量的插入时刻及其持续时间，实现对逆变

器输出角频率 $\omega_s$ 的控制，还完成了产生 PWM 信号的任务，简化了系统。这种工作模式给系统调试带来了不便，因为转矩不闭环就没有 PWM，可是人们又不敢在没确认控制器、信号检测环节及电动机模型均正常前，就贸然让转矩闭环，特别是在大、中功率场合。因此在实际装置中，PWM 信号产生环节不能轻易省掉，调试时先用它对系统进行自检，一切正常后再转入 DTC 控制。

DTC 的另一个特点是开关频率因电动机转速不同而变化。转矩 $T_{ei,ob}$ 上升、下降的斜率与转子角速度 $\omega_r$ 有关：高速时 $\omega_r$ 与 $\Psi_s$ 的最高旋转角速度之差小，$T_{ei,ob}$ 上升慢、下降快；低速时 $\omega_r$ 与 $\Psi_s$ 的最高旋转角速度之差最大，但与零接近，$T_{ei,ob}$ 上升快、下降慢，这两种情况都使开关频率降低；中速时开关频率最高。ABB 公司的中、小功率 DTC 变频器的开关频率变化范围为 0.5～6kHz。开关频率的变化导致 EMC 噪声频带加宽，谐波加大。

**3. DTC 系统**

前面介绍了将 DTC 的磁链控制和转矩控制组合在一起，构造一个完整的 DTC 系统，如图 4-33 所示。图中 AΨR 和 ATR 分别为定子磁链调节器和转矩调节器，两者均采用带有滞环的双位式控制器，它们的输出分别为定子磁链幅值偏差 $\Delta\Psi_s$ 的符号函数 sgn($\Delta\Psi_s$) 和电磁转矩偏差 $\Delta T_{ei}$ 的符号函数 sgn($\Delta T_{ei}$)，如图 4-34 所示。图中，定子磁链给定 $\Psi_s^*$ 随实际转速 $\omega$ 的增加而减小。$P/N$ 为给定转矩极性鉴别器，当期望的电磁转矩为正时，$P/N=1$，当期望的电磁转矩为负时，$P/N=0$。对于不同的电磁转矩期望值，同样符号函数 sgn($\Delta T_{ei}$) 的控制效果是不同的。

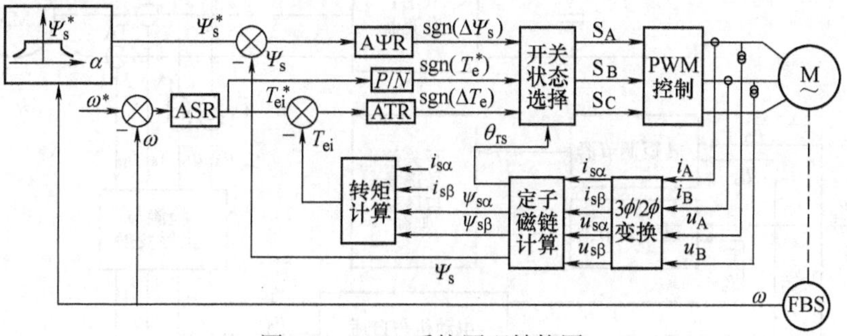


图 4-33　DTC 系统原理结构图

当期望的电磁转矩为正，即 $P/N=1$ 时，若电磁转矩偏差 $\Delta T_{ei}=T_{ei}^*-T_{ei}>0$，其符号函数 sgn($\Delta T_{ei}$) $=1$，应使定子磁场正向旋转，使实际转矩 $T_{ei}$ 加大；若电磁转矩偏差 $\Delta T_{ei}=T_{ei}^*-T_{ei}<0$，sgn($\Delta T_{ei}$) $=0$，一般采用定子磁场停止转动，使电磁转矩减小。当期望的电磁转矩为负，即 $P/N=0$ 时，若电磁转矩偏差 $\Delta T_{ei}=T_{ei}^*-T_{ei}<0$，其符号函数 sgn($\Delta T_{ei}$) $=0$，应使定子磁场反向旋转，使实际电磁转矩 $T_{ei}$ 反向增大；若电磁转矩偏差 $\Delta T_{ei}=T_{ei}^*-T_{ei}>0$，sgn($\Delta T_{ei}$) $=1$，一般采用定子磁场停止转动，使电磁转矩反向减小。

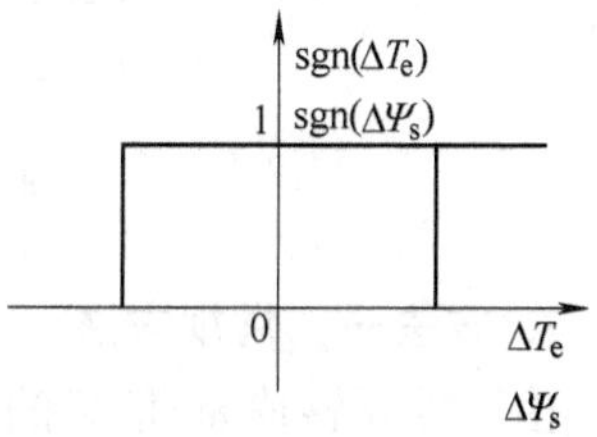


图 4-34　带有滞环的双位式控制器

将上述控制法则整理成表 4-6，当定子磁链矢量位于第 Ⅰ 扇区中的不同位置时，可按控制器输出的 $P/N$、sgn($\Delta\Psi_s$) 和 sgn($\Delta T_{ei}$) 值用查表法选取电压空间矢量，零矢量可按开关损耗最小的原则选取。其扇区磁链的电压空间矢量选择可依此类推。

表 4-6　电压空间矢量选择表

| $P/N$ | $\mathrm{sgn}(\Delta\Psi_s)$ | $\mathrm{sgn}(\Delta T_{ei})$ | 0 | $0\sim\frac{\pi}{6}$ | $\frac{\pi}{6}$ | $\frac{\pi}{6}\sim\frac{\pi}{3}$ | $\frac{\pi}{3}$ |
|---|---|---|---|---|---|---|---|
| 1 | 1 | 1 | $\boldsymbol{u}_2$ | $\boldsymbol{u}_2$ | $\boldsymbol{u}_3$ | $\boldsymbol{u}_3$ | $\boldsymbol{u}_3$ |
| | | 0 | $\boldsymbol{u}_1$ | $\boldsymbol{u}_0$, $\boldsymbol{u}_7$ | $\boldsymbol{u}_0$, $\boldsymbol{u}_7$ | $\boldsymbol{u}_0$, $\boldsymbol{u}_7$ | $\boldsymbol{u}_0$, $\boldsymbol{u}_7$ |
| | 0 | 1 | $\boldsymbol{u}_3$ | $\boldsymbol{u}_3$ | $\boldsymbol{u}_4$ | $\boldsymbol{u}_4$ | $\boldsymbol{u}_4$ |
| | | 0 | $\boldsymbol{u}_4$ | $\boldsymbol{u}_0$, $\boldsymbol{u}_7$ | $\boldsymbol{u}_0$, $\boldsymbol{u}_7$ | $\boldsymbol{u}_0$, $\boldsymbol{u}_7$ | $\boldsymbol{u}_0$, $\boldsymbol{u}_7$ |
| 0 | 1 | 1 | $\boldsymbol{u}_1$ | $\boldsymbol{u}_0$, $\boldsymbol{u}_7$ | $\boldsymbol{u}_0$, $\boldsymbol{u}_7$ | $\boldsymbol{u}_0$, $\boldsymbol{u}_7$ | $\boldsymbol{u}_0$, $\boldsymbol{u}_7$ |
| | | 0 | $\boldsymbol{u}_6$ | $\boldsymbol{u}_6$ | $\boldsymbol{u}_6$ | $\boldsymbol{u}_1$ | $\boldsymbol{u}_1$ |
| | 0 | 1 | $\boldsymbol{u}_4$ | $\boldsymbol{u}_0$, $\boldsymbol{u}_7$ | $\boldsymbol{u}_0$, $\boldsymbol{u}_7$ | $\boldsymbol{u}_0$, $\boldsymbol{u}_7$ | $\boldsymbol{u}_0$, $\boldsymbol{u}_7$ |
| | | 0 | $\boldsymbol{u}_5$ | $\boldsymbol{u}_5$ | $\boldsymbol{u}_5$ | $\boldsymbol{u}_6$ | $\boldsymbol{u}_6$ |

## 4.5　无速度传感器直接转矩控制系统

无速度传感器直接转矩控制系统如图 4-35 所示，其结构在前面已详细介绍过，此处不再叙述。下面详细介绍两种速度推算器的构成方法。

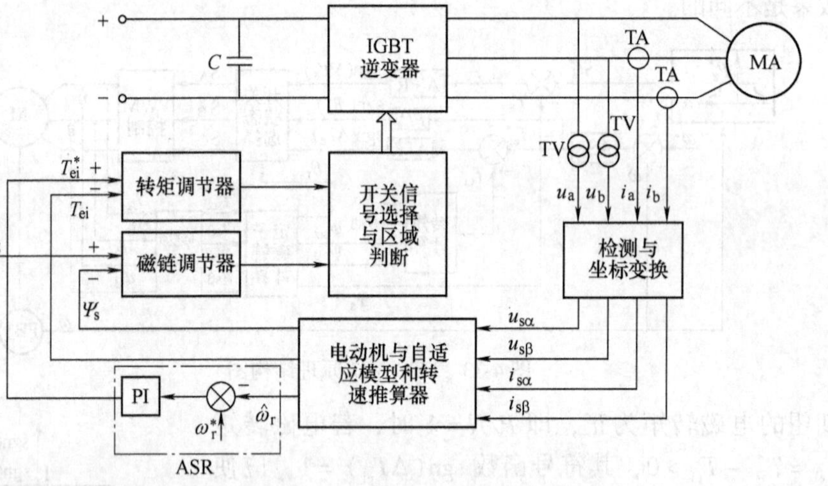


图 4-35　无速度传感器直接转矩控制系统框图

### 1. 方法一：常规方法

由不需要转速 $\omega_r$ 信息的定子回路的电压模型求得转子磁链，即

$$\begin{cases}\psi_{r\alpha}=\dfrac{L_{rd}}{L_{md}}\left[\int(u_{s\alpha}-R_s i_{s\alpha})\mathrm{d}t-\sigma L_{sd}i_{s\alpha}\right]\\ \psi_{r\beta}=\dfrac{L_{rd}}{L_{md}}\left[\int(u_{s\beta}-R_s i_{s\beta})\mathrm{d}t-\sigma L_{sd}i_{s\beta}\right]\end{cases}\tag{4-31}$$

式中，$\sigma$ 为漏磁系数，$\sigma=1-L_{md}^2/(L_{sd}L_{rd})$。

但是在实际使用时，式（4-31）的转子磁链运算存在下列问题：

1）由于需要积分运算，在低速时会出现积分漂移和初始值的误差，运行将不稳定。

2）在低速时，电动机端电压很小，$R_s$ 的误差会影响磁链运算的精度，在低速运行会不稳定。

解决办法：

1）方法一是把电压模型的转子磁链 $\psi_{r\alpha}$、$\psi_{r\beta}$，与电流模型的转子磁链 $\psi_{r\alpha i}$、$\psi_{r\beta i}$之误差作为反馈量加到式（4-31）中，按下列式子来推算转子磁链。

$$\begin{cases}\psi_{r\alpha}=\dfrac{L_{rd}}{L_{md}}\left\{\int\left[u_{s\alpha}-R_s i_{s\alpha}-K(\psi_{r\alpha}-\psi_{r\alpha i})\right]dt-\sigma L_{sd}i_{s\alpha}\right\}\\ \psi_{r\beta}=\dfrac{L_{rd}}{L_{md}}\left\{\int\left[u_{s\beta}-R_s i_{s\beta}-K(\psi_{r\beta}-\psi_{r\beta i})\right]dt-\sigma L_{sd}i_{s\beta}\right\}\end{cases} \tag{4-32}$$

式中，$K$ 为增益系数。

而电流模型的转子磁链 $\psi_{r\alpha i}$、$\psi_{r\beta i}$ 可写成

$$\psi_{ri}=\int\left[\left(\frac{L_{md}}{L_{rd}}\right)R_r i_{s\alpha}-\left(\frac{R_r}{L_{rd}}\right)\psi_{ri}+\hat{\omega}_r\boldsymbol{J}\psi_{ri}\right]dt \tag{4-33}$$

式中，$\boldsymbol{J}=\begin{pmatrix}0 & -1\\ 1 & 0\end{pmatrix}$；$\hat{\omega}_r$ 为速度推算值。

速度推算值 $\hat{\omega}_r$ 由转子磁链 $\psi_r$ 的相位角 $\theta$ 的微分值 $\omega_s=p\theta_s$ 与转差频率运算值 $\hat{\omega}_{sl}$ 相减而得，即

$$\hat{\omega}_r=\omega_s-\hat{\omega}_{sl} \tag{4-34}$$

$$\omega_s=\frac{d}{dt}\arctan\left(\frac{\psi_{r\beta}}{\psi_{r\alpha}}\right) \tag{4-35}$$

$$\hat{\omega}_{sl}=R_r\left(\frac{L_{md}}{L_{rd}}\right)\frac{\psi_{r\alpha}i_{s\beta}-\psi_{r\beta}i_{s\alpha}}{\psi_{r\alpha}^2+\psi_{r\beta}^2} \tag{4-36}$$

2）方法二是转差频率推算值，按下式运算：

$$\hat{\omega}_{sl}=\hat{\omega}_{sl}+\int(\hat{\omega}'_{sl}-\hat{\omega}_{sl})dt \tag{4-37}$$

$$\hat{\omega}'_{sl}=\frac{R_r(L_{md}/L_{rd})(\psi_{r\alpha}i_{s\beta}-\psi_{r\beta}i_{s\alpha})}{L_{md}(\psi_{r\alpha}i_{s\alpha}+\psi_{r\beta}i_{s\beta})} \tag{4-38}$$

式（4-38）表明，在稳态时转差频率 $\hat{\omega}'_{sl}$ 对定子电阻误差的敏感度为最低，也就是说，在动态时使用式（4-36）的 $\hat{\omega}_{sl}$，而在稳态时使用式（4-38）的 $\hat{\omega}'_{sl}$，以达到对定子电阻变化的低敏感度。速度推算器的结构如图 4-36 所示。

**2. 方法二：模型参考自适应法**

模型参考自适应系统（Model Reference Adaptive System，MRAS）辨识参数的主要思想是将不含未知参数的方程作为参考模型，而将含有待估计参数的方程作为可调模型，两个模型具有相同物理意义的输出量，利用两个模型输出量的误差构成合适的自适应率来实时调节可调模型的参数，以达到控制对象的输出跟踪参考模型的目的。

C. Schauder 首次将模型参考自适应法引入异步电动机转速辨识中，这也是首次基于稳定性理论设计异步电动机转速的辨识方法。其推导如下：

静止参考坐标系下的转子磁链方程为

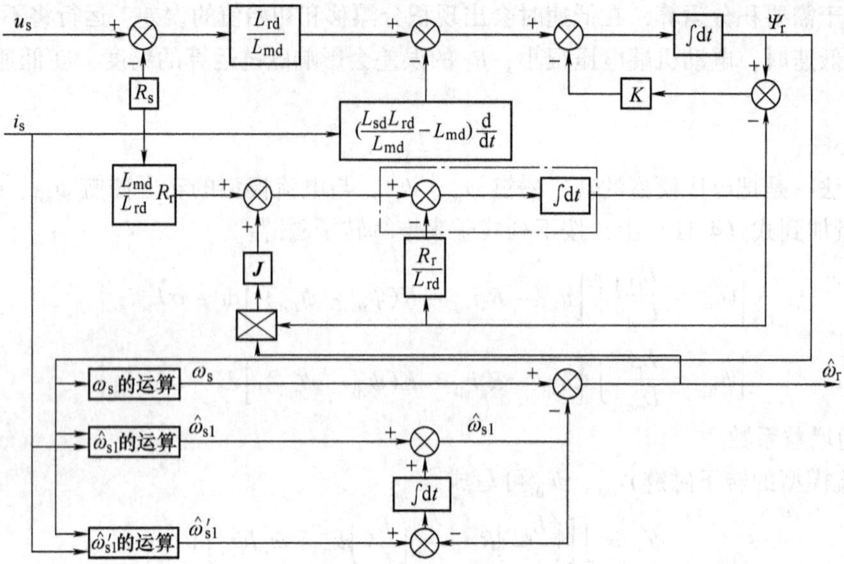


图 4-36　速度推算器的结构图

$$p\begin{pmatrix}\psi_{r\alpha}\\ \psi_{r\beta}\end{pmatrix}=\begin{pmatrix}-\dfrac{1}{T_r} & -\omega_r\\ \omega_r & -\dfrac{1}{T_r}\end{pmatrix}\begin{pmatrix}\psi_{r\alpha}\\ \psi_{r\beta}\end{pmatrix}+\frac{L_{md}}{T_r}\begin{pmatrix}i_{r\alpha}\\ i_{r\beta}\end{pmatrix} \tag{4-39}$$

据此构造参数可调的转子磁链估计模型为

$$p\begin{pmatrix}\hat{\psi}_{r\alpha}\\ \hat{\psi}_{r\beta}\end{pmatrix}=\begin{pmatrix}-\dfrac{1}{T_r} & -\hat{\omega}_r\\ \hat{\omega}_r & -\dfrac{1}{T_r}\end{pmatrix}\begin{pmatrix}\hat{\psi}_{r\alpha}\\ \hat{\psi}_{r\beta}\end{pmatrix}+\frac{L_{md}}{T_r}\begin{pmatrix}i_{r\alpha}\\ i_{r\beta}\end{pmatrix} \tag{4-40}$$

认为估计模型中 $\omega_r$ 是需要辨识的量，而其他参数不变化。式（4-39）和式（4-40）可简写为

$$p\begin{pmatrix}\psi_{r\alpha}\\ \psi_{r\beta}\end{pmatrix}=\boldsymbol{A}_r\begin{pmatrix}\psi_{r\alpha}\\ \psi_{r\beta}\end{pmatrix}+b\begin{pmatrix}i_{r\alpha}\\ i_{r\beta}\end{pmatrix} \tag{4-41}$$

$$p\begin{pmatrix}\hat{\psi}_{r\alpha}\\ \hat{\psi}_{r\beta}\end{pmatrix}=\hat{\boldsymbol{A}}_r\begin{pmatrix}\hat{\psi}_{r\alpha}\\ \hat{\psi}_{r\beta}\end{pmatrix}+b\begin{pmatrix}i_{r\alpha}\\ i_{r\beta}\end{pmatrix} \tag{4-42}$$

式中，$\boldsymbol{A}_r=\begin{pmatrix}-\dfrac{1}{T_r} & -\omega_r\\ \omega_r & -\dfrac{1}{T_r}\end{pmatrix}$；$\hat{\boldsymbol{A}}_r=\begin{pmatrix}-\dfrac{1}{T_r} & -\hat{\omega}_r\\ \hat{\omega}_r & -\dfrac{1}{T_r}\end{pmatrix}$。

定义状态误差为

$$e_{\psi\alpha}=\hat{\psi}_{r\alpha}-\psi_{r\alpha}$$
$$e_{\psi\beta}=\hat{\psi}_{r\beta}-\psi_{r\beta}$$

则式（4-42）减式（4-41）可得

$$p\begin{pmatrix} e_{\psi\alpha} \\ e_{\psi\beta} \end{pmatrix} = \boldsymbol{A}_{r}\begin{pmatrix} e_{\psi\alpha} \\ e_{\psi\beta} \end{pmatrix} + e_{\omega}\begin{pmatrix} 0 & -1 \\ 1 & 0 \end{pmatrix}\begin{pmatrix} \hat{\psi}_{r\alpha} \\ \hat{\psi}_{r\beta} \end{pmatrix} \tag{4-43}$$

根据 Popov 超稳定性理论，取比例积分自适应率 $K_P + K_I/s$ 可以推得角速度辨识公式为

$$\begin{aligned} \hat{\omega}_{r} &= \left(K_P + \frac{K_I}{s}\right)\left[\hat{\psi}_{r\beta}(\hat{\psi}_{r\alpha} - \psi_{r\alpha}) - \hat{\psi}_{r\alpha}(\hat{\psi}_{r\beta} - \psi_{r\beta})\right] \\ &= K_P\left(\psi_{r\beta}\hat{\psi}_{r\alpha} - \psi_{r\alpha}\hat{\psi}_{r\beta}\right) + K_I\int_0^T(\psi_{r\beta}\hat{\psi}_{r\alpha} - \psi_{r\alpha}\hat{\psi}_{r\beta})\mathrm{d}t \end{aligned} \tag{4-44}$$

式中，$\hat{\psi}_{r\alpha}$、$\hat{\psi}_{r\beta}$由转子磁链的电流模型即式（4-40）获得；而$\psi_{r\alpha}$、$\psi_{r\beta}$由转子磁链的电压模型即式（4-45）、式（4-46）获得，即

$$\psi_{r\alpha} = \frac{L_{rd}}{L_{md}}\left[\int(u_{s\alpha} - R_s i_{s\alpha})\mathrm{d}t - \sigma L_{sd} i_{s\alpha}\right] \tag{4-45}$$

$$\psi_{r\beta} = \frac{L_{rd}}{L_{md}}\left[\int(u_{s\beta} - R_s i_{s\beta})\mathrm{d}t - \sigma L_{sd} i_{s\beta}\right] \tag{4-46}$$

辨识算法框图如图 4-37 所示。正如在介绍磁通观测方法时所提到的，这种方法在辨识角速度的同时，也可以提供转子磁链的信息。

由于 C. Schauder 仍然采用电压模型法转子磁链观测器来作为参考模型，因此电压模型的一些固有缺点在这一辨识算法中仍然存在。为了削弱电压模型中纯积分的影响，Y. Hori 引入了输出滤波环节，改善估计性能，但同时带来了磁链估计的相移偏差，为了平衡这一偏差，同样在可调模型中引入相同的滤波环节，算法如图 4-38 所示。

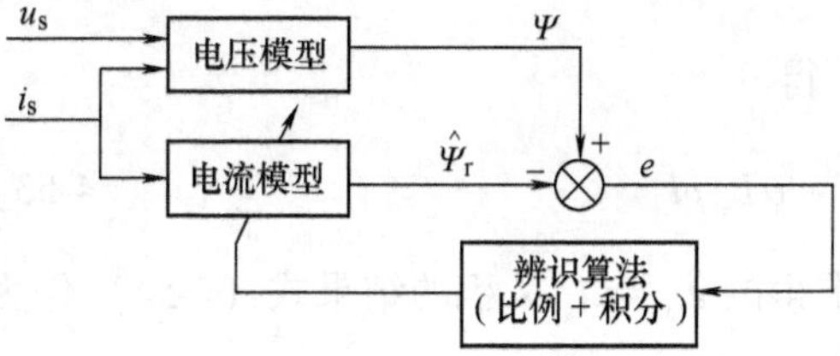

图 4-37 模型参考自适应角速度辨识算法框图

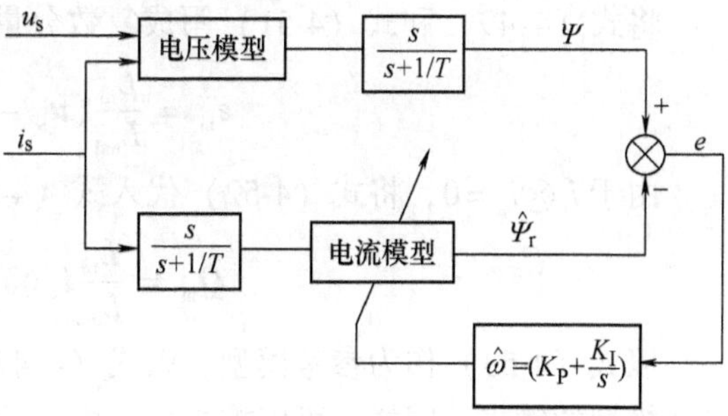

图 4-38 带滤波环节的 MRAS 角速度辨识算法

经过改进后的算法，在一定程度上改善了纯积分环节带来的影响，但仍没能很好地解决电压模型中另一个问题，即定子电阻的影响。低速的辨识精度仍不理想，这也限制了控制系统调速范围的进一步扩大。

前两种方法是用角速度的估算值重构转子磁链作为模型输出的比较量，也可以采用别的量，如反电动势。由于转速的变化在一个采样周期内可以忽略不计，即认为角速度不变，对式（4-39）两边微分，可得反电动势的近似模型为

$$p\begin{pmatrix} e_{m\alpha} \\ e_{m\beta} \end{pmatrix} = \begin{pmatrix} -\frac{1}{T_r} & -\omega_r \\ \omega_r & -\frac{1}{T_r} \end{pmatrix}\begin{pmatrix} e_{m\alpha} \\ e_{m\beta} \end{pmatrix} + \frac{L_{md}p}{T_r}\begin{pmatrix} i_{s\alpha} \\ i_{s\beta} \end{pmatrix} \tag{4-47}$$

经与磁链模型类似的推导，可得角速度辨识公式为

$$\hat{\omega}_r = \left(K_P + \frac{K_I}{s}\right)(\hat{e}_{m\alpha}e_{m\beta} - \hat{e}_{m\beta}e_{m\alpha}) \tag{4-48}$$

式中，$\hat{e}_{m\alpha}$、$\hat{e}_{m\beta}$由式（4－47）估计获得；而$e_{m\alpha}$、$e_{m\beta}$由参考模型式（4-49）和式（4-50）获得，即

$$e_{m\alpha} = p\psi_{r\alpha} = \frac{L_{rd}}{L_{md}}(u_{s\alpha} - R_s i_{s\alpha} - \sigma L_{sd} p i_{s\alpha}) \tag{4-49}$$

$$e_{m\beta} = p\psi_{r\beta} = \frac{L_{rd}}{L_{md}}(u_{s\beta} - R_s i_{s\beta} - \sigma L_{sd} p i_{s\beta}) \tag{4-50}$$

用反电动势信号取代磁链信号的方法，去掉了参考模型中的纯积分环节，改善了估计性能，但式（4-47）的获得是以角速度恒定为前提的，这在动态过程中会产生一定的误差，而且参考模型中定子电阻的影响依然存在。

由于定子电阻的存在，使辨识性能在低速下没有得到较大的改进。解决的办法，一是实时辨识定子电阻，但无疑会增加系统的复杂性；二是可以从参考模型中去掉定子电阻，采用无功功率模型。基于这一考虑，令

$$\boldsymbol{e}_m = e_{m\alpha} + \mathrm{j}e_{m\beta}$$

$$\boldsymbol{i}_m = i_{m\alpha} + \mathrm{j}i_{m\beta}$$

无功功率可表示为

$$\boldsymbol{Q}_m = \boldsymbol{i}_s \otimes \boldsymbol{e}_m \tag{4-51}$$

式中，⊗表示叉积。

将式（4-49）和式（4-51）写成复数分量形式为

$$\boldsymbol{e}_m = \frac{L_{rd}}{L_{md}}(\boldsymbol{u}_s - R_s\boldsymbol{i}_s - \sigma L_{sd} p \boldsymbol{i}_s) \tag{4-52}$$

由于$\boldsymbol{i}_s \otimes \boldsymbol{i}_s = 0$，将式（4-52）代入式（4-51）得

$$\boldsymbol{Q}_m = \frac{L_{rd}}{L_{md}}\boldsymbol{i}_s \otimes (\boldsymbol{u}_s - \sigma L_{sd} p \boldsymbol{i}_s) \tag{4-53}$$

以式（4-53）作为参考模型，以式（4-47）求得的$\hat{\boldsymbol{e}}_m$与$\boldsymbol{i}_s$叉积的结果式（4-54）作为可调模型的输出，同样，可以推得角速度表达式为

$$\hat{\boldsymbol{Q}}_m = \boldsymbol{i}_s \otimes \hat{\boldsymbol{e}}_m \tag{4-54}$$

$$\hat{\omega}_r = \left(K_P + \frac{K_I}{s}\right)(\hat{\boldsymbol{Q}}_m - \boldsymbol{Q}_m) \tag{4-55}$$

这种方法的最大优点是消除了定子电阻的影响，为拓宽调速范围提供了新途径。另外一种以无功形式表示的参考模型为

$$\boldsymbol{Q}_m = u_{s\beta}i_{s\alpha} - u_{s\alpha}i_{s\beta} \tag{4-56}$$

式（4-56）可直接根据实测电压、电流计算得出，与任何电动机参数都无关。如假设转子磁链变化十分缓慢，可以忽略不计，可认为磁通幅值为恒定时，可以近似得到反电动势表达式为

$$\boldsymbol{e}_m = p\boldsymbol{\Psi}_r \approx \mathrm{j}\omega_s\boldsymbol{\Psi}_r$$

进而得到定子电压方程式为

$$\boldsymbol{u}_s = \boldsymbol{e}_m + R_s\boldsymbol{i}_s + \sigma L_{sd}p\boldsymbol{i}_s = j\omega_s\boldsymbol{\Psi}_r + R_s\boldsymbol{i}_s + \sigma L_{sd}p\boldsymbol{i}_s$$

可调模型可表示为

$$\hat{\boldsymbol{Q}}_s = \boldsymbol{i}_s \otimes (j\omega_s\boldsymbol{\Psi}_r + \sigma L_{sd}p\boldsymbol{i}_s) \tag{4-57}$$

由 Popov 超稳定性理论，可推得定子角速度表达式为

$$\hat{\omega}_s = \left(K_P + \frac{K_I}{s}\right)(\hat{\boldsymbol{Q}}_m - \boldsymbol{Q}_m) \tag{4-58}$$

将其减去转差角速度 $\omega_{sl}$，得角速度推算表达式为

$$\hat{\omega}_r = \hat{\omega}_s - \omega_{sl} \tag{4-59}$$

这种方法也同样消去了定子电阻的影响，有较好的低速性能和较宽的调速范围，然而这种方法基于转子磁链幅值恒定的假设，因而辨识性能受磁链控制好坏的影响。总的说来，MRAS 是基于稳定性设计的参数辨识方法，它保证了参数估计的渐进收敛性。但是由于 MRAS 的速度观测是以保证参考模型准确为基础的，参考模型本身的参数准确程度就直接影响到速度辨识和控制系统工作的成效，解决的方法应着眼于：①选取合理的参考模型和可调模型，力求减少变化参数的个数；②解决多参数辨识问题，同时辨识转速和电动机参数；③选择更合理有效的自适应率，替代目前广泛使用的 PI 自适应率，努力的主要目标仍然是在提高收敛速度的同时保证系统的稳定性和参数的鲁棒性。

## 4.6 直接转矩控制系统存在的问题及改进方法

矢量控制系统与直接转矩控制系统都属于高性能调速系统，与矢量控制系统相比，直接转矩控制系统具有如下优点：

1）直接转矩控制是直接在定子坐标系下分析交流电动机的数学模型，控制电动机的磁链和转矩。它不需要将交流电动机与直流电动机比较、等效、转化；既不需要模仿直流电动机的控制，也不需要为解耦而简化交流电动机的数学模型，省掉了矢量旋转变换等复杂的变换和计算，因此，它所需要的信号处理工作比较简单。

2）与矢量控制系统不同，直接转矩控制系统是选择定子磁链作为被控制量，因此计算的磁链模型不受转子参数（$R_r$、$L_r$）变化的影响，这有利于提高系统的鲁棒性。所用磁链调节器为两点式非线性调节器，其输出作为产生逆变器 SVPWM 波形控制信号之一。

3）直接转矩控制强调的是转矩的直接控制与效果。与矢量控制方法不同，它不是通过控制电流、磁链等量来间接控制转矩，而是把转矩直接作为被控量。其控制方式是，通过转矩滞环调节器把转矩检测值与转矩给定值作滞环比较，其结果作为产生逆变器 SVPWM 波形控制信号之一。因此，它的控制效果不取决于电动机的数学模型是否能够简化，而是取决于转矩的实际状况。它的控制既直接又简单。

4）直接转矩控制与矢量控制相比，在加减速或负载变化的动态过程中，可获得快速的转矩响应。但是，由此带来的过大电流冲击必须加以限制。

直接转矩控制系统虽有许多优点，但也存在着许多问题（缺点）。为此，本节重点分析直接转矩控制系统存在的问题及改进方法。

### 4.6.1 直接转矩控制系统存在的主要问题

1）由于转矩调节器采用两点式（Bang-Bang）控制，实际转矩必然在上下限内脉动，

这种波动在低速时比较显著，限制了直接转矩控制系统的调节范围。

2）从异步电机直接转矩控制整个过程可以看出，只有在计算定子磁链时用到了定子电阻，而且在转速不太低时，定子电阻变化的影响还可以忽略不计。这是直接转矩控制的一个很大优点，比矢量控制要依靠大量电动机参数有利得多。但是，这个定子电阻参数变化在低速时还是会严重影响直接转矩控制的运行性能。

3）由于磁链计算采用了带积分环节的电压模型，这样积分初值、积分零点漂移、累积误差等都会影响磁链计算的准确度。

由于直接转矩控制系统存在这些问题，严重制约了直接转矩控制技术的广泛应用。近年来针对直接转矩控制系统存在的问题提出了许多解决方案，取得了积极的成果。

## 4.6.2 改善和提高直接转矩控制系统性能的方法

### 1. 异步电机的一种低速间接转矩控制（ISC）系统

直接转矩控制技术在很大程度上解决了矢量控制中计算复杂、调速系统性能容易受电动机参数变化的影响等问题。直接转矩控制技术一经诞生，就以自己新颖的控制思想，简洁明了的系统结构，优良的静、动态性能受到了普遍的关注。

为了降低或消除低速时的转矩脉动，提高转速控制精度，扩大直接转矩控制系统的调速范围，近年来，适用于低转速拖动的间接转矩控制（Indirect Stator - quantities Control，ISC）技术受到了各国学者的广泛重视。

（1）ISC 系统的工作原理

图 4-39 为 ISC 系统框图，整个控制系统由 ISC 控制器、SPWM 控制器、逆变器异步电动机、预测模型等组成。图中双线表示矢量，单线表示标量（下同）。

ISC 系统的基本工作原理如下：预测模型根据上一周期实测的转速 $\omega$、定子电流矢量 $\boldsymbol{i}_{\mathrm{s}}$、逆变器直流回路电压 $u_{\mathrm{d}}$ 以及 SPWM 输出的三相控制字 $S_{\mathrm{a,b,c}}$，快速计算出当前控制周期的定子磁链矢量 $\hat{\boldsymbol{\Psi}}_{\mathrm{s}}$、转子磁链矢量 $\hat{\boldsymbol{\Psi}}_{\mathrm{r}}$ 和转矩 $\hat{T}_{\mathrm{ei}}$。ISC 控制器将转矩给定量 $T_{\mathrm{ei}}^{*}$ 和磁链的给定量 $\boldsymbol{\Psi}_{\mathrm{s}}^{*}$ 与预测模型输出量进行比较，给出当前控制周期的控制矢量 $\boldsymbol{u}_{\mathrm{s}}$。

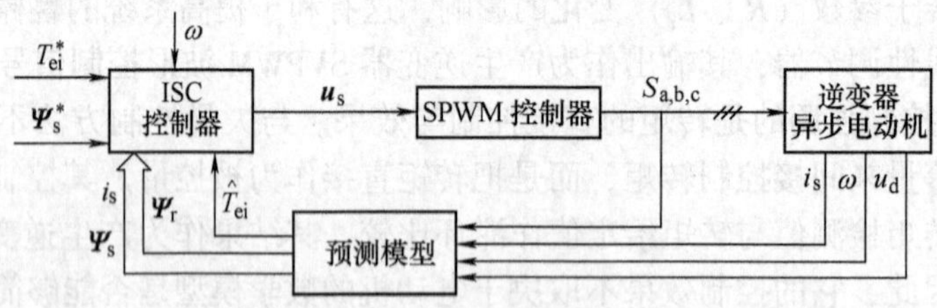


图 4-39 ISC 系统框图

与 DSC 相同，间接转矩控制也是一种基于定子模型的控制方法，直接在定子坐标系下分析计算电动机的磁链和转矩。两者不同的地方是，ISC 控制器为 PI 调节器，其输出为连续量，对应于三相定子电压的平均值，并以此作为 SPWM 的控制信号。

（2）ISC 控制器的控制算法

ISC 离散控制算法是首先根据已知的数据（包括给定值、检测值及预测模型的计算值）计算出当前控制周期及上一个控制周期内的定子磁链空间矢量的 $\Delta\boldsymbol{\Psi}_{\mathrm{s}}$（见图 4-40 和

图 4-41），从而得到当前控制周期的定子电压给定量，再通过 SPWM 实现对异步电动机转矩的控制。

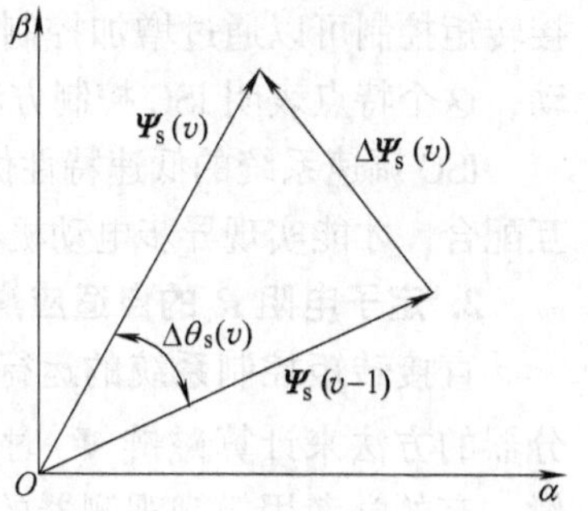

图 4-40　定子磁链轨迹及其增量图

若以 $\boldsymbol{\Psi}_s(v-1)$ 和 $\boldsymbol{\Psi}_s(v)$ 分别表示定子磁链在 $v-1$ 和 $v$ 时刻的空间矢量，$\Delta\theta_s(v)$ 表示定子磁链由 $v-1$ 时刻到 $v$ 时刻的相位角增量，$\boldsymbol{\Psi}_s(v-1)$ 和 $\boldsymbol{\Psi}_s(v)$ 的差 $\Delta\boldsymbol{\Psi}_s(v)$ 表示定子磁链增量，则上述各量在定子正交坐标系（$\alpha$-$\beta$）中的关系如图 4-40 所示。

ISC 控制器模型原理框图如图 4-41 所示，其中 ISC 控制器中包括转矩和磁链两个控制电路。在转矩控制电路中，转差角频率的给定值 $\omega_{s1}^*$ 和反馈值 $\hat{\omega}_{s1}$ 分别由转矩给定值 $T_{ei}^*$ 和反馈值 $\hat{T}_{ei}^*$ 乘以转子磁链系数 $k_{\Psi_r}$ 得到，其中，

$$k_{\Psi_r}=\frac{R_r}{n_p\Psi_r^2} \tag{4-60}$$

式中，$n_p$ 为电动机极对数；$R_r$ 为转子电阻；$\Psi_r$ 为转子磁链矢量的模值。

定子磁链旋转角度 $\Delta\theta_s$ 是其稳定值 $\Delta\theta_{s,Stat}$ 和暂态值 $\Delta\theta_{s,Dyn}$ 之和。转差角频率的给定值 $\omega_{s1}^*$ 加上实测转子转速 $\omega$ 就可以得到定子角频率的给定值 $\omega_s^*$，$\omega_s^*$ 再乘以控制周期 $T_s$ 得到稳态给定值 $\Delta\theta_{s,Stat}$。转差角频率的反馈值和给定值的差经过 PI-1 调节器的调节就是暂态给定值 $\Delta\theta_{s,Dyn}$。系统运行时，PI-1 调节器的积分部分用来消除稳态误差，而比例部分的作用是加快转矩的调整速度。

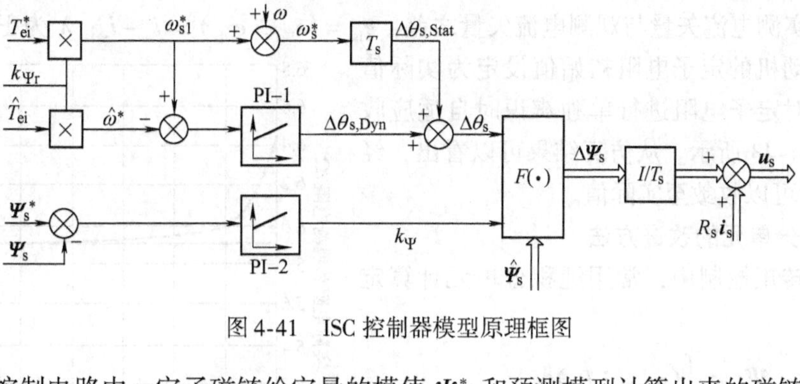

图 4-41　ISC 控制器模型原理框图

在磁链控制电路中，定子磁链给定量的模值 $\Psi_s^*$ 和预测模型计算出来的磁链反馈量的模值 $\hat{\Psi}_s$ 之差经过 PI-2 调节后得到磁链扩展系数 $k_\Psi$。

$\boldsymbol{\Psi}_s(v)$ 和 $\Delta\boldsymbol{\Psi}_s(v)$ 可由以下两式计算出：

$$\boldsymbol{\Psi}_s(v)=(1+k_\Psi)e^{j\Delta\theta(v)}\hat{\boldsymbol{\Psi}}_s(v-1) \tag{4-61}$$

$$\Delta\boldsymbol{\Psi}_s(v)=\boldsymbol{\Psi}_s(v)-\hat{\boldsymbol{\Psi}}_s(v-1)=[(1+k_\Psi)e^{j\Delta\theta(v)}-1]\hat{\boldsymbol{\Psi}}_s(v-1) \tag{4-62}$$

当前周期中，ISC 控制器输出的定子电压矢量给定值的计算方法为

$$\boldsymbol{u}_s(v)=R_s\boldsymbol{i}_s(v)+\frac{\Delta\boldsymbol{\Psi}_s(v)}{T_s} \tag{4-63}$$

式中，$\boldsymbol{i}_s$ 表示定子电流矢量；$R_s$ 为定子电阻。

从以上分析可以看出，间接转矩控制可以在保证磁链轨迹为圆形的条件下，对转矩进行稳态和动态调节。另外，因为定子磁链的模值增量和相位增量可以准确地计算出来，所以间接转矩控制可以通过增加控制周期的方法，降低功率器件的开关频率，而不会增加转矩脉动，这个特点表明 ISC 控制方法非常适合于大容量、低转速调速场合。

ISC 调速系统的低速特性优越，但是在高速范围内，ISC 需要和 DSC 等其他控制方式相互配合，才能实现异步电动机在全速范围内的高性能调速。

**2. 定子电阻 $R_s$ 的自适应辨识方法**

直接转矩控制系统的运行性能在很大程度上依赖于如何精确计算磁链 $\boldsymbol{\Psi}_s$，当用纯积分器的方法来计算磁链 $\boldsymbol{\Psi}_s$ 时，定子电阻 $R_s$ 的变化对其低速性能影响很大，必须进行补偿。有的学者用模糊观测器的方法对 $R_s$ 进行了补偿研究，但有许多学者用自适应的方法来辨识 $R_s$。

自适应辨识方法是将异步电动机的实际模型作为参考模型，将设计的闭环磁链观测器用作可调模型，并将定子电阻视为该模型的未知变量。定子电阻 $R_s$ 的 MRAS 结构图如图 4-42 所示。事实上，把定子电阻视为观测器中的未知变量，就能辨识定子电阻，只不过自适应收敛率必须根据李雅普诺夫理论针对定子电阻重新推导。定子电阻的自适应收敛率为

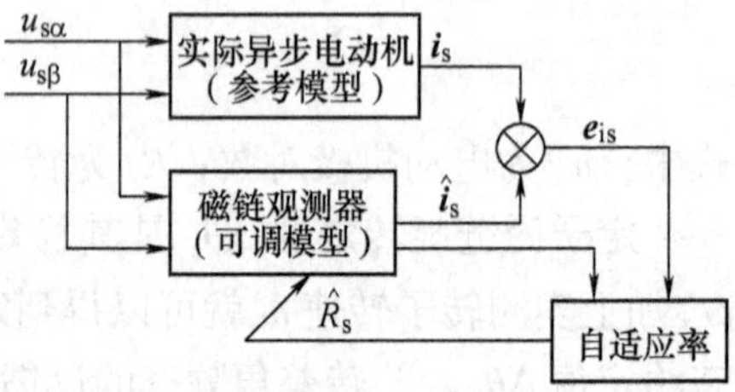


图 4-42　定子电阻 $R_s$ 的 MRAS 系统结构图

$$\frac{\mathrm{d}\hat{R}_s}{\mathrm{d}t} = -\lambda L_r(e_{is\alpha}\hat{i}_{s\alpha} + e_{is\beta}\hat{i}_{s\beta}) \tag{4-64}$$

式中，$\boldsymbol{e}_{is}$ 为实测电流矢量与观测电流矢量之差，$\boldsymbol{e}_{is} = (e_{is\alpha},\ e_{is\beta})^T = \boldsymbol{i}_s - \hat{\boldsymbol{i}}_s$；$\lambda$ 为正的常数。

若将电动机的定子电阻初始值设定为实际值的 1.1 倍，对定子电阻进行单独辨识时自适应收敛过程如图 4-43 所示。从仿真结果可以看出，经过 0.5s 以后可以收敛至实际值。

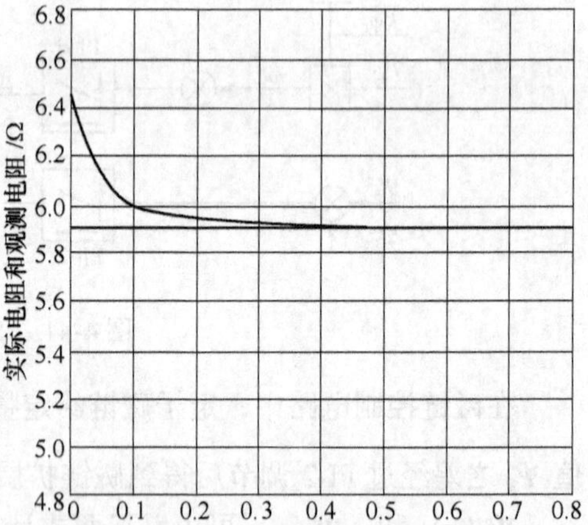


图 4-43　定子电阻的自适应收敛过程（$\lambda = 15$）

**3. 纯积分单元的改进方法**

在直接转矩控制中，常用纯积分单元计算定子磁链，即

$$\boldsymbol{\Psi}_s = \int(\boldsymbol{u}_s + \boldsymbol{i}_s R_s)\mathrm{d}t$$

在实际控制中，由于数字计算的截断误差、物理量 $\boldsymbol{u}_s$、$\boldsymbol{i}_s$、$R_s$ 的测量误差以及误差的积累等非理想因素的影响，难免在被积分量中会出现微量的直流成分。由于这种微量的直流成分进入纯积分器后，将使 $\boldsymbol{\Psi}_s$ 的计算值带来较大的畸变，严重影响 DTC 运行性能，因此应该对纯积分器进行改进。

（1）用低通滤波器代替纯积分单元消除直流偏移分量

低通滤波器（LPF）也可称为一阶惯性滤波器或准积分器。它的传递函数为 $\tau/(1+\tau s)$。$\tau$ 为滤波器的时间常数，它的倒数 $1/\tau = \omega_c$ 为截止频率，它的传递函数可进一步演变为

$$\frac{\tau}{1+\tau s}=\frac{1}{s}\cdot\frac{\tau s}{1+\tau s}=\frac{1}{s}\cdot\frac{s}{\omega_c+s} \tag{4-65}$$

它的信号传递图可演变成图4-44所示。

图4-44中$1/s$是纯积分器，而$s/(\omega_c+s)$实际上是高通滤波器。当高通滤波器输入信号的频率$\omega=0$时，$s/(\omega_c+s)$的输出为零；而当输入信号的频率$\omega\gg\omega_c$时，$s/(\omega_c+s)\to1$。该高通滤波器对于高频可以无畸变地通过，而低频则要衰减，直流成分要衰减到0。可见低通滤波器$\tau/(1+\tau s)$可看成是由一个纯积分器和一个高通滤波器组合而成的。纯积分器正是计算定子磁链$\Psi_s$所需要的算法，而纯积分器算法中产生的直流成分正好通过高通滤波器滤去或受到抑制。

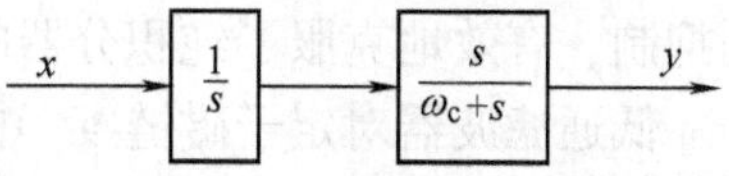

图4-44　低通滤波器信号传递图

假设输入信号为$\omega A\sin\omega t+B$，低通滤波器的传递函数为$\tau/(1+\tau s)$。它对应的微分方程为

$$\frac{dy}{dt}+\frac{1}{\tau}y=\omega A\sin\omega t+B \tag{4-66}$$

令$\omega_c=1/\tau$，则方程的解为

$$y=-\frac{\omega A}{\sqrt{\omega_c^2+\omega^2}}\cos(\omega t-\varphi)+\frac{B}{\omega_c}+Ce^{-\omega_c t} \tag{4-67}$$

式中，$\varphi$为相移，$\varphi=\arctan(\omega_c/\omega)$；$C$为和初始条件有关的系数。

若输入为$x=\omega A\sin\omega t+B$，则其输出为

$$\int_{t_0}^{t}(\omega A\sin\omega t+B)dt=-A\cos\omega t+A\cos\omega t_0+B(t-t_0) \tag{4-68}$$

比较式（4-67）和式（4-68）可见：

1）输出信号中的交流信号（即等号右边的第一项）都是余弦函数，但是在幅值和相角方面，两者有差异。由式（4-67）可见，低通滤波器会使幅值有较大衰减和较大的相移，低速时幅值衰减和相移较大，但是当$\omega\gg\omega_c$时（即转速较高时），这种变化趋于0。而纯积分器在这一点上表现很好，由式（4-68）可见，纯积分器积分后的交流成分幅值和相位就是所期待的结果，不会发生畸变。

2）如果原输入信号$x$中没有混入直流成分，即$B=0$时，由式（4-67）可见，低通滤波器能使初始条件造成的直流成分逐步衰减至0，即$Ce^{-\omega_c t}$随时间增长会衰减至0；但由式（4-68）可见，纯积分器会一直保持这个初始条件造成的直流成分$A\cos\omega t_0$。

3）如果输入信号$x$中混有微量直流成分，即$B\neq0$时，由式（4-67）可见，低通滤波器也会输出直流成分$B/\omega_c$，但由于$B/\omega_c$中不含时间$t$，它不会随时间$t$积累，而且如果$\omega_c$选得较大的话，能使其充分抑制，使它达到似乎为0的程度。但由式（4-68）可见，纯积分器的直流输出$B(t-t_0)$和时间$t$成正比，随着时间$t$的增加它会不断积累直至发散。

由以上分析可以看到，低通滤波器$\tau/(1+\tau s)$在此处的物理本质不是起允许低频信号通过而将高频滤除的作用，这点千万不要搞错。它的物理本质是进行了两级实质性的操作：第一级是完成了纯积分器计算；第二级是将积分产生的低频信号特别是直流成分进行了有效的滤除或抑制。因此，当电动机的反电动势通过低通滤波器$\tau/(1+\tau s)$后，由于第一级积分纯积分器$1/s$的作用，它的输出已不是反电动势了，而是电动机的定子磁链$\boldsymbol{\Psi}_c$，这个物理概

念不能混淆。而由纯积分器 $1/s$ 积分计算出来的定子磁链 $\boldsymbol{\Psi}_c$ 中会产生很讨厌的直流成分，这正是纯积分器的缺点，但低通滤波器还有第二级操作，将由纯积分器计算出来的定子磁链 $\boldsymbol{\Psi}_c$ 再通过高通滤波器 $s/(\omega_c+s)$，定子磁链 $\boldsymbol{\Psi}_c$ 中的直流成分正好通过高通滤波器滤去或受到抑制，有效地克服了纯积分器的缺点。

低通滤波器对定子磁链 $\boldsymbol{\Psi}_c$ 中的直流成分有很强的抑制能力，只要截断频率 $\omega_c$ 选择恰当，能较大幅度改善低速时的电动机转矩振荡和拓宽电动机的速度调节范围，这是它显著的优点。但是它也出现了令人遗憾的缺点，从式（4-67）可看出，它的交流成分幅值和相位都要随输入信号频率 $\omega$ 的不同而分别有不同的衰减或变化，这是不希望的。而纯积分器积分后虽会产生讨厌的直流成分，但它的交流成分幅值和相位不会变化，这又是人们所期待的结果。可见纯积分器和低通滤波器各有优缺点，有趣的是低通滤波器的优点正好是纯积分器的缺点，而低通滤波器的缺点则正好是纯积分器的优点。那么，能不能进一步综合纯积分器和低通滤波器的优点，创造新的积分器呢？1998 年，Jun Hu 等人提出了三类新的改进型积分器。

（2）三类改进型积分器的应用

低通滤波器的传递函数为 $\tau/(1+\tau s)$，也可写成 $1/(\omega_c+s)$。它的性能比纯积分器要好，除能消除或抑制定子磁链 $\boldsymbol{\Psi}_c$ 中的直流成分这一优点外，它的缺点“输出交流成分的幅值和相位要随输入信号频率 $\omega$ 的不同而分别有不同的衰减或变化”也仅限于低速，因此只要在低速时对低通滤波器进行补偿就能得到满意的结果。根据这一思路，Jun Hu 等人以低通滤波器为基础，进行了三种补偿尝试，从而形成了三类改进型积分器。它的通用形式为

$$y=\frac{1}{s+\omega_c}x+\frac{\omega_c}{s+\omega_c}Z \tag{4-69}$$

式中，$x$ 为积分器输入信号；$Z$ 为补偿信号。

改进型积分器通用信号传递图如图 4-45 所示。



图 4-45　改进型积分器通用信号传递图

这个结构很有意义：

1）当 $Z=0$ 时，$y_2=0$，$x$ 与 $y$ 的传递函数为 $1/(\omega_c+s)$，该方案为低通滤波器。

2）当 $Z$ 有限时，若 $\omega\gg\omega_c$，即高速时，$\omega_c/(s+\omega_c)\to 0$，$x$ 与 $y$ 的传递函数仍然为 $1/(\omega_c+s)$，该方案仍然是低通滤波器。

3）当 $Z=y$ 时，$y=\frac{1}{s+\omega_c}x+\frac{\omega_c}{s+\omega_c}y$，计算结果得

$$y=\left(\frac{1}{s+\omega_c}x\right)\Big/\left(1-\frac{\omega_c}{s+\omega_c}\right)=\frac{1}{s+\omega_c}x\Big/\frac{s}{s+\omega_c}=\frac{1}{s}x$$

此时它变成纯积分器。

可见，补偿信号 $Z$ 取值不同，改进型积分器会变成不同类型的积分器，现在的关键是如何设计补偿信号 $Z$，使它达到综合性能优良的效果。

Jun Hu 等人提出的改进积分器的三种结构形式如图 4-46 所示。其中，图 4-46a 所示是第一种积分器结构，具有饱和反馈的改进积分器形式；图 4-46b 所示是第二种积分器结构，该结构适用于交流电动机恒磁链幅值的磁链估计；图 4-46c 所示是第三种积分器结构，它为

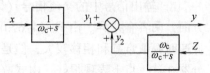

自适应积分器，可以用于磁链幅值不恒定的场合。下面分别详述。

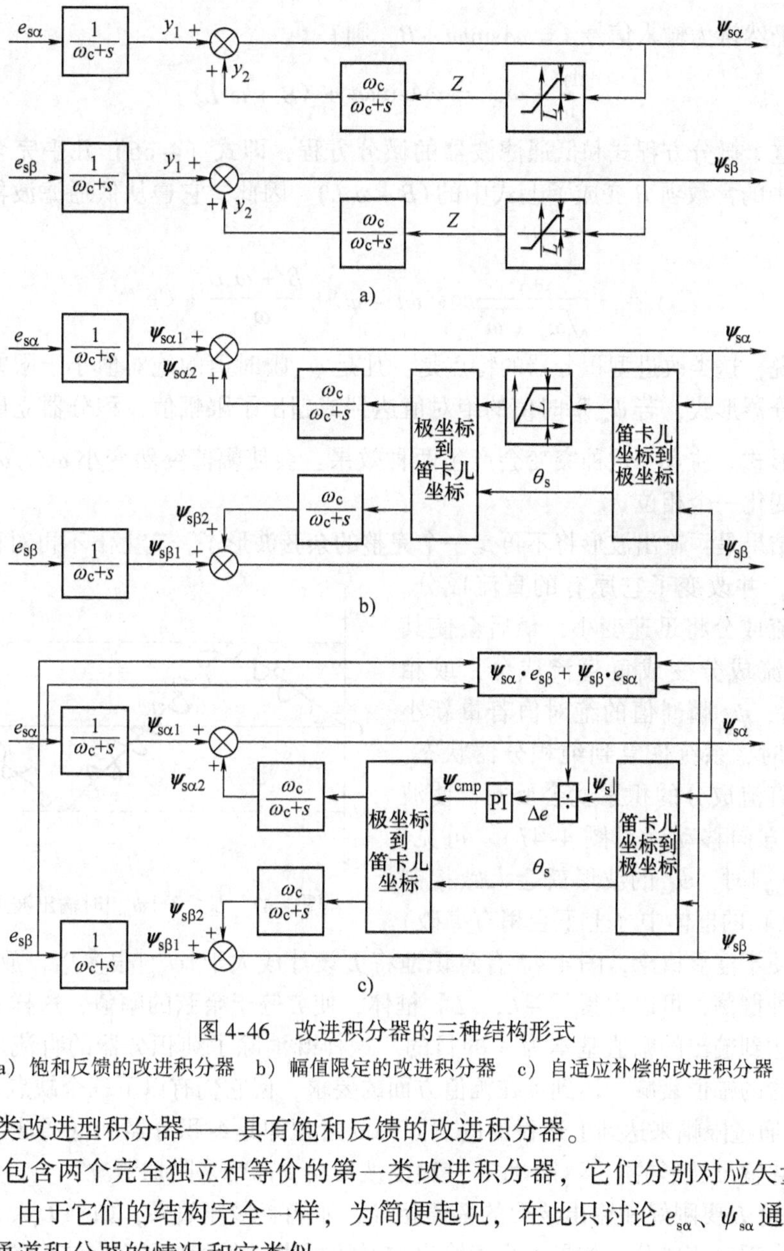


图 4-46　改进积分器的三种结构形式

a）饱和反馈的改进积分器　b）幅值限定的改进积分器　c）自适应补偿的改进积分器

1）第一类改进型积分器——具有饱和反馈的改进积分器。

图 4-46a 包含两个完全独立和等价的第一类改进积分器，它们分别对应矢量 $\boldsymbol{e}_s$ 的两个分量 $e_{s\alpha}$、$e_{s\beta}$。由于它们的结构完全一样，为简便起见，在此只讨论 $e_{s\alpha}$、$\psi_{s\alpha}$ 通道这一积分器。$e_{s\beta}$、$\psi_{s\beta}$ 通道积分器的情况和它类似。

它的特点是 $Z$ 为一个函数，它的取值情况为

$$Z=\begin{cases}L & \text{当 } \psi_{s\alpha} \text{ 瞬时值的绝对值} \geqslant L \\ \psi_{s\alpha} & \text{当 } \psi_{s\alpha} \text{ 瞬时值的绝对值} < L\end{cases}$$

式中，设 $L$ 为一个正数。

$Z=\psi_{s\alpha}$ 的情况即是前面分析的 $Z=y$ 的情况，改进型积分器的效果为纯积分器，其规律已清楚。在此，只要研究一下 $Z=L$ 时的输出情况。

当 $Z=L$ 时，方程式为

$$y = \frac{1}{s + \omega_c}x + \frac{\omega_c}{s + \omega_c}Z \tag{4-70}$$

此处，仍然认为输入信号 $x = \omega A\sin\omega t + B$，则有

$$\frac{dy}{dt} + \omega_c y = \omega A\sin\omega t + (B + \omega_c L)$$

显然，这个微分方程式和低通滤波器的微分方程，即式（4-66）几乎完全一样，仅是式（4-66）中的常数项 $B$ 变成了上式中的$(B + \omega_c L)$。因此，它遵从低通滤波器的规律，它的解为

$$y = -\frac{\omega A}{\sqrt{\omega_c^2 + \omega^2}}\cos(\omega t - \varphi) + \frac{B + \omega_c L}{\omega_c} + Ce^{-\omega_c t} \tag{4-71}$$

也就是说，这类改进型积分器的特点是：凡是 $\psi_{s\alpha}$ 瞬时值的绝对值小于限幅值 $L$ 时，积分器是纯积分器形式，若 $\psi_{s\alpha}$ 瞬时值的绝对值达到或超出了限幅值，积分器立即就变成了低通滤波器的形式。注意，这种突变会产生两种效果：会使幅值突然变小 $\omega/\sqrt{\omega_c^2 + \omega^2}$倍；会使相位突然变化一个相位 $\varphi$。

带来的结果是：输出波形将不再是一个完整的余弦波形了，它上下不再对称，大大增加了谐波成分，并改变了它原有的直流成分。它的平均直流成分将迅速变小，最后会使其变号（正直流成分变成负直流成分，或相反）。变号后，$\psi_{s\alpha}$ 瞬时值的绝对值若重新小于限幅值 $L$ 时，系统恢复到纯积分器状态，整个波形的直流成分的积累就会反向，使波形向相反的方向移动（见图 4-47）。可见，当 $L$ 大于 $|\psi_{s\alpha}|$时，$\psi_{s\alpha}$ 的波形就会大致控制在［$-L$, $L$］的框体中（上下会稍有突破）摆荡。为了便于建立概念，图 4-47 有意识地将 $L$ 设计成大于 $|\psi_{s\alpha}|$很多倍，放大这种摆荡。要想减小这种摆荡，可以收紧［$-L$, $L$］框体，使 $L$ 等于余弦的幅值，这样就能完全消除这种摆荡，达到输出的幅值基本为 $A$ 的目的。这样既消除了纯积分器的直流成分，又消除了低通滤波器的幅值衰减，达到了在幅值方面的要求，但它仍有以下三个缺点：

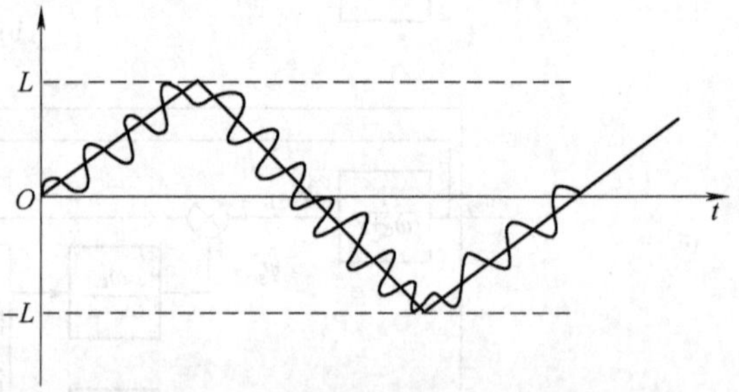

图 4-47　$L$ 大于 $|\psi_{s\alpha}|$时输出波形的摆荡

① 它是通过限幅来达到上述目的的。限幅的过程即是纯积分器和低通滤波器切换的过程，它会破坏输出波形的上下对称性，使输出波形畸变而带来附加谐波。

② 限幅值 $L$ 要刚好和输出波形的幅值相等，才能有最佳效果，如果 $L$ 大于输出波形的幅值，则会出现直流成分，如果 $L$ 小于输出波形的幅值，则会加剧输出波形的畸变，出现更多的谐波。

③ 在由于 $L$ 限幅而引起纯积分器和低通滤波器切换时，相位也将突变 $\varphi$，很不平稳。

为了克服第一类改进型积分器的缺点，Jun Hu 等人又提出了第二类改进型积分器，它的基本思想是将幅值与相位的反馈通道分离，限幅只加在幅值反馈通道，而相位反馈通道不设限幅值。这样，就消除了由于限幅值而引起的相位突变，使谐波成分减少。

2）第二类改进型积分器——具有幅值限定的改进型积分器。

第二类改进型积分器是对第一类改进型积分器的改进。该结构适用于交流电动机恒磁链

幅值的磁链估计。如图 4-46b 所示，它虽然也将作为输入量的反电动势 $\boldsymbol{e}_s$ 分解成两个分量 $e_{s\alpha}$、$e_{s\beta}$，形成 $e_{s\alpha}$、$\psi_{s\alpha}$ 和 $e_{s\beta}$、$\psi_{s\beta}$ 两个通道，但和第一类改进型积分器有较大差别：

① 第一类改进型积分器的两个通道完全独立，没有交联。而第二类改进型积分器两个通道不独立，它们的反馈通道有交联。

② 第一类改进型积分器两个通道的反馈通道完全相同，而第二类改进型积分器两个通道的反馈通道则不相同。

在第二类改进型积分器反馈通道中，从两个主传递通道来的信号 $\psi_{s\alpha}$、$\psi_{s\beta}$ 进行了从笛卡儿坐标到极坐标的转换，变换成幅值和相位信号，幅值和相位的反馈通道可根据需要设计得各不相同，这样大大增强了设计的针对性和灵活性。现将饱和限幅值只设计在幅值反馈通道中，而相位反馈通道中没有饱和限幅器，显然饱和限幅器将不会影响磁链相位的输出，磁链相位通过笛卡儿坐标和极坐标之间两次转换仍然保持原来反馈输出磁链的相位，这就有效地解决了第一类方案中存在的“直流限幅基准选择不当增大相位误差，导致输出信号波形的畸变”的问题，从而改善了积分器输出信号的质量。由于幅值反馈通道中有饱和限幅器，因此磁链幅值也被限幅，不会随时间增大而增大。如果饱和限定基准正好是定子磁链额定幅值，那就完全满足 DTC 定子磁链幅值恒定的要求。显然，第二类改进型积分器能满足 DTC 定子磁链幅值恒定的要求，相位误差又小，它很适合 DTC。但是该方案不适用于电动机磁链幅值变化的场合。

3）第三类改进型积分器——具有自适应补偿的改进型积分器。

第三类改进型积分器为自适应积分器，它可以用于磁链幅值不恒定的场合。异步电动机直接转矩控制常将定子磁链 $\boldsymbol{\Psi}_s$ 的幅值控制为常值，但是其他控制方法不一定有这种限制，它们常允许定子磁链 $\boldsymbol{\Psi}_s$ 的幅值可以变动。在这种情况下，用第二类改进型积分器就不大好。第三类改进型积分器的设计思想是：放弃对定子磁链 $\boldsymbol{\Psi}_s$ 幅值的限制，而用“理想的磁链 $\boldsymbol{\Psi}_s$ 应和反电动势 $\boldsymbol{e}_s$ 完全正交，即为90°”这一客观的物理事实，来检验和自适应修正定子磁链 $\boldsymbol{\Psi}_s$。如果 $\boldsymbol{\Psi}_s$ 混入了直流成分或是有畸变，这种正交性就要受到破坏，这种正交性的偏差信号定义为

$$\Delta \boldsymbol{e} = \boldsymbol{\Psi}_s \boldsymbol{e}_s / |\boldsymbol{\Psi}_s| = (\psi_{s\alpha} e_{s\alpha} + \psi_{s\beta} e_{s\beta}) / |\boldsymbol{\Psi}_s|$$

这个误差信号经过 PI 调节器后作为补偿信号 $\psi_{cmp}$（相当于饱和限幅信号 $L$）。显然，通过这种自适应的补偿后，$\boldsymbol{\Psi}_s$ 的相位差应该完全不存在。另外，对 $\boldsymbol{\Psi}_s$ 的幅值也没有进行限定，允许其变化。因此，第三类改进型积分器通过自适应控制器来调整磁链补偿基准，以解决磁链估计中出现的初值和直流偏移问题。

## 4.7 直接转矩控制的仿真研究

基于三相异步电动机直接转矩控制系统的原理，在 MATLAB 6.5 环境下，利用 Simulink 仿真工具，建立三相异步电动机直接转矩控制系统的仿真模型，整体设计框图如图 4-48 所示。根据模块化建模思想，系统主要包括的功能子模块有电动机模块、逆变器模块、电压测量模块、坐标变换模块、磁链模型模块、磁链计算模块、磁链调节模块、转矩模型模块、转矩调节模块、扇区判断模块、速度调节模块和电压空间矢量表模块等，其中电压空间矢量表模块采用 MATLAB 的 S 函数编写。

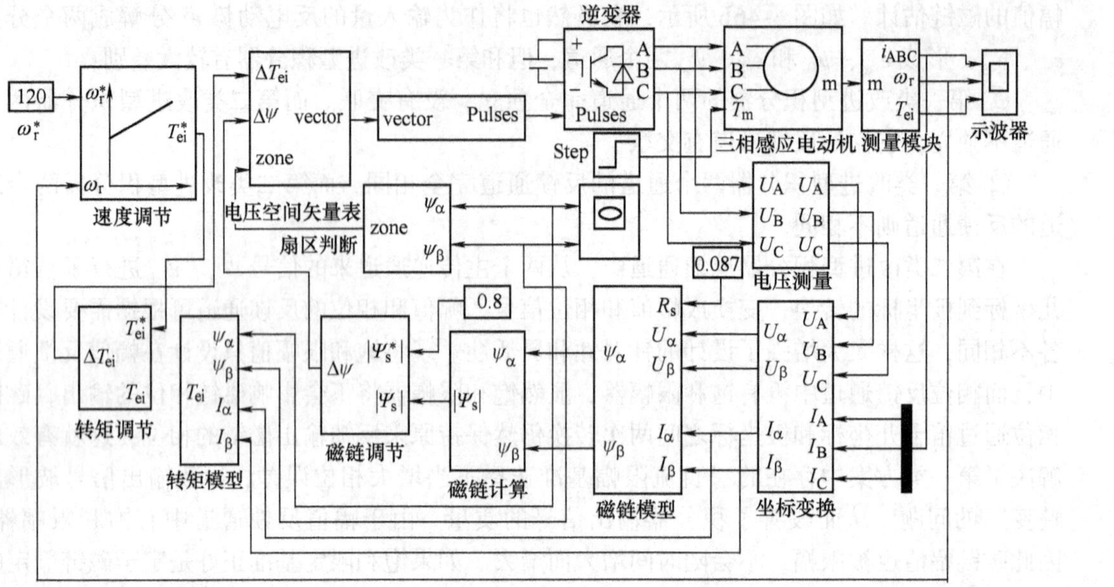


图 4-48　基于 Simulink 的三相异步电动机直接转矩控制系统的仿真模型的整体设计框图

定子磁链的估计采用电压-电流模型，通过检测出定子电压和电流计算定子磁链，磁链模型模块的结构框图如图 4-49 所示。同时，根据定子电流和定子磁链，可以估计出电磁转矩，转矩模型模块的结构框图如图 4-50 所示。

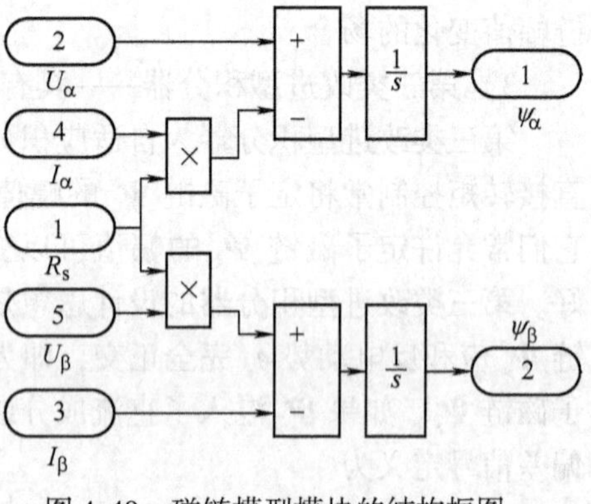


图 4-49　磁链模型模块的结构框图

磁链调节模块的结构框图如图 4-51 所示，它的作用是控制定子磁链的幅值，以使电动机容量得以充分利用。磁链调节模块采用两点式调节，输入量为磁链给定值 $\boldsymbol{\Psi}_s^*$ 及磁链幅值的观测值 $\boldsymbol{\Psi}_s$，输出量为磁链开关量 $\Delta\boldsymbol{\Psi}$，其值为 0 或者 1。转矩调节模块的结构框图如图 4-52 所示，它的任务是实现对转矩的直接控制，转矩调节模块采用 3 点式调节，输入量为转矩给定量 $T_{ei}^*$ 及转矩估计值 $T_{ei}$，输出量为转矩开关量 $\Delta T_{ei}$，其值为 0、1 或 −1。

定子磁链的扇区判断模块是根据定子磁链的 $\alpha$、$\beta$ 轴分量的正负和磁链的空间角度来判断

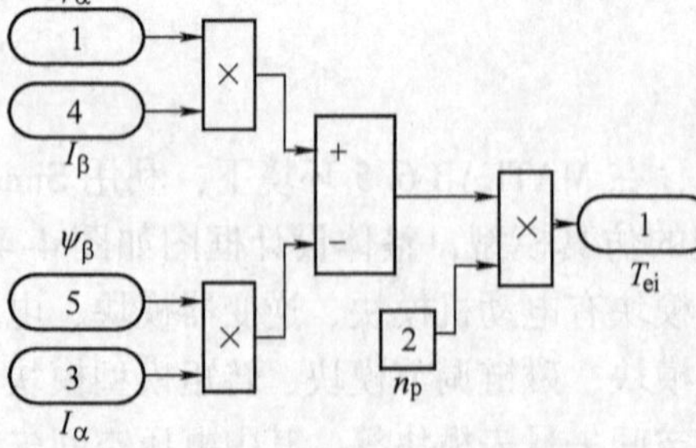


图 4-50　转矩模型模块的结构框图

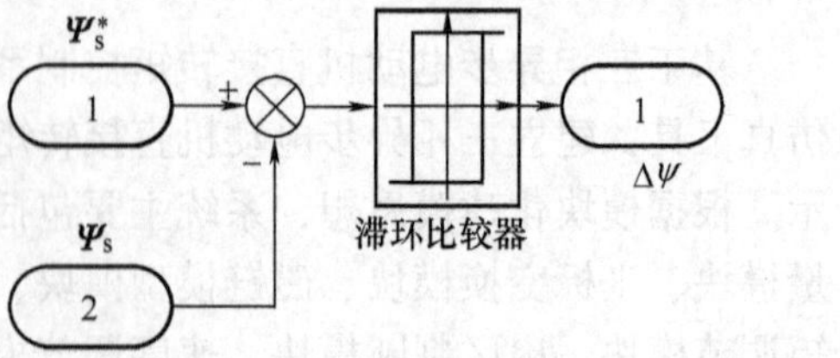


图 4-51　磁链调节模块的结构框图

磁链的空间位置的，结构框图如图 4-53 所示。

电压空间矢量的选取是通过电压空间矢量表（见表 4-6）来完成的，电压空间矢量表是根据磁链调节信号、转矩调节信号以及扇区号给出合适的电压矢量 $\boldsymbol{u}_{sk}$，以保证定子磁链空间矢量 $\boldsymbol{\Psi}_s$ 的顶点沿着近似于圆形的轨迹运行。电压空间矢量表模块（Table）采用 S 函数编程来实现。

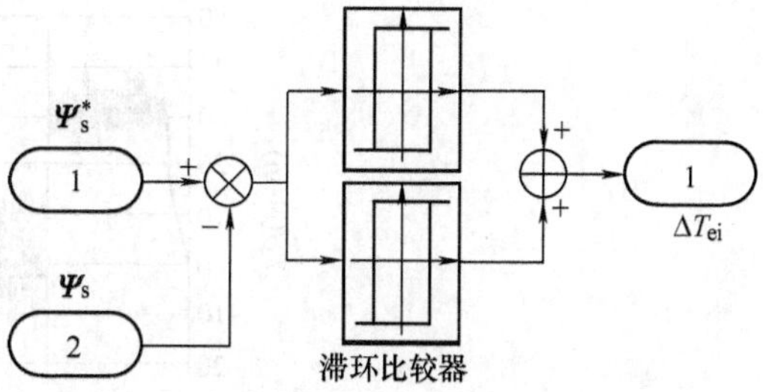

图 4-52　转矩调节模块的结构框图

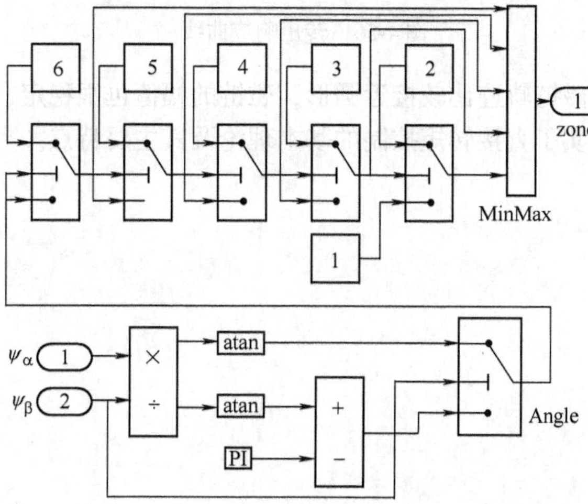

图 4-53　定子磁链扇区判断模块的结构框图

三相异步电动机的参数为：功率 $P_e=38\text{kW}$，线电压 $U_{AB}=460\text{V}$，定子电阻 $R_s=0.087\Omega$，定子电感 $L_s=0.8\text{mH}$，转子电阻 $R_r=0.228\Omega$，转子电感 $L_r=0.8\text{mH}$，互感 $L_m=0.74\text{mH}$，转动惯量 $J=0.662\text{kg}\cdot\text{m}^2$，粘滞摩擦系数 $B=0.1\text{N}\cdot\text{m}\cdot\text{s}$，极对数 $n_p=2$。

控制器：$\boldsymbol{\Psi}_s^*=0.8\text{Wb}\cdot$匝，$\omega_r^*=80\text{rad/s}$。把磁链滞环范围设为 [ −0.001，0.001]，转矩滞环范围设为 [ −0.1，0.1]。三相异步电动机的定子磁链轨迹、转速和转矩仿真曲线分别如图 4-54 ~ 图 4-56 所示。

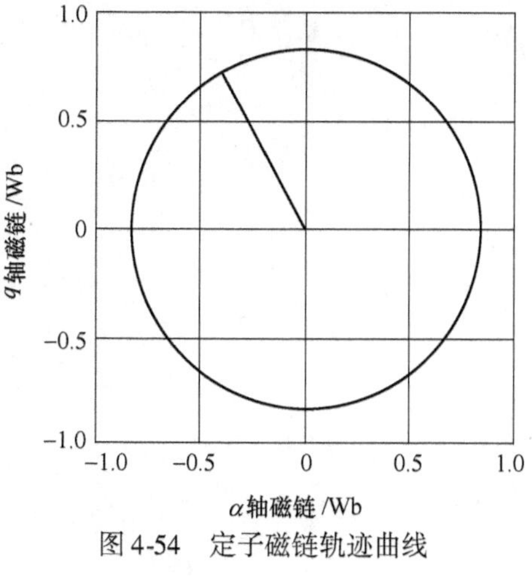

图 4-54　定子磁链轨迹曲线

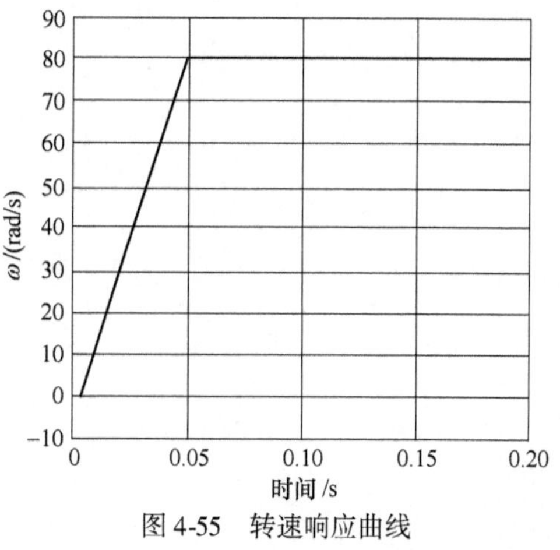

图 4-55　转速响应曲线

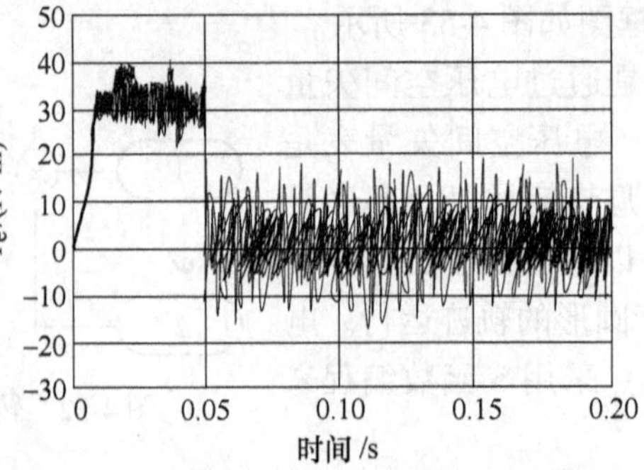


图 4-56　转矩响应曲线

由仿真曲线可知，磁链轨迹比较接近圆形，磁链的幅值也很稳定，转矩脉动较大，转速响应速度较快，仿真证实了直接转矩控制的基本理论及其主要特点。

# 第5章 异步电动机定子磁链轨迹控制

随着高压大功率开关器件的应用，逆变器开关频率从几千赫兹降至几百赫兹，出现了谐波大、响应慢和不解耦等一系列用常规方法不能解决的问题。德国 J. Holtz 教授针对三电平中压逆变器提出了一种既不同于常规矢量控制又不同于直接转矩控制的新控制方法——定子磁链轨迹控制（Stator Flux Trajectory Control，SFTC），这种控制方法能很好地解决这些难题，并已成功用于兆瓦级的系列工业产品中。本章内容完全取材于工程实际，详细介绍了同步对称优化 PWM 的应用；定子磁链轨迹控制原理及定子磁链计算；结合工程实际介绍 SFTC 闭环调速系统；最后介绍 SFTC 与常规矢量控制及直接转矩控制的比较。

## 5.1 异步电动机定子磁链轨迹控制方法的提出背景

应用高压大功率器件（3.3kV、4.5kV 及 6.5kV 的 IGBT 和 IGCT）的中压大功率二电平和三电平变频器（PWM 整流器和逆变器）已在金属轧制、矿井提升、船舶推进、机车牵引等领域得到广泛应用。随着器件电压升高、功率加大，开关损耗随之加大，为提高变频器的输出功率，要求降低 PWM 的开关频率。图 5-1 所示为采用 EUPEC 6.5kV 600A IGBT 的逆变器最大输出电流有效值 $I_{rms,max}$ 与开关频率 $f_t$ 的关系曲线。从图中看出，在输出基波频率 $f_{1s}=5Hz$ 时，开关频率 $f_t$ 从 800Hz 降至 200Hz，输出电流大约增加一倍。

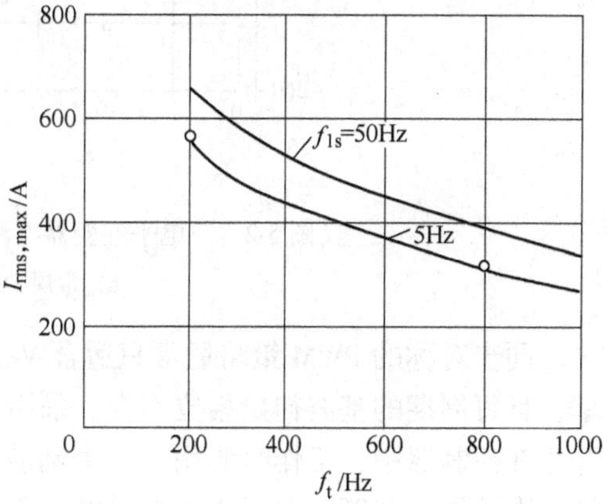


图 5-1 输出电流与开关频率 $f_t$ 的关系

（EUPEC 6.5kV 600A IGBT）

随着开关频率 $f_t$ 的降低，每个输出基波周期（$1/f_{1s}$）中 PWM 方波数（频率比 $FR=f_t/f_{1s}$）减少，以输出基波频率 $f_{1s}=50Hz$ 为例，若 $f_t=200Hz$，则 $FR=4$，每个输出基波只有 4 个方波（三电平变换器为 8 个方波），再采用常规的固定周期三角载波法（SPWM）或电压空间矢量法（SVPWM）产生 PWM 信号，输出波形中谐波太大，无法正常工作。

要想减小谐波，应该采用同步且对称的优化 PWM 策略。同步指每个基波周期中的 PWM 方波个数为整数。对称指方波波形在基波的 1/4 周期中左右对称（1/4 对称）及在基波的 1/2 周期中正负半周对称（1/2 对称）。常规的 SPWM 或 SVPWM 周期固定，不随基波周期和相位变化而变化，它们是异步且不对称的 PWM。常用的同步且对称优化 PWM 策略有两种：指定谐波消除（SHE-PWM）法和电流谐波最小（CHM-PWM）法。采用同步且对称的调制策略后，在 PWM 输出波形中将只含 5、7、11、13、17 等次特征谐波。若在 1/4 输出基波周期中有 $N$ 次开通和关断的过程，采用 SHE-PWM 法后将消除 $N-1$ 个特征谐波，例

如 $N=5$，则第 5、7、11、13 次 4 个谐波将被消除，第一个未消除的谐波是第 17 次，但幅值被放大，原因是被消除的谐波的能量被转移到未消除的谐波中。CHM-PWM 的目标不是消除某些谐波，而是追求电流所有谐波的总畸变率 THD（%）最小。图 5-2 所示为在开关频率为 200Hz 时按常规 SVPWM 和按 CHM-PWM 得到的三电平逆变器电流波形图。从图中看出，在低开关频率时，优化 PWM 效果明显。

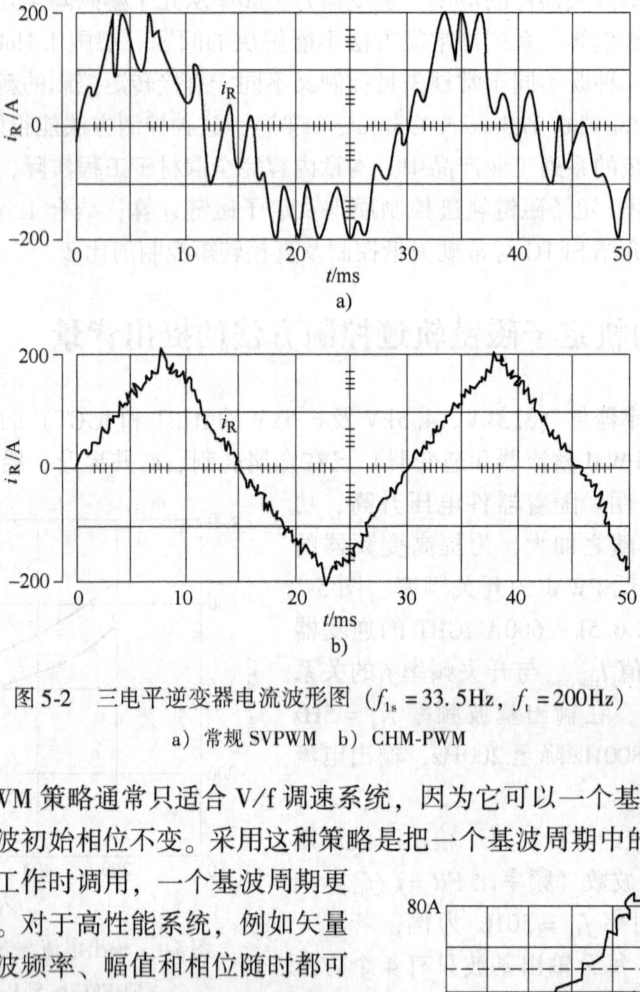


图 5-2　三电平逆变器电流波形图（$f_{1s}=33.5\text{Hz}$，$f_t=200\text{Hz}$）

a）常规 SVPWM　b）CHM-PWM

同步对称的 PWM 策略通常只适合 V/f 调速系统，因为它可以一个基波周期更换一次频率，且每周期的基波初始相位不变。采用这种策略是把一个基波周期中的开关角离线算好，并存在控制器中，工作时调用，一个基波周期更换一次调用的角度。对于高性能系统，例如矢量控制系统，它的基波频率、幅值和相位随时都可能变化，要想实现同步且对称很困难，因为中途随时更换所调用的角度值会引起 PWM 波形紊乱，导致过电流故障。图 5-3 所示为中途更换调用开关角时定子电流矢量 $\boldsymbol{i}_s$ 在静止坐标系的轨迹图。从图中可以清楚地看到更换调用开关角引起的过电流。如何能既采用同步对称优化 PWM 策略，在低开关频率下获得较小谐波，又能使系统具有快速响应能力，是高性能的中压大功率变频器研发的一大难题。

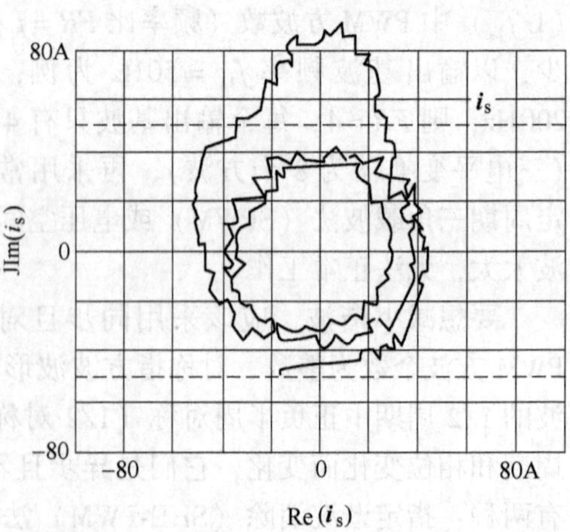


图 5-3　定子电流矢量 $\boldsymbol{i}_s$ 在静止坐标系的轨迹图

Re—实轴　jIm—虚轴

高性能调速系统大多采用矢量控制方式，它

把定子电流分解为磁化分量 $i_{sM}$ 和转矩分量 $i_{sT}$，经两个直流电流 PI 调节器实现解耦。开关频率降低导致 PWM 响应滞后，会破坏动态解耦效果，使 $i_{sM}$ 和 $i_{sT}$ 出现交叉耦合。图 5-4 所示为 $i_{sT}$ 阶跃响应波形图，图 5-4a 所示为只有 PI 调节器的情况，在 $i_{sT}$ 增加期间，$i_{sM}$ 减小，存在严重的交叉耦合。在设计调节器时，常引入电流预控（CPC）环节来消耗电流环控制对象中存在的耦合，但这种解耦方法要求 PWM 滞后时间很短，这时耦合情况虽有所改善，但仍然严重。

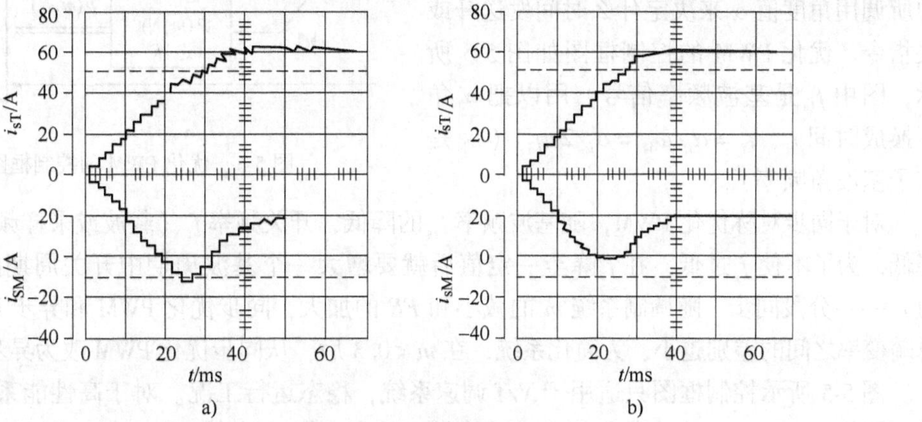


图 5-4　$i_{sT}$ 阶跃响应

常规矢量控制系统通过用电流调节器改变 PWM 占空比来实现转矩调节，响应时间需多个开关周期。低压 IGBT 的开关频率为几千赫兹，逆变器转矩响应时间约为 5ms，改用高压器件后开关频率降至几百赫兹，相应转矩响应时间将增至几十毫秒，难以满足高性能调速要求。从图 5-4 中可看出，当三电平逆变器的开关频率等于 200Hz 时，仅用 PI 调节的转矩电流 $i_{sT}$ 响应时间约为 40ms，加入电流预控（CPC）后，响应时间减至 25ms，但是仍然很大。

## 5.2　同步对称优化 PWM 的应用

同步对称优化 PWM 包含指定谐波消除（SHE-PWM）和电流谐波最小（CHM-PWM）两种方法。这些算法都很复杂，需要反复迭代，无法在线完成，所以在应用同步对称优化 PWM 时，一个基波周期中的开关角都要事先离线算好，存在控制器中，以便工作时调用。由于同步且对称，只需要算出第一象限 1/4 基波周期的开关角值 $\alpha_j$（$0 \leqslant \alpha_j \leqslant \pi/2$，j = 1，2，…，N。N 为 1/4 基波周期中的开关角序号），其他 3 个象限的 α 值都可以根据对称要求从第一象限值算出。在第二象限，$\pi/2 \leqslant \alpha \leqslant \pi$，$u_{ss2}(\alpha) = u_{ss1}(\pi - \alpha)$；在第三、四象限，$\pi \leqslant \alpha \leqslant 2\pi$，$u_{ss3,4}(\alpha) = u_{ss1,2}(2\pi - \alpha)$，式中 $u_{ss1,2,3,4}$ 是优化的 PWM 输出电压（稳态电压），下标 1 ~ 4 表示象限。

事先计算的结果存于控制模式 $P(m, N)$ 表中，在表中对应于每个不同的调制系数 $m$ 值和不同的开关次数 $N$ 值，就有一组开关角值 $\alpha_i$（每相 1/4 基波周期有 $N$ 个值，一个基波周期有 $4N$ 个值，三相共 $12N$ 个值，$i = 1, 2, \cdots, 12N$ 是一个基波周期中的开关角序号）。PWM 的输入是电压给定矢量 $\boldsymbol{u}^*$，它就是逆变器输出的定子电压的给定矢量 $\boldsymbol{u}_s^*$，调制系数 $m = |u^*|/u_d$（$|u^*|$ 为矢量 $\boldsymbol{u}^*$ 的幅值，$u_d$ 为直流母线电压），这样安排后，逆变器输出的基波电压矢量 $\boldsymbol{u}_{1s}$ 将等于给定矢量 $\boldsymbol{u}^*$，它也是施加到电动机上的定子电压矢量。即

$$u_{1s} = u^* \tag{5-1}$$

工作时，根据给定矢量 $\boldsymbol{u}^*$ 的幅值 $|u^*|$来决定调用 $P$（$m$, $N$）表中哪组 $\alpha_i$ 值，通过比较矢量 $\boldsymbol{u}^*$ 的相位角 arg（$\boldsymbol{u}^*$）（矢量$\boldsymbol{u}^*$与 $\alpha$ 轴夹角 $\theta_{\alpha u}$）与 $P$（$m$, $N$）表中所调用角度值 $\alpha_i$来决定什么时间发送开或关指令。优化 PWM 的控制框图如图 5-5 所示，图中 $f_{1s}$是基波频率信号，用以把 $\alpha_i$角变换成时间 $t_i$，$t_i = \alpha_i/\omega_{1s} = \alpha_i/2\pi f_{1s}$（$\omega_{1s}$是定子基波角频率）。

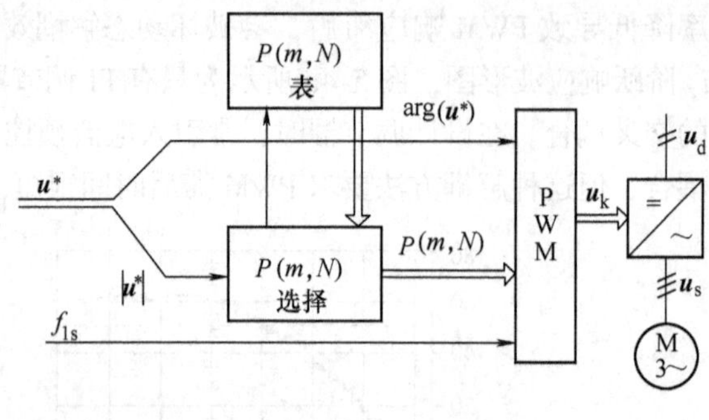


图 5-5 优化 PWM 的控制框图

对于同步对称优化 PWM，随基波频率 $f_{1s}$的降低，开关频率 $f_t$（载波或采样频率）也随之降低，为了不使 $f_t$过低，在 $f_t$降至一定值后就要增大一个基波周期中开关周期的个数（*FR* 值）——分段同步。随调制系统 $m$ 的减小和 *FR* 的加大，同步优化 PWM 和异步 PWM 的谐波总畸变率之间的差别越小，为简化系统，在 $m<0.3$ 后，从同步优化 PWM 改为异步 PWM。

图 5-5 所示控制框图只适用于 V/f 调速系统，稳态运行工况。对于高性能系统，在任意时刻更换 $P(m, N)$ 表中的数据会给系统带来冲击。假设系统原来工作于稳态工况 1，调用 $P(m, N)$ 表中 $P_1$组角度值，对应的 PWM 输出电压矢量为 $\boldsymbol{u}_{ss1}$，定子磁链矢量沿稳态优化轨迹 1 运动，为

$$\boldsymbol{\Psi}_{ss1}(t) = \int_{t_1}^{t} \boldsymbol{u}_{ss1}\,\mathrm{d}t + \boldsymbol{\Psi}_{ss1}(t_1) \tag{5-2}$$

式中，$\boldsymbol{\Psi}_{ss1}(t)$是工况 1 的定子磁链矢量；$\boldsymbol{\Psi}_{ss1}(t_1)$是初始值；$t_1$ 是 $P_1$开始调用的时刻。

由于优化 PWM 在 $m>0.3$ 时才使用，大容量电动机定子绕组电阻电压降对磁链的影响可以忽略。

若在 $t=t_2$时要求改调用 $P(m, N)$ 表中 $P_2$组角度值，对应的 PWM 输出电压矢量 $\boldsymbol{u}_{ss2}$，定子磁链矢量为

$$\boldsymbol{\Psi}_{s2}(t) = \int_{t_2}^{t} \boldsymbol{u}_{ss2}\,\mathrm{d}t + \boldsymbol{\Psi}_{ss1}(t_2) \tag{5-3}$$

式中，$\boldsymbol{\Psi}_{ss1}(t_2)$ 是 $\boldsymbol{\Psi}_{ss1}(t)$ 在 $t=t_2$时的状态，它也是用来计算 $\boldsymbol{\Psi}_{s2}(t)$ 轨迹的初始值。按 $P_2$组角度值工作的稳态优化磁链轨迹 2 为

$$\boldsymbol{\Psi}_{ss2}(t) = \int_{t_2}^{t} \boldsymbol{u}_{ss2}\,\mathrm{d}t + \boldsymbol{\Psi}_{ss2}(t_2) \tag{5-4}$$

式中，$\boldsymbol{\Psi}_{ss2}(t_2)$ 是优化磁链轨迹 2 在 $t=t_2$时的值。

由于 $\boldsymbol{\Psi}_{ss1}(t_2) \neq \boldsymbol{\Psi}_{ss2}(t_2)$，所以 $\boldsymbol{\Psi}_{s2}(t) \neq \boldsymbol{\Psi}_{ss2}(t)$，在 $t>t_2$时，实际的定子磁链轨迹偏离优化轨迹，产生动态调制误差矢量 $\boldsymbol{d}$，给系统带来冲击。即

$$\boldsymbol{d} = \boldsymbol{\Psi}_{ss2}(t) - \boldsymbol{\Psi}_{s2}(t) \tag{5-5}$$

动态调制误差 $\boldsymbol{d}$ 会按电动机暂态时间常数衰减（参见图 5-6）。在动态，由于不断地更改 $P(m, N)$ 调用值，在上一个动态调制误差还没衰减完时又产生新误差，误差积累将导致系统出现过电流故障。

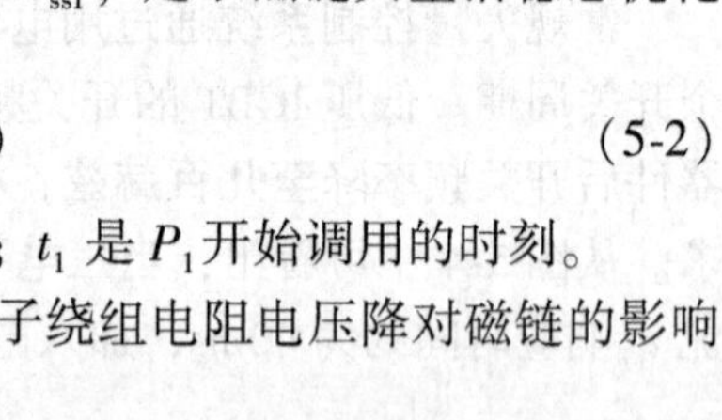

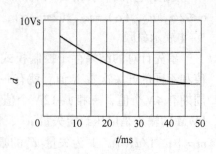

图 5-6 误差 $\boldsymbol{d}$ 衰减图

## 5.3 定子磁链轨迹控制

定子磁链轨迹控制（SFTC）用以解决在高性能控制系统中由于采用同步对称优化 PWM 策略而出现的问题，使得在低开关频率时谐波小，系统响应快。它的特点是在暂态根据期望的定子磁链矢量 $\boldsymbol{\Psi}_{ss}$ 与实际的定子磁链矢量 $\boldsymbol{\Psi}_{sM}$（观测矢量——电动机模型输出，用下标 M 表示）之差 $\boldsymbol{d}(t)$ 修正 $P(m, N)$ 表中的开关角，以避免冲突。

SFTC 框图如图 5-7 所示，图中上半部是基于查表的同步对称优化 PWM 框图（同图 5-5），下半部是开关角修正部分框图。根据 $P(m, N)$ 表中储存的开关角信号，在静止变换环节中算出期望的 PWM 输出电压矢量 $\boldsymbol{u}_{ss}$，再经积分得到期望的定子磁链矢量 $\boldsymbol{\Psi}_{ss}$。实测的定子电流经电动机模型得实际定子磁链矢量（观测矢量）$\boldsymbol{\Psi}_{sM}$。两个磁链矢量之差 $\boldsymbol{d}(t) = \boldsymbol{\Psi}_{ss} - \boldsymbol{\Psi}_{sM}$通过轨迹控制环节产生三相角度修正信号 $\Delta P$。开关角度的变化带来 PWM 脉冲宽度变化，导致变换器输出电压波形伏-秒面积变化，电压伏-秒面积对应于磁链，所以可以通过修正开关角来修正定子磁链轨迹，使其实际矢量跟随期望矢量运动，从而避免冲击。

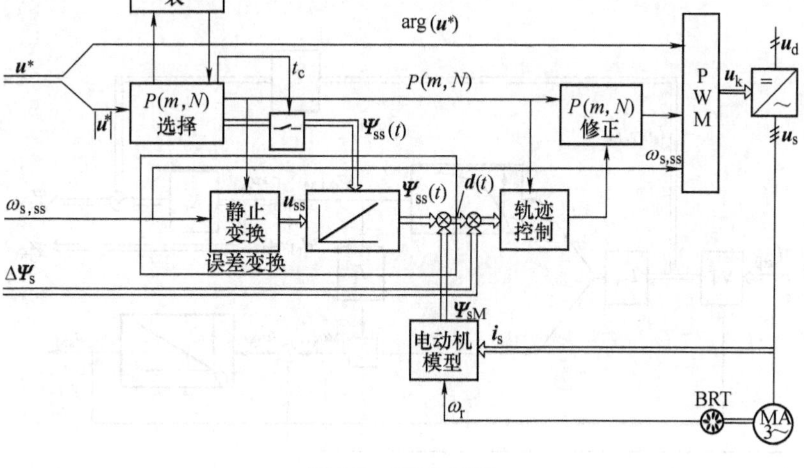


图 5-7　SFTC 框图

有 3 个问题待进一步说明：如何计算 $\boldsymbol{\Psi}_{ss}$、如何得到 $\boldsymbol{\Psi}_{sM}$ 以及如何计算 $\Delta P$ 和开关角修正量。

**1. $\boldsymbol{\Psi}_{ss}$ 计算**

$\boldsymbol{\Psi}_{ss}$ 矢量是优化的稳态定子磁链矢量，选择定子磁链作为校正目标的原因是它受电动机参数影响最小，不受磁路饱和带来的电感值变化的影响；定子磁链与负载电流无关（在 $m > 0.3$ 时，可忽略定子电阻电压降影响）。

$\boldsymbol{\Psi}_{ss}$ 通过积分同步对称优化的稳态 PWM 电压矢量 $\boldsymbol{u}_{ss}$ 得到，假设 $t = t_c$ 时刻，一组新的开关角被调用，共有 $12N$ 个角度值，它们的序号是 $i = 1, \cdots, 12N$。即

$$\boldsymbol{\Psi}_{ss}(t) = \int_{t_c}^{t} \boldsymbol{u}_{ss} \mathrm{d}t + \boldsymbol{\Psi}_{ss}(t_c) \tag{5-6}$$

式中，$\boldsymbol{\Psi}_{ss}(t_c)$ 是积分初始值。

$$\boldsymbol{\Psi}_{ss}(t_c) = \int_{t_i}^{tc} \boldsymbol{u}_{ss}\mathrm{d}t + \boldsymbol{\Psi}_{ss}(t_i)$$

$$\boldsymbol{\Psi}_{ss}(t_i) = \boldsymbol{\Psi}_{ss}(\alpha_i) \tag{5-7}$$

式中，$t_i$ 是领先 $t_c$ 的第 $i$ 个开关角 $\alpha_i$ 对应的时刻，$t_i = \alpha_i/\omega_s$；$\boldsymbol{\Psi}_{ss}(t_i)$ 是 $t_i$ 时刻的 $\boldsymbol{\Psi}_{ss}$；$\boldsymbol{\Psi}_{ss}(\alpha_i)$ 是 $\alpha_i$ 角对应的 $\boldsymbol{\Psi}_{ss}$，它也事先离线计算并和 $\alpha_i$ 一起存在 $P(m, N)$ 表中；$\omega_s$ 是同步角速度相对值。

$$\boldsymbol{\Psi}_{ss}(\alpha_i) = \int_0^{\alpha_i} \boldsymbol{u}_{ss}(\alpha)\mathrm{d}\alpha - \boldsymbol{\Psi}_{ss}(\alpha = 0)$$

$$\boldsymbol{\Psi}_{ss}(\alpha = 0) = \int_0^{2\pi}\left(\int_0^{\alpha} \boldsymbol{u}_{ss}(\alpha)\mathrm{d}\alpha\right)\mathrm{d}\alpha \tag{5-8}$$

由于时间差 $t_c - t_i$ 很短，按式（5-6）和式（5-7）计算简化了 $\boldsymbol{\Psi}_{ss}$ 数字计算，也避免了长时间积分带来的累积误差。

**2. $\boldsymbol{\Psi}_{sM}$ 计算**

$\boldsymbol{\Psi}_{sM}$ 来自异步电动机模型，J. Holtz 教授提出的 SFTC 系统采用电流模型，如图 5-8 所示。图中，反映信号流向的双线箭头表示该信号是矢量的两个分量；变量的下标 M 表示该变量是模型观测值。这个电流模型由两个部分构成：转差频率和从转子磁链矢量到定子磁链矢量的变换。

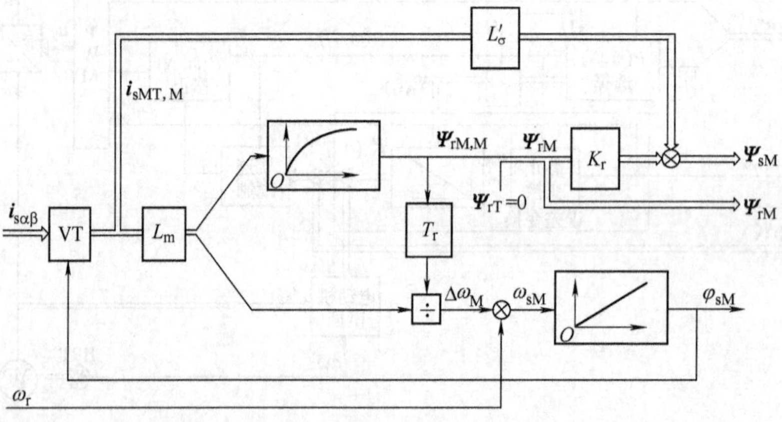


图 5-8　异步电动机的电流模型

测得的交流电流 $\boldsymbol{i}_{s\alpha\beta}$ 经矢量回转器（VT）变换成它在 $M$ 和 $T$ 轴分量的观测值 $i_{sM,M}$ 和 $i_{sT,M}$。因 $M$ 轴与转子磁链矢量 $\boldsymbol{\Psi}_{rM}$ 同向，转子磁链幅值 $|\boldsymbol{\Psi}_{rM}| = |\boldsymbol{\Psi}_{rM,M}|$，$\Psi_{sT,M} = 0$。即

$$|\boldsymbol{\Psi}_{rM,M}| = \frac{L_m}{1 + T_r s} i_{sM,M} \tag{5-9}$$

式中，$L_m$ 为互感；$T_r$ 是转子时间常数。

转子磁链矢量（观测值）为　　$\boldsymbol{\Psi}_{rM} = \boldsymbol{\Psi}_{rM,M} + \mathrm{j}\boldsymbol{\Psi}_{rT,M} = \boldsymbol{\Psi}_{rM,M} + \mathrm{j}0$

定子磁链矢量（观测值）为　　$\boldsymbol{\Psi}_{sM} = K_r\boldsymbol{\Psi}_{rM} + L'_\sigma \boldsymbol{i}_s$　　(5-10)

式中，$K_r$ 是转子耦合系数，$K_r = L_m/L_r$；$L'_\sigma = K_r L_\sigma = (L_m/L_r)(L_{s\sigma} + L_{r\sigma})$。

实际的定子磁链计算方法与图 5-8 所示略有区别，借助另一个矢量回转器（VT）把转子磁链矢量 $K_r\boldsymbol{\Psi}_{rM}$ 变回静止坐标系，在定子（静止）坐标系中与电流矢量 $L'_\sigma \boldsymbol{i}_s$ 相加，得定子

磁链矢量 $\boldsymbol{\Psi}_{sM}$（参见图 5-10）。将 $\boldsymbol{\Psi}_{sM}$送至 SFTC（参见图 5-7），与期望矢量 $\boldsymbol{\Psi}_{ss}$ 比较，产生动态调制误差矢量 $\boldsymbol{d}(t)$。

两个矢量回转器（VT）所需的转子磁链位置角（观测值）$\varphi_{sM}$信号来自同步旋转角速度（观测值）$\omega_{sM}$的积分，即

$$\begin{aligned}\varphi_{sM} &= \int\omega_{sM}\mathrm{d}t = \int(\omega_r + \Delta\omega_m)\,\mathrm{d}t \\ \Delta\omega_m &= \frac{L_m}{T_r}\frac{1}{\Psi_{rM,M}}i_{sT,M}\end{aligned} \tag{5-11}$$

式中，$\omega_r$ 是转子角速度信号；$\Delta\omega_m$ 是转差角速度（观测值）。

**3. $\Delta P$ 的计算及开关角修正**

动态调制误差 $\boldsymbol{d}(t)$ 用以修正来自 $P(m, N)$ 表中的角度值，使 $\boldsymbol{d}(t)$ 趋于最小，$\boldsymbol{d}(t)$ 经轨迹控制环节产生三相角度修正信号 $\Delta\boldsymbol{P}$（参见图 5-7）。

定子磁链的动态误差是 PWM 波形的伏-秒面积误差，可以通过改变 PWM 开关时刻来修正。在系统中，$\boldsymbol{d}(t)$ 的采样和修正周期为 $T_k=0.5\text{ms}$（小于 PWM 开关周期），在周期 $T_k$ 中，若某相存在 PWM 跳变，便修正它的跳变时刻，若无跳变便不修正。修正的原理（三电平逆变器）如下：

1）对于正跳变（从 $-u_d/2 \sim 0$ 或从 $0 \sim u_d/2$，标记为 $s=1$），若跳变时刻推后（$\Delta t>0$），则伏-秒面积减小；若跳变时刻提前（$\Delta t<0$），则伏-秒面积增加。

2）对于负跳变（从 $u_d/2 \sim 0$ 或从 $0 \sim -u_d/2$，标记为 $s=-1$），若跳变时刻推后（$\Delta t>0$），则伏-秒面积增加；若跳变时刻提前（$\Delta t<0$），则伏-秒面积减小。

3）若无跳变，标记为 $s=0$。

在一个采样周期 $T_k$ 中，某相可能有几次跳变，这个跳变次数定义为 $n$。

以 a 相为例，若在 $T_k$ 中存在 $n$ 次跳变，其中第 $i$ 次跳变的时间修正量为 $\Delta t_{ai}$，则在这个 $T_k$ 中，a 相动态调制误差的修正量为

$$\Delta d_a = -\frac{u_d}{3}\sum_{i=1}^{n} s_{ai}\Delta t_{ai} \tag{5-12}$$

式中，$u_d$ 是直流母线电压相对值，它的基值为 $u_{1m}=2U_d/\pi$（$u_{1m}$是逆变器按 6 拍运行时的基波电压幅值；$U_d$ 是直流母线电压测量值）。

令 $d_a(k)$ 表示在 $k$ 周期之初采样到的误差值，$\Delta d_a(k-1)$ 表示在前一周期（第 $k-1$ 周期）计算但还没执行完的误差修正值，则在第 $k$ 周期应执行的修正量为

$$\Delta d_a(k) = -\left[d_a(k) - \Delta d_a(k-1)\right] \tag{5-13}$$

式中，中括号前的负号表示修正量应与误差量符号相反。

由式（5-12）和式（5-13），得到 a 相第 $i$ 次跳变的时间修正量为

$$\Delta t_{ai} = \frac{3}{u_d}\frac{1}{s_{ai}}[\boldsymbol{d}(k) - \Delta\boldsymbol{d}(k-1)]\cdot 1 \tag{5-14}$$

同理得到 b 相和 c 相第 $i$ 次跳变的时间修正量为

$$\begin{cases}\Delta t_{bi} = \dfrac{3}{u_d}\dfrac{1}{s_{bi}}[\boldsymbol{d}(k) - \Delta\boldsymbol{d}(k-1)]\cdot \boldsymbol{a} \\ \Delta t_{ci} = \dfrac{3}{u_d}\dfrac{1}{s_{ci}}[\boldsymbol{d}(k) - \Delta\boldsymbol{d}(k-1)]\cdot \boldsymbol{a}^2\end{cases} \tag{5-15}$$

式中，$1=\mathbf{e}^{j0}$、$\boldsymbol{a}=\mathbf{e}^{j2\pi/3}$、$\boldsymbol{a}^2=\mathbf{e}^{-j2\pi/3}$是三相单位矢量（参见图 5-9b）；"·"是矢量点积运算符号（注：相 a、b、c 即逆变器三相输出 R、S、T）。

图 5-9a 所示为三相开关角修正图，图中虚线为未修正的波形，实线为修正后的波形，阴影区为修正的伏－秒面积。图 5-9b 是与图 5-9a 对应的误差矢量 $\boldsymbol{d}(t)$ 的修正轨迹图。图 5-9c 是有修正的 $\boldsymbol{d}(t)$ 波形图（与图 5-6 情况相同），经两个采样周期（1ms）它被修正为零，不到图 5-6 所示的衰减时间的 1/40。图 5-9d 是有修正的定子电流矢量在静止坐标系的轨迹图（与图 5-3 情况相同），与图 5-3 相比电流冲击很小。

受最窄 PWM 脉冲及采样周期长度 $T_k$ 等的限制，按式（5-14）和式（5-15）算出的时间修正量有时不能完全执行，若某相在 $T_k$ 中没有跳变，也无法修正该相误差，则所有剩余误差都要留到后序采样周期执行。

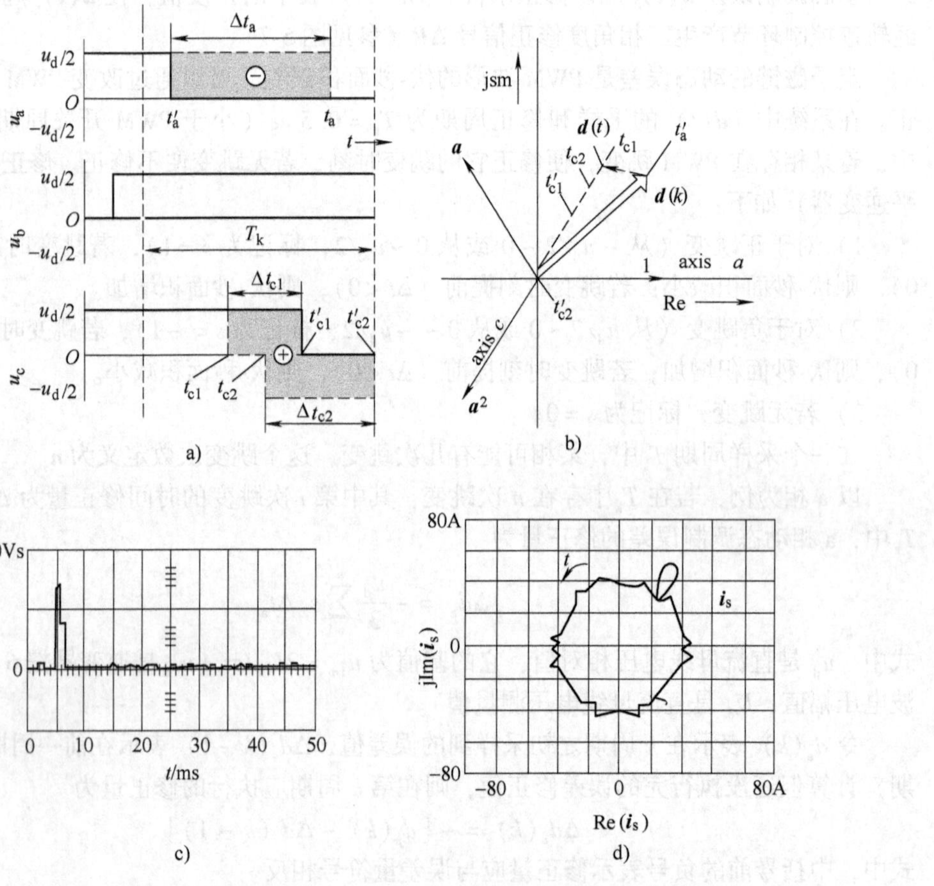

图 5-9　开关角修正、$\boldsymbol{d}(t)$ 轨迹和修正效果图

a）开关角修正　b）$\boldsymbol{d}(t)$ 轨迹修正　c）有修正的 $\boldsymbol{d}(t)$ 波形　d）有修正的定子电流矢量轨迹图

## 5.4　SFTC 的闭环调速系统

### 1. 自控电动机

在矢量控制系统中，PWM 的输入电压矢量 $\boldsymbol{u}^*$ 来自电流调节器输出，含有噪声，把它

送至优化 PWM，将导致 $P(m, N)$ 表的错误调用和修正，使系统紊乱。解决的方法是借助电动机模型（观测器）建立一个能输出干净 $\boldsymbol{u}^*$ 的自控电动机。观测器输入电压信号 $\boldsymbol{u}^*$ 不是来自电动机或电流调节器输出，而是来自优化 PWM 输入（它与 PWM 输出电压基波成比例，无 PWM 谐波），观测器输出一个干净的 $\boldsymbol{u}^*$ 信号，又送回 PWM 输入，这是一个自我封闭的稳态工作系统，所有输出都是干净的基波值，仅在接收到输入扰动信号 $\Delta\boldsymbol{\Psi}_s$ 后才改变工作状态（见图 5-11）。优化 PWM 需要的干净的频率信号 $\omega_{s,ss}$ 也来自自控电动机。

常用的异步电动机观测器有三种：一是静止坐标观测器，受电动机参数影响较大；二是全阶观测器，动态响应较慢；三是混合观测器，性能较好，Holtz 教授的 SFTC 系统采用这种模型。

混合观测器主要由定子模型和转子模型两部分组成，如图 5-10 所示。转子模型是图 5-8 所示的异步电动机电流模型，定子模型是降阶观测器。

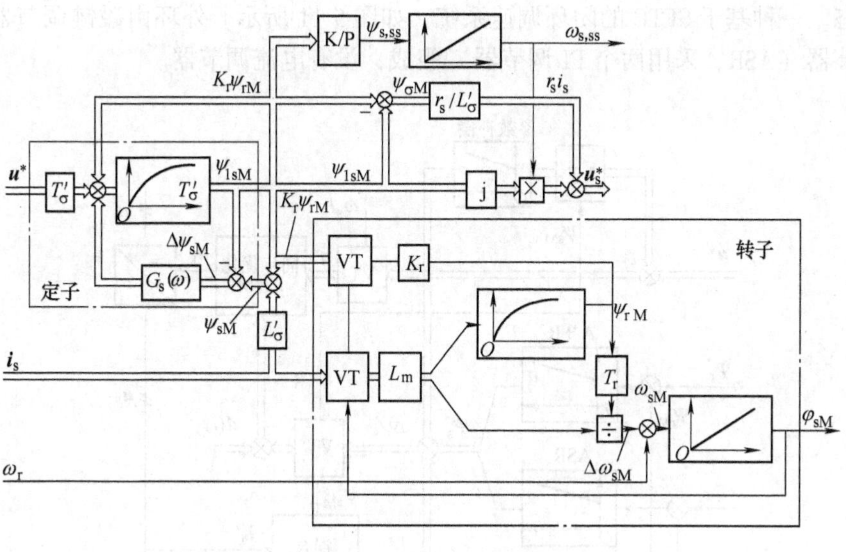

图 5-10　异步电动机混合观测器框图

定子磁链矢量与定子电压、电流基波矢量间的关系式为

$$\frac{d\boldsymbol{\Psi}_{1s}}{dt} = \boldsymbol{u}_{1s} - r_s\boldsymbol{i}_{1s} \tag{5-16}$$

公式中电压、电流和磁链的下标 1 表示基波。

由式（5-10），得

$$i_{1s} = \frac{\boldsymbol{\Psi}_{1s} - K_r\boldsymbol{\Psi}_r}{L'_\sigma}$$

则

$$L'_\sigma\frac{d\boldsymbol{\Psi}_{1s}}{dt} + \boldsymbol{\Psi}_{1s} = T'_\sigma\boldsymbol{u}_{1s} + K_r\boldsymbol{\Psi}_r \tag{5-17}$$

式中，$T'_\sigma$ 为漏感时间常数 $T'_\sigma = L'_\sigma/r_s$；$r_s$ 是定子电阻；$L'_\sigma = K_rL_\sigma = K_r(L_{s\sigma} + L_{r\sigma})$。

按式（5-17）构建定子模型，并以下标 M 表示模型输出，则

$$\Psi_{1s,M} = \frac{1}{T'_{\sigma}s+1}[T'_{\sigma}u^{*} + K_r\Psi_{rM} + G_s(\omega)(\Psi_{1s,M} - \Psi_{sM})] \tag{5-18}$$

式中，$\Psi_{1s,M}$是定子磁链基波矢量，它是降阶观测器输出；$K_r\Psi_{rM}$来自转子模型；$\Psi_{sM}=K_r\Psi_{rM}+T'_{\sigma}\boldsymbol{i}_s$（$\Psi_{sM}$还被送去与$\Psi_{ss}$比较，产生动态调制误差矢量$\boldsymbol{d}(t)$，参见图5-7）；$G_s(\omega)$（$\Psi_{1s,M}-\Psi_{sM}$）反馈用于减小电动机参数偏差影响，$G_s(\omega)$是校正增益。

混合观测器的输出$\boldsymbol{u}^{*\prime}$由$\Psi_{1s,M}$和$K_r\Psi_{rM}$算出，它们都是干净信号（由于转子时间常数$T_r$大，所以$K_r\Psi_{rM}$是干净信号），即

$$\boldsymbol{u}^{*\prime} = j\omega_{s,ss}\Psi_{1s,M} + \left(\frac{r_s}{L'_{\sigma}}\right)(\boldsymbol{\Psi}_{1sM} - K_r\boldsymbol{\Psi}_{rM}) \tag{5-19}$$

式中，$\omega_{s,ss}$是稳态定子角频率，来自磁链$K_r\boldsymbol{\Psi}_{rM}$位置角的微分，它也是优化PWM所需频率信号的来源。

**2. SFTC的闭环调速系统**

引入自控电动机后系统不能调速，必须通过外环加入扰动矢量$\Delta\boldsymbol{\Psi}_s$才能改变原来的稳态工作状态。一种基于SFTC的闭环调速系统，如图5-11所示。外环由磁链调节器（AΨR）和转速调节器（ASR，采用两个PI调节器）组成，没有电流调节器。

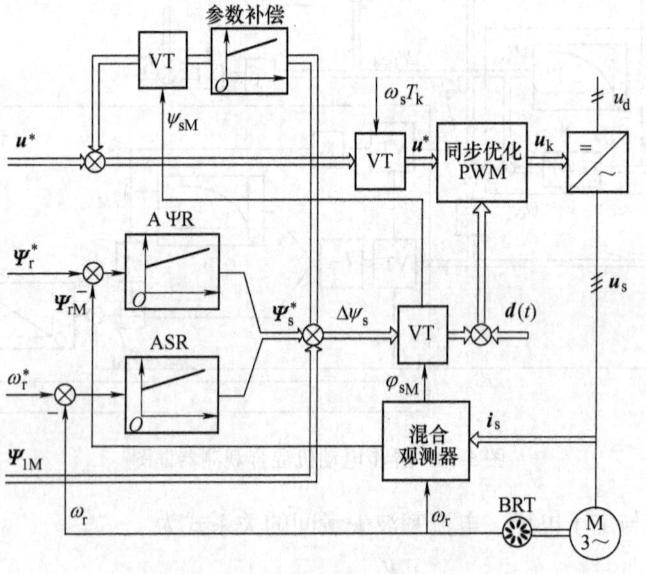


图5-11　基于SFTC的闭环调速系统

磁链调节器（AΨR）的反馈信号来自混合观测器的转子磁链实际值$\Psi_{rM,M}$（由于定向于转子磁链矢量$\boldsymbol{\Psi}_r$，$\Psi_{rT}=0$，所以$\Psi_{rM}=\Psi_r$，$\Psi_{rM,M}$是$\Psi_r$的观测值），输出是定子磁链$M$轴分量给定$\Psi_{sM}^*$，因为

$$\Psi_{sM} = K_r\Psi_{rM} + L'_{\sigma}i_{sM}$$

考虑到在$\Psi_r$恒定的条件下，$\Psi_{rM}=L_m i_{sM}$及异步电动机转子磁链公式（5-19），则

$$T_r\frac{d\Psi_{rM}}{dt} + \Psi_{rM} = K_s\Psi_{sM} \tag{5-20}$$

式中，$K_s$为比例系数。

由式（5-20）可知，转子磁链幅值 $\Psi_r$ 只与 $\Psi_{sM}$ 有关，不与 $T$ 轴耦合，可以通过控制 $\Psi_{sM}$ 来控制 $\Psi_r$。

转速调节器（ASR）的反馈信号是来自编码器的转速实际值 $\omega_r$，输出是定子磁链 $T$ 轴分量给定 $\Psi_{sT}^*$，因为

$$\Psi_{sT} = K_r\Psi_{rT} + L'_\sigma i_{sT} = L'_\sigma i_{sT}$$

考虑到电动机转矩 $T_d = K_{mi}\Psi_r i_{sT}$ 及 $\Psi_{rT}=0$，所以

$$T_d = \frac{K_{mi}}{L'_\sigma}\Psi_r\Psi_{sT} \tag{5-21}$$

在 $\Psi_r$ 恒定的条件下，转矩只与 $\Psi_{sT}$ 有关，不与 $M$ 轴耦合，可以通过控制 $\Psi_{sT}$ 来控制转矩，从而控制转速。转矩和电流的限制由该调节器限幅实现。

$\Psi_{sM}^*$ 和 $\Psi_{sT}^*$ 合成的定子磁链给定矢量 $\boldsymbol{\Psi}_s^*$ 与来自混合观测器的定子磁链实际基波矢量 $\boldsymbol{\Psi}_{1s,M}$ 比较后得到“自控电动机”的扰动矢量信号 $\Delta\boldsymbol{\Psi}_s$，它与动态调制误差 $\boldsymbol{d}(t)$ 相加，作为总的磁链修正信号。由于 SFTC 的磁链跟踪性能好，能很快消除磁链误差 $\Delta\boldsymbol{\Psi}_s$，使 $\boldsymbol{\Psi}_{1s,M} = \boldsymbol{\Psi}_s^*$，从而消除交叉耦合，实现磁链与转矩的分别控制。例如在需要调速时，转速给定 $\omega^*$ 的变化引起 $\Psi_{sT}^*$ 变化，$\Delta\Psi_s \neq 0$，自控电动机受扰动而改变原有稳定工作状态，SFTC 起作用来消除 $\Delta\boldsymbol{\Psi}_s$，使实际的 $\Psi_{sT}$ 等于新的给定值，导致电动机转矩和转速变化，趋向新的工作点。

为消除电动机参数变化对系统的影响，在系统中引入两个参数补偿 PI 调节器，它们的输入是 $\Delta\boldsymbol{\Psi}_s$，输出与 $\boldsymbol{u}^*$ 信号（自控电动机输出）叠加，修改 PWM 输入矢量 $\boldsymbol{u}^*$。由于电动机参数变化缓慢，这两个 PI 调节的比例系数很小，时间常数大。

为补偿自控电动机数字离散计算带来的一个采样周期滞后，在图 5-11 所示的系统从 $\boldsymbol{u}^{*\prime}$ 到 $\boldsymbol{u}^*$ 的通道中插入一个矢量回转器（VT）它的回转角度为 $\omega_s T_k$（$T_k$ 为开关角采样和修正周期）。加入该 VT 后，矢量 $\boldsymbol{u}^*$ 向前转 $\omega_s T_k$ 角。

**3. 实验结果**

基于定子 SFTC 的闭环调速系统已在 30kW 样机和 2MW 系列工业产品中得到验证。

图 5-12 所示是磁链跟踪性能图，磁链偏差经 3 个采样周期（1.5ms）被纠正到零，与图 5-6 所示磁链偏差自然衰减相比，时间缩短到 1/27。

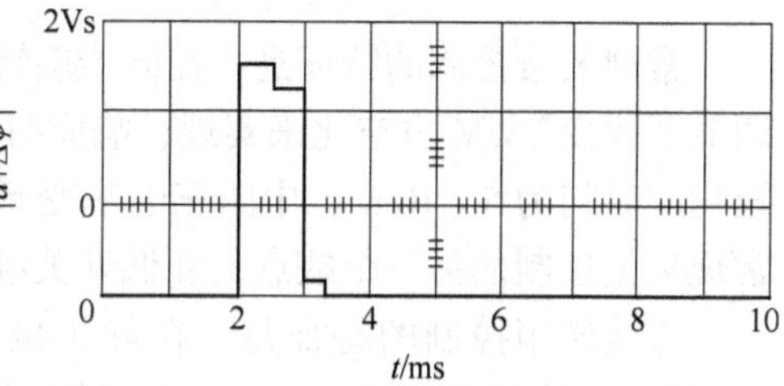


图 5-12　磁链跟踪性能

图 5-13 所示是突加 $i_{sT}^*$ 的响应图，从图中看出，虽然开关频率只有 200Hz，但基波转矩电流 $i_{1s,T}$ 经 3 个采样周期（1.5ms，小于一个开关周期）达到新稳态值，期间磁化电流 $i_{1s,M}$ 只有微小变化，说明解耦性能良好，与图 5-4 相比响应时间和解耦性能都有质的改进。

图 5-14 所示是突加转速给定响应图，经 0.5s 转速从 0r/min 加速到 1500r/min，超调很小，加速期间转矩和转矩电流的限制性能良好。

图 5-15 所示是电动机从空载到额定负载的电流轨迹图，响应快，超调小。

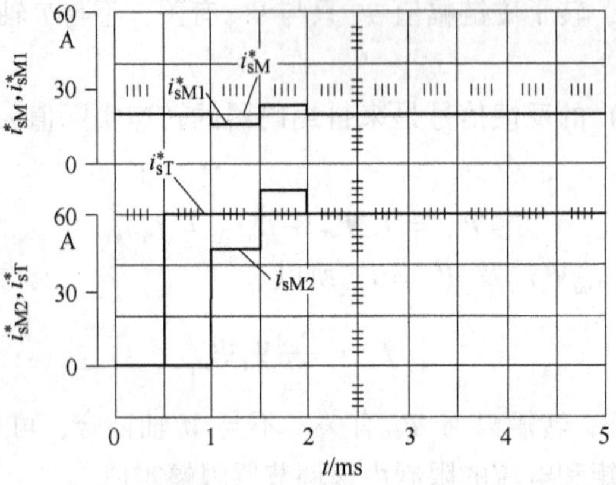


图 5-13　突加 $i_{sT}^{*}$ 的响应

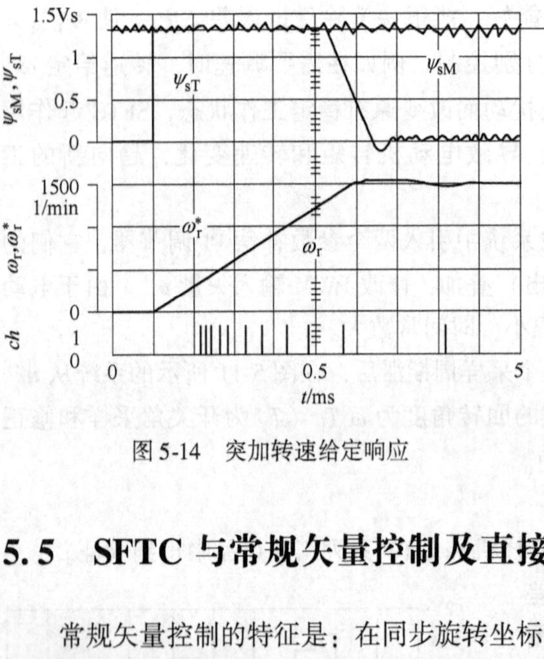


图 5-14　突加转速给定响应

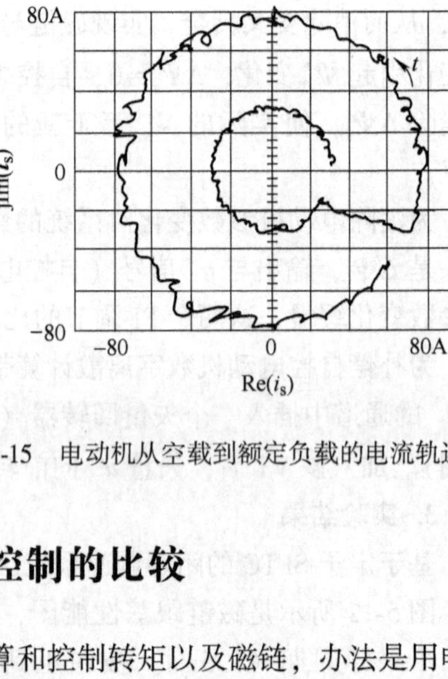


图 5-15　电动机从空载到额定负载的电流轨迹图

## 5.5　SFTC 与常规矢量控制及直接转矩控制的比较

常规矢量控制的特征是：在同步旋转坐标系上计算和控制转矩以及磁链，办法是用电流调节器改变 PWM 占空比来实现，响应时间需多个开关周期。低压变频器常规矢量控制的转矩响应时间为 5 ~ 10ms，中压三电平变频器开关频率降低后，转矩响应时间增至几十毫秒。常规矢量控制的另一个缺点是在低开关频率下动态解耦效果不好。

直接转矩控制的特征是：在静止坐标系上计算和控制转矩以及磁链，办法是用滞环 Bang-Bang 控制器来实现，它不介意控制对象是否解耦，且转矩响应快（1 ~ 5ms）。直接转矩控制的主要缺点是开关频率变化，谐波及转矩脉动大，图 5-16 所示是开关频率约为 350Hz 的直接转矩控制三电平逆变器电压、电流波形，比图 5-2b 所示的 SFTC 系统（开关频率为 200Hz）的电流波形谐波大很多。

SFTC 系统在同步旋转坐标系上计算转矩和磁链，在静止坐标系上通过修正 PWM 波形前后沿角度来实现，没有电流调节器或滞环 Bang-Bang 控制器，响应过程能在一个开关周期内完成（图 5-13 所示实例为 1.5ms），且动态解耦效果好。

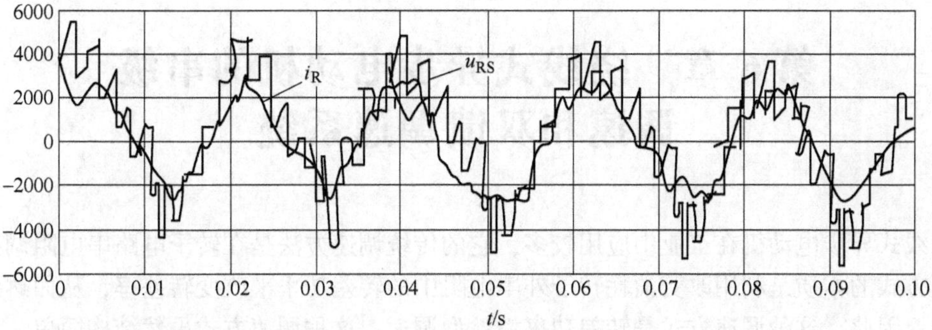


图 5-16　直接转矩控制三电平逆变器电压、电流波形（开关频率约为 350Hz）

从上述比较可以知道，SFTC 是一个既不同于常规矢量控制又不同于直接转矩控制，且性能优于两者的新系统。它用于采用高压大功率开关器件的中压变频器，解决了低开关频率带来的问题。

# 第 6 章　绕线式异步电动机的串级调速和双馈调速系统

绕线式异步电动机在工业中应用较多，它的传统调速方法是在转子电路串电阻调速。这种调速方式的本质是利用改变消耗转子外串电阻中的转差功率来改变转差率，从而达到调速的目的。因此，这种调速方式是转差功率消耗型调速。这种调速方式虽然结构简单、维护方便，但是调速是有级的，而且耗能多、效率低，使得调速性能和经济性都很差。目前，这种调速方式正在逐渐被淘汰。

随着电力电子技术和控制技术的发展，现代绕线式异步电动机一般都采用串级调速方式或双馈调速方式。二者共同的特点是在调速时可将转差功率回收利用，或者变为机械功率回馈到电动机轴上，或者回馈到电网，调速系统的效率很高，属于转差功率回馈型调速方式。目前已获得了广泛的应用。

本章将对绕线式异步电动机的串级调速和双馈调速系统进行详细分析。

## 6.1　串级调速和双馈调速的基本原理

### 6.1.1　绕线式异步电动机双馈调速的基本原理

**1. 双馈调速的基本概念**

所谓双馈调速，是指将电能分别馈入异步电动机的定子绕组和转子绕组。通常将定子绕组接入工频电源，将转子绕组接到频率、幅值、相位和相序都可以调节的独立的交流电源。如果改变转子绕组电源的频率、幅值、相位和相序，就可以调节异步电动机的转矩、转速和电动机定子侧的无功功率。这种双馈调速的异步电动机可以超同步和亚同步运行，不但可以工作在电动状态，而且可以工作在发电状态。

交-交变频器最适合于作为转子绕组的变频电源。这是因为交-交变频器采用晶闸管自然换流方式，结构简单，可靠性高；而且交-交变频器能够直接进行能量转换、效率较高。交-交变频器的最高输出频率是电网输入频率的 1/3 ~ 1/2。虽然这种输出频率限制了调速范围，但对于异步电动机来说，调速时超过同步转速过高，将会使转子绕组的机械强度受到损害。因此，在双馈调速方式中采用交-交变频器作为转子绕组的变频电源是比较适宜的。

**2. 绕线式异步电动机转子串入附加电动势时的工作情况**

由于异步电动机转子感应电动势的频率随转速改变而改变，是转差率的函数，为保证电动机稳定运行，就要求附加电动势的频率也要相应变化，并在稳态时与电动机转子感应电动势频率严格一致。串入的附加电动势对电动机工作的影响，将主要取决于附加电动势的幅值和相位。

异步电动机转子绕组串入附加电动势后的等效电路如图 6-1 所示。

串入附加电动势 $\dot{E}_a$ 后，电动机转子电流为

$$\dot{I}_r=\frac{\dot{E}_r\pm\dot{E}_a/s}{R_r/s+jX_r}=\frac{s\dot{E}_r\pm\dot{E}_a}{R_r+jsX_r}=\frac{\sum\dot{E}_r}{R_r+jsX_r}\qquad(6\text{-}1)$$

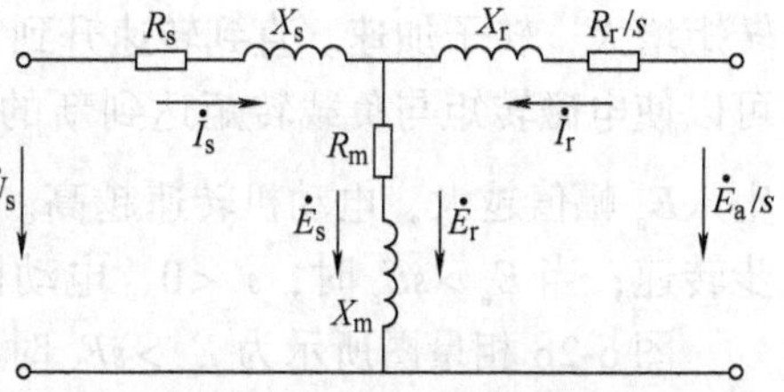


图 6-1 绕线式异步电动机转子绕组串入附加电动势后的等效电路图

式中，$\dot{E}_r$ 为转子不转时的开路相电动势；$\dot{E}_a/s$ 为转子回路串入的附加电动势；$R_r$ 为转子一相电阻；$X_r$ 为转子一相在转差频率时的漏电抗；$s$ 为转差率；$\sum\dot{E}_r$ 为串入附加电动势后的合成电动势，$\sum\dot{E}_r=s\dot{E}_r\pm\dot{E}_a$。

本章在没有特别说明时，电动机转子参数均是指折算到定子侧后的参数。

现在分析转子串入 $\dot{E}_a$ 之后对电动机运行的影响。由于电动机运行时，$s$ 一般都比较小，在进行原理性分析时可暂时忽略 $sX_r$ 的影响，这样可以突出主要概念。

忽略 $sX_r$，则式（6-1）变为

$$\dot{I}_r=\frac{\sum\dot{E}_r}{R_r}\qquad(6\text{-}2)$$

并可求出转子电流的有功分量为

$$I_{rp}=\frac{\mathrm{Re}\{\sum\dot{E}_r\}}{R_r}\qquad(6\text{-}3)$$

当电动机定子电源电压和负载转矩保持不变时，$I_{rp}$应保持为常数，即 $\mathrm{Re}\{\sum\dot{E}_r\}$ 不变，从这一点出发，可以分析电动机转子绕组串入 $\dot{E}_a$ 之后电动机的工作情况。

（1）$\dot{E}_a$ 与 $s\dot{E}_r$ 反相

向量图如图 6-2a 所示。串入 $\dot{E}_a$ 瞬间，$\mathrm{Re}\{\sum\dot{E}_r\}=sE_r-E_a$（此处以 $s\dot{E}_r$ 为参考向量，即复坐标系的实轴与 $s\dot{E}_r$ 重合。在本章的分析中未特别说明时均以 $s\dot{E}_r$ 为参考向量），即合成电动势减小，使 $I_{rp}$减小，电磁转矩也随之降低，因负载转矩不变，电动机降速，转差率随之增大，转子电路感应电动势也增加。当转差功率增大至 $s'$时，满足 $s'E_r-E_a=sE_r$ 即可以保持 $I_{rp}$不变，此为转子串入$\dot{E}_a$ 之前的数值，电磁转矩与负载转矩达到新的平衡。此时电动机的实际转差率 $s'>s$，转速降低了。由于 $s'E_r-E_a$ 为常数，因此串入的$\dot{E}_a$ 幅值越大，电动机转差率 $s'$越大，转速越低。显然 $s'$可以等于 1 或者大于 1 运行。

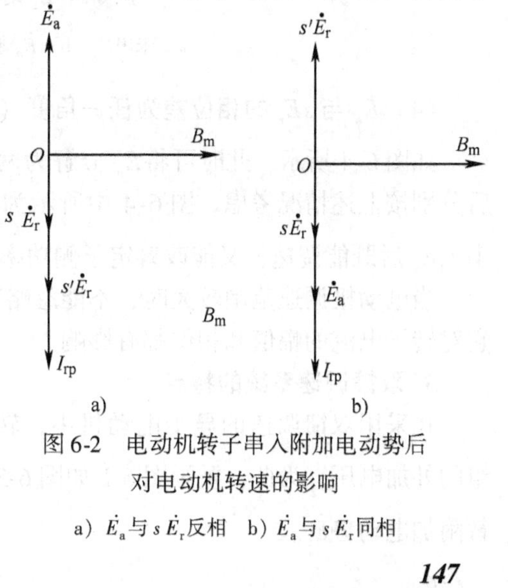


图 6-2 电动机转子串入附加电动势后对电动机转速的影响

a）$\dot{E}_a$与 $s\dot{E}_r$反相 b）$\dot{E}_a$与 $s\dot{E}_r$同相

（2）$\dot{E}_a$ 与 $s\dot{E}_r$ 同相

相量图如图 6-2b 所示。串入 $\dot{E}_a$ 瞬间，$\mathrm{Re}\{\sum\dot{E}_r\}=sE_r+E_a$，即合成电动势增大，电磁

转矩增大，转子加速。直到转速升到某个值时（此时转差率为 $s'$），满足 $s'E_r + E_a = sE_r$，就可以使电磁转矩与负载转矩达到新的平衡。此时电动机的实际转差率 $s' < s$，转速升高了。串入 $\dot{E}_a$ 幅值越大，电动机转速越高。显然，当 $E_a = sE_r$ 时，$s' = 0$，此时电动机可以达到同步转速；当 $E_a > sE_r$ 时，$s' < 0$，电动机的转速已经超过同步转速了。

图 6-2b 相量图所示为 $E_a > sE_r$ 时电动机转速超过同步转速（$s' < 0$）的情况。

（3）$\dot{E}_a$ 与 $s\dot{E}_r$ 相位差 90°

先考虑 $\dot{E}_a$ 领先 $s\dot{E}_r$ 90°的情况。转子未串入 $\dot{E}_a$ 的情况如图 6-3a 所示。串入 $\dot{E}_a$ 之后，合成电动势 $\sum\dot{E}_r$ 与产生的转子电流同相（仅考虑 $R_r$ 的作用时），其中有功电流为 $I_{rp}$，无功电流为 $I_{rp}$，如图 6-3b 所示。由于无功电流 $I_{rq}$ 与气隙磁密 $B_m$ 同相，起了励磁电流的作用。从而由定子侧吸收的无功电流减小，改善了定子边的功率因数（在图 6-3 中，忽略了定子侧的漏阻抗的电压降，假设 $\dot{U}_s = \dot{E}_s$）。由图 6-3a、b 可见，电动机定子侧功率因数得到显著改善。进一步增加 $\dot{E}_a$ 幅值，可使 $\varphi < 0$，从而使电动机定子侧可以发出无功功率。

如果使 $\dot{E}_a$ 滞后 $s\dot{E}_r$ 90°时，会使定子侧功率因数降低，如图 6-3c。这种情况是不可取的。

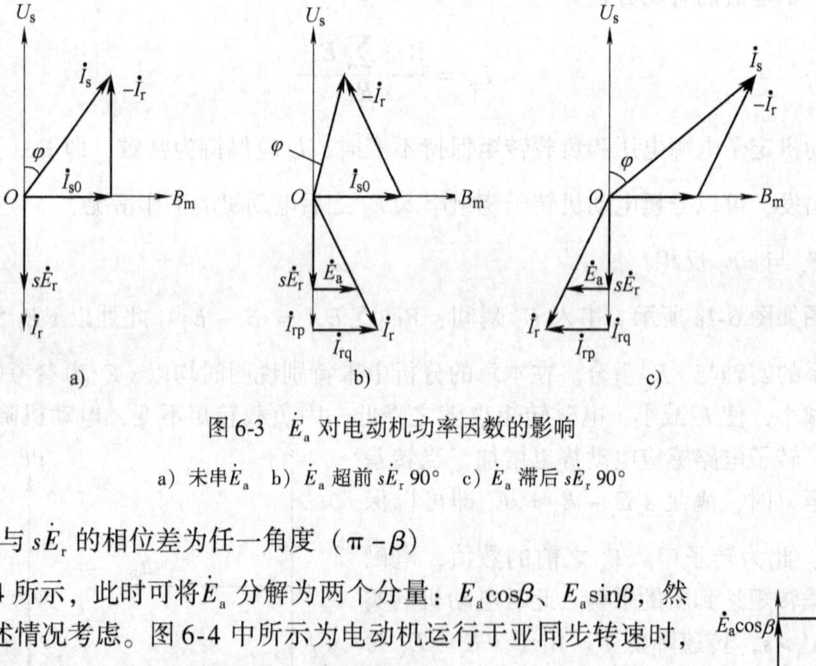


图 6-3 $\dot{E}_a$ 对电动机功率因数的影响

a）未串 $\dot{E}_a$ b）$\dot{E}_a$ 超前 $s\dot{E}_r$ 90° c）$\dot{E}_a$ 滞后 $s\dot{E}_r$ 90°

（4）$\dot{E}_a$ 与 $s\dot{E}_r$ 的相位差为任一角度（$\pi - \beta$）

如图 6-4 所示，此时可将 $\dot{E}_a$ 分解为两个分量：$E_a\cos\beta$、$E_a\sin\beta$，然后分别按上述情况考虑。图 6-4 中所示为电动机运行于亚同步转速时，串入 $\dot{E}_a$ 后既能调速，又能改善定子侧功率因数。

当电动机调速范围较大时，不能忽略转子漏电抗 $sX_r$ 的影响，因为它对转子电流的幅值和相位都有影响。

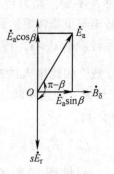

图 6-4 $\dot{E}_a$ 对电动机运行的影响

**3. 双馈调速系统的特点**

在采用双馈调速的异步电动机中，转子附加电动势表现为转子绕组的外加电压，为此，重画图 6-1 如图 6-5 所示，其中用外加电压 $\dot{U}_r$ 代替附加电动势 $\dot{E}_a$。

令 $s\dot{E}_r = sE_r e^{j0°}$，$\dot{U}_r = U_r e^{j(\pi-\beta)}$，考虑转子漏阻抗时，转子电流 $\dot{I}_r$ 为

$$\dot{I}_r = \frac{s\dot{E}_r \pm \dot{U}_r}{R_r + jsX_r} = \frac{E_r}{Z_r}\left[se^{-j\varphi_r} \mp \frac{U_r}{E_r}e^{-j(\beta+\varphi_r)}\right] \quad (6\text{-}4)$$

式中，$Z_r$ 为转子漏阻抗的幅值，$Z_r = \sqrt{R_r^2 + (sX_r)^2}$；$\varphi_r$ 为转差频率时转子电路的阻抗角，$\varphi_r = \arctan(sX_r/R_r)$。

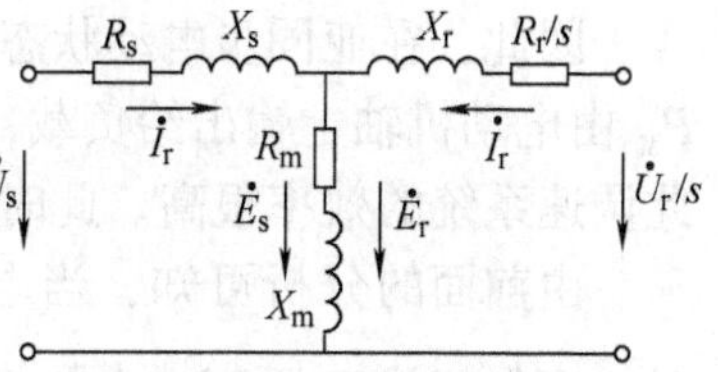


图 6-5　双馈调速的异步电动机等效电路

因此，转子有功电流为

$$I_{rp} = \frac{E_r}{Z_r}\left[s\cos\varphi_r - \frac{U_r}{E_r}\cos(\beta + \varphi_r)\right] \quad (6\text{-}5)$$

转子无功电流为

$$I_{rq} = -\frac{E_r}{Z_r}\left[s\sin\varphi_r - \frac{U_r}{E_r}\sin(\beta + \varphi_r)\right] \quad (6\text{-}6)$$

可见改变转子外加电压的幅值和相位，便可以改变 $I_{rp}$ 和 $I_{rq}$。由电机学理论可知，电动机的转矩和 $I_{rp}$ 成正比，所以通过改变 $\dot{U}_r$ 来调速。而调节 $I_{rq}$ 便可调节异步电动机的无功功率，使有功功率和无功功率保持一定的关系或者改善电动机定子侧功率因数。因此独立调节 $\dot{U}_r$ 的幅值和相位，可以方便地控制电动机的转速和功率因数。

此外，由式（6-5）可以看出，电动机的理想空载转速也和 $\dot{U}_r$ 有关。令 $I_{rp}=0$，即电磁转矩为零，则得到理想空载转差率 $s_0'$ 为

$$s_0' = \frac{U_r}{E_r}\frac{\cos(\beta + \varphi_r)}{\cos\varphi_r} = \frac{U_r}{E_r}(\cos\beta - \sin\beta\tan\varphi_r) \quad (6\text{-}7)$$

可见，改变 $\dot{U}_r$ 的大小和相位，就能改变 $s_0'$。

此处必须强调指出，与电动机的变频调速不同，双馈调速时异步机在转子串入外加电压后可以改变电动机的理想空载转速，但电动机的同步转速并没有变化。本章中所采用的转差率都是相对于电动机固有的同步转速而言的。在这种情况下，转子接入外加电压后电动机理想空载转差率不等于零，属于改变理想空载转速进行调速，可以等效地看成是“变同步转速”的调速，但其中的关系必须看清楚。

**4. 双馈调速异步电动机的运行状态和功率流动关系**

为简单起见，忽略电动机的各种损耗，只研究它的电磁功率 $P_m$，机械功率 $P_M=(1-s)P_m$ 和转差功率 $P_s=sP_m$ 的流动方向，以确定其运行状态。同时为了便于分析，假设外加电压 $\dot{U}_r$ 与转子感应电动势 $s\dot{E}_r$ 只存在同相或反相的关系，在分析功率流动时只考虑有功功率，由前面的分析可知，这样做并不会失去一般性，反而会使分析变得简单明了。

（1）亚同步电动运行状态（$0<s<1$）

亚同步电动运行状态相量图如图 6-6 所示。$\dot{U}_r$ 为转子外加电压；$s\dot{E}_r$ 为转子外加电压后转子绕组的感应电动势；$\sum\dot{E}_r$ 为转子外加电压后转子电路合成电动势，$\sum\dot{E}_r = s\dot{E}_r + \dot{U}_r$。由此可以得出电动机的功率流动关系。其中电磁功率为 $P_m = 3U_sI_s\cos\varphi>0$，机械功率为 $P_M=(1-s)P_m>0$，转差功率为 $P_s=sP_m>0$。

因此，在亚同步电动状态时，输入到电动机定子侧的电磁功率 $P_{\mathrm{m}}$ 一部分变为机械功率 $P_{\mathrm{M}}$ 由电动机轴上输出给负载，另一部分则变为转差功率 $P_{\mathrm{s}}$ 通过交-交变频器回馈电网，因此调速系统的效率很高。此时电磁转矩为拖动转矩。

由前面的分析可知，当电动机定子电压和负载转矩保持不变时，应保持 $\sum\dot{E}_{\mathrm{r}}$ 不变，由图 6-6 中可以看出，在亚同步电动运行状态时，$\dot{U}_{\mathrm{r}}$ 与 $s\dot{E}_{\mathrm{r}}$ 相位相反。$\dot{U}_{\mathrm{r}}$ 幅值越大，$s\dot{E}_{\mathrm{r}}$ 的幅值也越大，电动机的转速越低。

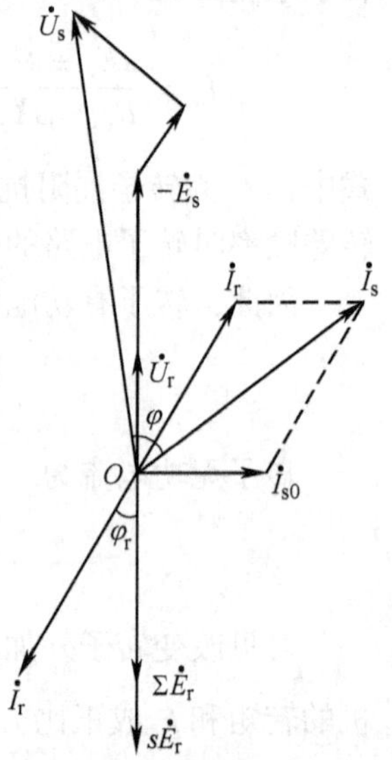


图 6-6　亚同步电动运行状态相量图

（2）亚同步发电制动运行状态（$0 < s < 1$）

亚同步发电制动运行状态相量图如图 6-7 所示，其中电磁功率为 $P_{\mathrm{m}} = 3U_{\mathrm{s}}I_{\mathrm{s}}\cos\varphi < 0$，机械功率为 $P_{\mathrm{M}} = (1-s)P_{\mathrm{m}} < 0$，转差功率为 $P_{\mathrm{s}} = sP_{\mathrm{m}} < 0$。

在亚同步发电制动运行状态时，电动机轴上的机械功率 $P_{\mathrm{M}}$ 和转子输入的转差功率 $P_{\mathrm{s}}$ 都以电磁功率 $P_{\mathrm{m}}$ 的形式送到定子侧，再回馈电网。此时电动机产生制动转矩。

由图 6-7 中还可以看出，在亚同步发电制动状态时，$\dot{U}_{\mathrm{r}}$ 与 $s\dot{E}_{\mathrm{r}}$ 相位相反。$\dot{U}_{\mathrm{r}}$ 幅值越大，电动机转速越低。

（3）超同步电动运行状态（$s < 0$）

超同步电动运行状态相量图如图 6-8 所示，其中电磁功率为 $P_{\mathrm{m}} = 3U_{\mathrm{s}}I_{\mathrm{s}}\cos\varphi > 0$，机械功率为 $P_{\mathrm{M}} = (1-s)P_{\mathrm{m}} > 0$，转差功率为 $P_{\mathrm{s}} = sP_{\mathrm{m}} < 0$。

在超同步电动运行状态时，电网通过定子向电动机输入电磁功率 $P_{\mathrm{m}}$，还通过交-交变频器向电动机输入转差功率 $P_{\mathrm{s}}$，然后都以机械功率 $P_{\mathrm{M}}$ 的形式由电动机轴输出给负载。此时电动机产生拖动转矩。

由图 6-8 中可以看出，在超同步电动运行状态时，$\dot{U}_{\mathrm{r}}$ 与 $s\dot{E}_{\mathrm{r}}$ 相位相反，但这次 $s$ 变成了负值。$\dot{U}_{\mathrm{r}}$ 幅值越大，$|s|$ 越大，电动机转速越高。

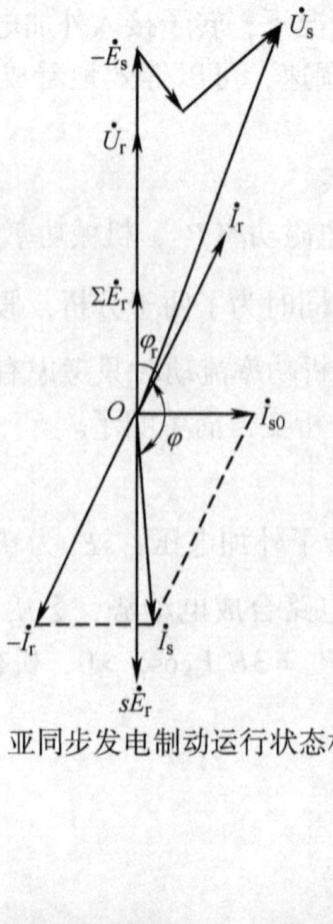


图 6-7　亚同步发电制动运行状态相量图

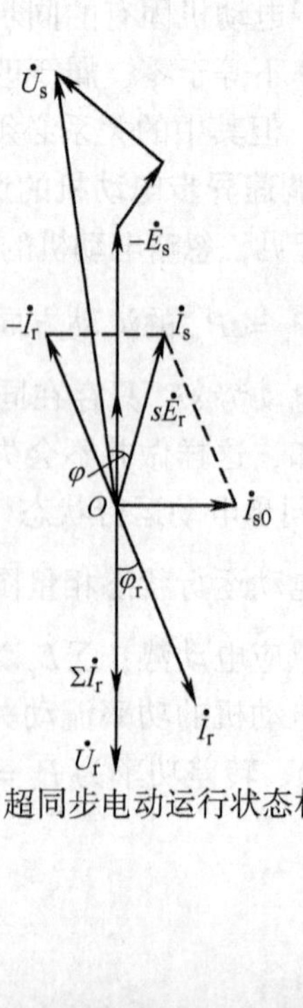


图 6-8　超同步电动运行状态相量图

(4) 超同步发电制动运行状态（$s<0$）

超同步发电制动运行状态相量图如图 6-9 所示，其中电磁功率为 $P_m=3U_sI_s\cos\varphi<0$，机械功率为 $P_M=(1-s)P_m<0$，转差功率为 $P_s=sP_m>0$。

在超同步发电制动运行状态时，由原动机输入电动机的机械功率 $P_M$，一部分转化为转差功率 $P_s$，通过交-交变频器回馈电网；一部分转化为电磁功率 $P_m$，由定子侧回馈电网。此时电动机产生的转矩为制动转矩。

由图 6-9 中可以看出，与超同步电动运行相似，超同步发电制动运行状态时 $\dot{U}_r$ 与 $s\dot{E}_r$ 相位相反，且 $s<0$，$\dot{U}_r$ 幅值越大，电动机转速越高。

(5) 倒拉反接制动运行状态（$s>1$）

倒拉反转运行状态相量图如图 6-10 所示。与图 6-6 类似，只是 $\dot{U}_r$ 的幅值要大得多，其中电磁功率为 $P_m=3U_sI_s\cos\varphi>0$，机械功率为 $P_M=(1-s)P_m<0$，转差功率为 $P_s=sP_m>0$。

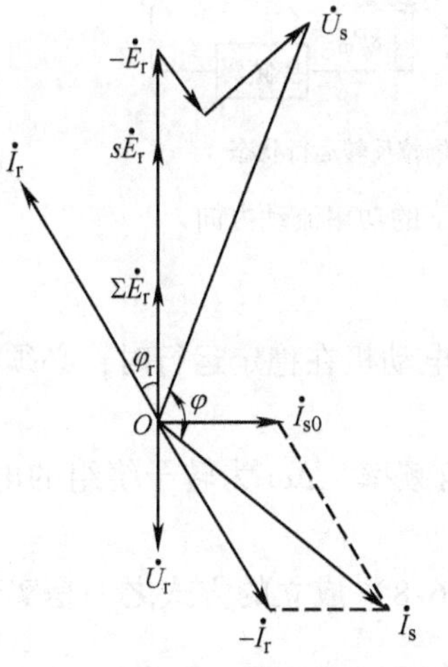


图 6-9　超同步发电制动运行状态相量图

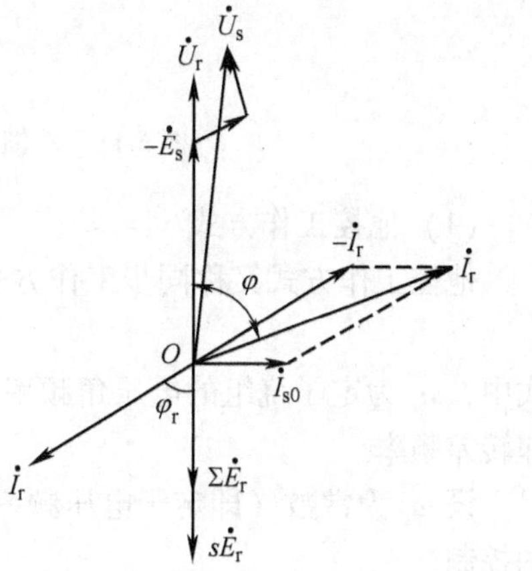


图 6-10　倒拉反转运行状态相量图

在倒拉反接制动运行状态时，由电网输入到电动机定子侧的电磁功率 $P_m$ 和原动机输入给电动机的机械功率 $P_M$ 都以转差功率 $P_S$ 的形式通过交-交变频器回馈电网。此时电动机产生的转矩为制动转矩。

由图 6-10 中可以看出，在倒拉反转运行状态时，增大 $\dot{U}_r$ 的幅值，则 $s$ 增大（$s>1$），电动机的反转转速增高。

由上面的分析可以画出双馈调速的异步电动机在 5 种运行状态时的功率流动图，如图 6-11 所示。

对于许多生产机械，亚同步发电制动状态和超同步电动状态都是必不可少的。双馈调速的异步机的优点之一就在于很容易实现这些状态。因此，双馈调速有很广阔的发展前途。

**5. 双馈调速系统的分类**

双馈调速的异步电动机的转子绕组一般采用交-交变频器作为变频电源。为使电动机稳定运行，要求在任何转速下，交-交变频器输出的电压与转子电动势同频率。根据交-交变频器的频率控制方法不同，双馈调速可以分为他控式和自控式两种控制方式。

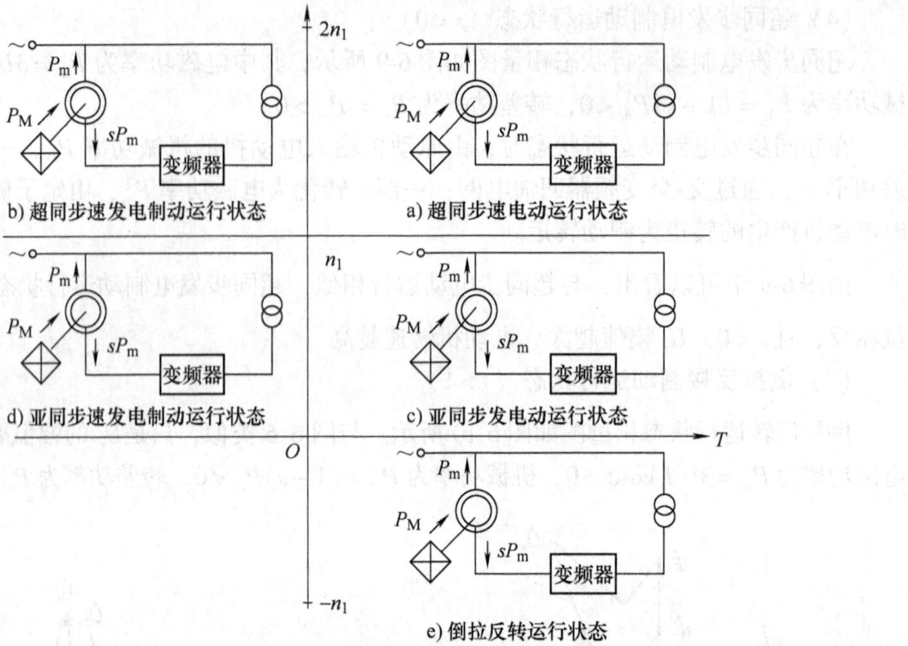


图 6-11　双馈电动机 5 种运行状态下的功率流动方向

(1) 他控工作方式

他控工作方式又称同步工作方式。因为任何异步电动机在稳定运行时，必须满足下式：

$$\Delta\omega = \omega_s - \omega_r \tag{6-8}$$

式中，$\omega_s$ 为定子绕组的电压角频率；$\omega_r$ 为转子旋转角频率；$\Delta\omega$ 为转子绕组的电压角频率，即转差频率。

设 $\omega_s$ 为常数（即定子电压频率恒定），则使式（6-8）成立的方式之一是实现下述规律的控制：

$$\omega_r = f(\Delta\omega) \tag{6-9}$$

即转子绕组中的电压频率被强制改变时，转子转速才会发生变化。这种控制方式即为他控工作方式。此时，电动机的工作相当于转子加交流励磁的同步电动机运行，电动机转速与负载无关，具有同步电动机的特点，但与同步电动机不同的是电动机转速可以调节。他控式双馈调速的异步电动机在突加负载或转速快调节的情况下，系统比较容易产生振荡。因此实际应用比较少，主要用于风机、泵类等负载平稳及对调速的快速性要求不高的场合。

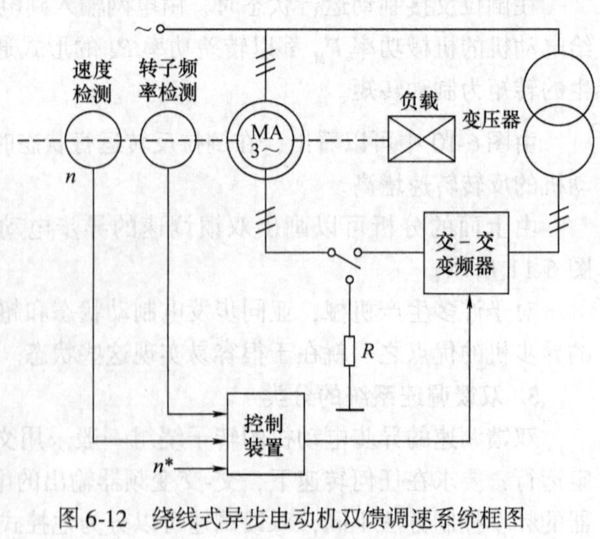


图 6-12　绕线式异步电动机双馈调速系统框图

(2) 自控工作方式

采用自控工作方式的绕线式异步电动机双馈调速系统如图 6-12 所示。自控

工作方式又称异步工作方式。由式（6-8）可以看出，保持 $\omega_s$ 为常数且使该式成立的另一种控制方式为

$$\Delta\omega = f(\omega_r) \tag{6-10}$$

即转子转速改变时，转子绕组的电压频率也随之做相应改变。这种控制方式即为自控工作方式，这种工作方式需要在电动机转轴上安装转子位置检测器检测转子位置，以实现精确的频率控制。自控式双馈调速系统的优点是：定子侧的无功功率可以调节；系统稳定性好；过载能力和抗干扰能力也比较强，适用于轧钢之类具有冲击性负载的场合。

### 6.1.2　绕线式异步电动机串级调速的基本原理

**1. 串级调速的基本概念和特点**

由前面的分析可知，绕线式异步电功机的转子绕组电路串入附加电动势，可以调节电动机转速。在双馈调速方式中是采用交-交变频器来产生附加电动势的。如果把转子感应电动势通过可控整流器变换成为直流电压，然后用一个直流附加电动势与之作用，也可以调节异步电动机的转速。这就是串级调速的基本工作原理。

在串级调速方式中，把交流可变频率电动势转化为与频率无关的直流电压，使得分析和控制都比较方便。但同时也因为不可控整流器的引入，给系统带来了一些新问题，主要是转子电流畸变，附加电动势的相位不可调，系统的功率因数较低及功率不能双向传递等问题。这些内容将在后面详细讨论。

一种比较常见的电气串级调速系统原理图如图 6-13 所示。

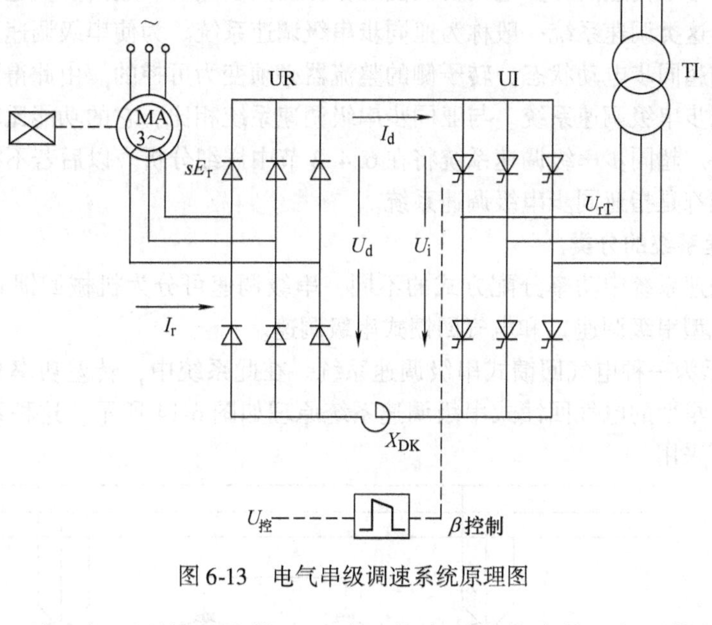


图 6-13　电气串级调速系统原理图

图 6-13 中 UR 为三相不可控整流器，UI 为工作在逆变状态的三相可控整流器，TI 为逆变变压器，$X_{DK}$为平波电抗器。异步电动机 MA 以转差率 $s$ 在运行，其转子电动势 $sE_r$ 经 UR 整流，输出直流电压 $U_d$。附加电动势由 UI 输出的直流电压 $U_i$ 提供。$U_d$ 与 $U_i$ 的极性以及电流 $I_d$ 的方向如图 6-13 所示。

电动机转子整流后的直流回路的电动势平衡方程式为

$$U_d = U_i + I_d R$$

或

$$K_1 sE_r = K_2 U_{rT}\cos\beta + I_d R \tag{6-11}$$

式中，$K_1$、$K_2$ 为 UR 与 UI 两个整流装置的电压整流系数，如果它们都采用三相桥式连接，则 $K_1 = K_2 = 2.34$；$U_d$ 为整流器输出电压；$U_i$ 为逆变器输出电压；$I_d$ 为直流电路电流；$U_{rT}$ 为逆变变压器的二次相电压；$\beta$ 为晶闸管逆变角；$R$ 为转子直流回路的电阻。

式（6-11）是在未考虑电动机转子绕组与逆变变压器的漏抗作用影响的情况下写出的简化公式。从式中可以看出 $U_d$ 是反映电动机转差率的量；控制晶闸管逆变角 $\beta$ 可以调节逆变电压 $U_i$；$I_d$ 与转子交流电流 $I_r$ 间有固定的比例关系，它可以近似地反映电动机电磁转矩的大小。

当电动机拖动恒转矩负载稳态运行时，可以近似认为 $I_d$ 为恒值。当 $\beta$ 增大时，则逆变电压 $U_i$（相当于附加电动势）立即减小，但电动机转速因存在着机械惯性不会突变，所以 $U_d$ 也不会突变。则转子直流电路电流 $I_d$ 增大，相应转子电流 $I_r$ 也增大，电动机的电磁转矩随之增大，电动机就加速；在加速过程中转子整流电压随之减小，又使电流 $I_d$ 减小，直到电磁转矩与负载转矩达到新的平衡，电动机进入新的稳定状态以较高的转速运行。同理，减小 $\beta$ 值可以使电动机在较低的转速下运行。以上就是以电力电子器件组成的绕线式异步电动机电气串级调速系统的工作原理

由于串级调速装置的转子侧整流器是不可控的，从图 6-13 可以看出，转子整流电流和功率（$U_d I_d$）只能单方向流动，即转差能量只能由电动机流入变换器。由图 6-11 可以看出，不可控整流式的串级调速的异步电动机只能工作在亚同步电动、超同步发电制动和倒拉反转制动运行状态。这类调速系统一般称为亚同步串级调速系统。为使串级调速系统能够达到亚同步发电制动和超同步电动状态，转子侧的整流器必须变为可控的。由此得到的一类串级调速系统称为超同步串级调速系统。与亚同步串级调速系统相比，它的功能比较完善，但控制方式也复杂一些。超同步串级调速系统将在 6. 4. 2 节中详细分析。以后若不特别指出，所讲的串级调速系统都是指亚同步串级调速系统。

**2. 串级调速系统的分类**

根据串级调速系统中功率分配方式的不同，串级调速可分为机械回馈式串级调速（又叫恒功率电动机型串级调速）和电气回馈式串级调速。

图 6-13 所示为一种电气回馈式串级调速系统。在此系统中，转差功率是以电能的形式回馈到电网的。早期的电气回馈式串级调速系统原理如图 6-14 所示。这种系统所用电动机较多，目前已不采用。

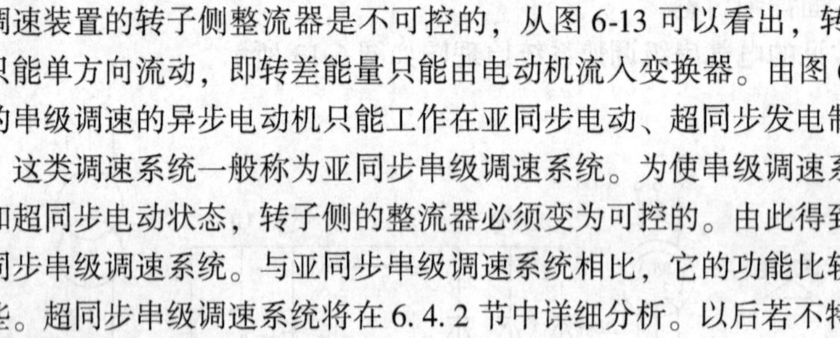

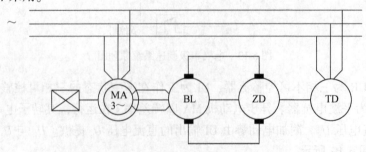

图 6-14　早期的电气回馈式串级调速系统原理图

对电气回馈式串级调速系统，电动机轴上输出功率为 $P_M=(1-s)P_m$，电动机的角速度为 $\omega_r=\omega_s(1-s)$，则电动机的输出电磁转矩 $T_{ei}$ 为

$$T_{ei}=\frac{P_M}{\omega_r}=\frac{(1-s)P_m}{\omega_s(1-s)}=\frac{P_m}{\omega_s}=\text{常数}$$

在调速的过程中，电动机轴上所出现的转矩是恒定的，属于恒转矩调速。

串级调速的另一种方式是机械回馈式串级调速，其系统原理如图 6-15 所示。

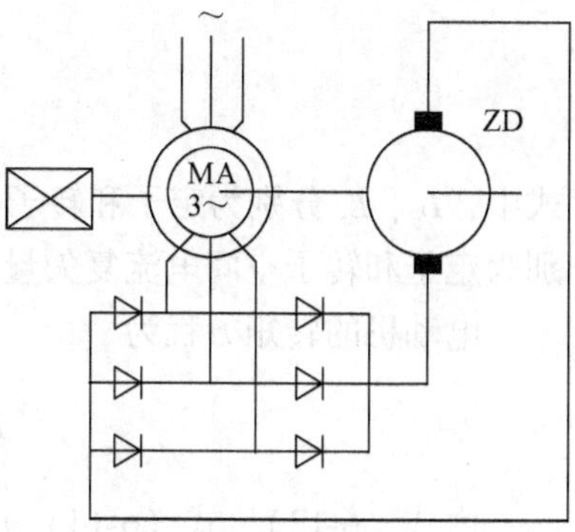


图 6-15 机械回馈式串级调速系统原理图

在机械回馈式串级调速系统中，异步电动机的转差功率通过一台由转子感应电动势整流电压供电的直流电动机变换为机械功率，并从电动机轴上输出。因此，在不考虑损耗的情况下，异步电动机轴上的输出功率为

$$P_{out}=P_M+P_s=(1-s)P_m+sP_m=P_m(\text{常数})$$

式中，$P_{out}$ 为异步电动机轴上的输出功率。

可见，在这种串级方式中，异步电动机轴上的输出功率是常数，且等于电动机从电网所吸收的功率。因此，机械回馈式串级调速属于恒功率调速。

从节能的角度看，机械回馈式串级调速系统有很大的优越性，特别是需要恒功率调速的设备，可以考虑采用这种串级方式。但是因为系统需要一台直流电动机，噪声大，直流电动机的容量也直接限制了调速范围，所以这种串级调速系统很少采用。

本章以后各节所讨论的串级调速系统在未加特别说明时，都是指静止式电气串级调速系统。

## 6.2 双馈调速系统和串级调速系统的稳态特性

### 6.2.1 双馈调速系统的稳态特性

#### 1. 双馈调速系统的机械特性

在二相旋转（$d$-$q$）坐标系中，双馈调速的异步电动机的电压方程写成复矢量形式为

$$\begin{cases}\dot{\boldsymbol{U}}_s=R_s\dot{\boldsymbol{I}}_s+p\dot{\boldsymbol{\varPsi}}_s+\mathrm{j}\omega_s\dot{\boldsymbol{\varPsi}}_s\\ \dot{\boldsymbol{U}}_r=R_r\dot{\boldsymbol{I}}_r+p\dot{\boldsymbol{\varPsi}}_r+\mathrm{j}s\omega_s\dot{\boldsymbol{\varPsi}}_r\end{cases}\tag{6-12}$$

式中，$R_s$、$R_r$ 分别为定子和转子每相绕组的电阻；$\dot{\boldsymbol{U}}_s$、$\dot{\boldsymbol{U}}_r$ 分别为定子和转子空间电压复矢量，$\dot{\boldsymbol{U}}_s=U_{sd}+\mathrm{j}U_{sq}$，$\dot{\boldsymbol{U}}_r=U_{rd}+\mathrm{j}U_{rq}$；$\dot{\boldsymbol{\varPsi}}_s$、$\dot{\boldsymbol{\varPsi}}_r$ 分别为定子和转子空间磁链复矢量，$\dot{\boldsymbol{\varPsi}}_s=\varPsi_{sd}+\mathrm{j}\varPsi_{sq}$，$\dot{\boldsymbol{\varPsi}}_r=\varPsi_{rd}+\mathrm{j}\varPsi_{rq}$。

在本节各矢量表示中，下标 $d$、$q$ 分别表示在 $d$-$q$ 坐标系中该电磁量在 $d$、$q$ 轴上的分量。

考虑到电动机在稳态时有 $p\dot{\boldsymbol{\varPsi}}_s=0$，$p\dot{\boldsymbol{\varPsi}}_r=0$，则电动机的电压方程可以写为

$$\begin{cases}\dot{\boldsymbol{U}}_{\mathrm{s}} = R_{\mathrm{s}}\dot{\boldsymbol{I}}_{\mathrm{s}} + \mathrm{j}\omega_{\mathrm{s}}\dot{\boldsymbol{\Psi}}_{\mathrm{s}} \\ \dot{\boldsymbol{U}}_{\mathrm{r}} = R_{\mathrm{r}}\dot{\boldsymbol{I}}_{\mathrm{r}} + \mathrm{j}\omega_{\mathrm{s}}\dot{\boldsymbol{\Psi}}_{\mathrm{r}}\end{cases} \tag{6-13}$$

电动机的磁链方程为

$$\begin{cases}\dot{\boldsymbol{\Psi}}_{\mathrm{s}} = L_{\mathrm{s}}\dot{\boldsymbol{I}}_{\mathrm{s}} + L_{\mathrm{m}}\dot{\boldsymbol{I}}_{\mathrm{r}} \\ \dot{\boldsymbol{\Psi}}_{\mathrm{r}} = L_{\mathrm{m}}\dot{\boldsymbol{I}}_{\mathrm{s}} + L_{\mathrm{r}}\dot{\boldsymbol{I}}_{\mathrm{r}}\end{cases} \tag{6-14}$$

式中，$L_{\mathrm{s}}$、$L_{\mathrm{r}}$ 分别为定子和转子每相绕组的电感；$L_{\mathrm{m}}$ 为异步电动机的励磁电感；$\dot{\boldsymbol{I}}_{\mathrm{s}}$、$\dot{\boldsymbol{I}}_{\mathrm{r}}$ 分别为定子和转子空间电流复矢量。

电动机的转矩方程为

$$T_{\mathrm{ei}} = n_{\mathrm{p}}\frac{L_{\mathrm{m}}}{L_{\mathrm{s}}L_{\mathrm{r}} - L_{\mathrm{m}}^2}[\dot{\boldsymbol{\Psi}}_{\mathrm{s}} \times \dot{\boldsymbol{\Psi}}_{\mathrm{r}}] \tag{6-15}$$

由式（6-13）、式（6-14）并忽略定子电阻 $R_{\mathrm{s}}$ 的影响，可得（推导从略）

$$\begin{cases}\dot{\boldsymbol{\Psi}}_{\mathrm{s}} = \dfrac{\dot{\boldsymbol{U}}_{\mathrm{s}}}{\mathrm{j}\omega_{\mathrm{s}}} \\ \dot{\boldsymbol{\Psi}}_{\mathrm{r}} = \dfrac{\dot{\boldsymbol{U}}_{\mathrm{r}}}{\omega_{\mathrm{s}}}\dfrac{1}{s_{\mathrm{cr}} + \mathrm{j}s} + \dfrac{\dot{\boldsymbol{U}}_{\mathrm{s}}K_{\mathrm{s}}}{\mathrm{j}\omega_{\mathrm{s}}}\dfrac{s_{\mathrm{L}}}{s_{\mathrm{cr}} + \mathrm{j}s}\end{cases} \tag{6-16}$$

式中，$s_{\mathrm{cr}}$ 为电动机自然特性（$\dot{\boldsymbol{U}}_{\mathrm{r}}=0$）的临界转差率，即

$$s_{\mathrm{cr}} = \frac{R_{\mathrm{r}}}{\left(L_{\mathrm{r}} - \dfrac{L_{\mathrm{m}}^2}{L_{\mathrm{s}}}\right)\omega_{\mathrm{s}}} = \frac{R_{\mathrm{r}}}{\omega_{\mathrm{s}}\sigma L_{\mathrm{r}}} = \frac{R_{\mathrm{r}}}{X_{\mathrm{K}}}$$

式中，$\sigma$ 为漏磁系数，$\sigma = \dfrac{L_{\mathrm{s}}L_{\mathrm{r}} - L_{\mathrm{m}}^2}{L_{\mathrm{s}}L_{\mathrm{r}}}$；$X_{\mathrm{K}}$ 为电动机等效漏抗，$X_{\mathrm{K}} = \omega_{\mathrm{s}}\sigma L_{\mathrm{r}}$；$K_{\mathrm{s}}$ 为定子电感系数，$K_{\mathrm{s}} = L_{\mathrm{m}}/L_{\mathrm{s}}$。

在自控式双馈调速系统中，转子绕组外加电压 $\dot{\boldsymbol{U}}_{\mathrm{r}}$ 的频率自动跟踪电动机的转差频率，此时，$\dot{\boldsymbol{U}}_{\mathrm{r}}$ 的模值及其相对于定子侧电源电压矢量 $\dot{\boldsymbol{U}}_{\mathrm{s}}$ 的夹角可以由调节系统根据控制要求给出，即

$$\dot{\boldsymbol{U}}_{\mathrm{r}} = U_{\mathrm{rm}}\mathrm{e}^{\mathrm{j}\delta} \tag{6-17}$$

式中，$U_{\mathrm{rm}}$ 为转子外加电压的幅值；$\delta$ 为 $\dot{\boldsymbol{U}}_{\mathrm{r}}$ 超前 $\dot{\boldsymbol{U}}_{\mathrm{s}}$ 的角度（不考虑 $R_{\mathrm{s}}$ 的影响）。对应于图（6-4）中，$\delta = \pi - \beta$。

采用 $\dot{\boldsymbol{U}}_{\mathrm{s}}$ 作为定向矢量，将式（6-16）、式（6-17）代入式（6-15）中，则电动机的转矩方程变成如下形式：

$$T_{\mathrm{ei}} = \frac{2T_{\mathrm{cr}}}{\dfrac{s}{s_{\mathrm{cr}}} + \dfrac{s_{\mathrm{cr}}}{s}}\left[1 - \frac{U_{\mathrm{r}}^*}{s}\left(\cos\delta + \frac{s}{s_{\mathrm{cr}}}\sin\delta\right)\right] \tag{6-18}$$

式中，$T_{\mathrm{cr}}$ 为电动机自然特性（$\dot{\boldsymbol{U}}_{\mathrm{r}}=0$）的临界转矩，$T_{\mathrm{cr}} = \dfrac{1}{2}n_{\mathrm{p}}\dfrac{K_{\mathrm{s}}^2U_{\mathrm{sm}}^2}{\sigma L_{\mathrm{r}}\omega_{\mathrm{s}}^2}$，$U_{\mathrm{sm}}$ 为电动机定子电

压 $\dot{U}_s$ 的幅值；$U_r^*$ 为转子外加电压的相对值，$U_r^* = \dfrac{U_{rm}}{U_{sm}K_s}$。

考虑到$\dfrac{s}{s_{cr}} = \dfrac{s\omega_s\sigma L_r}{R_r} = \tan\varphi_r$，则式（6-18）还可以写成

$$T_{ei} = T_{ein}\left[1 - \frac{U_r^*}{s}(\cos\delta + \tan\varphi_r\sin\delta)\right] \tag{6-19}$$

式中，$T_{ein}$为异步电动机自然接线时的转矩，$T_{ein} = \dfrac{2T_{cr}}{\dfrac{s}{s_{cr}} + \dfrac{s_{cr}}{s}}$。

式（6-19）即为自控式双馈调速的异步电动机的转矩公式。从式中可以看出，当采用双馈调速时，电动机所产生的转矩不仅取决于电动机的固有参数，还取决于电动机的转差率、感应到转子绕组上的电压及定、转子绕组电压之间的夹角 $\delta$。

图6-16为自控式双馈调速的异步电动机的机械特性曲线。从图中可以看出，双馈调速的异步电动机的机械特性与普通异步机的机械特性十分类似，并且可以通过改变$\dot{U}_r$ 的幅值和相位来调节电动机的转矩和转速。

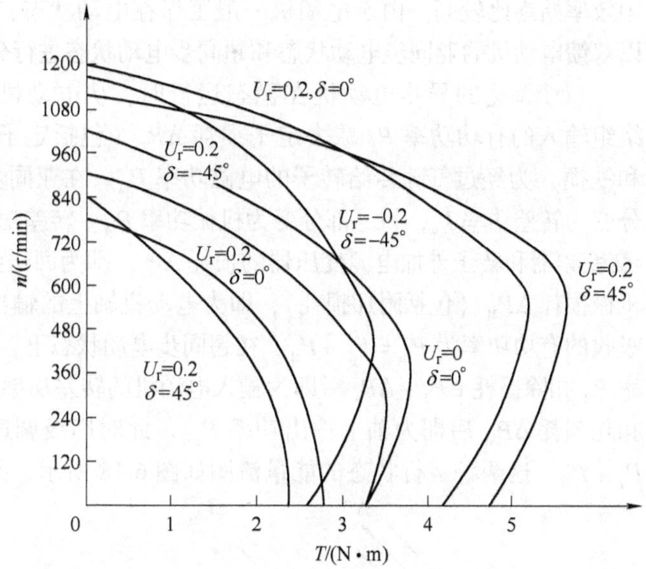


图6-16　双馈调速的异步电动机的机械特性

下面分析双馈调速的异步电动机的无功电流关系。

由式（6-13）、式（6-14）并忽略定子电阻 $R_s$ 的影响，则有

$$\dot{U}_s = j\omega_s(L_s\dot{I}_s + L_m\dot{I}_r)$$

或写成标量形式为

$$\begin{cases} U_{sd} = -\omega_s L_s I_{sq} - \omega_s L_m I_{rq} \\ U_{sq} = \omega_s L_s L_{sd} + \omega_s L_m I_{rd} \end{cases} \tag{6-20}$$

由于前面已假设在 $d$-$q$ 坐标系中采用$\dot{U}_s$ 作为定向矢量，即 $d$ 轴与矢量$\dot{U}_s$ 重合。因此，$U_{sd} = U_{sm}$，$U_{sq} = 0$（参见图6-17）。式（6-20）改写为

$$\begin{cases} I_{sd} = -\dfrac{L_m}{L_s}I_{rd} = -K_s I_{rd} \\ I_{sq} = -\dfrac{U_{sm}}{\omega_s L_s} - \dfrac{L_m}{L_s}I_{rq} = -I_0 - K_s I_{rq} \end{cases} \tag{6-21}$$

式（6-21）表明，在双馈调速的异步电动机中，定子有功电流和转子有功电流的电流比关系是 $-K_s$，而定子无功电流由两项组成，第一项是空载励磁电流 $I_0$，第二项是转子侧励磁电流。

一般情况下 $K_s$ 接近于1（为简化分析，忽略定子漏抗，则 $K_s \approx 1$），双馈电动机的有功

电流和无功电流关系如图 6-17 所示。

由式（6-21）和图 6-17 可以看出，当控制电动机转子电流的无功分量 $I_{rq}$ 为负值时，将会使定子电流的无功分量 $I_{sq}$（负值）的绝对值减小，甚至可使 $I_{sq}$ 变为正值（参见图 6-17 中的 $I'_{sq}$）。这就是增强转子侧的励磁分量能提高定子侧功率因数的原因。由于转子侧电压低（近似和转差频率成正比），所以转子侧的励磁功率要比定子侧励磁功率小得多。

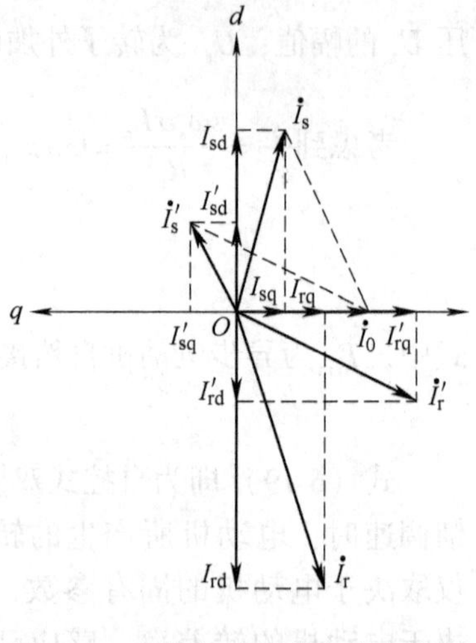


图 6-17　双馈电动机的有功电流和无功电流关系

**2. 双馈调速系统的能量指标**

（1）双馈调速系统的效率和功率因数

双馈调速的异步电动机的优点之一就是系统在调速过程中效率始终比较高。由于电动机一般工作在电动状态，为此以双馈电动机的亚同步电动状态和超同步电动状态进行分析。

双馈调速的异步电动机在稳态运行时，从电动机定子绕组输入的有功功率 $P_1$ 减去定子损耗 $\Delta P_1$（包括定子铜损和铁损）为经过气隙传给转子的电磁功率 $P_m$。在亚同步电动状态时，电磁功率 $P_m$ 中的一部分变为转差功率 $P_s$，另一部分变为机械功率 $P_M$。转差功率 $P_s$ 减去转子损耗 $\Delta P_2$ 以及转子侧交-交变频器和转子外加电源变压器的损耗 $\Delta P_s$，即为回送到电网去的功率 $P_B$。机械功率 $P_M$ 减去机械损耗 $\Delta P_M$（包括附加损耗），即为电动机轴上的输出功率 $P_{out}$。此时串级调速系统从电网吸收的有功功率为 $P_{in}=P_1-P_B$。在超同步电动状态下，电网通过转子侧交-交变频中输入的功率 $P_B$ 扣除损耗 $\Delta P_2+\Delta P_s$ 后即为输入电动机的转差功率 $P_s$，它与 $P_m$ 一起转变为机械功率 $P_M$，扣除损耗 $\Delta P_M$ 后即为轴上输出功率 $P_{out}$。此时串级调速系统从电网吸收的有功功率为 $P_{in}=P_1+P_B$。这两种运行状态的能量流图如图 6-18 所示，并由能量流图可推出以下关系式：

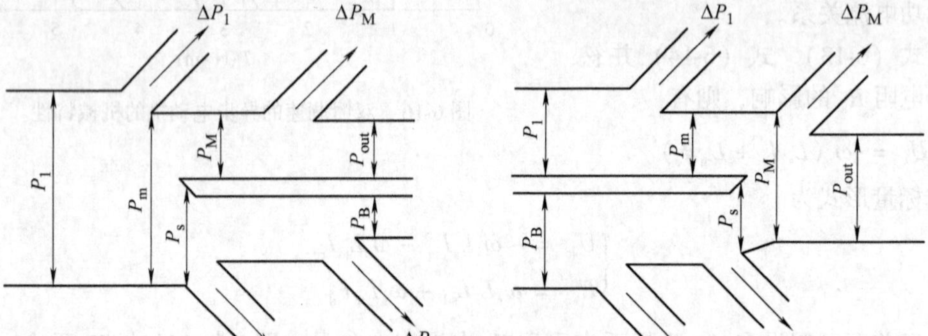


图 6-18　双馈电动机的能量流图

a）亚同步电动状态　b）超同步电动状态

$$\begin{cases} P_1=P_m+\Delta P_1 \\ P_m=P_M\pm P_s \\ P_M=(1-s)P_m=\Delta P_M+P_{out} \\ P_s=|s|P_m=P_B\pm(\Delta P_2+\Delta P_s) \\ P_{in}=P_1\pm(-P_B) \end{cases} \tag{6-22}$$

式中，正号对应于亚同步电动运行状态，负号对应于超同步电动运行状态。

对亚同步电动运行状态，系统的效率 $\eta_c$ 可表示为

$$\begin{aligned}\eta_c &= \frac{P_{out}}{P_{in}} \times 100\% = \frac{P_M - \Delta P_M}{P_1 - P_B} \times 100\% \\ &= \frac{(1-s)P_m - \Delta P_M}{(P_m + \Delta P_1) - (P_s - \Delta P_2 - \Delta P_s)} \times 100\% \\ &= \frac{(1-s)P_m - \Delta P_M}{P_m(1-s) + \Delta P_1 + \Delta P_2 + \Delta P_s} \times 100\% \\ &= \frac{P_m(1-s) - \Delta P_M}{P_m(1-s) + \Delta P_\Sigma} \times 100\%\end{aligned} \tag{6-23}$$

式中，$\Delta P_\Sigma$ 为等效损耗，且 $\Delta P_\Sigma = \Delta P_1 + \Delta P_2 + \Delta P_s$。

对超同步电动运行状态，系统的效率公式完全相同。一般说来，$\Delta P_M$、$\Delta P_\Sigma$ 相对于 $P_m$ 来说都比较小，因此，双馈调速系统的效率都很高。

双馈调速异步电动机的能量指标的另一个突出优点，就是在保证调速要求的同时，还可以独立地调节电动机定子侧的无功功率，从而提供整个系统的功率因数。由前面的分析可知，通过调节转子外加电压的幅值和相位，应可使定子侧功率因数得到改善，甚至可以使电动机定子侧发出无功功率。在保持电动机的气隙磁通不变的条件下，由转子侧励磁的功率要小于由定子侧励磁的功率，从而可以提高电网侧的功率因数。双馈调速的功率因数一般可以达到 0.9 以上。因此，采用双馈调速的异步电动机不仅调速性能好，而且还可以有效地调节电网的无功功率。

（2）双馈调速系统的运行方式

双馈调速的异步电动机的一个突出优点是电动机在调速的同时，能够独立调节定子侧无功功率，改善系统的功率因数。在实际应用中，合理地选择转子电流的控制方式，使系统获得某种能量指标的最优是有意义的。双馈调速系统中有四种常见的运行方式，即全补偿工作方式、最小损耗工作方式、转子电流最小工作方式和转子电流恒定工作方式，下面逐一进行分析。

1）全补偿工作方式。即全部补偿定子的无功功率，使定子无功电流为 0，如图 6-19 所示。定子电流矢量端点轨迹在纵轴上，功率因数接近 1，但在转子不过流的条件下，最大转子转矩电流分量将小于额定转子电流的转矩分量，因而电动机的输出转矩将小于额定转矩。这种工作方式控制简单，较易实现，比较适应于负载变化不大的场合。

2）转子电流最小工作方式。这种工作方式的实际意义在于降低转子侧交-交变频器的容量。由于转子有功电流分量取决于负载，因此，当转子电流无功分量为零时，转子电流达到最小值。在这种情况下，当转矩为额定时，转子的全电流即为额定的有功电流。对于功率为 500 ~ 3500kW 的电动机，在额定转矩时，这种工作方式可以使转子电流降低 9% ~ 12%。

3）转子电流恒定工作方式。当负载变化时，转子电流的幅值不变，但相位改变了，如图 6-20 所示。重载时，转子电流的转矩分量较大，满足负载要求，在不过电流的条件下，发挥改善功率因数的作用；轻载时，则提供较大的超前无功电流，尽量发挥改善功率因数的作用。这种工作方式特别适合于负载变动较大、经常轻载而电网又常常需要补偿功率因数的场合。

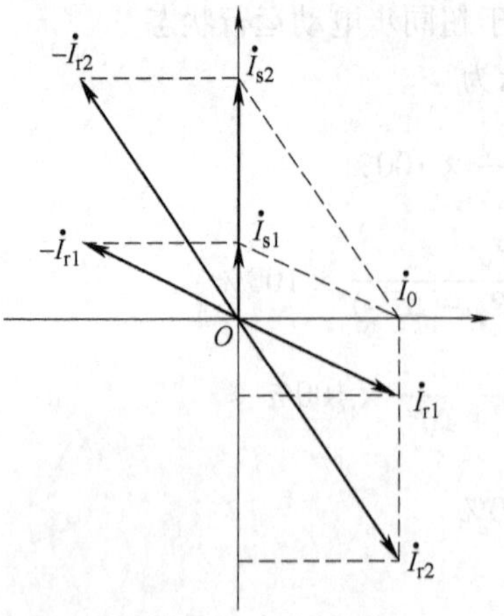


图 6-19　全补偿工作方式相量图

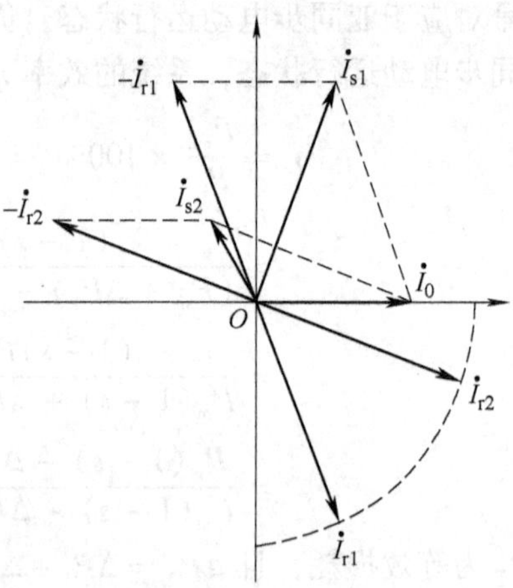


图 6-20　转子电流恒定工作相量图

4）最小损耗工作方式。这种工作方式的基本原理是通过调节转子电压的幅值和相位，合理地分配定子电流的有功分量和无功分量，使得在任何负载下双馈调速异步电动机的损耗为最小。这种工作方式系统效率最高，但控制复杂。通过计算表明，对 500 ~ 3500kW 的电动机，在额定负载条件下，铜损约减小 15% ~30%。

## 6.2.2　串级调速系统的稳态特性

**1. 串级调速系统的机械特性**

在串级调速系统中，由于存在转子整流器，转子电流不再是正弦波了。因此，应该首先从转子整流电路入手分析异步电动机串级调速时的机械特性。

在图 6-13 中，三相桥式整流器 UR 与电动机转子三相绕组相连，转子绕组相当于整流变压器的二次绕组。因此，转子整流电路与一般整流变压器和三相桥式电路相似，但也存在如下的不同之处：

1）电动机转子三相绕组感应电动势的幅值和频率都是转差率的函数。

2）转子电流的频率也是转差率的函数，因而转子的每相漏抗值也是转差率的函数。

3）由于电动机转子侧等效漏抗值较大，引起换相重叠现象严重，转子整流器会出现特殊的工作状态，即整流器的"强迫延迟导通"现象。

因此，在分析串级调速系统转子整流器的工作时，必须注意以上因素。

（1）三相桥式整流器的工作状态

为便于分析，作出以下几点假设：

1）直流电路的滤波电抗器的电感量足够大，能滤掉所有的谐波分量而得到平直的直流电流。

2）忽略电动机电阻对换相的影响。

3）整流元件是理想的，导通时正向电阻为零，截止时反向电阻为无穷大。

由于电动机漏抗的存在，使得换流过程中电流不能突变，会产生换相重叠。根据换向重叠角 $\gamma$ 的大小和换流时工作元件的数目，可以把整流器的工作情况分为三种：

如果重叠角小于 60°，整流电路有换流和不换流两种情况。不换流期间两个元件导通，换流期间有三个元件导通（换流组有两个元件导通，不换流组有一个元件导通）。这种状态称为整流器的“状态2-3”。

当重叠角等于60°时，负载电流再增加，重叠角将保持60°不变，而整流器产生强迫延迟换流角 $\alpha_p$。当 $\alpha_p<30°$ 时，共阴极组或共阳极组任何瞬间都有一组元件进行换流，即任何瞬间都有三个元件同时导通，这种工作状态称为整流器的“状态3”。在 $\alpha_p>30°$ 时，$\gamma$ 将大于60°，这时大部分时间有三个元件导通，一部分时间共阴极和共阳极组同时换流。即共有四个元件导通，称为“状态3-4”。

串级调速系统正常工作时，为了和后面机械特性工作段的划分一致，转子整流器一般工作在“状态2-3”和“状态3”。将整流器的“状态2-3”、“状态3”和“状态3-4”分别称为“第一工作状态”、“第二工作状态”和“第三工作状态”。下面对这几种工作状态进行深入的分析。

第一工作状态。整流器等效电路如图6-21所示。原始状态为元件1和2导通，电流流通的路径为 $e_{ra}$→元件1→$X_{DK}$→$U_i$→元件2→$e_{rc}$→O点。如果在图6-22上的 $t_1$ 时刻（$\alpha=0°$）向元件3发出触发脉冲，则因 $e_{rb}>e_{ra}$，元件3具有导通条件而触发导通，电流流通路径为 $e_{rb}$→元件3→$X_{DK}$→$U_i$→元件2→$e_{rc}$→O点。其间元件1和元件3换流，电流从a相换到b相。由于转子漏抗的存在，电流不能突变，而按照一定规律变化，产生换相重叠，每个元件导通的时间从120°增加至120°+$\gamma$。

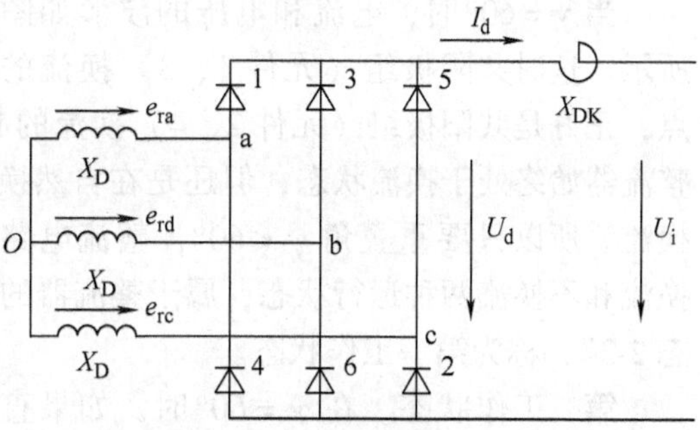


图6-21 换相时的等效电路

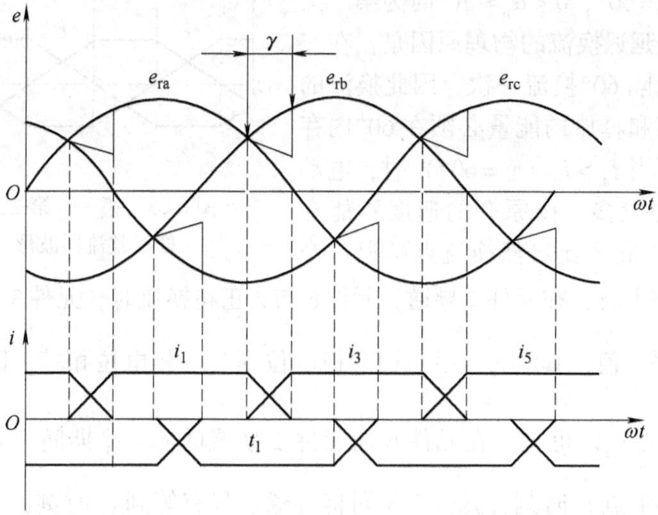


图6-22 三相桥式整流器的波形（γ≤60°）

换流期间，元件1、3同时导通，图6-21中a、b两点等电位，所以两相电压的瞬时值相等，均为 $e_{dv}$，即

$$e_{dv}=e_{ra}-X_D\frac{\mathrm{d}i_{ra}}{\mathrm{d}t}=e_{rb}-X_D\frac{\mathrm{d}i_{rb}}{\mathrm{d}t} \tag{6-24}$$

由于已假设滤波电抗足够大，所以负载上流过平直的电流 $I_{\mathrm{d}}$，因此有

$$i_{\mathrm{ra}}+i_{\mathrm{rb}}=I_{\mathrm{d}}$$

$$\frac{\mathrm{d}i_{\mathrm{ra}}}{\mathrm{d}t}+\frac{\mathrm{d}i_{\mathrm{rb}}}{\mathrm{d}t}=0$$

于是

$$2e_{\mathrm{dv}}=e_{\mathrm{ra}}+e_{\mathrm{rb}}-X_{\mathrm{D}}\left(\frac{\mathrm{d}i_{\mathrm{ra}}}{\mathrm{d}t}+\frac{\mathrm{d}i_{\mathrm{rb}}}{\mathrm{d}t}\right)$$

$$e_{\mathrm{dv}}=\frac{e_{\mathrm{ra}}+e_{\mathrm{rb}}}{2} \tag{6-25}$$

即在两相同时导电时，整流电压瞬时值为同时导电的两相电压瞬时值之和的一半。整流器输出的电压波形如图中粗实线所示。

当 $\gamma=60°$ 时，电流和电压的波形如图 6-23 所示。这时共阴极组（元件 1、3）换流的终止点，正好是共阳极组（元件 2、4）换流的起点，整流器始终处于换流状态，但还是在自然换流点换流。所以只要重叠角 $\gamma<60°$，整流电路就有换流和不换流两种运行状态，属于整流器的“状态 2-3”，称为第一工作状态。

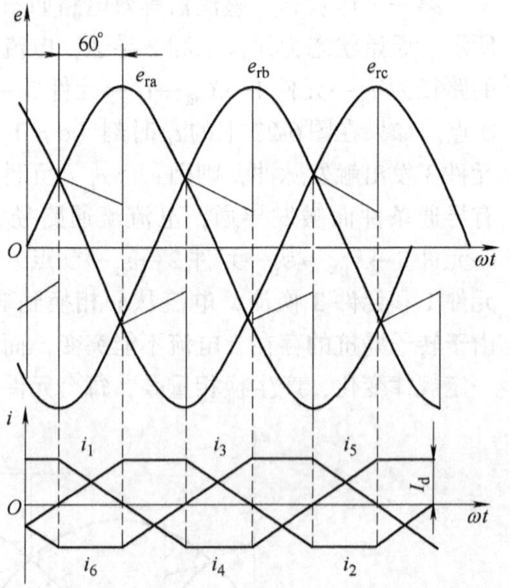


图 6-23 第一、第二工作状态交界处的整流器波形（$\gamma=60°$）

第二工作状态。在 $\gamma=60°$ 时，如果直流电流 $I_{\mathrm{d}}$ 再增大，则换相将延迟一个角度 $\alpha_{\mathrm{p}}$，这种现象称为“强迫延迟换流”。电动势和电流波形如图 6-24 所示。$\gamma=60°$，$0<\alpha_{\mathrm{p}}\leqslant 30°$时为第二工作状态。造成强迫延迟换流的物理原因是：在三相整流电路中，每隔 60°换流一次，因此换流的两相中漏抗所存储和释放的能量必须在 60°内存储和释放完毕。而当 $\boldsymbol{I}_{\mathrm{d}}>I_{\mathrm{d}}$（$\gamma=60°$）时，电动机漏抗存储的磁能较多，按原有的速度不能在 60°内完成换相，因此要比自然换流点延迟一个角度 $\alpha_{\mathrm{p}}$。再从电路上看，在元件 1 导通，元件 6 与 2 正在换流时，元件 3 的阳极电位取决于 b、c 两相电压的平均值，其值为 $-\frac{e_{\mathrm{ra}}}{2}$；而阴极电位则与 a 相电位相等。因此元件 3 的阴极和阳极间电压为 $-\frac{3}{2}e_{\mathrm{ra}}$。可见。在元件 6 向元件 2 换流的 $t_1\sim t_3$ 期间，元件 3 一直承受反压，所以在自然换流点 $t_2$ 时刻，元件 3 不可能导通。只有等到 $t_3$ 时刻，元件 6 向元件 2 换流结束，元件 3 的阳极电位跃变到 $e_{\mathrm{rb}}$，它承受正向电压后，才具有导通条件。即从元件 1 到元件 3 的换流过程中，出现了延迟换流角 $\alpha_{\mathrm{p}}$，$\alpha_{\mathrm{p}}$ 对应时间为 $t_2\sim t_3$。当出现延迟换流角 $\alpha_{\mathrm{p}}$ 后，电流 $I_{\mathrm{d}}$ 再增大，只会引起 $\alpha_{\mathrm{p}}$ 增大，而换流重叠角 $\gamma$ 保持 60°不变。从图 6-24 看出，$\alpha_{\mathrm{p1}}+\gamma-60°=\alpha_{\mathrm{p2}}$，稳态时 $\alpha_{\mathrm{p1}}=\alpha_{\mathrm{p2}}$，所以 $\gamma=60°$不变。

第三工作状态。如果负载电流 $I_{\mathrm{d}}$ 再增大，使 $\alpha_{\mathrm{p}}$ 增大到 30°，则元件 6 向元件 2 换流没

完，元件3的阳极电位就已高于阴极电位，元件3具备了导通的必要条件，这样就出现了四个元件同时导通的情况，属于整流器的“状态3-4”，称为第三工作状态。因此 $\alpha_p=30°$ 是第二工作状态和第三工作状态的交界处。对应的电流波形如图6-25所示。当 $\alpha_p>30°$ 时，系统进入第三工作状态，在此状态下出现了共阳极和共阴极同时换流现象，是转子短路，是一种故障状态，在此状态下系统不能长期工作。所以串级调速系统正常运行时只工作在第一、第二工作状态。

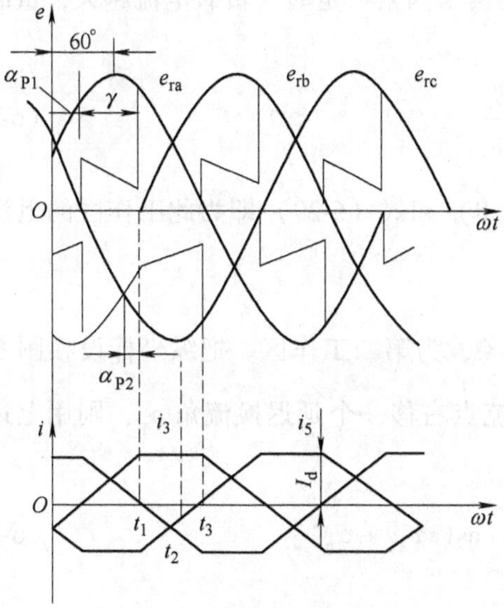


图6-24 三相桥式整流器的波形（$\gamma=60°$，$\alpha_p\leqslant30°$）

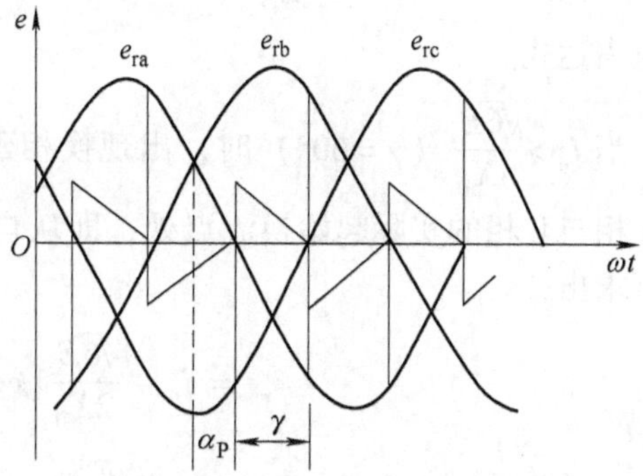


图6-25 第二、第三工作状态交界处的整流器波形（$\alpha_p=30°$）

（2）转子电动势和电流的瞬时值

从以上分析看出，在整流电路的工作过程中，存在换相重叠和换相延迟现象，使转子电流不是方波也不是正弦波。根据磁动势平衡关系，定子电流也不是正弦波，从而使定子漏抗电压降和定、转子电动势波形发生畸变。但是由于漏抗电压降相对于定子电动势很小，因此它引起的定、转子电动势畸变并不严重。为简化分析，仍可认为电动势为正弦波，因此只对转子电流波形进行分析，并导出在不同工作状态时的瞬时值表达式。

在图6-22中，将坐标原点设在a、b两相自然换流点处，则有

$$e_{ra}=\sqrt{2}sE_r\cos\left(s\omega_s t+\frac{\pi}{3}\right) \tag{6-26}$$

$$e_{rb}=\sqrt{2}sE_r\cos\left(s\omega_s t-\frac{\pi}{3}\right) \tag{6-27}$$

式中，$E_r$ 为转子开路时的相电动势有效值。

将式（6-26）和式（6-27）代入式（6-24）中，并考虑 $\frac{di_{ra}}{dt}+\frac{di_{rb}}{dt}=0$ 和初始条件 $s\omega_s t=0$ 时，$i_{ra}=I_d+i_{rb}=0$，则可得

$$i_{ra}=I_d-\frac{\sqrt{6}E_r}{2X_D}[1-\cos(s\omega_s t)] \tag{6-28}$$

$$i_{rb} = \frac{\sqrt{6}E_r}{2X_D}[1 - \cos(s\omega_s t)] \tag{6-29}$$

当 $s\omega_s t = \gamma$ 时，换流结束，此时 $i_{ra} = 0$，$i_{rb} = I_d$，代入式（6-28）、式（6-29）中，可得

$$\cos\gamma = 1 - \frac{2X_D}{\sqrt{6}E_r}I_d \tag{6-30}$$

式（6-30）是求重叠角的一般公式，可见 $\gamma$ 与折算到转子侧的漏抗 $X_D$、转子开路时相电动势的有效值 $E_r$ 和整流电流的平均值 $I_d$ 有关。其他两个因素一定时，负载电流越大，重载角 $\gamma$ 越大。当 $\gamma = 60°$时，$I_d$ 的表达式为

$$I_d = \frac{\sqrt{6}E_r}{4X_D} \tag{6-31}$$

所以在第一工作区，$I_d < \frac{\sqrt{6}E_r}{4X_D}$（$\gamma < 60°$）。式（6-28）和式（6-29）即为此工作区的电流瞬时值表达式。

当 $I_d > \frac{\sqrt{6}E_r}{4X_D}$（$\gamma = 60°$）时，出现换相延迟现象，为第二工作区。把纵坐标设在图 6-24 中 a 相与 b 相的实际起始换流点处，即从自然换流点右移一个延迟换流角 $\alpha_p$，则用上述方法可求出

$$i_{ra} = I_d - \frac{\sqrt{6}E_r}{2X_D}[\cos\alpha_p - \cos(s\omega_s t + \alpha_p)] \tag{6-32}$$

$$i_{rb} = \frac{\sqrt{6}E_r}{2X_D}[\cos\alpha_p - \cos(s\omega_s t + \alpha_p)] \tag{6-33}$$

式（6-32）和式（6-33）为第二工作区电流瞬时值的表达式。当 $s\omega_s t = \frac{\pi}{3}$时，换流结束，$i_{ra} = 0$，$i_{rb} = I_d$，代入式（6-32）和式（6-33）中，求出换相延迟角 $\alpha_p$ 与整流电流的关系为

$$\sin(\alpha_p + 30°) = \frac{2X_D}{\sqrt{6}E_r}I_d \tag{6-34}$$

因为串级调速系统正常运行时，只工作在第一、第二工作状态，所以对第三工作状态的电流瞬时值表达式不再进行研究。

（3）转差功率 $P_s$

由图 6-22 可知，电动机转子相电动势瞬时值为

$$e_{rb} = \sqrt{2}sE_r\sin\left(s\omega_s t + \frac{\pi}{6}\right) \tag{6-35}$$

转子电流瞬时值表达式为

$$i_{rb} = \begin{cases} \frac{\sqrt{6}E_r}{2X_D}[1 - \cos(s\omega_s t)] & (0 < s\omega_s t < \gamma, \text{b 相进入导通}) \\ I_d & (\gamma < s\omega_s t < \frac{2}{3}\pi, \text{b 相导通}) \\ I_d - \frac{\sqrt{6}E_r}{2X_D}[1 - \cos(s\omega_s t)] & \left(\frac{2}{3}\pi < s\omega_s t < \frac{2}{3}\pi + \gamma, \text{b 相退出导通}\right) \end{cases} \tag{6-36}$$

则第一工作区的转差功率 $P_{s\,\mathrm{I}}$ 为

$$P_{s\,\mathrm{I}} = \frac{3}{\pi}\int_0^{\pi} e_{rb} i_{rb} \mathrm{d}(s\omega_s t) = (2.34sE_r - \frac{3}{\pi}sX_D I_d)I_d \tag{6-37}$$

或写成

$$P_{s\,\mathrm{I}} = (U_{d0} - \Delta U)I_d \tag{6-38}$$

式中，$U_{d0}$为转子整流器空载时的整流电压，$U_{d0} = 2.34sE_r$；$\Delta U$ 为空载时由于换相重叠引起的换相电压降，$\Delta U = \frac{3}{\pi}sX_D I_d$。所以在不计电动机转子损耗及转子整流器的损耗时，转差功率就是转子整流器输出的直流功率。

用同样的方法可以求出第二工作区的转差功率 $P_{s\,\mathrm{II}}$ 为

$$P_{s\,\mathrm{II}} = \frac{9\sqrt{3}sE_r^2}{2\pi X_D}\sin\left(\alpha_p + \frac{\pi}{6}\right)\cos\left(\alpha_p + \frac{\pi}{6}\right) \tag{6-39}$$

将式（6-34）代入式（6-39），有

$$P_{s\,\mathrm{II}} = \frac{3\sqrt{6}}{2\pi}s\sqrt{3E_r^2 - 2I_d^2X_D^2}I_d \tag{6-40}$$

或写成直流功率的形式为

$$P_{s\,\mathrm{II}} = \left\{2.34sE_r - \left[2.34sE_r(1 - \cos\alpha_p) + \frac{2.34sE_r}{2}\sin\left(\alpha_p + \frac{\pi}{6}\right)\right]\right\}I_d$$

$$= (U_{d0} - \Delta U')I_d \tag{6-41}$$

式中，$\Delta U'$为系统在第二工作区时由于换相重叠及换相延迟引起的换相电压降，且有

$$\Delta U' = 2.34sE_r(1 - \cos\alpha_p) + \frac{2.34sE_r}{2}\sin\left(\alpha_p + \frac{\pi}{6}\right)$$

（4）转矩特性 $T_{ei} = f(I_d)$

串级调速系统第一工作区和第二工作区的转矩特性，可用式（6-37）和式（6-40）代入式（6-42）

$$T_{ei} = \frac{P_s}{s\omega_s} \tag{6-42}$$

得到

$$T_{ei\,\mathrm{I}} = \frac{1}{\omega_s}\left(2.34E_r - \frac{3}{\pi}X_D I_d\right)I_d \tag{6-43}$$

$$T_{ei\,\mathrm{II}} = \frac{1}{\omega_s}\left(\frac{3\sqrt{6}}{2\pi}\sqrt{3E_r^2 - 2I_d^2X_D^2}I_d\right) \tag{6-44}$$

知道了转矩特性表达式，那么两段特性是否衔接？异步电动机串级调速时的过载能力如何？额定负载运行时，电动机运行在哪个区段？下面讨论这些问题，再求出用标幺值表示的转矩特性。

1）两段特性是否衔接。两段特性交点在 $\gamma = 60°$，$\alpha_p = 0°$处，现分别求出在此点时两段特性的转矩表达式。将式（6-31）代入式（6-43）中得第一工作区的最大转矩 $T_{ei\,\mathrm{I}\max}$ 为

$$T_{ei\,\mathrm{I}\max} = \frac{1}{\omega_s}\frac{3E_r^2}{2X_D}\frac{9}{4\pi} \tag{6-45}$$

由式（6-39）和式（6-42）可得

$$T_{\mathrm{ei}\mathrm{II}} = \frac{1}{\omega_{\mathrm{s}}}\frac{9\sqrt{3}E_{\mathrm{r}}^{2}}{4\pi X_{\mathrm{D}}}\sin\left(2\alpha_{\mathrm{p}} + \frac{\pi}{3}\right) \tag{6-46}$$

令 $\alpha_{\mathrm{p}}=0°$可得第二工作区转矩的起始值为

$$T_{\mathrm{ei}\mathrm{II}\mathrm{st}} = \frac{1}{\omega_{\mathrm{s}}}\frac{3E_{\mathrm{r}}^{2}}{2X_{\mathrm{D}}}\frac{9}{4\pi} \tag{6-47}$$

可见，$T_{\mathrm{ei}\mathrm{I}\max}=T_{\mathrm{ei}\mathrm{II}\mathrm{st}}$，因此两段特性在交点处（$\gamma=60°$，$\alpha_{\mathrm{p}}=0°$）衔接。

2）异步电动机串级调速时的过载能力。由式（6-46）看出，当 $\alpha_{\mathrm{p}}=\pi/12$ 时，第二工作区的转矩最大，即

$$T_{\mathrm{ei}\mathrm{II}\max} = \frac{1}{\omega_{\mathrm{s}}}\frac{9\sqrt{3}E_{\mathrm{r}}^{2}}{4\pi X_{\mathrm{D}}} \tag{6-48}$$

此值表示了异步电动机串级调速时的过载能力。将它与异步电动机固有特性的最大转矩进行比较，看看有什么变化。异步电动机固有特性的最大转矩 $T_{\mathrm{eimax}}$ 为

$$T_{\mathrm{eimax}} = \frac{1}{\omega_{\mathrm{s}}}\frac{3U_{\mathrm{s}}^{2}}{2\left(R_{\mathrm{s}} + \sqrt{R_{\mathrm{s}}^{2} + (X_{\mathrm{s}}^{2} + X_{\mathrm{r}})^{2}}\right)} \tag{6-49}$$

如忽略定子电阻，并设 $U_{\mathrm{s}}=E_{\mathrm{s}}=KE_{\mathrm{r}}$（$K$ 为电动机的定、转子每相电动势有效值之比），将（$X_{\mathrm{s}}+X_{\mathrm{r}}$）折算到转子侧，有

$$X_{\mathrm{s}} + X_{\mathrm{r}} = K^{2}X_{\mathrm{D}}$$

则

$$T_{\mathrm{eimax}} = \frac{1}{\omega_{\mathrm{s}}}\frac{3E_{\mathrm{r}}^{2}}{2X_{\mathrm{D}}} \tag{6-50}$$

$$\frac{T_{\mathrm{ei}\mathrm{II}\max}}{T_{\mathrm{eimax}}} = \frac{\dfrac{1}{\omega_{\mathrm{s}}}\dfrac{9\sqrt{3}E_{\mathrm{r}}^{2}}{4\pi X_{\mathrm{D}}}}{\dfrac{1}{\omega_{\mathrm{s}}}\dfrac{3E_{\mathrm{r}}^{2}}{2X_{\mathrm{D}}}} = \frac{3\sqrt{3}}{2\pi} = 0.826 \tag{6-51}$$

可见，串级调速时，异步电动机的过载能力降低 17% 左右。这是因为在串级调速情况下，电动机绕组的电流波形不是正弦波，它将产生附加损耗。因此，在同样的发热条件下，串级调速异步电动机的额定转矩将低于固有特性上的异步电动机额定转矩，所以使最大转矩降低，这是在为串级调速系统选择电动机时必须要注意的问题。

3）电动机额定运行时的工作区间。将式（6-45）与式（6-50）比较，可得

$$T_{\mathrm{ei}\mathrm{I}\max} = 0.716T_{\mathrm{eimax}}$$

一般绕线式异步电动机的最大转矩 $T_{\mathrm{eimax}}=(1.8\sim2)T_{\mathrm{eiN}}$，所以，$T_{\mathrm{ei}\mathrm{I}\max}=(1.29\sim1.43)T_{\mathrm{eiN}}$。可见串级调速系统的额定工作点处于第一工作区。在设计串级调速系统时，利用第一工作区的转矩表达式即可。

4）用标幺值表示的转矩特性。以固有特性的最大转矩 $T_{\mathrm{eimax}}$ 为转矩值，以直流短路电流 $I_{\mathrm{dk}}$ 为电流 $I_{\mathrm{d}}$ 的基值，有

$$I_{\mathrm{dk}} = \sqrt{\frac{3}{2}}\frac{E_{\mathrm{r}}}{X_{\mathrm{D}}}$$

$$T_{\mathrm{ei\,I}}^{*}=\frac{T_{\mathrm{ei\,I}}}{T_{\mathrm{eimax}}}=\frac{\left(2.34E_{\mathrm{r}}-\frac{3}{\pi}X_{\mathrm{D}}I_{\mathrm{d}}\right)I_{\mathrm{d}}}{\frac{3E_{\mathrm{r}}^{2}}{2X_{\mathrm{D}}}}=\frac{6}{\pi}I_{\mathrm{d}}^{*}-\frac{3}{\pi}(I_{\mathrm{d}}^{*})^{2} \tag{6-52}$$

$$T_{\mathrm{ei\,II}}^{*}=\frac{T_{\mathrm{ei\,II}}}{T_{\mathrm{eimax}}}=\frac{\frac{3\sqrt{6}}{2\pi}I_{\mathrm{d}}\sqrt{3E_{\mathrm{r}}^{2}-2I_{\mathrm{d}}^{2}X_{\mathrm{D}}^{2}}}{\frac{3E_{\mathrm{r}}^{2}}{2X_{\mathrm{D}}}}=\frac{3\sqrt{3}}{\pi}I_{\mathrm{d}}^{*}\sqrt{1-I_{\mathrm{d}}^{*2}} \tag{6-53}$$

根据以上两个公式，可以绘出异步电动机串级调速时的转矩特性曲线，如图6-26所示。从转矩公式和转矩特性看出，异步电动机串级调速时，转矩大小只取决于直流电流 $I_{\mathrm{d}}$ 的大小，而与转差率 $s$ 无关，因此属于恒转矩调速。

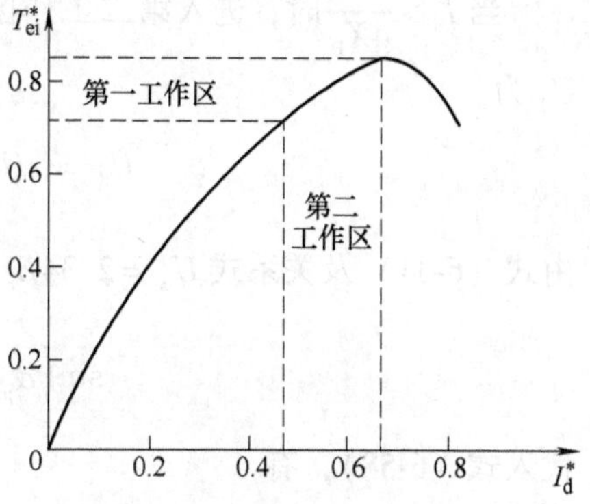


图6-26 异步电动机串级调速时的转矩特性

（5）机械特性

前面已求出转矩公式 $T_{\mathrm{ei}}=f(I_{\mathrm{d}})$，若再求出电流 $I_{\mathrm{d}}$ 与转差率 $s$ 的关系 $I_{\mathrm{d}}=f(s)$，将其代入转矩公式，即可求出机械特性方程式 $T_{\mathrm{ei}}=f(s)$。

根据晶闸管串级调速的主电路（参见图6-13）可以列出其直流电路的电压平衡方程式为

$$sU_{\mathrm{d0}}-U_{\mathrm{i0}}\cos\beta=I_{\mathrm{d}}\left(R_{\mathrm{D}}+\frac{3}{\pi}sX_{\mathrm{D}}+R_{\mathrm{DK}}+\frac{3}{\pi}X_{\mathrm{B}}+R_{\mathrm{B}}\right)+\sum\Delta U \tag{6-54}$$

式中，$U_{\mathrm{d0}}$ 为转子整流电压的最大值，$U_{\mathrm{d0}}=2.34sE_{\mathrm{r}}$；$U_{\mathrm{i0}}\cos\beta$ 为逆变器的空载直流电压，$\beta$ 为逆变角，$U_{\mathrm{i0}}=2.34U_{\mathrm{rT}}$；$R_{\mathrm{D}}$ 为折算到直流侧的电动机等效电阻，根据功率相等的原则，$R_{\mathrm{D}}$ 的近似公式为（推导从略）$R_{\mathrm{D}}=1.7(sR_{\mathrm{s}}'+R_{\mathrm{r}})$；$R_{\mathrm{s}}'$ 为折算到转子侧的定子电阻；$R_{\mathrm{r}}$ 为转子电阻（未折算到定子侧）；$\frac{3}{\pi}X_{\mathrm{D}}$ 为换流等效电阻；$R_{\mathrm{DK}}$ 为滤波电抗器的电阻；$X_{\mathrm{B}}$ 为折算到二次侧的逆变变压器的漏抗；$R_{\mathrm{B}}$ 为折算到直流侧的变压器等效电阻；$\sum\Delta U$ 为晶闸管的电压降，因前面已假设为理想元件，所以下面推导过程中，将其忽略不计。

令 $R_{\mathrm{dx}}=1.7R_{\mathrm{r}}+\frac{3}{\pi}X_{\mathrm{B}}+R_{\mathrm{B}}+R_{\mathrm{DK}}$，$R_{\mathrm{dx}}$ 为等效电阻，则

$$I_{\mathrm{d}}=\frac{U_{\mathrm{d0}}\left(s-\frac{U_{\mathrm{i0}}\cos\beta}{U_{\mathrm{d0}}}\right)}{R_{\mathrm{dx}}+\left(1.7R_{\mathrm{s}}'+\frac{3}{\pi}X_{\mathrm{D}}\right)s}$$

当 $I_{\mathrm{d}}=0$ 时，有

$$s=s_0=\frac{U_{\mathrm{i0}}\cos\beta}{U_{\mathrm{d0}}} \tag{6-55}$$

式中，$s_0$ 为理想空载转差率，当电动机及逆变变压器已确定时，$s_0$ 由逆变角 $\beta$ 决定。则

$$I_{\mathrm{d}}=\frac{U_{\mathrm{d0}}(s-s_0)}{R_{\mathrm{dx}}+\left(1.7R_{\mathrm{s}}'+\frac{3}{\pi}X_{\mathrm{D}}\right)s} \tag{6-56}$$

将式（6-56）代入式（6-43），即可得第一工作区转矩方程式为

$$T_{\mathrm{eiI}} = \frac{R_{\mathrm{dx}} + \left(1.7sR'_{\mathrm{s}} + \dfrac{3}{\pi}s_0X_{\mathrm{D}}\right)}{\left[R_{\mathrm{dx}} + \left(1.7R'_{\mathrm{s}} + \dfrac{3}{\pi}X_{\mathrm{D}}\right)s\right]^2}(s - s_0) \tag{6-57}$$

给定一个 $\beta$ 值，计算出一个 $s_0$，代入式（6-57），即可作出第一工作区的机械特性曲线 $T_{\mathrm{ei}} = f(s)$。

当 $I_{\mathrm{d}} > \dfrac{\sqrt{6}E_{\mathrm{r}}}{4X_{\mathrm{D}}}$时，进入第二工作区。由式（6-41）的直流功率表达式可知转子整流电压 $U_{\mathrm{d}}$ 为

$$U_{\mathrm{d}} = sU_{\mathrm{d0}}\cos\alpha_{\mathrm{p}} - \frac{1}{2}sU_{\mathrm{d0}}\sin\left(\alpha_{\mathrm{p}} + \frac{\pi}{6}\right) \tag{6-58}$$

由式（6-34）及关系式 $U_{\mathrm{d0}} = 2.34E_{\mathrm{r}} = \dfrac{3}{\pi}\sqrt{6}E_{\mathrm{r}}$，可得

$$\sin\left(\alpha_{\mathrm{p}} + \frac{\pi}{6}\right) = \frac{2X_{\mathrm{D}}}{\sqrt{6}E_{\mathrm{r}}}I_{\mathrm{d}} = \frac{6}{\pi}\frac{X_{\mathrm{D}}}{U_{\mathrm{d0}}}I_{\mathrm{d}} \tag{6-59}$$

代入式（6-58），有

$$U_{\mathrm{d}} = sU_{\mathrm{d0}}\cos\alpha_{\mathrm{p}} - \frac{3}{\pi}sX_{\mathrm{D}}I_{\mathrm{d}} \tag{6-60}$$

所以在稳态时第二工作区的电压平衡方程式为

$$sU_{\mathrm{d0}}\cos\alpha_{\mathrm{p}} - \frac{3}{\pi}sX_{\mathrm{D}}I_{\mathrm{d}} - U_{\mathrm{i0}}\cos\beta = (R_{\mathrm{dx}} + 1.7R'_{\mathrm{s}})I_{\mathrm{d}} \tag{6-61}$$

将式（6-55）代入式（6-61），整理后可得

$$I_{\mathrm{d}} = \frac{U_{\mathrm{d0}}(s\cos\alpha_{\mathrm{p}} - s_0)}{\left(1.7R'_{\mathrm{s}} + \dfrac{3}{\pi}X_{\mathrm{D}}\right)s + R_{\mathrm{dx}}}$$

由式（6-59），有

$$I_{\mathrm{d}} = \frac{\pi}{6}\frac{U_{\mathrm{d0}}}{X_{\mathrm{D}}}\sin\left(\alpha_{\mathrm{p}} + \frac{\pi}{6}\right) \tag{6-62}$$

代入式（6-61）得

$$s = \frac{R_{\mathrm{dx}}\sin\left(\alpha_{\mathrm{p}} + \dfrac{\pi}{6}\right) + \dfrac{6}{\pi}X_{\mathrm{D}}s_0}{\dfrac{6}{\pi}X_{\mathrm{D}}\cos\alpha_{\mathrm{p}} - \left(1.7R'_{\mathrm{s}} + \dfrac{3}{\pi}X_{\mathrm{D}}\right)\sin\left(\alpha_{\mathrm{p}} + \dfrac{\pi}{6}\right)} \tag{6-63}$$

给定一个 $\beta$ 值，由式（6-55）求出 $s_0$，再以 $\alpha_{\mathrm{p}}$ 为参变量，由式（6-63）及（6-46）分别求出相应的 $s$ 和 $T_{\mathrm{ei}}$，即可求出第二工作区的机械特性曲线。

下面将串级调速异步电动机的机械特性临界点与异步电动机固有机械特性的临界点进行比较，从中对机械特性的硬度进行分析。由式（6-46）知，当 $\alpha_{\mathrm{p}} = 15°$时，电动机产生最大转矩，并可求出临界转差率 $s'_{\mathrm{m}}$ 为

$$s'_{\mathrm{m}} = \frac{R_{\mathrm{dx}} + \dfrac{6\sqrt{2}}{\pi}X_{\mathrm{D}}s_0}{1.7(R_{\mathrm{D}} - R'_{\mathrm{s}})}$$

令转差率的增量 $\Delta s = s - s_0$。因此在最大转矩下，转差率的增量 $\Delta s'_{\mathrm{m}} = s'_{\mathrm{m}} - s_0$ 为

$$\Delta s'_{\mathrm{m}} = \frac{R_{\mathrm{dx}}}{1.7(X_{\mathrm{D}} - R'_{\mathrm{s}})} + \frac{\frac{6\sqrt{2}}{\pi}X_{\mathrm{D}} - 1.7(X_{\mathrm{D}} - R'_{\mathrm{s}})}{1.7(X_{\mathrm{D}} - R'_{\mathrm{s}})}s_0 \tag{6-64}$$

因为 $T_{\mathrm{ei\,II\,max}}$ 与转差率无关，所以 $\Delta s'_{\mathrm{m}}$ 就反映了串级调速时机械特性的硬度。从式（6-64）可以看出，$\Delta s'_{\mathrm{m}}$ 随着 $s_0$ 的增大而增大，机械特性随之变软。因此，对不同的 $s_0$ 机械特性并不是互相平行的。图 6-27 所示为异步电动机串级调速的机械特性。

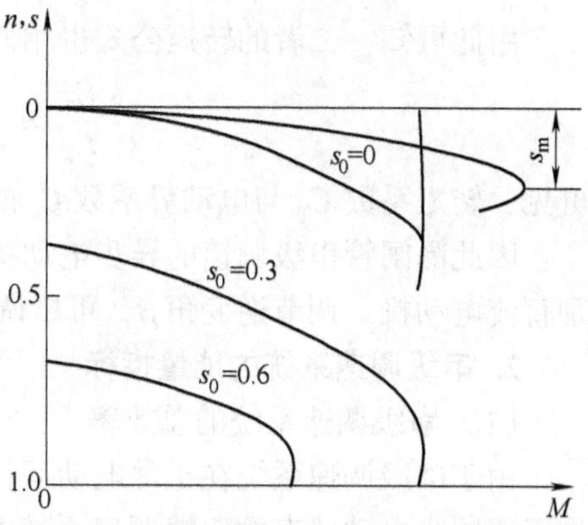


图 6-27　异步电动机串级调速的机械特性

（6）晶闸管串级调速异步电动机的性质

在式（6-54）中，忽略 $\Delta U$ 的影响，则有

$$sU_{\mathrm{d0}} - U_{\mathrm{i0}}\cos\beta = I_{\mathrm{d}}\left(R_{\mathrm{D}} + \frac{3}{\pi}sX_{\mathrm{D}} + R_{\mathrm{DK}} + \frac{3}{\pi}X_{\mathrm{B}} + R_{\mathrm{B}}\right)$$

即

$$s = \frac{U_{\mathrm{i0}}\cos\beta + I_{\mathrm{d}}\left(R_{\mathrm{D}} + R_{\mathrm{DK}} + \frac{3}{\pi}X_{\mathrm{B}} + R_{\mathrm{B}}\right)}{U_{\mathrm{d0}} - \frac{3}{\pi}X_{\mathrm{D}}I_{\mathrm{d}}} \tag{6-65}$$

将

$$s = \frac{n_0 - n}{n_0} = 1 - \frac{n}{n_0}$$

代入式（6-65）得

$$n = n_0\left[1 - \frac{U_{\mathrm{i0}}\cos\beta + I_{\mathrm{d}}\left(R_{\mathrm{D}} + R_{\mathrm{DK}} + \frac{3}{\pi}X_{\mathrm{B}} + R_{\mathrm{B}}\right)}{U_{\mathrm{d0}} - \frac{3}{\pi}X_{\mathrm{D}}I_{\mathrm{d}}}\right]$$

$$= \frac{U_{\mathrm{d0}} - U_{\mathrm{i0}}\cos\beta - I_{\mathrm{d}}R_{\Sigma}}{\dfrac{U_{\mathrm{d0}} - \frac{3}{\pi}X_{\mathrm{D}}I_{\mathrm{d}}}{n_0}} = \frac{U - I_{\mathrm{d}}R_{\Sigma}}{C_{\mathrm{e}}} \tag{6-66}$$

式中，$U = U_{\mathrm{d0}} - U_{\mathrm{i0}}\cos\beta$；$R_{\Sigma} = R_{\mathrm{D}} + R_{\mathrm{DK}} + \frac{3}{\pi}X_{\mathrm{B}} + R_{\mathrm{B}}$；$C_{\mathrm{e}} = \dfrac{U_{\mathrm{d0}} - \frac{3}{\pi}X_{\mathrm{D}}I_{\mathrm{d}}}{n_0}$；$n_0$ 为电动机的同步转速。

由式（6-66）可以看出，串级调速的异步电动机的机械特性和他励直流电动机机械特性方程式相似，不同之处在于 $R_{\Sigma}$ 很大，而且电动势系数 $C_{\mathrm{e}}$ 不是常数，它随 $I_{\mathrm{d}}$ 增大而减小，从而使转速上升，这和电枢反应的去磁作用相似。

此外，由第一工作区的转矩公式（式 6-43），有

$$T_{\mathrm{ei}} = \frac{1}{\omega_{\mathrm{s}}}\left(2.34E_{\mathrm{r}} - \frac{3}{\pi}X_{\mathrm{D}}I_{\mathrm{d}}\right)I_{\mathrm{d}} = C_{\mathrm{T}}I_{\mathrm{d}} \tag{6-67}$$

式中，$C_T = \frac{1}{\omega_s}\left(2.34E_r - \frac{3}{\pi}X_D I_d\right)I_d$。

由此可知，二者的转矩公式也相似。而且可以求出

$$\frac{C_T}{C_e} = \frac{n_0}{\omega_s} = \frac{60f_1}{n_p}\frac{n_p}{2\pi f_1} = 9.55 \tag{6-68}$$

可见，转矩系数 $C_T$ 与电动势系数 $C_e$ 的关系也和直流电动机相同。

因此晶闸管串级调速的异步电动机，在性能上相当于一个内阻很大，又有电枢反应的他励直流电动机。调节逆变角 $\beta$，可以调节电压 $U$，和直流电动机相似。

**2. 串级调速系统的能量指标**

(1) 串级调速系统的总效率

由于串级调速系统在正常电动运行时，只能工作在亚同步转速区。因此，其能流图与工作于亚同步电动状态的双馈调速系统类似（见图 6-18a）。与双馈调速系统相比，串级调速系统的转差功率需要经过中间直流环节实现能量变换，因此，效率略低于采用交-交变频器直接实现能量变换的双馈调速系统。但与转子串电阻调速系统相比，它的效率还是相当高的。为此，重写式（6-23）如下：

$$\eta_C = \frac{P_m(1-s) - \Delta P_M}{P_m(1-s) + \Delta P_{\Sigma}} \times 100\% \tag{6-69}$$

$\eta_C$ 即为串级调速系统的总效率。对于大容量的串级调速系统，$\eta_C$ 可以达到 90% 以上，中小容量的串级调速系统，$\eta_C$ 也在 80% 以上。

而转子串电阻时的效率 $\eta_R$ 可以表示为

$$\eta_R = \frac{P_{out}}{P_m} \times 100\% = \frac{P_m(1-s) - \Delta P_M}{P_1} \times 100\%$$

$$= \frac{P_m(1-s) - \Delta P_M}{P_m + \Delta P_1} \approx (1-s) \times 100\%$$

可见，采用转子串电阻进行调速时，效率与转差率 $s$ 有关。电动机转速越低，$s$ 越大，系统效率越低。

异步电动机转子串电阻和串级调速时的效率曲线如图 6-28 所示。其中 $\eta_R$ 为转子串电阻调速时的效率，可以看出，$\eta_C$ 为串级调速时的效率，比 $\eta_R$ 高得多，有明显的节能效果，这是串级调速装置的最大优点。而且由于其结构比较简单，因而在工业中获得广泛应用。

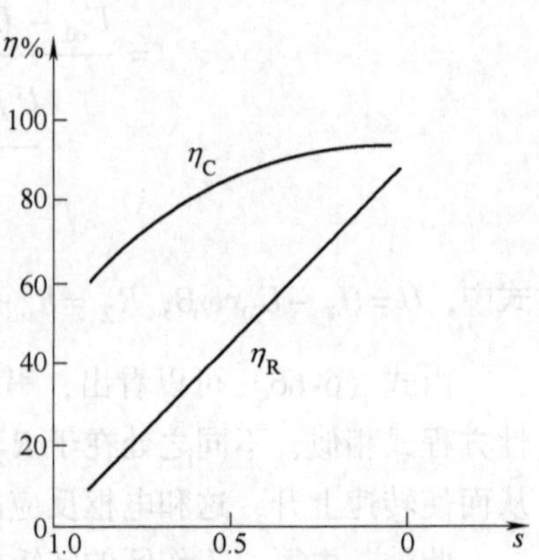


图 6-28　晶闸管串级调速和转子串电阻调速的效率曲线

(2) 串级调速系统的总功率因数

一般串级调速系统的总功率因数都比较低，通常只有 0.3 ~ 0.6，即使在高速满载运行时，功率因数也只能达到 0.6 ~ 0.65，比正常接线时电动机的功率因数减少 0.1 左右。这是串级调速系统的主要缺点。

1) 串级调速系统功率因数低的主要原因。造成串级调速系统功率因数低的原因主要有三个方面。首先，晶闸管逆变桥采用自然换流方式，逆变桥触发角在 90° ~ 180°

之间，电流相位滞后，需从电网吸收大量的换相无功功率，再加上电动机本身和逆变变压器在正常工作时也要吸收相当数量的无功电流，因此串级调速系统从电网吸收的无功功率比异步电动机单独运行时多得多，而有功功率则由于转差功率的回收而减少，于是功率因数就变得很低。这是造成串级调速系统功率因数低的主要原因。其次，在串级调速系统中由于转载整流电路存在严重的换流重叠现象，使得定子和转子电流都是非正弦的，从而导致电动机本身的功率因数降低。此外，串级调速系统中电流波形发生畸变也会使串级调速系统的功率因数下降。

串级调速系统总功率因数可表示为

$$\cos\varphi = \frac{P}{S} = \frac{P_1 - P_B}{\sqrt{(P_1 - P_B)^2 + (Q_1 + Q_B)^2}} \tag{6-70}$$

式中，$P$ 为系统从电网吸收的总有功功率；$S$ 为系统总的视在功率；$P_1$ 为电动机从电网吸收的有功功率；$P_B$ 为通过逆变变压器回馈到电网的用功功率；$Q_1$ 为电动机从电网吸收的无功功率；$Q_B$ 为逆变变压器从电网吸收的无功功率。

由式（6-70）可见，串级调速系统从电网吸收的总有功功率是电动机吸收的有功功率与逆变器回馈至电网的有功功率之差；而从交流电网吸收的总无功功率却是电动机和逆变器吸收的无功功率之和。因此，串级调速系统的功率因数较低。随着电动机转速的下降功率因数还会进一步降低。下面，借助图析法来进一步分析电动机转速对系统功率因数的影响。

在串级调速系统中，电动机转子电流的大小取决于负载。如果电动机拖动的是恒转矩负载，则转子电路中的电流，也就是经逆变器送到电网的电流是一定的。在逆变器电网侧电压一定的前提下，这意味着由逆变器反馈到电网的视在功率也是一定的。在忽略损耗的情况下，电动机的转差功率就是转子整流器输出的直流功率，也就是由逆变变压器反馈到电网的有功功率。由式（6-37）、式（6-41）可以看出，在电动机调速时，这个功率是与转差率成正比的。电动机转速越高，则转差率越小，经转子整流器和逆变器回馈到电网的视在功率是一定的，因此无功功率必须增大。当异步电动机转速接近同步速度时，转差率接近于零，转子输送回电网的有功功率也为零，这时反馈电网的全部视在功率都将是无功功率。这些无功功率将使系统的功率因数显著下降。

根据以上分析可以做出串级调速系统的功率相量图，如图 6-29 所示。

在图 6-29 中，$S_1$ 是电动机定子从电网吸收的视在功率，$S_1 = \sqrt{P_1^2 + Q_1^2}$。$P_1$、$Q_1$ 分别是电动机从电网吸收的有功功率和无功功率。$P_1$、$Q_1$ 和 $S_1$ 都可以近似地认为与电动机的转差率无关，在调速过程中保持恒定。$S_B$、$S'_B$ 分别是当电动机转差率为零和为 $s_1$ 时的逆变压器从电网吸收的视在功率。注意到在 $s=0$ 时从电网吸收的全部视在功率都是无功功率；在 $S=S_1$ 时逆变变压器是向电网反馈有功功率 $P'_B$，吸收无功功率 $Q'_B$，因此 $P'_B$ 与 $P_1$ 方向相反，如图 6-29 所示。串级调速系统从电网吸收的全部视在功率矢量为 $\boldsymbol{S}_1$ 和 $\boldsymbol{S}_B$ 的矢量和，即 $\boldsymbol{S}_{in} = \boldsymbol{S}_1 + \boldsymbol{S}_B$。由此可求出

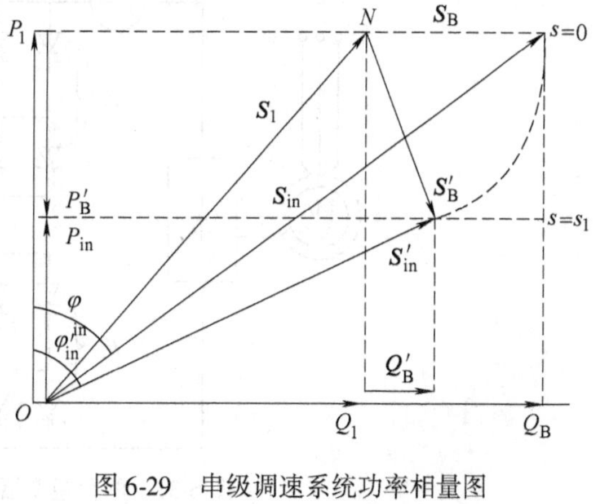

图 6-29　串级调速系统功率相量图

在不同转速时系统的总功率因数角。在不同转差率时，矢量 $\boldsymbol{S}_B$ 的大小不变，但方向改变，因此不同转差率下视在功率矢量就落在以 $N$ 为圆心，以 $|\boldsymbol{S}_B|$ 为半径的圆弧上。在此轨迹上就可以求出在某一转差率时 $\boldsymbol{S}_B$ 矢量的方向，进而可以求出总视在功率矢量 $\boldsymbol{S}_{in}$ 及系统相应的总功率因数角。由图 6-30 中可以看出，在电动机调速范围一定的情况下，随着电动机转差率的增大，系统的功率因数降低了。

2）串级调速系统功率因数的改善方法。对于串级调速系统，功率因数的提高是串级调速系统能被广泛应用的关键问题之一。改善功率因数的方法通常有以下几种：

①在串级调速装置的进线电网侧加动力电容器。这种方法比较简单易行，目前应用也很普遍。电容器的无功功率要根据功率因数由 $\cos\varphi_K$ 提高到 $\cos\varphi_{KC}$ 的要求，按下式计算：

$$Q_C = Q_K - Q_{KC}$$

式中，$Q_{KC}$ 为对应于 $\cos\varphi_{KC}$ 的无功功率；$Q_K$ 为对应于 $\cos\varphi_K$ 的无功功率。

由图 6-30 可以看出，电容补偿有改善串级调速系统功率因数的效果。但这种方法也存在缺点，即电容器对电网谐波比较敏感，容易引起发热，与电动机电抗之间会产生自激振荡现象，在负荷变化时引起电网电压变化较大。因此便出现了从串级调速系统本身来解决功率因数过低的方法。

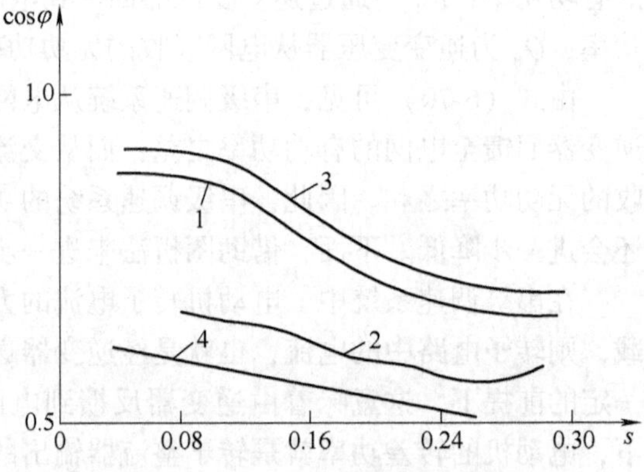

图 6-30　不同方式的串级调速系统的功率因数

1—采用电容器补偿　2—逆变器串联

3—采用斩波控制　4—一般形式逆变器

②采用两台逆变器串联的纵续控制。对于大功率串级调速系统，提高功率因数最实际的方法，就是采用两台逆变器串联的纵续控制，如图 6-31 所示。其中一台逆变器的触发角 $\beta_1$ 固定为最小安全逆变角 $\beta_{min}$，一般取 $\beta_{min} \geqslant 30°$。另一台逆变器的触发角 $\beta_2$ 随负载而变，变化范围是 $\beta_{min} \leqslant \beta_2 \leqslant 180° - \beta_{min}$。这种电路的逆变电压平滑，谐波分量小，逆变电流更接近正弦波，而且逆变器的功率因数可以得到提高，如图 6-30 所示。这种方法对于大功率系统比较适用。

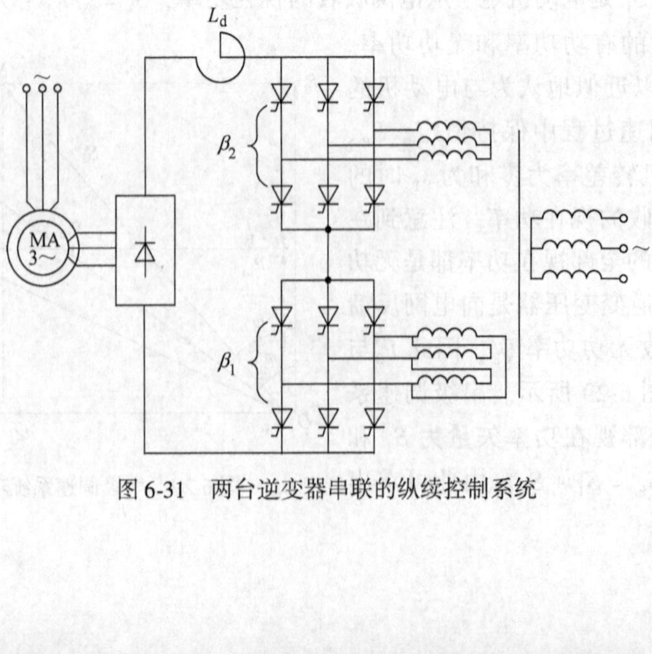

图 6-31　两台逆变器串联的纵续控制系统

③斩波控制串级调速系统。这种方案如图 6-32 所示。它是在常规串级调速系统的直流电路中，加上了一个并联型直流斩波器，斩波器 CH 工作在开关状态。当它接通时，转子整流电路被短接，电动机相当于在转子短路状态下工作；当它断开时，电动机在串级调速接线下工作。为了提高系统的功率因数，减少逆变器从电网吸收的无功功率，总是把逆变器固定在最小逆变角下工作，且不随转速变化而变化。这时，只要改变斩波器的占空比便可改变异步电动机的理想空载转速。设斩波器开关周期为 $T$，CH 接通的时间为 $\tau$，则逆变器经 CH 送至整流器的电压 $\overline{U}_{ch}=\dfrac{T-\tau}{T}U_i$。$\overline{U}_{ch}$ 的波形如图 6-33 所示。

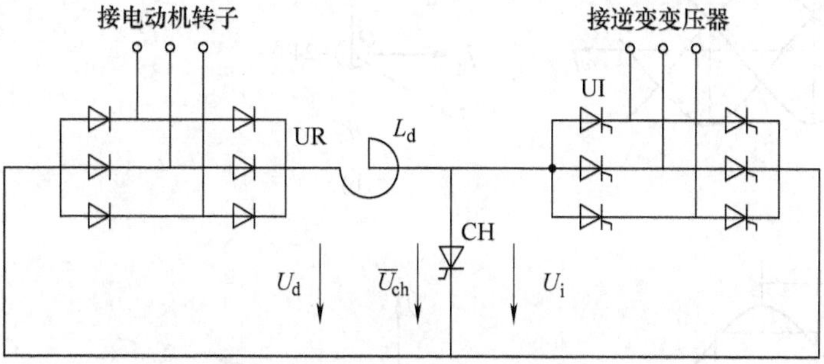

图 6-32　具有斩波环节的晶闸管串级调速系统原理图

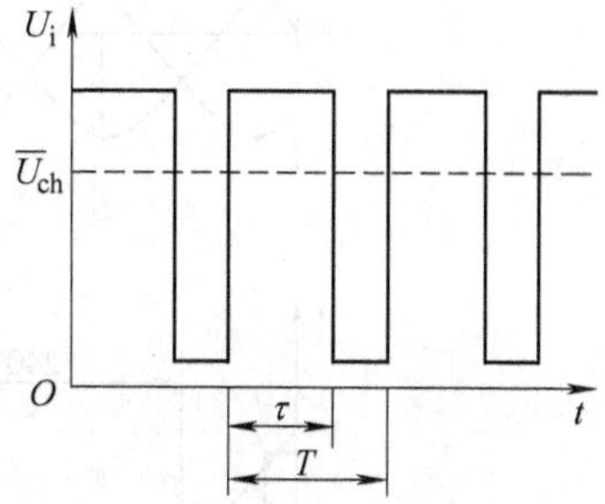

图 6-33　斩波器脉宽调制理想波形图

由图 6-32 和图 6-33 可见，改变占空比，相当于改变串入整流器的直流电路的附加电动势，因而能调节电动机转速。由于在系统中逆变器的控制角一般取较小值且固定不变，故可提高系统的功率因数。同时，由于系统的功率因数较高，通过逆变器传输的功率几乎都是有功功率，即异步电动机的转差功率，因此这种斩波调速串级调速系统的逆变器和逆变变压器的容量比普通串级调速系统要小得多。系统功率因数高和逆变器容量相对较小是斩波控制串级调速系统的突出优点，而且由于其控制系统的结构也十分简单、可靠，因此，它是一种很有发展前途的串级调速系统。

④ GTO 串级调速系统。这种系统通过改变逆变系统的工作状态来提高功率因数，即使逆变系统的控制角 $\alpha$ 在 180°～270°之间改变，为此，只需将逆变桥中普通晶闸管用可关断晶闸管（GTO）来代替，如图 6-34 所示。

GTO 是晶闸管的一种派生器件。它既有晶闸管耐高压、电流大、浪涌能力强的特性，又具有在门极正、负信号控制其导通和关断的独特优点，它的控制方式和开关晶体管相似。

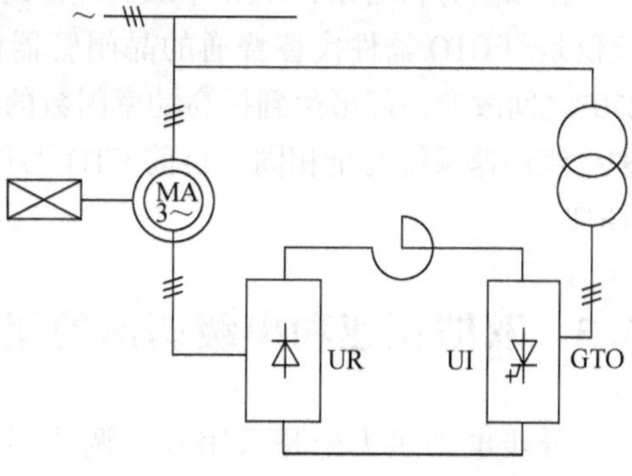

图 6-34　节能型串级调速装置原理图

当串级调速装置的逆变系统采用 GTO 器件后，利用 GTO 器件的关断特性，逆变系统的触发延迟角在 180°～270°之间改变时，GTO 器件之间也能通过控制系统进行强迫换流。例如当 $\alpha=240°$时，其逆变波形如图 6-35a 所示，以 a、b 两相换流为例，在 $t_1$ 之前 a 相导通，而在 $t=t_1$ 时同时分别给 a 相和 b 相 GTO 器件发关断和开通脉冲。a 相器件强迫关断，而 b 相器件当 a 相器件关断后，就可承受正向电压而导通。

逆变电流波形如图 6-35b 所示，电流波形的轴线滞后电压波形的轴线 240°，电流波形的基波分量滞后于电源电压 240°。图 6-35c 是这一电压和电流的向量图。电流的有功分量 $\dot{I}_p$ 与$\dot{U}$反相，和一般晶闸管串级调速情况相同，但是电流的无功分量 $\dot{I}_p$ 却超前电压 $\dot{U}$ 90°，说明此时逆变系统从电源吸收容性无功电流，这个容性无功电流可以补偿电动机所需的感性无功电流，从而使总功率因数提高，图 6-35d 表示 $\alpha=240°$时串级调速装置电压和电流相量图。由图可见总电流 $\dot{I}_W$ 的相位角 $\varphi_W$ 大大减小，因而提高了装置的总功率因数 $\cos\varphi_W$。

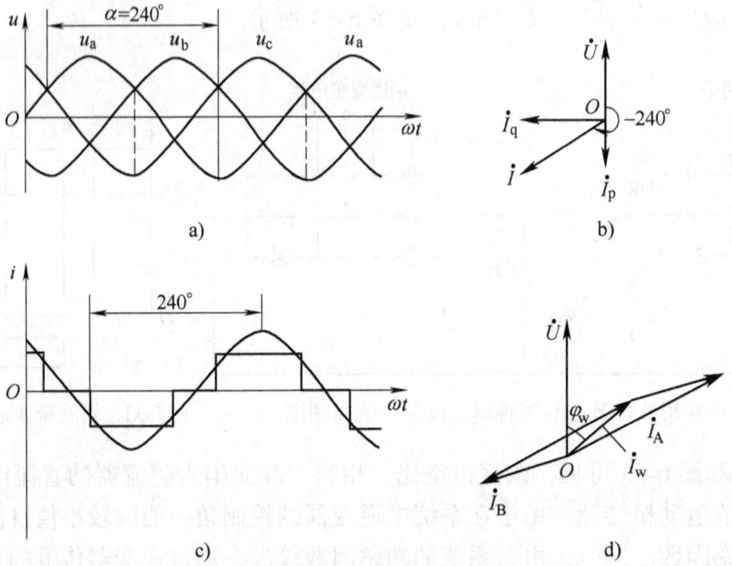


图 6-35 逆变电压、电流波形图及相量图（$\alpha=240°$）

a）电压波形 b）电压和电流相量图 c）电流波形 d）串级调速装置电压和电流相量图

由以上分析看出，GTO 串级调速系统与一般晶闸管串级调速系统在结构上的唯一区别，仅仅是用 GTO 器件代替普通的晶闸管器件，使其逆变工作状态的触发延迟角 $\alpha$ 在 180° ~ 270°之间改变，即可达到提高功率因数的目的。除了要对触发控制系统作简单的改变外，两种串级调速系统完全相同。目前 GTO 器件将被淘汰，取而代之的将是第四代电力电子器件 IGCT。

## 6.3 双馈调速和串级调速的闭环控制系统

异步电动机无论是采用双馈调速还是串级调速，在开环控制时静差率都比较大，如图 6-16 和图 6-27 所示。因此，开环控制系统只能用于对调速精度要求不高的场合。为了提高调速精度和获得较好的动态特性，就要采用闭环控制。

串级调速的闭环控制系统与直流双闭环系统相类似，也可以采用转速和电流两个闭环。因此，在系统设计时可以应用直流传动系统的闭环调节原理，但也必须考虑串级调速的特殊性。实践证明，加上闭环控制后，系统的静、动态性能都得到了较大的改善。

对双馈调速而言，在矢量控制理论出现之前，只出现过一些简单的闭环控制方案。但由于这些方案都不够完善，未能充分发挥双馈调速的优点而逐渐被采用矢量控制的双馈调速系统所代替。由于采用矢量控制后可以独立调节有功功率（转矩和转速）和无功功率，系统的动、静态性能优越，可以达到或超过直流调速系统的水平，因而在工业中应用日益广泛。

本节主要阐述采用简单闭环控制的双馈调速系统和串级调速的闭环控制系统的工作原理，矢量控制双馈调速系统将在第6.6节中详细讨论。

### 6.3.1 双馈调速的简单闭环控制系统

历史上曾出现过的简单闭环控制的双馈调速系统是用模拟直流调速系统实现的，其原理如图6-36所示。该系统存在两个闭环：速度闭环和电流闭环，分别用于系统的速度调节和电流调节。电流检测环节检测电动机转子三相电流，一方面用作电流反馈，另一方面经过过零逻辑环节产生过零信号。电压同步环节用于产生触发交-交变频器所需的同步电压信号。对过零信号、同步电压信号和电流调节器的输出信号进行综合，经脉冲生成环节产生脉冲，用于控制交-交变频器输出频率幅值可调的“准正弦电压”。

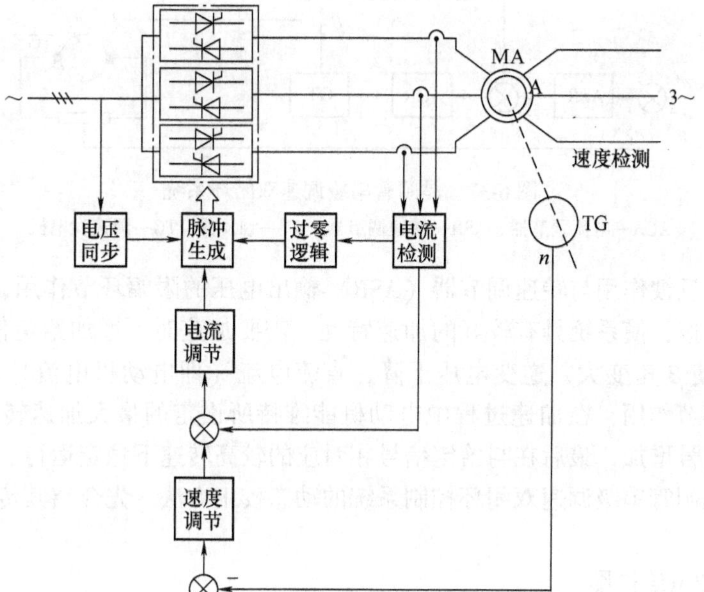


图6-36 简单闭环控制的双馈调速系统

这种简单闭环控制系统在一定程度上克服了开环系统的不足，但由于被控对象异步电动机是一个非线性强耦合的电磁系统，因此与异步电动机的早期其他调速方案一样，系统的动、静态品质不很理想，只能应用于风机、泵类等对调速精度和动态性能要求不高的场合。这在一定程度上限制了双馈调速的进一步发展。

矢量控制理论的出现为交流调速技术的发展注入了活力。双馈调速系统采用矢量控制后，系统的动、静态品质都得到很大的提高，可与直流调速系统相媲美。矢量控制的双馈调速系统的调速精度高，动态特性优越，效率和功率因数也比较高，而且转子侧的变频器容量可以做得比电动机容量小，这对于调速精度要求较高、调速范围不大的大功率应用如轧钢机类负载尤其具有吸引力，显示出广阔的发展前景。

### 6.3.2 串级调速的闭环控制系统

**1. 双闭环串级调速系统的工作原理**

双闭环串级调速系统与直流闭环系统相似，其结构如图6-37所示。电流调节器（ACR）输出电压为零时，应整定触发脉冲，使 $\beta$ 为最小值，以防止逆变颠覆。一般取 $\beta_{min}=30°$，此时转速最低，随着ACR输出电压的增加，$\beta$ 角增大，$U_i$ 减小，转速上升，到 $\beta=90°$，$U_i=0$，相当于串级调速系统不起作用。

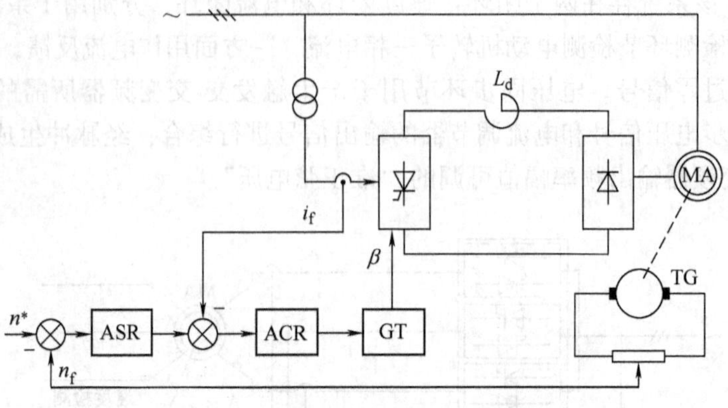


图6-37 晶闸管串级调速双闭环系统

ACR—电流调节器 ASR—转速调节器 GT—触发器 TG—测速发电机

利用电流负反馈作用与转速调节器（ASR）输出电压的限幅环节作用，在加速过程中，也能实现恒流升速，使系统具有较好的加速特性。需要加速时，增加给定信号 $n^*$，经逆变触发器（GT）使 $\beta$ 角变大，逆变电压下降，直流电流（即电动机电流）增加，电动机加速，由于限幅环节作用，在加速过程中电动机能维持所设定的最大加速转矩。随着转速升高，转速反馈信号增加，最后在与给定信号相对应的较高转速下稳定运行。

为了研究晶闸管串级调速双闭环控制系统的动态校正方法，先介绍其传递函数及系统结构图。

**2. 系统的动态结构图**

(1) 串级调速系统主电路（直流电路）的传递函数

直流电路的输入量是转子空载整流电动势 $sU_{d0}$ 和逆变器空载逆变电动势 $U_i$ 之差，输出量是 $I_d$，它们之间的关系可以用直流电路的动态电压平衡方程式表示为（忽略晶闸管电压降）

$$sU_{d0}-U_i=L_\Sigma\frac{dI_d}{dt}+R_\Sigma I_d \tag{6-71}$$

式中，$U_i$ 为逆变器输出的空载电压，$U_i=2.34U_{rT}\cos\beta$；$L_\Sigma$ 为转子直流电路总电感，$L_\Sigma=L+2L_{D0}+2L_T$，$L_{D0}$ 为折算到转子侧的电动机每相漏感，$L_T$ 为折算到二次侧的逆变变压器每相漏感，$L$ 为平波电抗器电感；$R_\Sigma$ 为转差率为 $s$ 时的转子直流回路等效电阻，有

$$R_\Sigma=\frac{3X_D}{\pi}s+\frac{3X_B}{\pi}+R_D+R_B+R_{DK}$$

式（6-71）可写为

$$U_{d0} - \frac{n}{n_s}U_{d0} - U_i = L_\Sigma \frac{dI_d}{dt} + R_\Sigma I_d \tag{6-72}$$

将式（6-72）两边取拉普拉斯变换，可求得转子直流电路的传递函数为

$$\frac{I_d(p)}{U_{d0} - \frac{U_{d0}}{n_s}n(p) - U_i(p)} = \frac{K_{Ln}}{T_{Ln}p + 1} \tag{6-73}$$

式中，$T_{Ln}$ 为转子直流电路的时间常数，$T_{Ln} = L_\Sigma / R_\Sigma$；$K_{Ln}$ 为转子直流回路的放大倍数，$K_{Ln} = 1/R_\Sigma$。

转子直流电路相应的结构图如图 6-38 所示。由于该环节的时间常数 $T_{Ln}$ 和放大倍数 $K_{Ln}$ 都是转速 $n$ 的函数，所以它是非定常的环节。

（2）异步电动机的传递函数

由于串级调速系统一般运行于第一工作区，由式（6-67）可知，异步电动机的电磁转矩为

$$T_{ei} = \frac{1}{\omega_s}\left(2.34E_r - \frac{3}{\pi}X_D I_d\right)I_d = C_T I_d$$

电力拖动系统的运动方程式为

$$T_{ei} - T_L = \frac{GD^2}{375}\frac{dn}{dt}$$

或

$$G_T(I_d - I_L) = \frac{GD^2}{375}\frac{dn}{dt}$$

式中，$I_L$ 为负载转矩 $T_L$ 所对应的等效负载电流。

由上式可得异步电动机在串级调速时的传递函数为

$$W_D(p) = \frac{n(p)}{I_d(p) - I_L(p)} = \frac{1}{\frac{GD^2}{375}\cdot\frac{1}{G_T}p} = \frac{1}{T_D p} \tag{6-74}$$

式中，$T_D = \frac{GD^2}{375}\cdot\frac{1}{C_T}$，由于系数 $C_T$ 是电流 $I_d$ 的函数，因此 $T_D$ 也是电流 $I_d$ 的函数，而不是常数。

（3）触发逆变环节的传递函数

触发逆变环节的输入是触发器的控制电压 $U_K$，输出是空载逆变电动势 $U_i$，这是一个纯滞后环节，由晶闸管电路知识可知，其传递函数为

$$W_s(p) = \frac{K_s}{T_s p + 1} \tag{6-75}$$

式中，$K_s$、$T_s$ 分别为晶闸管逆变器的放大倍数和时间常数，$T_s$ 为 0.0017s；$K_s$ 是转子整流电压最大值 $U_{i0}$ 和逆变器控制电压最大值 $U_{Kmax}$ 的比值。

（4）电流反馈电路的传递函数

由于电流检测信号常含有交流分量，需要滤波，同时也为防止干扰信号侵入，而在电流反馈电路中加入电流反馈滤波器。其传递函数为

$$W_{Lf}(p) = \frac{K_{if}}{\tau_{if}p + 1} \tag{6-76}$$

式中，$K_{if}$为电流反馈系数；$\tau_{if}$为电流反馈滤波器的时间常数，一般取1～2s。

（5）转速反馈电路的传递函数

在转速反馈电路中，也加入转速反馈滤波器。其传递函数为

$$W_{nf}(p)=\frac{K_{nf}}{\tau_{nf}p+1} \tag{6-77}$$

式中，$K_{nf}$、$\tau_{nf}$分别为转速反馈系数和转速反馈滤波器的时间常数。另外，为补偿反馈通道的惯性作用，在电流给定与转速给定通道中，也应加入相应的惯性环节，即给定滤波器。

由以上各环节的传递函数可以组成如图6-38所示的异步电动机晶闸管串级调速双闭环系统的动态结构框图，图中的转速调节器和电流调节器一般都采用PI调节器，其参数是待定的。

由图6-38可以看出，串级调速双闭环控制系统的结构图与直流双闭环系数的结构图在形式上是相同的。校正的方法也是先内环后外环。不同点在于：串级调速系统直流电路的时间常数$\tau_{Ln}$和放大系数$K_{Ln}$都是转速$n$的函数，是非定常系数，所以电流环是一个非定常系统。非定常电流环如何校正，是串级调速系统动态校正中的一个特殊问题。

但是据已有资料介绍，经理论分析和实验验证，不论是按高速还是按低速时的$T_{Ln}$和$K_{Ln}$计算电流调节器的参数，当转速$n$变化时，电流环的动态响应变化都不大，其阻尼系数的偏差均小于5%。通常都是按低速时的$T_{Ln}$和$K_{Ln}$计算电流调节器的参数。因为经过计算，按低速时的$T_{Ln}$和$K_{Ln}$整定电流调节器的参数所得到的阻尼系数，比按高速时的$T_{Ln}$和$K_{Ln}$整定电流调节器的参数所得到的阻尼系数小，这样能更快地补偿由扰动所造成的被调量的偏差，同时电流环可以具有更高的响应速度。

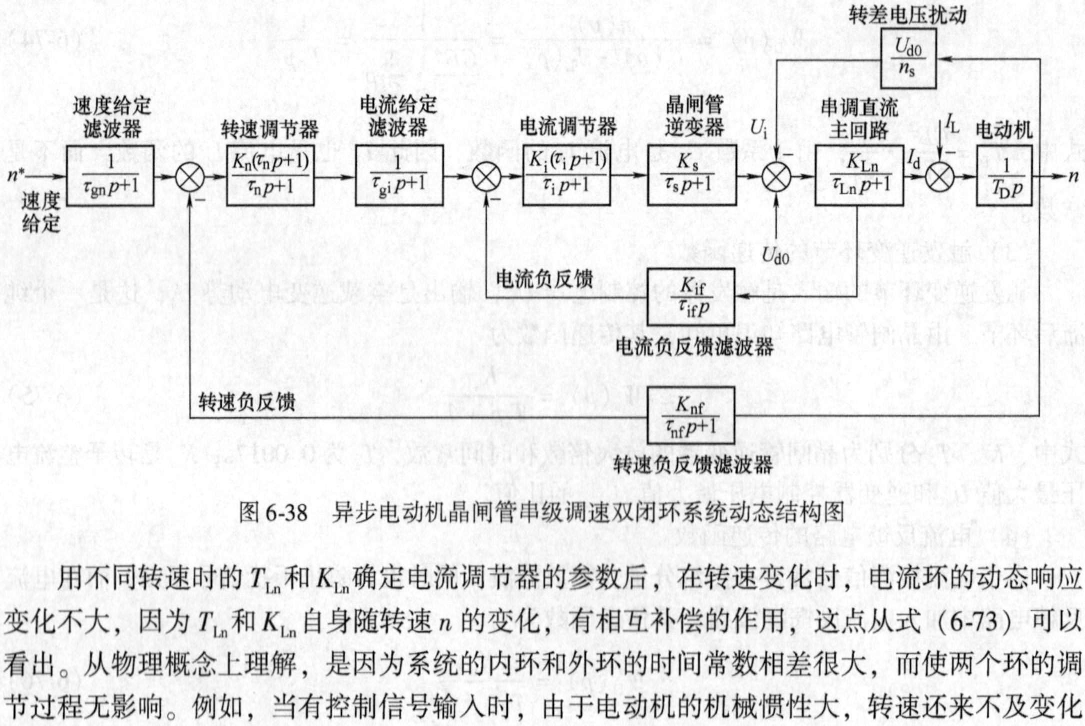


图6-38　异步电动机晶闸管串级调速双闭环系统动态结构图

用不同转速时的$T_{Ln}$和$K_{Ln}$确定电流调节器的参数后，在转速变化时，电流环的动态响应变化不大，因为$T_{Ln}$和$K_{Ln}$自身随转速$n$的变化，有相互补偿的作用，这点从式（6-73）可以看出。从物理概念上理解，是因为系统的内环和外环的时间常数相差很大，而使两个环的调节过程无影响。例如，当有控制信号输入时，由于电动机的机械惯性大，转速还来不及变化

时，电流环已调节完毕，电流达到了稳态值，而转速调节是在电流已基本稳定的条件下进行的。从此也可看出，电流调节过程是电动机静止或处于某一低速且转速来不及变化时进行的，因此，电流调节器的参数应该按低速时的 $T_{Ln}$ 和 $K_{Ln}$ 计算。

所以，一般对串级调速系统进行动态校正时，采用低速时的 $T_{Ln}$ 和 $K_{Ln}$ 值，用二阶最佳方法校正电流环；用三阶最佳方法校正速度环。

## 6.4 双馈调速系统和串级调速系统的其他形式

前面分析的双馈调速系统是将电动机定子绕组接入电网，转子绕组接到独立的变频电源，这种系统可称为狭义的双馈调速系统。而广义的双馈调速方案包括所有把电动机定子和转子绕组以某种形式接到电源（可调或不可调）上并与电源进行能量传递的调速方案。按照这个定义，双馈调速方案还应包括以下形式：

1）电动机转子接入电网，定子接到变频器上。

2）电动机定子和转子都接到变频器上。

除此之外，串级调速（亚同步串级调速及稍后分析的超同步串级调速）也应属于广义的双馈调速。与亚同步串级调速相比，采用超同步串级调速方式构成的系统具有更大的灵活性。超同步串级调速系统可以方便地实现四象限运行，功率因数也比较高。从能量关系看，超同步串级调速系统更类似于狭义的双馈调速系统。

### 6.4.1 双馈调速系统的其他形式

**1. 电动机转子接入电网，定子接到变频器上**

主电路结构框图如图 6-39 所示。图中，电动机定子和转子分别接入两个电源：一个是电网通过变压器 1 施加于电动机转子上的电压、频率恒定的电源；一个是通过变频器施加在定子上的电压、频率独立可调的变频电源。系统的变频电源采用由二极管整流器——IGBT 逆变器组成的电压型变频器。

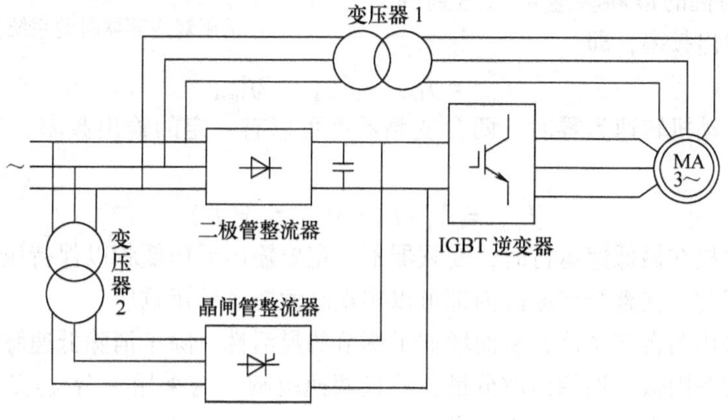


图 6-39　双馈调速系统主电路结构框图

设电网的频率是 $f_1$，逆变器输出频率是 $f_2$，则电动机转速（折合成频率值 $f_r$）为

$$f_r = f_1 \pm f_2 \tag{6-78}$$

式中，取“+”或“-”取决于电动机的接线方式。此处取负号。

电网的频率一般是固定的50Hz，为实现电动机转速由0~2倍同步转速变化，选择变频器输出频率$f_2$的变化范围是-50~50Hz，在这个范围内，控制部分比较容易实现压频比恒定控制。

由式（6-78）可见，调节逆变器的输出频率$f_2$，就可改变电动机的转速。与双馈调速的异步电动机类似，采用这种调速方案的异步电动机也可以有4种运行状态（在$f_2$=-50~50Hz时不存在倒拉反转状态，故为4种），如图6-11所示。当$f_2$的变化范围是0~50Hz时，电动机处于亚同步运行状态；当$f_2$的变化范围是0~-50Hz时，电动机处于超同步运行状态，电动机转子与电网之间的功率流动是双向的，其流动方向取决于电动机是超同步还是亚同步运行；当电动机超同步运行时，由电网向电动机转子输入功率；亚同步运行时，电动机转子向电网回馈功率。同样，电动机定子与电网之间的功率流动也是双向的，不过其流动方向取决于电动机是处于制动还是电动状态。当电动机处于电动状态时，电网通过变频器向电动机定子输入功率；处于制动状态时，电动机定子经变频器向电网回馈功率，由于二极管整流桥的不可逆性，故需要在电路中附加晶闸管有源逆变器以实现能量的反向流动。这种结构的双馈调速系统的主电路和控制电路的结构都比较复杂，使用的功率元器件也比较多，控制系统还有待于进一步完善，在一定程度上限制了其推广应用。但这种调速方式对于经常作超同步运行并需要调速的高速泵类等设备是有一定应用价值的。

**2. 电动机定子和转子分别接入两台独立的变频器**

主电路结构框图如图6-40所示。图中，电动机的定子和转子分别接入一台独立的交-交变频器。设两台变频器的输出频率分别是$f_1$、$f_2$，则电动机的转速为

$$f_r = f_1 \pm f_2 \tag{6-79}$$

交-交变频器的最高输出频率为电网频率的1/3~1/2，电动机采用这种接线后，可以看出，电动机的最高转速可以达到约两倍的变频器输出频率，即

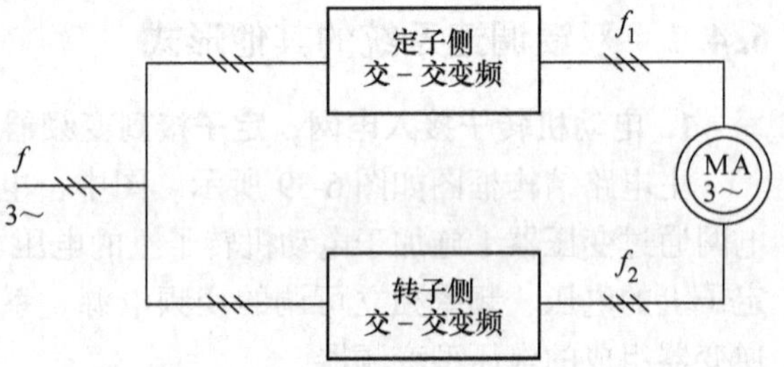

图6-40 双馈调速异步电动机采用双变频器时的系统框图

$$f_{max} = f_{1max} + f_{2max} \approx 2f_{1max}$$

同理，当电动机转速为零时，两台变频器都可以有一定的输出频率，二者只要相等即可。即

$$f_{rmin} = f_1 - f_2 = 0 \quad (f_1 = f_2)$$

这样，电动机在做低速运行时，变频器不一定要输出低压低频以保持压频比恒定，避免铁心磁饱和。因此，在整个转速区内都可以实现高性能的转矩响应。

由于系统采用两台变频器，从而增加了调节的灵活性。除了消除低速脉动外，系统还可以方便地提高功率因数，消除谐波分量，并且调速范围（与采用一台交-交变频器相比）扩大了，调速精度和动态响应指标也提高了。

异步电动机在稳定运行时，定子磁动势和转子磁动势在空间上是相对静止的。只有这样，才能使电动机产生转矩。因此，在这个系统中如何有效地实现定转子外加电压的频率、相位和幅值控制变成了决定系统性能的关键。

电动机在稳定运行时，内部存在如下的相位关系（见图6-41）：

$$\theta = \alpha - (\beta + \delta_v) + \theta_0 \tag{6-80}$$

式中，$\alpha$ 为定子电压相角，$\alpha = 2\pi f_1$；$\beta + \delta_v$ 为转子电压相角，$\beta + \delta_v = 2\pi f_2$；$\theta$ 为转子位置角；$\theta_0$ 为转子初始位置角；$\delta_v$ 为定、转子磁动势夹角，又称伪转矩角。

式（6-80）又可写成

$$\beta = \alpha - (\theta - \theta_0) - \delta_v \tag{6-81}$$

在对电动机进行控制时，$\alpha$ 是已知的，$\theta - \theta_0$ 可以检测出来，只要确定了 $\delta_v$，就可以计算出所要求的转子电压相角 $\beta$，从而使定转子磁动势保持相对静止。

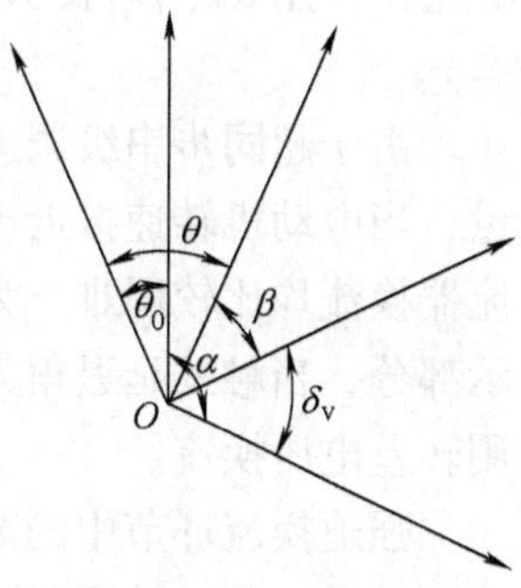

图6-41　异步电动机内部的相位关系

$\delta_v$ 的计算方法比较复杂。它不仅取决于电动机的转矩，还与电动机定、转子外加电压的频率和幅值有关。限于篇幅，在此不作详细论述。

双馈调速系统的调速范围宽、动态特性好。但它的缺点也相当突出，系统的构造相当复杂。所用功率元器件也较多，一旦 $\delta_v$ 角检测计算不准确就会使系统性能恶化，甚至出现振荡。

## 6.4.2　超同步串级调速系统

在超同步串级调速系统中，转子侧一般采用交-直-交变流方式，即用全控整流桥代替亚同步串级调速系统中的转子不可控整流器，原理图如图6-42所示。

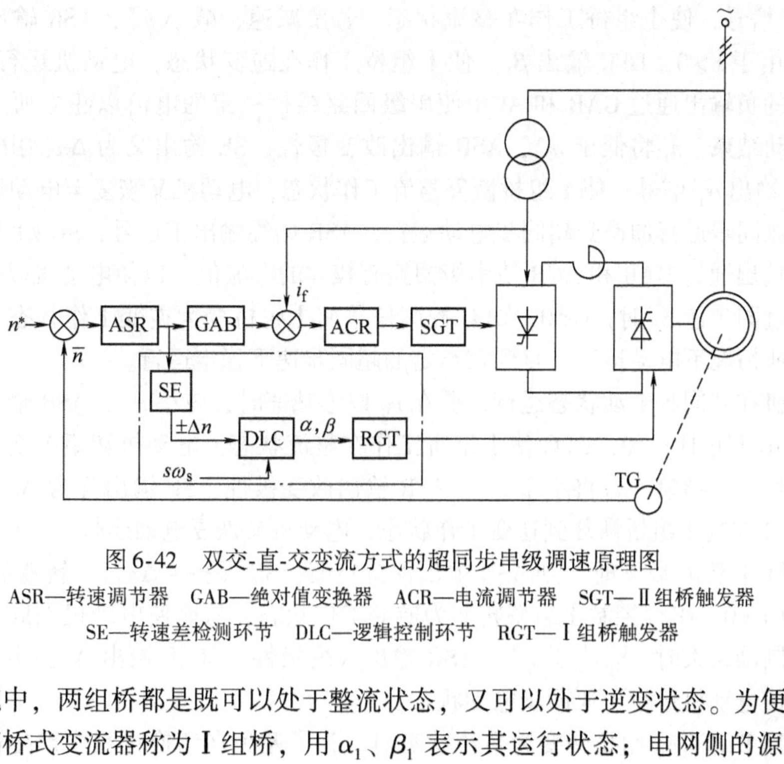

图6-42　双交-直-交变流方式的超同步串级调速原理图

ASR—转速调节器　GAB—绝对值变换器　ACR—电流调节器　SGT—Ⅱ组桥触发器

SE—转速差检测环节　DLC—逻辑控制环节　RGT—Ⅰ组桥触发器

在此系统中，两组桥都是既可以处于整流状态，又可以处于逆变状态。为便于说明，把转子侧的三相桥式变流器称为Ⅰ组桥，用 $\alpha_1$、$\beta_1$ 表示其运行状态；电网侧的源逆变桥称为

Ⅱ组桥，用$\alpha_2$、$\beta_2$表示其运行状态（其中$\alpha$表示工作于整流状态；$\beta$表示工作于逆变状态）。

由于超同步串级调速系统的转子侧变流器必须可控，交流侧的电压幅值和频率均为变量，当电动机转速接近于同步转速时，电压幅值及频率均趋于零，这时测取自同步信号和变流器换流均比较困难。为此，增加了超同步串级调速专用的强迫换流环节，如图中点画线所示部分，当触发延迟角为$\alpha_1$或当触发延迟角为$\beta_1$但转差频率较高时，可以切除此环节，改用转差电压换流。

强迫换流环节中的SE接受转速调节器（ASR）的输出信号，产生$\pm\Delta n$状态信号，以鉴别电动机是电动运行还是制动运行。DLC接受SE的输出信号$\pm\Delta n$及转差频率信号$s\omega_s$，通过逻辑运算，输出转子侧变流器（RGT）所需的运行状态信号$\alpha_1$或$\beta_1$，使之运行于整流状态或逆变状态。DLC逻辑关系表见表6-1。

**表6-1　DLC逻辑关系表**

| $\Delta n$ | $s\omega_s$ | $\alpha_1$或$\beta_1$ | 运行状态 | $\alpha_2$或$\beta_2$ |
|---|---|---|---|---|
| + | $s\omega_s>0$ | $\alpha_1$（整流） | 亚同步电动 | $\beta_2$（逆变） |
| + | $s\omega_s<0$ | $\beta_1$（逆变） | 超同步电动 | $\alpha_2$（整流） |
| - | $s\omega_s>0$ | $\beta_1$（逆变） | 亚同步电动 | $\alpha_2$（整流） |
| - | $s\omega_s<0$ | $\alpha_1$（整流） | 超同步电动 | $\beta_2$（逆变） |

当电动机在亚同步电动状态运行时，ASR输出正信号，SE输出$+\Delta n$，此时，$s>0$。DLC输出$\alpha_1$信号，使Ⅰ组桥工作在整流状态。若要减速，减小$n^*$，ASR输出负信号，SE输出$-\Delta n$，由于$s>0$，DLC输出$\beta_1$，使Ⅰ组桥工作在逆变状态，电动机运行于制动状态。同时，ASR的负输出通过GAB和ACR使串级回路维持一定的电流以建立所必需的制动转矩。一旦制动结束，$n_f$将低于$n^*$，ASR输出改变极性，SE输出又为$\Delta n$，由于仍为$s>0$，所以DLC又输出$\alpha_1$信号，使Ⅰ组桥恢复整流工作状态，电动机又恢复至电动运行。

若要从亚同步运行加速到超同步电动运行，ASR始终输出正信号，SE始终输出$\Delta n$，同时，ASR的输出通过GAB和ACR使串级回路有较大的电流值，以使电动机以较大的加速度升速。当超过同步速$n_0$时，$s<0$，DLC控制信号使Ⅰ组桥变为逆变工作状态，从而使电动机在超同步速情况下电动运行，直到在给定的超同步速下稳定运行。

当电动机在超同步电动状态运行，要在$n_0$以上减速时，减小$n^*$，ASR输出负信号，SE输出$-\Delta n$，由于此时$s<0$，DLC使Ⅰ组桥工作在整流状态，电动机转矩改变方向，变为制动运行。一旦制动结束，$n_f$将小于$n^*$，ASR输出改变极性，SE输出又为$\Delta n$，由于此时仍为$s<0$，DLC控制Ⅰ组桥恢复到逆变工作状态，电动机又恢复电动运行。

若要求降速至$n_0$以下时，则ASR输出保持负值，SE保持$-\Delta n$，当转速低于$n_0$时，则由$s<0$变为$s>0$。DLC控制Ⅰ组桥转变为逆变工作状态，从而使电动机在同步速以下继续制动运行。制动结束时，$n_f$小于$n^*$，ASR输出改变极性，SE又输出$\Delta n$，由于$s>0$，DLC控制Ⅰ组桥使电动机运行于亚同步电动状态。

注意，当DLC将Ⅰ组桥转变为整流状态时，为了避免在切换过程中产生电流冲击，和直流双闭环一样，应先将Ⅱ组桥拉至$\beta_{\min}$，再进行状态转变，最后才使Ⅱ组桥恢复正常工作。

由以上分析可见，超同步串级调速系统也同样存在4种运行状态，其能量流动关系如图6-11a、b所示。在理论上讲，超同步串级调速系统还可以有反接制动状态，但由于此时逆变反馈的转差功率很大，要求变频器的容量也很大，因此，按正常工作设计的超同步串级调速系统应避免出现这种状态。

就转子侧采用交-直-交变流方式的超同步串级调速系统而言，当电动机处于亚同步电动运行状态或超同步发电制动状态时，转差功率是由转子经变频器回馈电网的，此时Ⅰ组桥处于整流状态，一般取$\alpha_1=0$，相当于不可控整流桥；Ⅱ组桥处于逆变状态，且有$\beta_{2\min}\leqslant\beta_2\leqslant\frac{\pi}{2}$，能量流动关系为Ⅰ组桥吸收转差功率，经Ⅱ组桥回送电网。当电动机处于亚同步发电制动状态或超同步电动状态时，转差功率是由电网经变频器输入电动机的，此时，Ⅱ组桥处于整流状态，且$\alpha_{2\min}\leqslant\alpha_2\leqslant\frac{\pi}{2}$；Ⅰ组桥处于逆变状态，$\beta_{1\min}\leqslant\beta_1\leqslant\frac{\pi}{2}$。能量流动关系为Ⅱ组桥从电网吸收交流功率，变成直流形式再经Ⅰ组桥以交流形式送入电动机。

在超同步串级调速系统中，转差频率信号的获取十分重要，其测量精度直接决定着系统的性能。一般地，为了得到转差频率信号$s\omega_s$，可采用图6-43所示的方案。图6-43a中的检测电动机是一台与主电动机极对数相同的绕线式异步电动机，与主电动机同轴连接。定子绕组加上高频调制的频率为$f_1$的三相交流电压，转子绕组中就产生高频调制的频率$sf_1$、振幅恒定的电压，再用同一高频电源对其进行解调，就可得到振幅一定的三相转差电压信号。图6-43b中的位置检测器是一台装有两个霍尔元件和旋转永久磁铁的正弦波位置检测器，它与主电动机同轴连接，由电源及移相器测得主电动机定子磁通瞬时位置$\cos\omega_s$和$\sin\omega_s$。

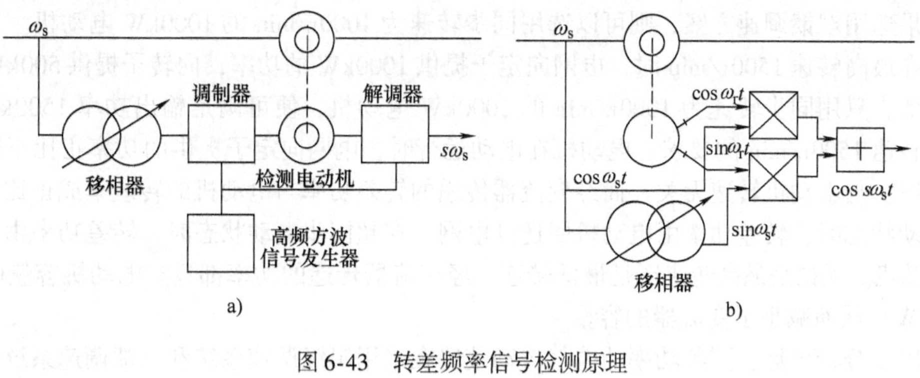


图6-43　转差频率信号检测原理

a）速度检测器　b）位置检测器

由位置检测器得转子位置$\cos\omega_r t$和$\sin\omega_r t$，再根据三角公式

$$\cos s\omega_s t=\cos(\omega_s-\omega_r)t=\cos\omega_s t\cos\omega_r t+\sin\omega_s t\sin\omega_r t$$

通过乘法器和加法器，得到三相转差频率信号$\cos s\omega_s t$。

还有一种超同步串级调速系统是采用交-交变频方式。它的主电路结构与前面讨论的双馈调速系统类似，但调节功能较差，在实际中应用很少。

## 6.5 绕线式异步电动机串级调速系统和双馈调速系统的设计

由于异步电动机串级调速和双馈调速的控制数学模型和直流电动机的控制数学模型有相似的形式，因此，可以像直流电动机传动系统那样，建立转速、转矩、位置或其他参数的闭环控制系统，并且可以仿照直流传动系统进行设计，很多器件和设备同直流传动系统是通用的。这使得串级调速系统和双馈调速系统的应用具有良好的理论基础和物质基础。

### 6.5.1 电动机及变流器的容量选择

串级调速系统和双馈调速系统的最大特点在于不需要调节全部传动功率。因此，变流装置的功率仅是传动功率的一部分，和调速范围成正比。这种传动方式最适合调速范围不太宽的场合。此外，两种调速系统的效率和可靠性都比较高，即使在变流装置发生严重故障时，仍可以将转子短接而使电动机工作在不调速的运行状态。

双馈调速和串级调速系统，在选择电动机及变流器容量时的方法各有不同，结果也可能不一样。

在串级调速系统中，转差能量只能单方向流动回馈到电网，电动机只能在亚同步转速区电动运行；在双馈调速系统中转差功率是可以双向流动的，既可以由电动机转子经变流器回送电网，也可以由电网经变流器输入电动机。利用双馈调速的这个特点，可以更加合理地利用异步电动机及变流器的稳态功率，降低系统费用。

设某电气传动装置的功率是1500kW，要求调速范围是500～1500r/min，如果选择在同步转速以下调速的串级调速系统，则电动机容量应为1500kW，同步转速为1500r/min。由于传动装置的调速范围是3∶1，因此转子侧变流器的容量应为电动机容量的2/3，即1000kW。

如果选用双馈调速方案，则可以选用同步转速为1000r/min的1000kW电动机。当电动机运行在最高转速1500r/min时，电网向定子提供1000kW的功率，向转子提供500kW的功率。因此，只用同步转速为1000r/min的1000kW电动机，便可满足输出功率1500kW，输出最高转速1500r/min的要求。电动机在电动运行时，电网向定子提供的功率正比于转矩和同步转速，与电动机转速无关。而经变流器传递的转差功率与电动机的转差率成正比。在亚同步电动状态时，转差功率由电动机回送到电网；在超同步电动状态时，转差功率由电网输入到电动机。无论是最高转速还是最低转速，经变流器传递的功率都只有电动机容量的1/2，即500kW，从而减小了变流器的容量。

由以上分析可见，同等功率的电气传动装置在采用串级调速系统和双馈调速系统时，所选择的电动机及变流器的容量是不相同的，后者一般可以选择小一些。

采用双馈调速的异步电动机容量虽然可以选得小一些（如前面所讲用1000kW的电动机代替1500kW的电动机），但由于所产生的拖动转矩取决于额定负载转矩，对同一电气传动装置而言，采用串级调速或双馈调速，负载转矩是不变的，因此使得异步电动机的重量、尺寸、价格（它们都取决于电动机的额定转矩）也都是一样的。因此应当说双馈调速系统的主要优点在于减小了转子侧变流器的容量（如前面所讲用500kW的变流器代替1000kW的变流器），提高系统效率，改善功率因数。

## 6.5.2 主电路设计

**1. 双馈调速系统的主电路设计**

双馈调速系统的主电路包括绕线式异步电动机、交-交变频器及供电电压等。

（1）电动机的选择

根据双馈调速的特点，在选择电动机时，应使异步电动机的同步转速尽量接近调速范围的中点，即

$$\omega_s = \frac{\omega_{max} - \omega_{min}}{2} = \omega_{max}\left(\frac{D+1}{2D}\right) \tag{6-82}$$

式中，$\omega_s$ 为电动机的同步转速；$\omega_{max}$ 为双馈调速的异步电动机的最高转速；$\omega_{min}$ 为双馈调速的异步电动机的最低转速；$D$ 为调节范围，$D = \omega_{max}/\omega_{min}$。

电动机的容量可以参考前面的分析选择，也可以按下式计算：

$$P_{iN} = \begin{cases} T_{eiN}\omega_{max} & \text{（只在同步转速以下调速）} \\ T_{eiN}\omega_{max}\left(\dfrac{D+1}{2D}\right) & \text{（在同步转速上下两个区域调速）} \end{cases} \tag{6-83}$$

式中，$P_{iN}$ 为电动机的额定功率；$T_{eiN}$ 为电动机的额定转矩。

双馈调速的异步电动机在超同步运行时，必须保证电动机的机械强度能满足高速旋转的要求，一般来讲，普通异步电动机在做超同步运行时可靠性不是很高，最好是能采用专门为双馈调速所设计的异步电动机。

（2）交-交变频器及变压器的设计

交-交变频器的容量主要取决于需要传递的转差功率，一般而言，调速范围越宽，电动机在低速时所要回馈的转差能量越多，所需变频器的容量也越大。考虑双馈电动机的无功功率调节作用，在实际工程中一般参照下面的公式来设计变频器及变压器的容量。

设变频器的结构为三相桥式，则变频器输出的最大相电压的有效值为

$$U_{rmax} = kE_r s_{max} \tag{6-84}$$

式中，$s_{max}$ 为指定调速范围所对应的最大转差率；$k$ 为经验系数，一般取 $k=1.5$。

三相桥式变频器的每个桥臂的最大电流为

$$I_{max} = k_Z \frac{\sqrt{2}}{3} I_r \tag{6-85}$$

式中，$k_Z$ 为变频器电流过载系数。

变频器的变压器可以采用下面的方法计算。变压器二次电流有效值 $I_{rT}$ 为

$$I_{rT} = \sqrt{\frac{2}{3}} I_r = 0.816 I_r \tag{6-86}$$

变压器二次相电压可由三相桥式整流器输出电压与双馈调速的异步电动机的转子最大额定相电压相等的原则（即 $2.34\cos\beta_{min}U_{rT} = \sqrt{2}s_{max}kE_r$）推导出

$$U_{rT} = \frac{\sqrt{2}s_{max}kE_r}{2.34\cos\beta_{min}} \tag{6-87}$$

式中，$U_{rT}$ 为变压器的二次相电压。

一般取 $\beta_{min} = 30°$，并将 $k=1.5$ 代入式（6-87），则可求出

$$U_{rT} = 1.047 s_{max} E_r \approx s_{max} E_r \tag{6-88}$$

由式（6-84）和式（6-85）可以确定变频器的容量，由式（6-85）和式（6-88）可以确定变压器的容量。

**2. 串级调速系统的主电路设计**

串级调速系统的主电路主要包括异步电动机、整流器、逆变器和逆变变压器。其容量都要根据生产机械的功率和调速范围来选择。

晶闸管串级调速系统所使用的整流器和逆变器同直流调速系统中的整流器和逆变器的计算方法相同。在此只讨论电动机及逆变变压器容量选择的计算方法。

（1）电动机的选择

在串级调速系统中，通常先按常规计算方法来确定异步电动机的容量，并根据串级调速的特点加以修正，然后根据生产机械的技术要求来选择电动机，最后再对电动机进行热校验及过载校验。

在选择用于串级调速的异步电动机容量时，应考虑下面的因素：

1）串级调速时最大转矩降低［见式（6-51）］。

2）串级调速系统中，电动机的功率因数低。

3）转子损耗增大。

考虑以上因素后，在选择串级调速系统的异步电动机容量时应加大一些，即

$$P_i = KP_{iD} \tag{6-89}$$

式中，$P_i$ 为串级调速系统用电动机的功率；$P_{iD}$ 为按正常计算所得的电动机预选功率；$K$ 为串级调速系数，一般取 $K = 1.15$ 左右。对长期低速运行的串级调速系统，还要适当加大些。

根据式（6-89），由产品样本中选取电动机的额定容量 $P_{iN}$，其值应满足 $P_{iD} \geqslant P_i$。然后对预选的电动机进行发热校验和过载校验。

由于晶闸管串级调速系统中，电动机转矩与电流 $I_d$ 不成比例，所以不宜用等效转矩法进行发热校验。从串级调速系统的分析看，电流能直接反映电动机的发热，所以在发热校验时，应采用等效电流法。若满足 $I_N \geqslant I_{dx}$，则发热校验通过。$I_{dx}$ 为所预选电动机负载的等效电流。

在过载校验时，除考虑电网电压波动外，还要考虑串级调速系统电动机最大转矩减小的因素。

除确定电动机的容量外，还要考虑电动机的电压等级、额定转速、结构形式等。因为串级调速系统的机械特性比较软，所以在确定串级调速系统电动机的额定转速时应比生产机械要求的最高转速高 10% 左右。

另外串级调速系统一般都用转速反馈。在电动机轴上要装测速发电机，所以应选用两端出轴的电动机，即双轴伸式电动机。

（2）逆变变压器的计算

逆变变压器的计算，主要是确定逆变变压器的二次电压和变压器的容量。

1）逆变变压器二次电压的计算。逆变变压器二次电压的计算，是使最低转速下的转子最大整流电动势与逆变变压器最大逆变电动势相等。即

$$2.34 S_{max} E_r = 2.34 E_{rT} \cos\beta_{min}$$

由

$$S_{\max} \approx 1 - \frac{1}{D}$$

可得

$$E_{rT} = \frac{\left(1 - \frac{1}{D}\right)E_r}{\cos\beta_{\min}} \tag{6-90}$$

由式（6-90）可见，逆变变压器二次电动势不但与异步电机转子额定电动势有关，还与调速范围 $D$ 及最小逆变角 $\beta_{\min}$ 有关。要求调速范围越大，就要求逆变变压器二次电动势越高。用串级调速系统拖动的泵、轧机、穿孔机等，其调速范围不大，一般取 $D=2\sim3$。这类设备所用逆变变压器二次电压比较低。矿井提升机、钢丝绳牵引胶带运输机的调速范围约为15，所以采用的逆变变压器二次电压较高。

当串级调速系统只运行在电动状态时，取最小逆变角 $\beta_{\min}=30°$，则

$$E_{rT} = 1.15E_r\left(1 - \frac{1}{D}\right)$$

2）逆变变压器容量的计算。当电动机转子和逆变变压器全为星型联接时，逆变变压器的额定相电流 $I_{rT}$ 与电动机转子额定相电流 $I_r$ 近似相等，即 $I_{rT} \approx I_r$，由此可得三相逆变变压器的容量为

$$P_T = 3E_{rT}I_{rT} = 3.45E_rI_r\left(1 - \frac{1}{D}\right) \tag{6-91}$$

在确定初步方案时，也可以在忽略各种损耗的条件下，根据串级调速系统的能量关系，粗略地估计逆变变压器容量。估算公式为

$$P_T = \left(1 - \frac{1}{D}\right)\frac{P_{iN}}{\cos\varphi\cos\beta_{\min}} \tag{6-92}$$

式中，$\cos\varphi$ 为电动机的额定功率因数。

### 6.5.3 起动装置的选择

串级调速和双馈调速的调速范围都不太宽，一般都需要专门的起动设备，这在一定程度上限制了它们的实际应用范围。

**1. 双馈调速系统起动装置的选择**

在双馈调速系统中，转子侧交-交变频器的输出频率范围较小（一般最高为电网频率的1/3～1/2），因此不可能在电动机转速为零时直接投入变频器。在实际应用中的起动方法基本可以分为两类，一类是转子绕组串电阻起动，另一类是利用现成的交-交变频器并改变电动机的接线方式起动。

（1）转子绕组串电阻起动

这种起动方式一般都采用起动装置与变频器相并联的形式，如图6-44所示。

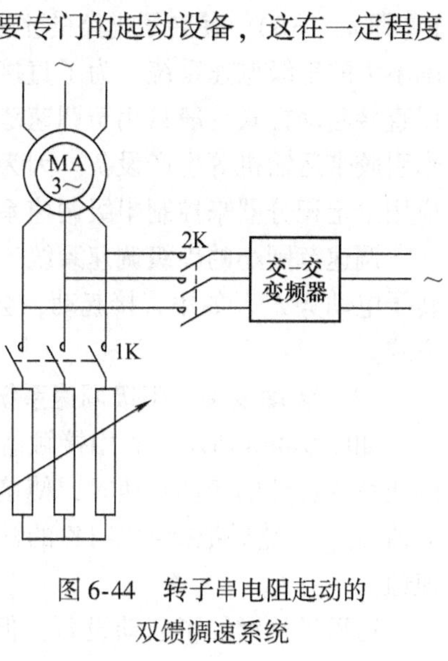


图6-44　转子串电阻起动的双馈调速系统

起动时，先用接触器1K接入附加起动电阻或频敏变阻器起动，当电动机转速上升到设定值时，再通过

闭合接触器 2K 将交-交变频器投入运行，然后切除起动装置。

这种起动方法可靠性高，成本低，但由于增加了额外的起动电阻，使整个系统的体积和重量都增大。一般比较适合于风机类负载的情况。

（2）利用现成的交-交变频器起动

其原理如图 6-45 所示。在起动异步电动机时，将定子绕组闭合，转子绕组接到变频器上，当变频器输出频率在 $0 \sim \omega_s/2$ 内变化时，电动机逐渐加速到同步转速的一半（见图 6-45a）。此时将定子绕组接入电网，则电动机转速仍为同步转速的一半。若此时变频器的输出频率由 $\omega_s/2$ 到零连续改变时，电动机就会逐渐加速到同步转速（见图 6-45b）。

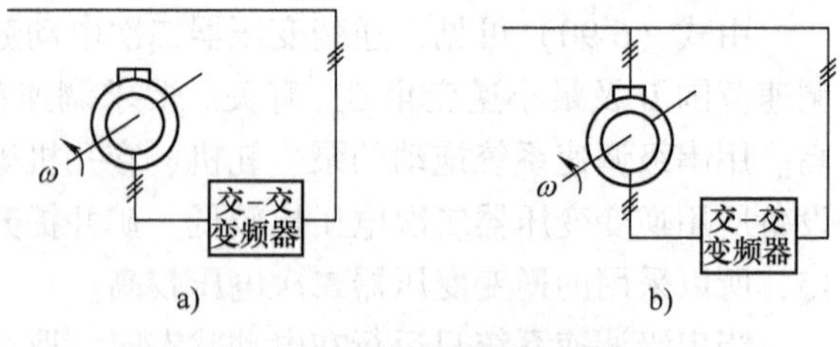

图 6-45　双馈调速系统的异步电动机变频起动

a）定子绕组闭合　b）定子绕组接入电网

这种起动方法比较复杂，变频器的最大稳态功率约为电动机功率的一半，与串电阻起动方法相比，其优点在于省掉了一套庞大的起动设备，因此适用于在对设备的体积和重量要求较高，而采用转子串电阻方式起动无法满足的场合，如海上石油钻井平台等。

**2. 串级调速系统起动装置的选择**

串级调速系统从理论上讲，调速范围不受限制，因而可以采用直接起动的方式。但随着电动机转速的降低，需要变换的转差能量增多，串级调速系统的优越性也体现不出来了。因此，在实际应用中，串级调速系统也需要附加起动装置起动。

（1）利用串级调速装置直接起动

直接起动时，先将晶闸管逆变器的逆变角 $\beta$ 置于 $\beta_{min}$，再逐渐增大 $\beta$ 值，使逆变电压减小，电动机平稳加速，直到所需要的转速。

这种方法看起来简单，但是有它的不足之处，因为转子电路的主要设备如整流器、逆变器、逆变变压器的电压、容量都是按系统的调速范围确定的，要求直接起动，相当于 $s_{max}=1$（即 $n_{min}=0$），使转子电路的主要设备容量与电动机容量大致相等。因此对于要求调速范围不大的串级调速系统，为了直接起动，必须扩大装置的容量和电压，这是极不经济的，所以直接起动方式一般只用于调速范围很大，要求从 $n=0$ 调速的场合。例如提升机、钢丝绳牵引胶带运输机等生产设备。因为这些设备对加速度有一定要求，所以一般在控制系统中，应用给定积分器来控制串级调速系统的起、制动过程。

调速范围小的串级调速系统，按调速范围选择逆变变压器的二次电压 $E_{rT}$，一般取小于转子电动势 $E_r$。如用直接起动，会有很大的冲击电流，为限制电流，一般采用下面的起动方式。

（2）起动设备与串级调速系统并联

如图 6-46a 所示，先用接触器 1K 接入附加起动电阻或频敏变阻器起动，当加速到串级调速系统设计的最低转速时，使接触器 2K 的常开触点闭合，并置 $\beta=\beta_{min}$，即逆变电压的最大值 $U_{Bmax}$。然后把接触器 1K 的常开触点断开。逐渐加大 $\beta$，电动机继续加速到所需要的转速值。

这里虽然增加了起动设备，但对于要求调速范围小的串级调速系统来说，还是比较经济的。

另外采用这种起动方式，万一串级调速系统有故障，还可以用附加起动设备的方法正常工作，这对风机、泵类生产机械是相当重要的，这些生产机械都有上述操作控制要求。

（3）起动设备与串级调速系统串联

这种起动方法是在转子电路中串入可调的限流电阻，如图6-46b所示。在起动过程中，将限流电阻逐渐短接，也可以将限流电阻串在直流电路中。这种方法的缺点是：虽然逆变变压器的电压可按调速范围选，但是转子回路中的主要设备元件的耐压等级，必须按 $s_{max}=1$ 来考虑，即按电动机转子的电压计算。为了避免这个缺点，可采用图6-46c电路。起动时，先使接触器K常开触点闭合。当加速到系统要求的最低转速时，再将接触器K的常开触点断开，串级调速装置自动投入运行。注意在操作时，必须先合控制电源，然后接通逆变器的交流电源，最后才允许在电动机转子电路接入串级调速装置。另外在从起动设备向串级调速装置进行切换时，为了使切换平稳，最好将主电路的电流限制在最大电流的20%左右。按此值正确控制转换时的$\beta$角，或置$\beta=\beta_{min}$，这样可以保证转换时，不发生冲击或颠覆。

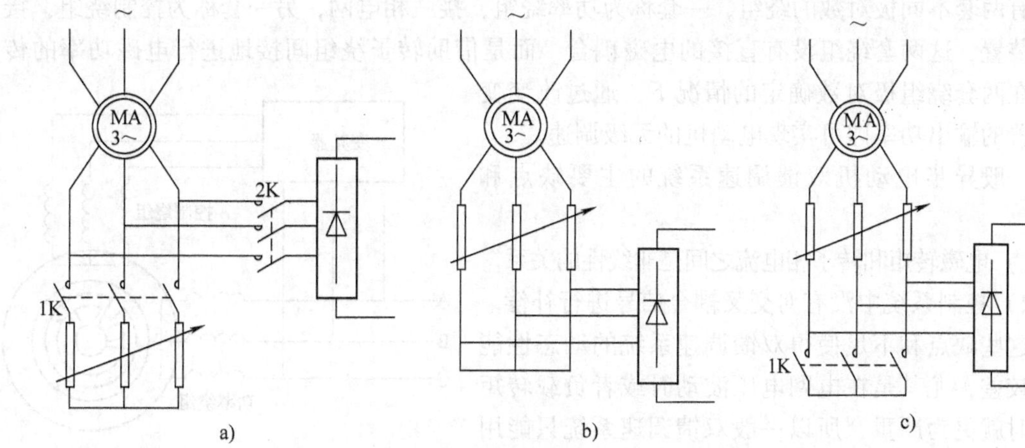


图6-46　用转子串电阻起动的串级调速系统

a）起动设备与串级调速系统并联　b）起动设备与串级调速系统串联　c）b）的改进形式

# 6.6　绕线式异步电动机双馈调速系统和双馈矢量控制系统

## 6.6.1　绕线式异步电动机双馈调速系统

双馈调速是指将电能分别馈入异步电动机的定子绕组和转子绕组，通常将定子绕组接入工频电源，将转子绕组接到频率、幅值、相位和相序都可以调节的变频电源。如果改变转子绕组电源的频率、幅值、相位和相序，就可以调节异步电动机的转矩、转速、转向及定子侧的无功功率。这种双馈调速的异步电动机可以超同步或亚同步运行，不但可以工作在电动状态，而且可以工作在发电状态。

因为交-交变流器采用晶闸管自然换向方式，结构简单，可靠性高，而且交-交变流器能够直接进行能量转换，效率高，所以，在双馈调速方式中采用交-交变流器作为转子绕组的变频电源是比较合适的。

绕线式异步电动机串级调速系统（见图6-47）是从定子侧馈入电能，从转子侧馈出电能的系统。从广义上说，它也是双馈调速系统的一种。

在双馈调速中，所用变频器的功率仅占电动机总功率的一小部分，可以大大降低变频器的容量，从而降低调速系统的成本，此外，双馈电动机还可以调节功率因数，由于具有这些优点，双馈电动机特别适合应用于大功率的风机、水泵类负载的调速场合；双馈调速方式在风力、水力等能源开发领域也是一种比较先进、理想的发电技术，具有一定的应用前景。

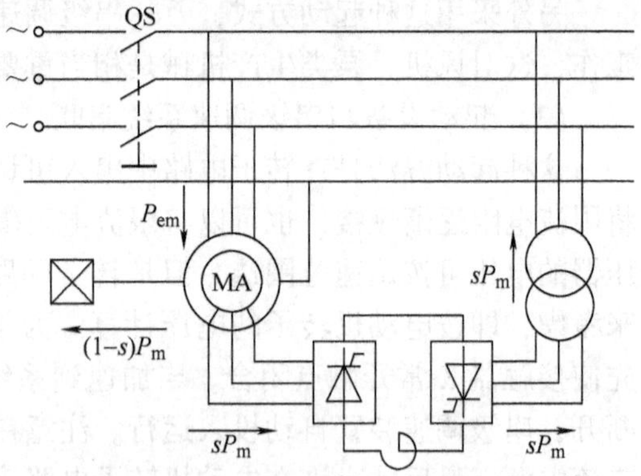

图6-47　绕线式异步电动机串级调速系统

为了消除集电环和电刷，提高系统运行的可靠性，人们又进行了无刷双馈电动机的研究，如图6-48所示。这种电动机只有一个定子，其上有两套不同极对数的绕组，一套称为功率绕组，接三相电网，另一套称为控制绕组，接变频装置，这两套绕组没有直接的电磁耦合，而是借助转子绕组间接地进行电磁功率的传递。在两套绕组极对数确定的情况下，通过改变变频装置的输出功率即可实现电动机的无级调速。

一般异步电动机双馈调速系统的主要缺点和不足：

1）电磁转矩和转子相电流之间是非线性的关系。

2）控制系统中没有对交叉耦合信号进行补偿。

这些缺点和不足使得双馈调速系统的动态性能指标较差，尤其是在电网电压波动时或者负载转矩突变时就更为严重，所以一般双馈调速系统只能用于动态指标要求不高的场合。

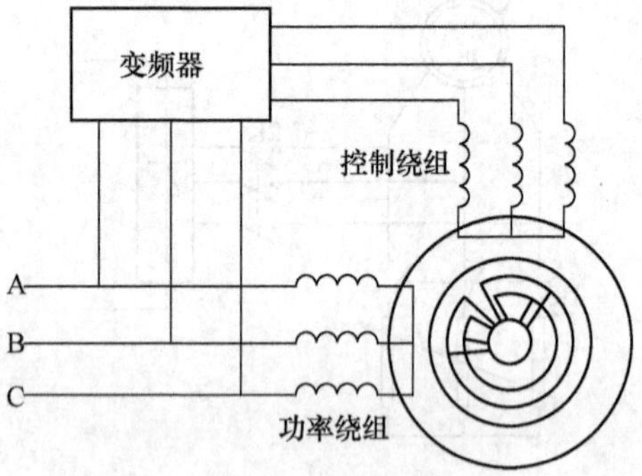

图6-48　无刷双馈电动机

## 6.6.2　绕线式异步电动机双馈矢量控制系统

由于交流电动机矢量控制技术的日臻成熟和工业应用的成功，在20世纪末期，将矢量控制方式引入双馈调速系统中，提高了双馈调速系统的静、动态性能。

本节通过图6-49所示的一种实际应用的绕线式异步电动机双馈矢量控制系统，对其基本控制原理、系统结构及其特点进行分析。图6-49中的电动机定子接在工频电网上，转子接在晶闸管三相交-交变频器输出端上。

$n^*$表示速度给定值，ASR为转速调节器，DACR1、DACR2为转子电流的直流电流调节器，AACR1～AACR3为转子电流的交流电流调节器，EXT为励磁电流控制器，VR为矢量旋转变换器。

**1. 双馈电动机矢量控制系统磁场定向坐标系的选择**

对于双馈电动机而言，由于电动机的定子接在工频电网上，转子接在可控的三相变频电源上，在动态过程中由转子侧引起的电磁波动必将在定子侧进行解耦补偿，因此双馈电动机具有良好的解耦性能，易于实现磁场定向控制。

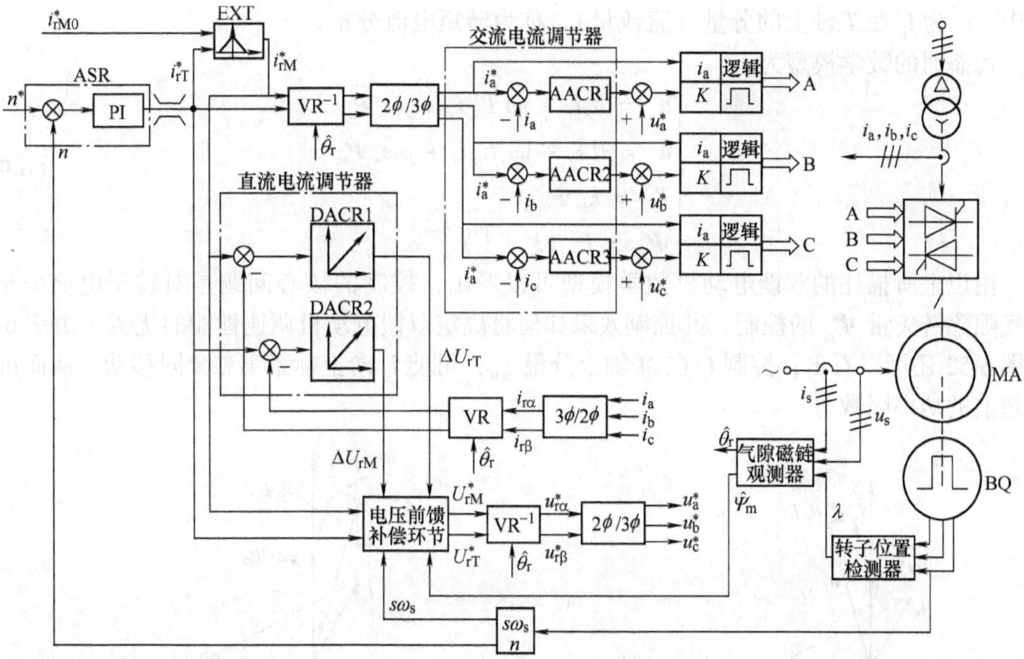


图 6-49　双馈异步电动机自控式气隙磁场定向矢量变换控制系统结构图

矢量控制系统的关键是正确选定磁场定向坐标系，对于双馈矢量控制系统的磁场定向坐标系的选择也有各种不同的方式，考虑到冲击性负载及电网的瞬间畸变情况下磁链应具有很强的抗干扰特性，因此选定气隙磁链矢量作为磁场定向坐标轴系，即将 $M$ 轴取向于气隙磁链矢量，与之垂直方向的为 $T$ 轴方向，$M$-$T$ 同步旋转坐标系空间矢量关系如图 6-50 所示。

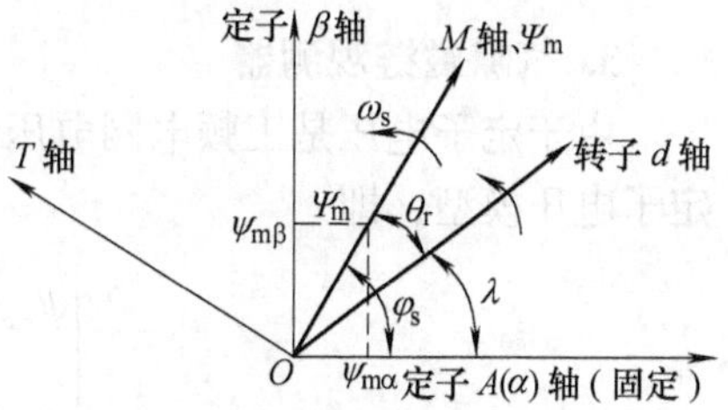


图 6-50　气隙磁链定向空间矢量图

**2. 双馈电动机的数学模型**

设 $\boldsymbol{u}_s$、$\boldsymbol{u}_r$ 分别表示在同步旋转坐标系（$M$-$T$）中的定、转子电压矢量；设 $\boldsymbol{i}_s$、$\boldsymbol{i}_r$ 分别表示在同步旋转坐标系（$M$-$T$）中的定、转子电流矢量；用 $R_s$、$L_{s\sigma}$ 表示定子电阻和漏感；用 $R_r$、$L_{r\sigma}$ 表示折算到定子侧的转子电阻和漏感；用 $L_{md}$ 表示励磁电感；用 $\boldsymbol{\Psi}_m$ 表示电动机气隙磁链矢量；用 $T_{ei}$ 表示电磁转矩，则双馈电动机的数学模型为

$$\begin{cases} \boldsymbol{u}_s = R_s\boldsymbol{i}_s + (j\omega_s + p)L_{s\sigma}\boldsymbol{i}_s + j\omega_s\boldsymbol{\Psi}_m \\ \boldsymbol{u}_r = R_r\boldsymbol{i}_r + (j\omega_s + p)L_{r\sigma}\boldsymbol{i}_r + js\omega_s\boldsymbol{\Psi}_m \\ T_{ei} = n_p L_{md}(\boldsymbol{\Psi}_m \times \boldsymbol{i}_r) \\ \boldsymbol{\Psi}_m = L_{md}(\boldsymbol{i}_s + \boldsymbol{i}_r) \end{cases} \tag{6-93}$$

在 $M$-$T$ 同步旋转坐标系中双馈电动机的数学模型为

$$\begin{cases} \boldsymbol{u}_s = R_s\boldsymbol{i}_s + (j\omega_s + p)L_{s\sigma}\boldsymbol{i}_s + j\omega_s\boldsymbol{\Psi}_m \\ \boldsymbol{u}_r = R_r\boldsymbol{i}_r + (j\omega_s + p)L_{r\sigma}\boldsymbol{i}_r + js\omega_s\boldsymbol{\Psi}_m \\ T_{ei} = -n_p L_{md}\boldsymbol{\Psi}_m i_{rT} \\ \boldsymbol{\Psi}_m = L_{md}(\boldsymbol{i}_s + \boldsymbol{i}_r) \end{cases} \tag{6-94}$$

式中，$i_{rT}$为$\boldsymbol{i}_r$在$T$轴上的分量（直流量），称为转矩电流分量。

稳态时的数学模型为

$$\begin{cases} \boldsymbol{u}_s = R_s\boldsymbol{i}_s + j\omega_s L_{s\sigma}\boldsymbol{i}_s + j\omega_s\boldsymbol{\Psi}_m \\ \boldsymbol{u}_r = R_r\boldsymbol{i}_r + j\omega_s L_{r\sigma}\boldsymbol{i}_r + js\omega_s\boldsymbol{\Psi}_m \\ T_{ei} = L_m\boldsymbol{\Psi}_m i_{rT} \\ \boldsymbol{\Psi}_m = L_{md}(\boldsymbol{i}_s + \boldsymbol{i}_r) \end{cases} \tag{6-95}$$

由以上所描述的双馈电动机数学模型可以看出，控制的核心问题是对转子电流矢量$\boldsymbol{i}_r$及气隙磁链矢量$\boldsymbol{\Psi}_m$的控制，其控制效果如何将决定双馈电动机调速性能的优劣。由图6-51和图6-52还可以看出，控制$\boldsymbol{i}_r$在$M$轴上分量$i_{rM}$，可使$\boldsymbol{i}_s$向坐标系第二象限移动，从而可获得超前的功率因数。

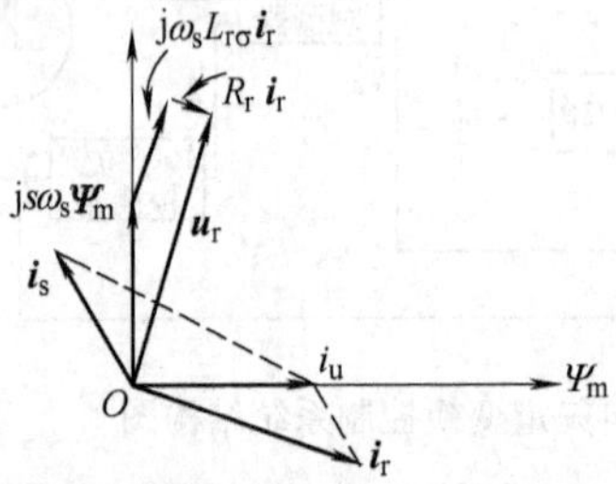

图6-51　双馈电动机气隙磁链定向时转子的矢量图

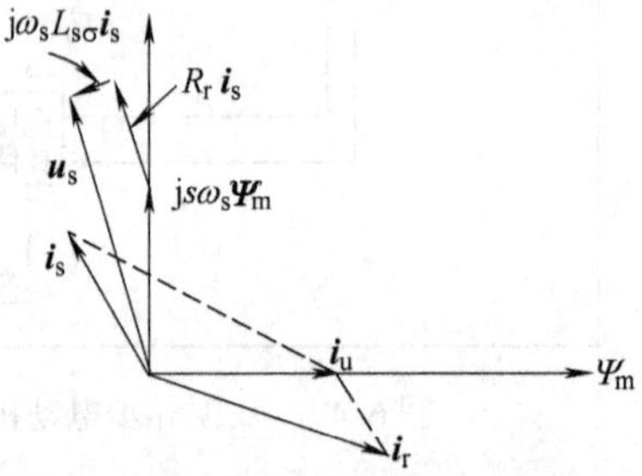

图6-52　双馈电动机气隙磁链定向时定子的矢量图

**3. 气隙磁链观测器**

由于定子电压是工频电网电压，谐波小，积分运算容易进行，因此气隙磁链的观测采用定子电压模型，即

$$\begin{cases} \psi_{m\alpha} = \int(u_{s\alpha} - R_s i_{s\alpha})dt - L_{s\sigma}i_{s\alpha} \\ \psi_{m\beta} = \int(u_{s\beta} - R_s i_{s\beta})dt - L_{s\sigma}i_{s\beta} \\ \boldsymbol{\Psi}_m = \sqrt{\boldsymbol{\Psi}_{m\alpha}^2 + \boldsymbol{\Psi}_{m\beta}^2} \\ \cos\varphi_s = \psi_{m\alpha}/\boldsymbol{\Psi}_m \\ \sin\varphi_s = \psi_{m\beta}/\boldsymbol{\Psi}_m \end{cases} \tag{6-96}$$

式中，$\varphi_s$角为$\boldsymbol{\Psi}_m$轴线相对于定子$\alpha$轴线的转角，如图6-50所示。

为完成对转子电流矢量的矢量控制，可通过装在电动机轴上的光电脉冲发生器测出转子位置角$\lambda$。这样，磁链轴线和转子轴线之间的夹角$\theta_r$可表示为

$$\theta_r = \varphi_s - \lambda \tag{6-97}$$

依据式（6-97）可得

$$\begin{pmatrix} \cos\theta_r \\ \sin\theta_r \end{pmatrix} = \begin{pmatrix} \cos\varphi_s & \sin\varphi_s \\ \sin\varphi_s & -\cos\varphi_s \end{pmatrix}\begin{pmatrix} \cos\lambda \\ \sin\lambda \end{pmatrix} \tag{6-98}$$

根据式（6-96）和式（6-98）可构成气隙磁链观测器，如图6-53所示。

**4. 转子电流转矩分量和励磁分量的设定与控制**

由于气隙磁链矢量$\boldsymbol{\Psi}_m$的模值受定子电源的$V/f$特性的约束，$\boldsymbol{\Psi}_m$的模值基本上是一常

量，由式（6-95）可知，转矩 $T_{ei}$ 与 $i_{rT}$ 成正比，因此，转矩电流设定值 $i_{rT}^*$ 取为转速调节器的输出。

合理控制励磁电流分量 $i_{rM}$ 可以改善电动机的功率因数，但是，由于转子电流矢量的模（$|i_r| = \sqrt{i_{rM}^2 + i_{rT}^2}$）受到转子最大允许电流的限制，为了兼顾功率因数的改善要求和保证电动机的最大转矩，在重载时使转子电流全部为转矩电流，轻载或空载时则给出一些励磁电流。因此转子励磁电流按下述关系设计：

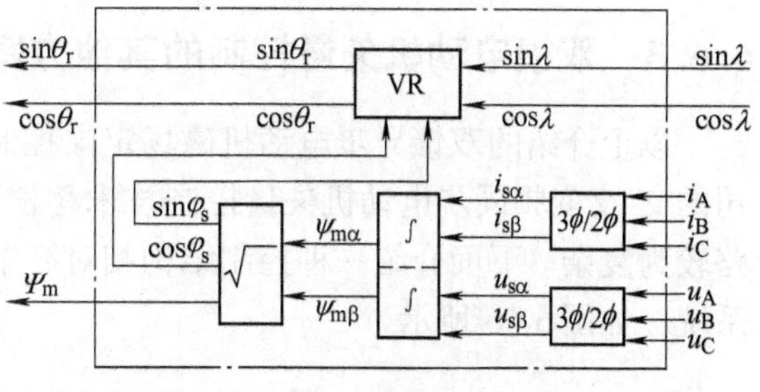


图 6-53　气隙磁链观测器结构

$$\begin{cases} i_{rM}^* = i_{rM0}^* - K|i_{rT}^*| & i_{rM0}^* \geqslant K|i_{rT}^*| \\ i_{rM}^* = 0 & i_{rM0}^* < K|i_{rT}^*| \end{cases} \tag{6-99}$$

式中，$K$ 为比例系数；$i_{rM0}^*$ 为空载励磁电流设定值，按式（6-99）设计的 $i_{rM}$ 控制器 EXT 也叫功率因数调节器，如图 6-54 所示。

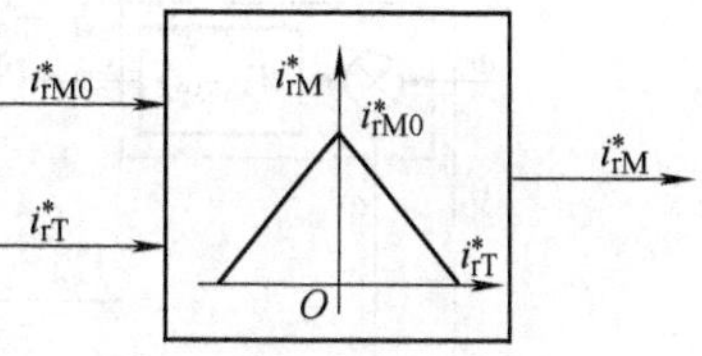


图 6-54　转子励磁电流控制器 EXT

**5. 转子电流闭环控制及转子电压的前馈补偿环节**

由图 6-49 可以看出，系统的外环为转速环，内环为电流环，转速环的设置及转速调节器参数整定与直流调速系统可以完全一样。但是电流环的设计必须考虑交流控制系统的特点。相电流调节器（AACR1 ~ AACR3）的输入是正弦波信号，由于正弦波信号展开为一无穷阶幂级数，要实现对相电流的无静差控制，则需要一个无穷阶的 PI 调节器，这是无法实现的。为实现对 $\boldsymbol{i}_{rT}$、$\boldsymbol{i}_{rM}$ 的无静差控制，必须将电流调节器分成两个部分，其比例部分位于三相电流给定之后，组成相电流闭环，起调节动态误差的作用，积分部分对 $i_{rT}$、$i_{rM}$ 直接闭环，主要用于消除电流的动态误差。这两部分通过坐标变换器连接起来构成 PI 控制。

为消除转差感应电动势干扰的影响，系统中设置了电压前馈补偿环节。电压前馈补偿环节按下式所描述的关系构成，即

$$\begin{cases} u_{rM}^* = R_r i_{rM}^* - s\omega_s L_{r\sigma} i_{rT}^* \\ u_{rT}^* = R_r i_{rT}^* + s\omega_s L_{r\sigma} i_{rM}^* - s\omega_s \boldsymbol{\Psi}_m \end{cases} \tag{6-100}$$

由于交流电流调节器（AACR）只对转子电流的动态偏差进行调节，因此在实际的控制系统中，直流电流调节器（DACR1、DACR2）的输出是要消除稳态偏差 $\Delta u_{rM}$、$\Delta u_{rT}$。$\Delta u_{rM}$、$\Delta u_{rT}$ 与式（6-100）中设计的电压稳态值相加后，通过矢量变换作为三相电压的前馈控制，其补偿控制电压为

$$\begin{cases} u_{rM}^* = R_r i_{rM}^* - s\omega_s L_{r\sigma} i_{rT}^* + \Delta u_{rM} \\ u_{rT}^* = R_r i_{rT}^* + s\omega_s L_{r\sigma} i_{rM}^* - s\omega_s \boldsymbol{\Psi}_m + \Delta u_{rT} \end{cases} \tag{6-101}$$

按式（6-101）构成的电压前馈补偿环节的结构图如图 6-55 所示。

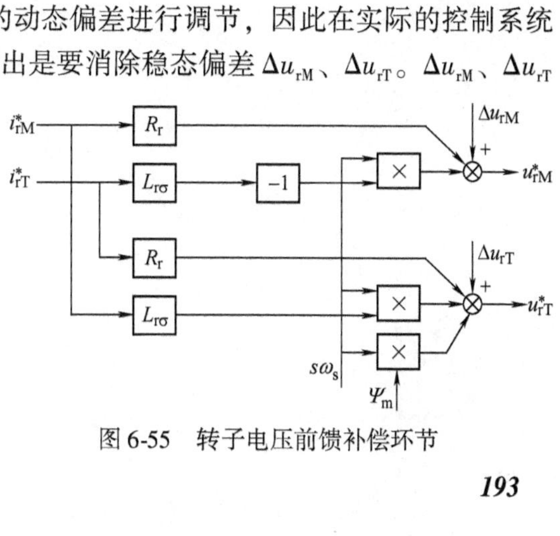


图 6-55　转子电压前馈补偿环节

### 6.6.3 双馈电动机矢量控制的其他方案

以上介绍的双馈异步电动机磁场定向控制调速系统（参见图6-49）是将德国西门子公司的交-交变频同步电动机矢量控制技术移植到了双馈电动机的控制中。由图可见，控制电路较为复杂。下面介绍一种控制结构相对简单，具有同样高动态性能的双馈电动机矢量控制系统，如图6-56所示。

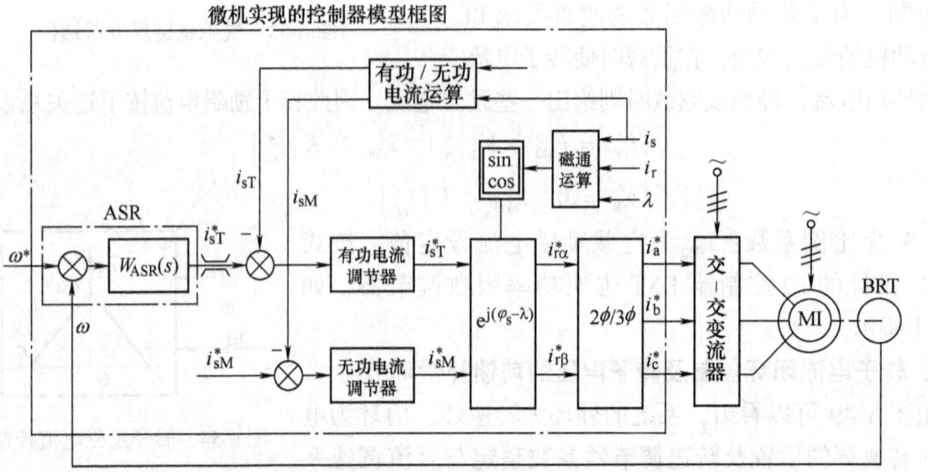


图6-56 一种异步电动机双馈矢量控制系统

与图6-49所示系统相比较可知，该系统中分别设置了有功电流（转矩分量）闭环控制和无功电流（调节功率因数）闭环控制。显而易见，转子电流 $M$、$T$ 轴分量的解耦控制直接对应于定子电流在有功与无功电流方向上的正交控制。转速调节器的输出为转矩电流分量的给定值 $i_{sT}^*$，由实测有功电流分量 $i_{sT}$ 信号作为反馈，二者相比较送入有功电流调节器构成的有功电流闭环控制系统；根据检测到的无功电流分量 $i_{sM}$ 与无功电流分量给定值 $i_{sM}^*$ 相比较送入无功电流调节器构成无功电流闭环控制系统。所以该系统对于无功电流的调节具有更好的实时控制效果。

# 第 7 章　同步电动机变压变频调速系统

本章介绍实际应用中的同步电动机变压变频调速系统的基本理论、调速特性以及技术方法。

首先介绍同步电动机变压变频调速系统的基本特点及类型。

重点讨论普通三相带有直流励磁绕组的同步电动机自控式变压变频调速系统、正弦波永磁同步电动机变压变频调速系统以及梯形波永磁同步电动机变压变频调速系统；详细分析了按气隙磁场定向的交-直-交变频同步电动机矢量控制系统。

## 7.1　同步电动机变压变频调速的特点及基本类型

同步电动机是以其转速 $n$ 和供电电源频率 $f_s$ 之间保持严格的同步关系而得名的，只要供电电源的频率 $f_s$ 不变，同步电动机的转速就不变。和异步电动机相比，同步电动机还具有一个突出的优点，就是同步电动机的功率因数可以通过改变励磁电流加以调节，它不仅可以工作在感性状态下，而且也可以工作在容性状态下。实际应用中，常利用这个优点来改善电网的功率因数。但是，同步电动机存在起动困难、重载时有振荡或失步等问题，因此，限制了同步电动机的应用。

随着变频调速技术的发展，调节和控制同步电动机的转速成为可能，同时还解决了同步电动机的起动困难、重载时有振荡或失步等问题。目前，同步电动机变频调速技术获得了重要的应用，成为交流调速领域中不可缺少的一个重要分支。

**1. 调速同步电动机的种类**

(1) 励磁同步电动机

励磁同步电动机是同步电动机最常见的类型，转子磁动势由励磁电流产生，它通常由静止励磁装置通过集电环和电刷送到转子励磁绕组中，也可以采用无刷励磁的方式，即在同步电动机轴上安装一台交流发电机作为励磁电源，感应的交流电经过固定在轴上的整流器变换成直流电供给同步电动机的励磁绕组，励磁电流的调节可以通过控制交流励磁发电机的定子磁场来实现。这类电动机主要应用于大功率传动场所。

(2) 永磁同步电动机

在永磁同步电动机中，转子磁动势由永久磁铁产生，一般采用稀土永磁材料做励磁磁极，如钐钴合金、钕铁硼合金等，永久磁铁励磁使电动机的体积和重量大为减小，而且效率高、结构简单、维护方便、运行可靠，但价格略高。目前这类电动机主要用于对电动机体积、重量和效率有特殊要求的中、小功率传动。随着永磁材料技术的发展，其价格降低，应用范围和容量逐步扩大，这种电动机的功率已做到兆瓦级。

(3) 开关磁阻电动机

开关磁阻电动机定、转子采用双凸结构，定子为集中绕组，施加多相交流电压后产生旋转磁场，转子上没有绕组，通过凸极产生的反应转矩来拖动转子和负载旋转。它比异步电动机更加简单、坚固，但噪声和转矩脉动较大，受控制特性非线性的影响调速性能欠佳，应用范围和容量受限制。目前已有开关磁阻电动机调速系统系列产品，但单机容量还不大。本章内容不涉及这类电动机。

（4）步进电动机

步进电动机是伺服系统的执行元件。从理论上讲步进电动机是一种低速同步电动机，只是由于驱动器的作用，使之步进化、数字化。开环运行的步进电动机能将数字脉冲输入转换为模拟量输出。闭环自同步运行的步进电动机系统是交流伺服系统的一个重要分支。基于步进电动机的特点，采用直接驱动方式，可以消除存在于传统驱动方式（带减速机构）中的间隙、摩擦等不利因素，增加伺服刚度，从而显著提高伺服系统的终端合成速度和定位的精度。

步进电动机有多种不同的结构形式。经过七十多年的发展，逐渐形成以混合式与磁阻式为主的产品格局。混合式步进电动机最初是作为一种低速永磁同步电动机而设计的，它是在永磁和变磁阻原理共同作用下运转的，总体性能优于其他步进电动机品种，是工业应用最广泛的步进电动机品种。本章内容不涉及步进电动机。

**2. 同步电动机变压变频系统的特点**

与异步电动机变压变频调速系统相比，同步电动机变压变频调速系统有以下特点：

1）变频电源的输出基波频率和同步电动机的转速之间严格保持同步关系，即 $n_s = 60f_s/n_p$，其转差角频率 $\omega_{sl}$ 恒等于 0。由于同步电动机转子极对数是固定的，所以同步电动机只能靠变频进行调速。

2）异步电动机靠加大转差来提高转矩，同步电动机靠加大功角来提高转矩，可知，同步电动机比异步电动机对负载扰动具有更强的承受能力，而且转速恢复响应更快。

3）同步电动机和异步电动机的定子三相绕组是一样的，但二者的转子绕组不同。同步电动机转子有直流励磁绕组（或永久磁铁），对于转子有励磁绕组的同步电动机而言，可通过调节转子励磁电流改变输入功率因数，使其运行在 $\cos\varphi = 1$ 的条件下。此外，在同步电动机的转子上还有一个自身短路的阻尼绕组。当同步电动机在恒频下运行时，阻尼绕组的作用是能够抑制重载下产生的振荡，但是，当同步电动机在转速闭环条件下变频调速时，阻尼绕组这个作用并不大，但有加快动态响应的作用。

4）一般同步电动机具有励磁电路（或永久磁铁），即使在较低的频率下也能正常运行，因而，同步电动机的调速范围较宽。

5）异步电动机的电流在相位上总是滞后于变频电源的输出电压，因而采用晶闸管的逆变器必须设置强制换流电路；同步电动机由于能运行在超前功率因数下，从而可利用同步电动机的反电动势实现逆变器的自然换流，不需要另设一个附加的换流电路。

6）同步电动机有隐极式和凸极式之分，隐极式同步电动机和异步电动机的气隙都是均匀的，而凸极式同步电动机的气隙是不均匀的，直轴磁阻小、交轴磁阻大，造成两轴的电感系数不同。与异步电动机相比，凸极式同步电动机变频调速系统的数学模型更为复杂。

**3. 同步电动机变压变频系统的分类**

根据对同步电动机定子频率的控制方法不同，同步电动机变压变频调速系统可分为自控式变频和他控式变频两大类。

他控式变频调速就是用独立的变压变频装置给同步电动机供电。变频装置中逆变器输出的频率独立设定，它不取决于转子位置。显然这样的调速系统就“同步”而言是一种开环控制，重载时仍存在振荡和失步的问题。

自控式变频调速是根据检测到的转子位置来控制逆变器开关器件的通断，从而使逆变器的输出频率追随电动机的转速。这是一种频率闭环的控制方式，它可以始终保证转子与旋转磁场同步旋转，从根本上避免了振荡和失步的产生。

## 7.2 同步电动机变压变频调速系统主电路晶闸管换流关断机理及其方法

### 7.2.1 同步电动机交-直-交型变压变频调速系统的逆变器中晶闸管换流关断的机理及其方法

所谓换流，就是把正在导通的晶闸管器件切换到欲导通的晶闸管器件的过程，是通过关断和触发相应的晶闸管完成的。由于晶闸管为半控开关器件，一旦触发导通后，门极就失去了控制作用，要想关断它必须给晶闸管施加反向电压，使其电流减少到维持电流以下，再把反向电压保持一段时间后晶闸管才能可靠地关断。

逆变桥晶闸管换流的可靠与否，对同步电动机调速系统的运行、起动及过载能力等方面都有重要的影响。

**1. 反电动势自然换流关断机理及其实现方法**

由于逆变器的负载是一台自己能发出反电动势的同步电动机，晶闸管可直接利用电动机产生的反电动势来进行换流，这样的逆变器称作负载换流逆变器（Load Commutated Inverter, LCI）。

在同步电动机调速系统中，只要转子有励磁电流并在空间旋转，就会在电枢绕组中感应出反电动势。设在换流以前晶闸管 $VT_1$、$VT_2$ 导通，如图 7－1a 所示，电流由电源正极开始经由晶闸管 $VT_1$→A 相绕组→C 相绕组→晶闸管 $VT_2$→电源负极。现在要使电流由 A 相流通切换到 B 相流通，则应关断晶闸管 $VT_1$，触发晶闸管 $VT_3$ 使其导通。

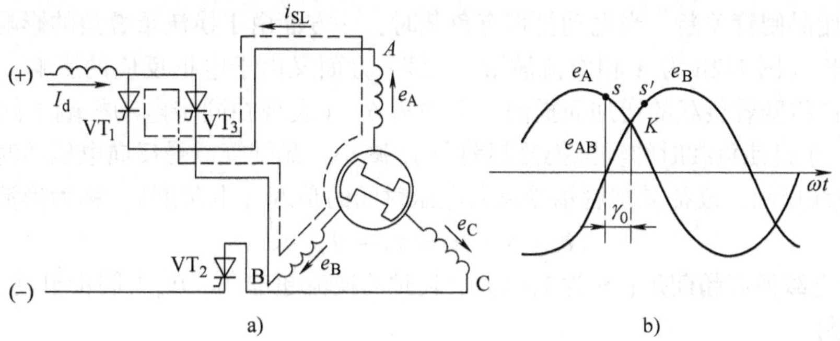


图 7-1　反电动势换流原理图

a）A、B 相换向电路　b）电压波形

从图 7-1b 可知，如果按正常位置换流，应在 $K$ 点触发晶闸管 $VT_3$ 进行换流，即 $\gamma_0=0$ 的位置，当晶闸管 $VT_3$ 导通瞬间，$VT_1$ 两端电压为零，且随着 $VT_3$ 的继续导通，晶闸管 $VT_1$ 将不承受反压而继续导通，电源电流将在三相绕组中流通，造成换流失败。由此可见，换流时刻应比 A、B 两相电动势波形的交点 $K$ 适当提前一个换流超前角 $\gamma_0$，例如在图 7-1b 中的 $s$ 点换流。当在 $s$ 点触发 $VT_3$ 时，电动势 $e_A > e_B$，加在晶闸管 $VT_1$ 上的反向电压 $U_{AB} = e_A - e_B > 0$，这时在两个导通的晶闸管 $VT_1$、$VT_3$ 和电动机 A、B 两相绕组之间出现一个短路电流 $i_{SL}$，其方向如图 7-1a 所示。当这个短路电流 $i_{SL}$ 达到原来通过晶闸管 $VT_1$ 的负载电流 $I_d$ 时，晶闸管 $VT_1$ 就因流过的实际电流下降至零而关断，负载电流 $I_d$ 就全部转移到晶闸管 $VT_3$。至此，A、B 两相之间的换流全部结束，$VT_2$、$VT_3$ 两管正常导通运行。相反，如若换流时刻滞后于 $K$ 点（即图 7-1b 中 $s'$ 点），在晶闸管 $VT_1$、$VT_3$ 和由电枢两相绕组间作用的反电动势 $e_B > e_A$，这时所产生的短路电流将与图 7-1a 中相反，它将阻止 $VT_3$ 导通，维持 $VT_1$ 导通，从而不能实现换流。

上述换流电路中包括电动机的两相绕组，必然存在着电感，因而短路电流 $i_{SL}$ 不可能发生突变，换流也不可能瞬间完成，而必然经历一个过程。通常把要换流的两个晶闸管同时导通所经历的时间（用电角度表示）称为换流重叠角，用 $\mu$ 表示，如图 7-2a 所示，换流重叠角 $\mu$ 和电动机的负载大小有关，负载电流越大，换流过程中两相绕组间需要转移的能量越多，换流重叠角 $\mu$ 就越大；反之负载电流小，换流重叠角 $\mu$ 也就比较小。

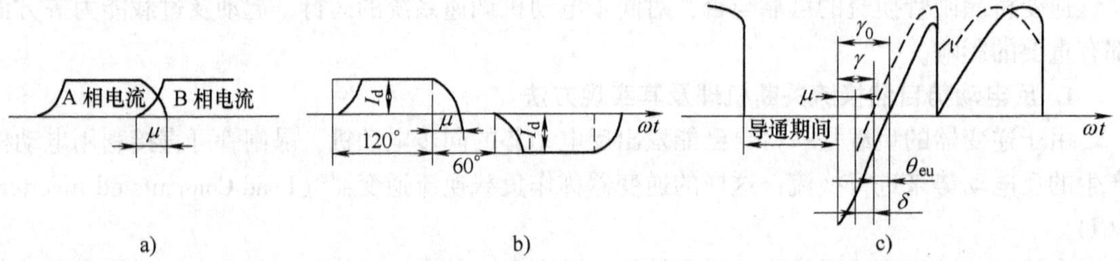


图 7-2　$\gamma_0 = 60°$ 时反电动势换流的电压、电流波形

a）A、B 二相换流时的电流波形　b）一相电流波形（一个周期）　c）晶闸管两端的电压波形

同步电动机调速系统利用电动机反电动势进行换流时，在空载情况下，施加在晶闸管 $VT_1$ 两端的电压波形如图 7-2c 所示。在相当于换流超前角 $\gamma_0$ 的一段时间内，$VT_1$ 承受了反向电压，它能使晶闸管关断。当电动机带有负载时，一方面由于换流重叠角的影响，使晶闸管通电时间延长（图 7-2b 为 A 相电流波形）；另一方面又由于电枢反应的影响，同步电动机端电压的相位将随着负载的增加而提前一个功角 $\theta_{eu}$（表现在同步电动机端子间的是电压而非电动势），于是使负载时的实际换流超前角 $\gamma_0$ 减小，晶闸管承受反向电压的时间变短，如图 7-2c 中虚线所示。表征晶闸管承受反向电压时间的角度（电角度），称为换流剩余角，即

$$\delta = \gamma - \mu = \gamma_0 - \theta_{eu} - \mu$$

式中，$\gamma_0$ 为空载换流超前角；$\gamma$ 为电动机负载时的换流超前角；$\theta_{eu}$ 为同步电动机的功角；$\mu$ 为换流重叠角。

为了保证换流的可靠进行，通常要求换流剩余角至少应保持在 10°～15°之间。要满足这个条件，一是将空载换流超前角 $\gamma_0$ 适当增大，另外就是限制电动机所允许的最大瞬时负载，以减小重叠角 $\mu$。但是增大 $\gamma_0$ 是有限制的，这是因为随着 $\gamma_0$ 的增大，在同样的负载电流下电动机转矩会减小，而转矩脉动分量也将增大，转矩在 $KF_sF_r\sin(60° + \gamma_0) \sim KF_sF_r\sin(120° + \gamma_0)$ 范围内变化，所以 $\gamma_0$ 值不宜超过 70°，在实用上一般取 $\gamma_0 = 60°$。

反电动势换流有它自身的优点——逆变桥结构简单，经济可靠。但是，这种换流关断方

式也有其弱点，即同步电动机在起动和低速运行时反电动势很小，甚至没有反电动势。在这种情况下利用反电动势换流关断的方法是不可行的，必须寻找其他的解决办法。

**2. 电流断续换流关断法**

在电动机起动和低速运行时，电流断续换流关断法是解决晶闸管逆变器换流问题的最简单、最经济的办法。所谓电流断续换流关断法，就是每当晶闸管需要换流时，先设法使逆变器的输入电流下降到零，让逆变器的所有晶闸管均暂时关断，然后再给换流后应该导通的晶闸管加上触发脉冲使其导通，从而实现从一相到另一相的换流关断。

通常采用的断流办法是封锁电源或让供电的晶闸管整流桥也进入逆变状态（本桥逆变），迫使通过电动机绕组的电流迅速衰减，以达到在短时间内实现断流。

在同步电动机调速系统中，为了抑制电流纹波，在直流电路中通常都接有平波电抗器。它对断流过程会产生严重的延长影响。为了加速断流过程，通常在平波电抗器的两端接一个续流晶闸管 $VT_0$，如图 7-3 所示。当电路电流衰减时，电抗器两端电压极性如图 7-3 所示，这时触发晶闸管 $VT_0$可使其导通。电抗器中的电流将经此晶闸管 $VT_0$而续流，使电抗器中原来储存的能量得以暂时保持，不至于因它的释放而影响逆变桥的断流。只要整流桥的封锁一解除，输入电流开始增长时，电抗器两端电压的极性就发生变化，续流晶闸管 $VT_0$就会自动关断，不会影响电抗器正常工作时的滤波功能。当同步电动机采用电流断续换流时，逆变器晶闸管的触发相位 $\gamma_0$ 对换流已不起作用。为了增大起动转矩，减小转矩脉动，在电流断续换流时，一般取 $\gamma_0=0°$。

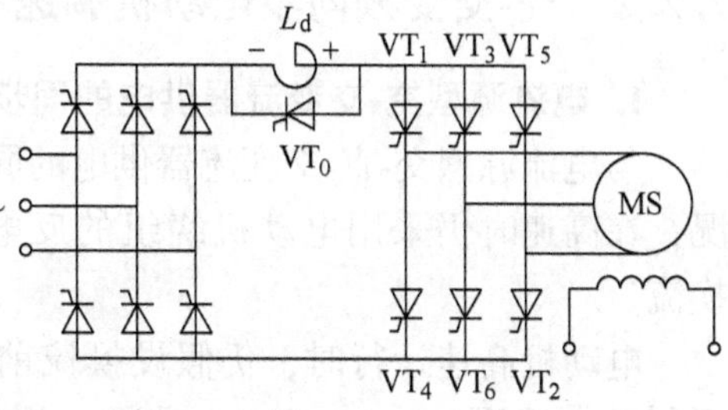

图 7-3　电流断续换流法的主电路

**3. 由电流断续换流关断法到反电动势换流关断法的过渡**

同步电动机调速系统在低速运行时，由于反电动势较小，换流有困难，因此采用电流断续法换流，而使 $\gamma_0=0°$。当电动机转速升高到一定数值以后（通常为额定转速的 5% ~10%），反电动势的大小足以满足自然换流的要求时，通过速度检测器和逻辑控制系统自动地切换到反电动势自然换流。此时，把换流超前角 $\gamma_0$ 由 0°变到 60°，并对断流脉冲信号进行封锁，使逆变器的晶闸管换流时电动机不再断流，以避免电动机转矩受到影响。

两种换流方法切换时的关键是保证平滑过渡，且不发生逆变桥换流失败的现象。这里存在着换流超前角 $\gamma_0$ 的切换信号和断续电流控制信号的封锁顺序问题。图 7-4a 为同步电动机的反电动势波形；图 7-4b 为 $\gamma_0=0°$时各晶闸管的触发信号（略去脉冲列信号）；图 7-4c 为 $\gamma_0=60°$时各晶闸管的触发信号。当电动机以电流断续换流法进行工作时，按图 7-4b 的触发顺序触发晶闸管，如果这时电动机的转速已升高到额定转速的 10% 左右，逆变器可切换到反电动势换流。在这之前控制系统仍应坚

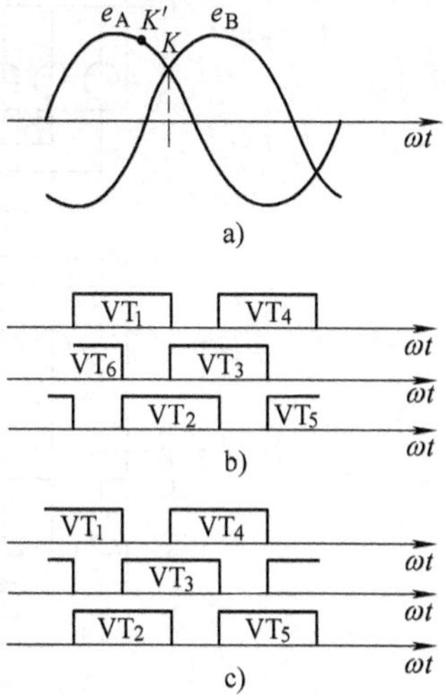

图 7-4　电流断续法换流到反电动势换流法的过渡

a）同步电动机的反电动势波形

b）$\gamma_0=0°$时各晶闸管的触发信号

c）$\gamma_0=60°$时各晶闸管的触发信号

持电流断续法到 $K$ 点，在 $K$ 点进行断流，使逆变器的 6 个晶闸管全部可靠关断，然后按反电动势换流法要求的换流超前角 $\gamma_0=60°$ 的触发次序触发相应的晶闸管，$K$ 点时刻应触发 $VT_3$、$VT_4$（而不是 $VT_2$、$VT_3$），触发 $VT_3$、$VT_4$晶闸管后，必须马上封锁断流信号，使系统切换到反电动势换流法。注意：切换点（断流点）必须在 $K$ 点而不能提前，如提前（在 $K'$ 点）将发生桥臂短路，造成换流失败。

同理，当由反电动势换流法向电流断续换流法过渡时，由于 $\gamma_0$ 角要由 60°切换到 0°，此时，导通的两个晶闸管将不能满足 $\gamma_0=0°$时的要求，这就要求首先解除对断流控制信号的封锁，然后再按 $\gamma_0=0°$时的触发要求触发相应的晶闸管，这一逻辑顺序可有效地避免在 $\gamma_0$ 角切换过程中出现的换流失败现象。

### 7.2.2 交-交变频同步电动机调速系统主电路晶闸管的换流

**1. 电流源型交-交变流器供电的同步电动机调速系统的负载换流和电源电压换流**

与电流源型交-直-交变流器供电的同步电动机调速系统相同，也分成高速和低速两种情况，在高速时仍采用电动机绕组的反电动势进行自然换流；低速时则利用电源电压进行换流。

电动机高速运行时，仍假设换流前晶闸管组Ⅰ、Ⅱ中的晶闸管 $VT_1$、$VT_2$导通，为方便起见，记为 $VT_{Ⅰ-1}$、$VT_{Ⅱ-2}$导通。此时电动机 A 相、C 相绕组通入电流，方向如图 7-5a 所示。

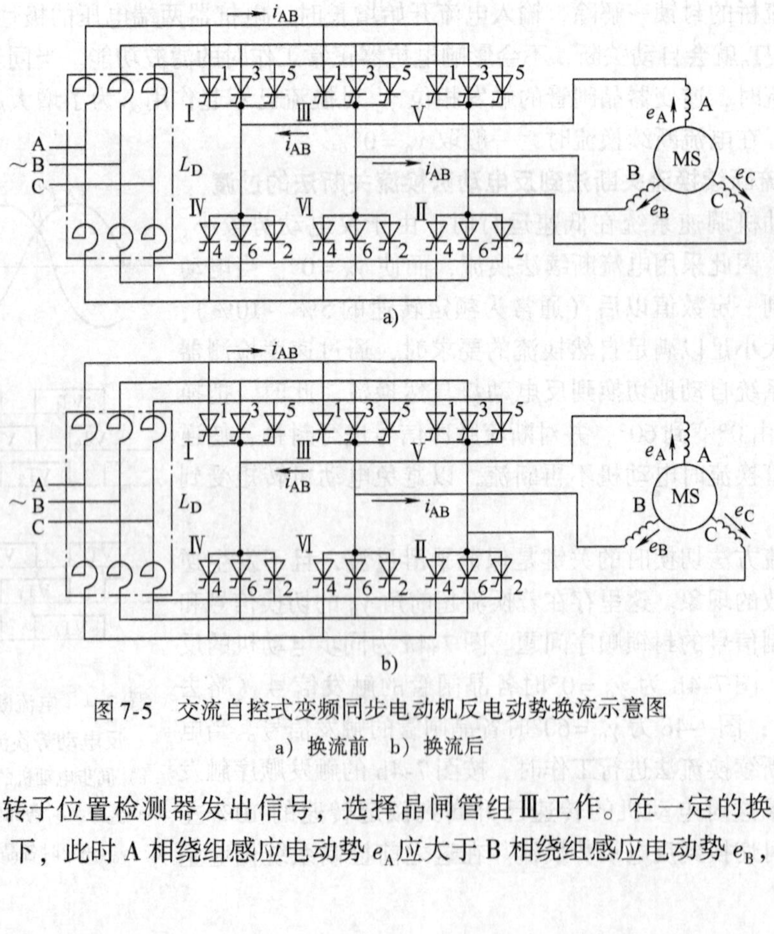


图 7-5 交流自控式变频同步电动机反电动势换流示意图

a）换流前 b）换流后

换流时，转子位置检测器发出信号，选择晶闸管组Ⅲ工作。在一定的换流提前角 $\gamma_0$（如 $\gamma_0=60°$）下，此时 A 相绕组感应电动势 $e_A$应大于 B 相绕组感应电动势 $e_B$，方向如图 7-

5a 所示。同时整流桥侧发出的触发信号仍是触发晶闸管 $\mathrm{VT}_1$，但此时被选择的是晶闸管组Ⅲ，因此被触发导通的应是 $\mathrm{VT}_{\mathrm{III}-1}$。$\mathrm{VT}_{\mathrm{I}-1}$和 $\mathrm{VT}_{\mathrm{III}-1}$ 是共阳极接法，在反电动势 $e_{AB}=e_A-e_B>0$的作用下，形成一短路电流 $i_{AB}$，方向如图 7-5b 所示。当 $i_{AB}$ 达到换流开始时流过晶闸管 $\mathrm{VT}_{\mathrm{I}-1}$的负载电流时，晶闸管 $\mathrm{VT}_{\mathrm{I}-1}$流过的实际电流下降到零，因而被关断。负载电流经 $\mathrm{VT}_{\mathrm{III}-1}$和 $\mathrm{VT}_{\mathrm{II}-2}$流入到 B、C 相绕组，换流结束。可见交-交变流器利用反电动势换流和交-直-交变流器利用电动机的反电动势换流是完全一样的。

电动机在起动和低速运行时，交-交变流器供电的同步电动机调速系统中是利用电源电压进行换流，仍以图 7-5a 为例加以说明。需换流时，同样由转子位置检测器发出信号，选择晶闸管组Ⅲ工作。此时整流侧触发装置仍是发出触发 $\mathrm{VT}_1$的脉冲，二者共同作用使 $\mathrm{VT}_{\mathrm{III}-1}$被触发。同时，原导通的 $\mathrm{VT}_{\mathrm{I}-1}$的触发信号被封锁。此时由于电动机相绕组的反电动势很小（$e_{AB}\approx 0$），则无法实现反电动势换流。经过一段时间后，电源的相电压变成 $u_A<u_B$（见图 7-6），由整流桥工作原理可知，整流侧触发脉冲将加到 $\mathrm{VT}_{\mathrm{III}}$上，同时封锁了 $\mathrm{VT}_1$的触发脉冲。由于此时被选择的是晶闸管组Ⅲ工作，故 $\mathrm{VT}_{\mathrm{III}-3}$被触发导通。这样在电源电压 $u_{BA}$的作用下将有电流 $i_{BA}$流过 B 相和 A 相绕组，电流方向如图 7-6 所示。电流 $i_{BA}$的方向与原来导通的晶闸管 $\mathrm{VT}_{\mathrm{I}-1}$ 的负载电流方向相反，流过 $\mathrm{VT}_{\mathrm{I}-1}$ 的实际电流到零时，$\mathrm{VT}_{\mathrm{I}-1}$ 关断，$\mathrm{VT}_{\mathrm{III}-3}$导通。换流过程中，电动机反电动势很小，不影响换流过程。另外，换流电流还流过平波电抗器的两个绕组，两个绕组匝数相等，流过电流的方向相反（见图 7-6 中绕组的同名端），则平波电抗器对换流过程也不产生影响。和三相全控桥整流电路一样，这种靠电源线电压极性改变，而安排触发脉冲的换流方法称为电源换流法。

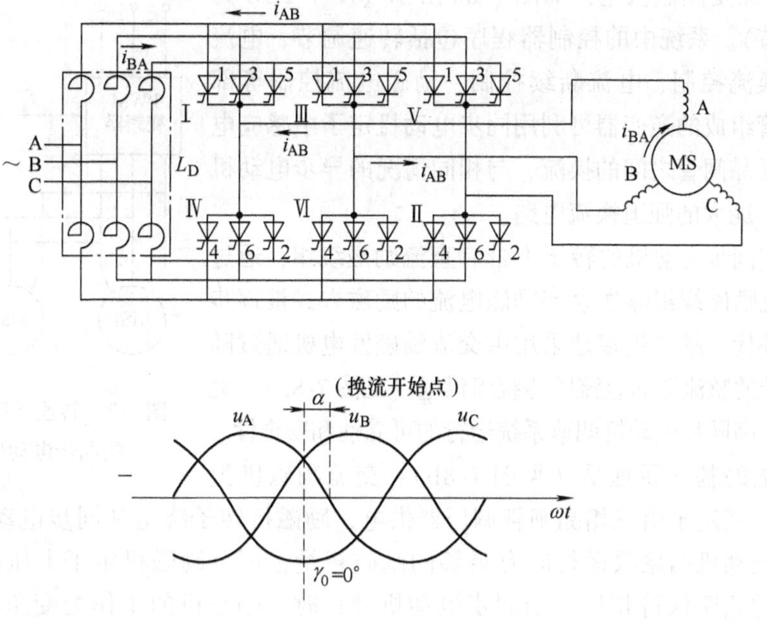


图 7-6　交-交变流器电源换流示意图

和整流电路一样，用电源电压进行换流时，也会有一段时间的延迟，或者说会有一段不可控的时间。例如上面分析的电源换流，原导通的晶闸管为 $VT_{I-1}$ 和 $VT_{II-2}$，换流时 $VT_{III-1}$ 被触发，但此时并未实现换流，而经过一段等待时间。当电源电压 $u_A = u_B$ 时，再经过整流控制角 $\alpha$ 时间后，当 $u_A < u_B$ 时，才开始触发导通晶闸管 $VT_{III-3}$，实现换流。这一不可控的等待时间最长可达电源周期的1/3。

**2. 电压源型交-交变流器供电的同步电动机调速系统的电源电压换流**

电压源型交-交变流器每一相都是直流调速系统中的反并联可逆桥式整流电路，电路中晶闸管换流采用电源电压过零时的自然换流，即上述的电源电压换流。

## 7.3 他控变频同步电动机调速系统

### 7.3.1 转速开环恒压频比控制的同步电动机调速系统

转速开环恒压频比控制的同步电动机调速系统如图 7-7 所示。图中，$f_s^*$ 为转速给定信号，为了防止振荡或失步现象发生，变频器的输出频率必须缓慢变化。转速开环恒压频比控制的同步电动机调速系统，适用于化工、纺织业中多台小容量永磁同步电动机或开关磁阻电动机的拖动系统中。

### 7.3.2 交-直-交型他控变频同步电动机调速系统

要求高速运行的大型机械设备，如空气压缩机、鼓风机等，其拖动同步电动机往往采用交-直-交电流源变流器供电，如图 7-8a 所示（图中 FBC 为电流反馈环节）。系统中的控制器程序包括转速调节、电流调节、负载换流控制、电流断续控制、励磁电流控制等部分。由晶闸管组成的逆变器可利用同步电动机定子中感应电动势波形实现晶闸管之间的换流，与相同情况的异步电动机相比，省去了庞大的强迫换流电路。

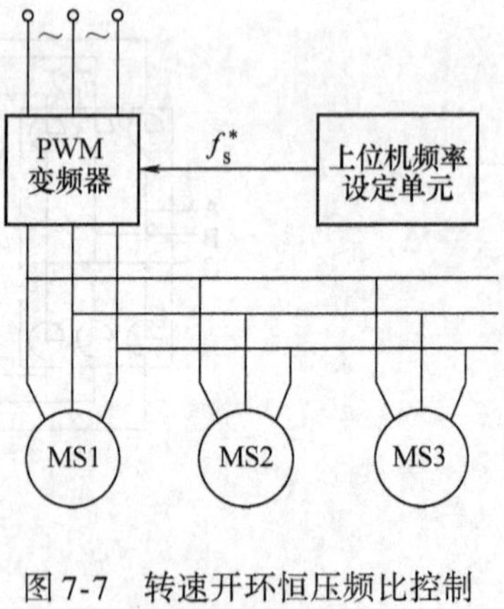

图 7-7　转速开环恒压频比控制的同步电动机调速系统

普通三相同步电动机的转子上带有直流励磁绕组，通过集电环向直流励磁绕组输送直流励磁电流的励磁方式被逐步淘汰，作为替代，越来越多地采用由交流励磁发电机通过随转子一起旋转的整流器向直流励磁绕组供电（见图 7-8b），无疑这将大大提高同步电动机调速系统运行的可靠性和安全性。

无刷励磁的基本原理是（见图 7-8b）：交流励磁机为异步发电机，其定子由三相晶闸管调压器供电，励磁机转子绕组和同步电动机转子同轴。为保证同步电动机四象限运行时有足够的励磁裕量，可令励磁机定子电压的相序始终与同步电动机的相序保持相反。当同步电动机静止时，励磁机的工作为变压器性质；当同步电动机调速运行时，励磁机的工作介于变压器与发电机之间。此时同步电动机的转子励磁电流不但和调压器输出电压有关，而且和励磁机的转差率、旋转整流桥的换相过程及方式、励磁机的谐波电流、功率因数及效率有关。

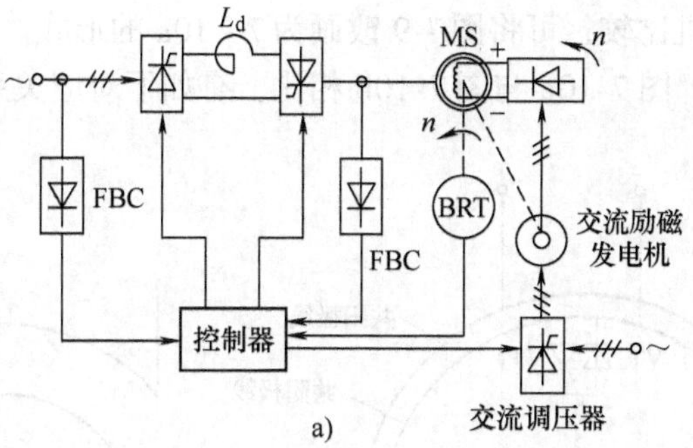

a)

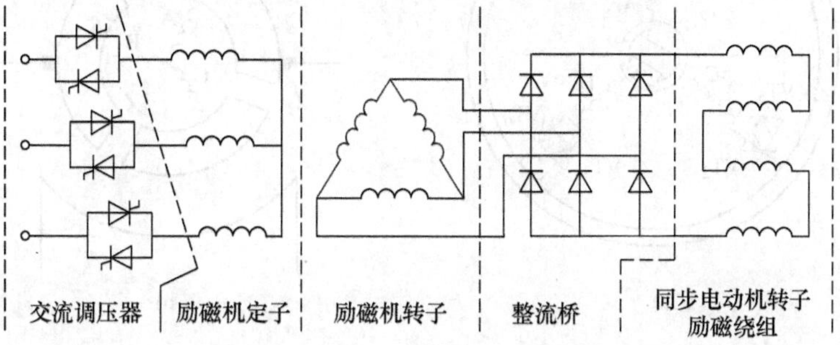

b)

图 7-8　交-直-交变频他控式同步电动机变压变频调速系统框图
a）系统图　b）无刷励磁原理图

## 7.4　自控式变频同步电动机（无换向器电动机）调速系统

自控式变频同步电动机是 20 世纪 70 年代发展起来的一种调速电动机，其基本特点是在同步电动机端装有一台转子位置检测器 BQ（见图 7-9），由它发出主频率控制信号来控制逆变器（UI）的输出频率 $f_s$，从而保证转子转速与供电频率同步。根据主电路拓扑结构不同分为交-直-交电流源型自控变频同步电动机调速系统和交-交型自控变频同步电动机调速系统。

### 7.4.1　自控变频同步电动机（无换向器电动机）调速原理及特性

由图 7-9 可知，自控变频同步电动机由同步电动机（MS）、位置检测器（BQ）、逆变器（UI）及逻辑控制器（DLC）组成。

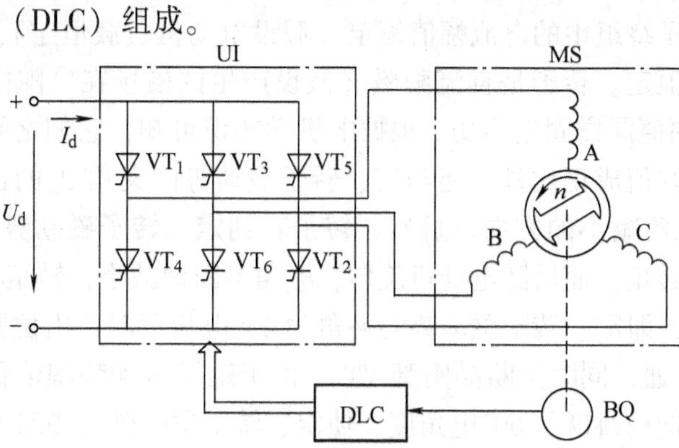


图 7-9　交-直-交电流型自控变频同步电动机的构成

为了与直流电动机比较，可将图7-9 改画为7 – 10a 的形式。图7-10b 表示一台只有3 个换向片的直流电动机，图7-10a 与图7-10b 相比，有如下对应关系：

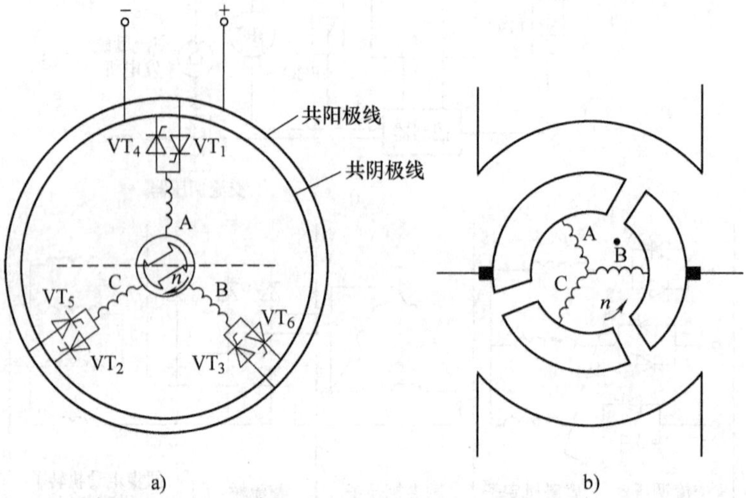


图7-10　自控变频同步电动机及与其等效的直流电动机模型

逆变器UI⇒机械换向器；位置检测器BQ⇐直流电动机电刷。

可见，自控变频同步电动机可以等效为只有3 个换向片的直流电动机。

在3 个换向片的直流电动机模型中可以看到，电动机每转过60°电角度，电枢绕组出现一次换向。在自控式变频同步电动机中也是转子每转过60°电角度，电枢绕组进行一次换向。只不过在直流电动机中，电枢换向是靠换向器和电刷完成的。而在自控式变频同步电动机中，电枢换向是靠转子位置检测信号控制逆变器的开关器件的通断来完成的。

下面结合图7-11 来考查逆变器工作一个周期，自控变频同步电动机定、转子磁场的相对变化情况。

当转子转到图7-11a 的位置时，由转子位置检测器发出信号控制逆变器晶闸管 $VT_6$、$VT_1$ 导通。定子绕组中流过电流 $i_{AB}$ 的方向如图所示，此时定子磁场基波分量 $\boldsymbol{F}_s$ 和转子正弦磁场 $\boldsymbol{F}_r$ 在空间的相对位置如图所示，它们在空间相差120°电角度。由于采用了交-直-交电流源型逆变器，流入定子绕组中的电流幅值恒定（假设电动机负载恒定），所产生的定子磁动势基波分量的幅值为恒定。转子是直流励磁（假设产生的磁场在气隙中是按正弦规律分布的），其转子磁动势幅值同样固定不变。根据电机学知识可知，它们之间产生的电磁转矩除与定、转子磁动势的幅值成正比外，还与定、转子磁动势间夹角 $\theta_{rs}$ 的正弦值成正比，转矩作用方向始终是使 $\theta_{rs}$ 角减小的方向。显然，转子转到定、转子磁动势间夹角 $\theta_{rs}$ = 90°时，电动机产生最大电磁转矩，而后随电动机旋转，$\theta_{rs}$ 角不断地减小，转矩将下降。当转子转到图7-11b 所示位置时，即定、转子磁动势间夹角为60°电角度时，由位置检测器发出信号控制晶闸管 $VT_1$、$VT_2$ 导通，同时关断晶闸管 $VT_6$。由于定子磁动势幅值仍恒定不变，只是其空间位置顺转子转向向前跳跃了60°电角度，使定、转子空间磁动势间夹角 $\theta_{rs}$ 又变成120°电角度。以下重复上面的情况。

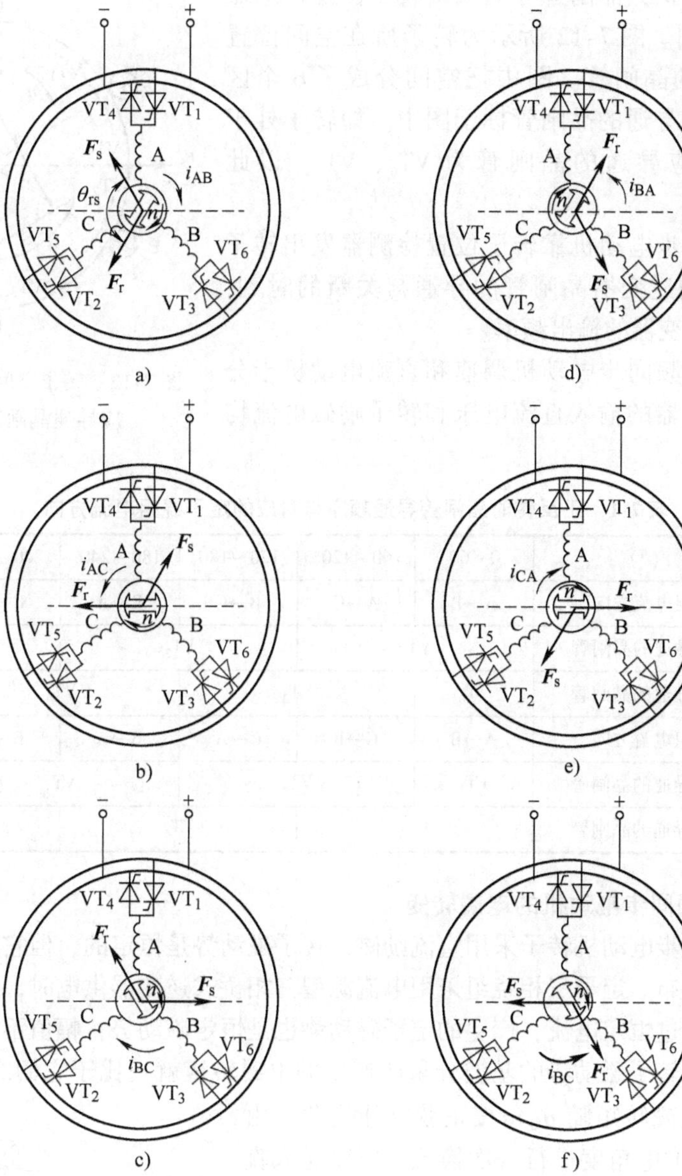


图 7-11　自控式变频同步电动机六拍通电情况

综上所述，定子磁动势 $\boldsymbol{F}_s$ 在空间是跳跃式转动的，每次跳动 60°电角度。而转子励磁磁动势 $\boldsymbol{F}_r$ 却是随转子连续旋转的，二者平均旋转速度相等，但瞬时速度不等。由于定子磁动势和转子磁动势间夹角不断地由 120°电角度到 60°电角度重复变化，因此产生的电磁转矩是脉动的。

从逆变器的工作情况看，逆变器中晶闸管是 120°通电型，也就是一个周期内每个晶闸管导通 120°，每隔 60°换流一次，即导通下一序号的晶闸管同时关闭上一序号晶闸管。正、反转时晶闸管导通顺序与对应的定子绕组电流方向详见表 7-1。

从表 7-1 中也可以看出，120°通电型的六拍逆变器每一时刻都有两只晶闸管导通。至于任一时刻究竟由哪两只晶闸管导通则由转子位置检测器发出的信号来控制。图 7-12 所示为转子所在空间位置和与之对应导通的晶闸管。图中把空间分成了 6 个区域，每个区域对应导通的晶闸管标于图中。如转子处于图中位置时，则应导通的晶闸管为 $VT_6$、$VT_1$，以此类推。

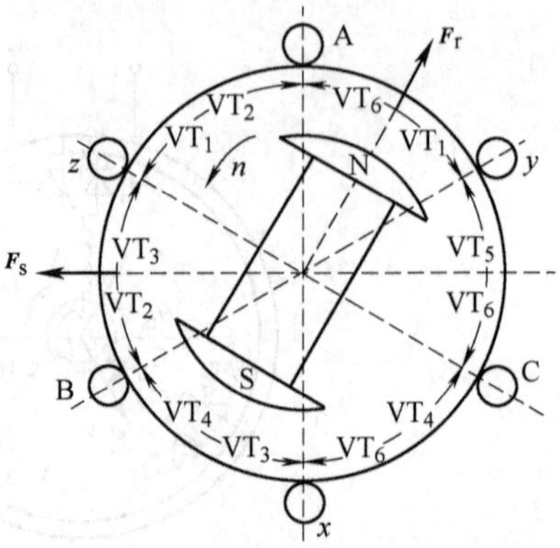

图 7-12　转子空间位置与对应的应导通晶闸管示意图

自控式变频同步电动机靠转子位置检测器发出转子位置信号，去控制逆变器晶闸管的导通与关断的时刻，从而实现了控制逆变器的输出频率。

另外，自控变频同步电动机调速和直流电动机十分相似，靠改变逆变器的输入直流电压和转子励磁电流均可实现无级调速。

**表 7-1　正反转时晶闸管导通顺序与对应的定子绕组电流方向**

| 时间（电角度）/(°) | | 0~60 | 60~120 | 120~180 | 180~240 | 240~300 | 300~360 |
|---|---|---|---|---|---|---|---|
| 正转 | 定子绕组电流方向 | A→B | A→C | B→C | B→A | C→A | C→B |
| | 共阳极组导通的晶闸管 | $VT_1$ | | $VT_3$ | | $VT_5$ | |
| | 共阴极组导通的晶闸管 | $VT_6$ | $VT_2$ | | $VT_4$ | | $VT_6$ |
| 反转 | 定子绕组电流方向 | A→B | C→B | C→A | B→A | B→C | A→C |
| | 共阳极组导通的晶闸管 | $VT_1$ | $VT_5$ | | $VT_3$ | | $VT_1$ |
| | 共阴极组导通的晶闸管 | $VT_6$ | | $VT_4$ | | $VT_2$ | |

### 1. 自控式变频同步电动机的电磁转矩

自控式变频同步电动机转子采用直流励磁，转子磁动势是恒定的，但它所产生的气隙磁场则按正弦规律分布。定子三相绕组采用电流源型三相桥式逆变器供电时，每一时刻均有定子两相绕组串联流过恒定电流，产生的定子磁动势也是恒定磁动势，幅值不变。这样，空间上幅值恒定的定、转子磁动势的基波分量所产生的电磁转矩就正比于它们之间夹角 $\theta_{rs}$ 的正弦函数值了，即电磁转矩随 $\theta_{rs}$ 角按正弦规律变化。由于定子绕组每隔 60°电角度进行一次换流，所以通入直流的定子绕组产生的电磁转矩也只是正弦曲线的一段，相当于 1/6 周期的一段。

下面以图 7-13 为例说明电磁转矩的变化情况。

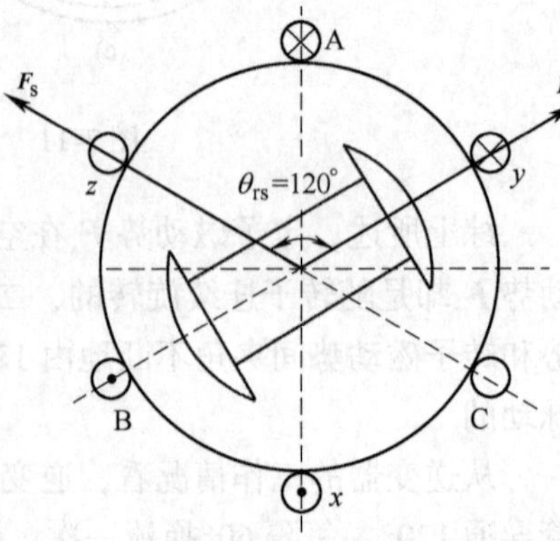

图 7-13　$VT_6$、$VT_1$ 触发导通时定、转子磁动势空间位置图

在图 7-13 中，三相绕组被视为集中绕组，当转子转到图中位置时，由位置检测器发出控制信号控制晶闸管 $VT_6$、$VT_1$ 导通。A 相、B 相绕组流入电流方向如图中所示。定、转子磁动势 $\boldsymbol{F}_s$ 和 $\boldsymbol{F}_r$ 间夹角 $\theta_{rs}$ 为 120°电角度。定、转子间电磁转矩记为 $\boldsymbol{T}_{AB}$，正比于 $\sin\theta_{rs}$，随着转子旋转，$\theta_{rs}$ 角减小，电磁转矩按正弦规律变化如图 7-14a 所示。当转子转过 60°电角度后，

触发晶闸管 $VT_1$、$VT_2$，关断晶闸管 $VT_6$。此时 A 相绕组和 C 相绕组流入电流的方向为：电源正极→A→$x$→$z$→C→电源负极，定子磁动势空间矢量逆时针跳跃60°电角度，电磁转矩记为 $\boldsymbol{T}_{AC}$，形状与 $\boldsymbol{T}_{AB}$ 相同，只是相位向后移了60°电角度（见图7-14a）。以此类推，当定、转子磁动势夹角 $\theta_{rs}$ 为60°电角度时，进行定子绕组的换流，使 $\theta_{rs}$ 角跳变到120°电角度，随转子旋转，$\theta_{rs}$ 角不断减小，达60°电角度时再次换流。对应这种情况的电磁转矩如图7-14b所示。

图中，转矩曲线的交点，即换流切换点，如图7-13中的A点，习惯上把这一点选作晶闸管触发的基准点，称为空载换流提前角，记为 $\gamma_0=0°$。不难看出，空载换流提前角 $\gamma_0=0°$ 时，从电动机产生转矩角度来看最为有利，因为在这种情况下，电动机产生的转矩平均值最大，脉动最小。但前面的分析已表明，用电动机反电动势进行自然换流时，电动机在 $\gamma_0=0°$ 情况下不可能运行。$\gamma_0$ 必须要有一定的提前角度，常用的是 $\gamma_0=60°$。$\gamma_0=60°$ 时电动机的转矩曲线如图7-14c所示。转矩脉动增加，平均值减小，而且出现瞬时转矩为零的情况。$\gamma_0=60°$，也就是定、转子磁动势空间矢量间夹角 $\theta_{rs}=180°$ 的情况。从另一个角度看，也可看成定子磁场所形成的磁极轴线和转子磁极轴线重合，其夹角为（$180°-\theta_{rs}$），且定子N极与转子N极相对，定、转子的S-S极相对。此时转矩为零，出现了起动死点。

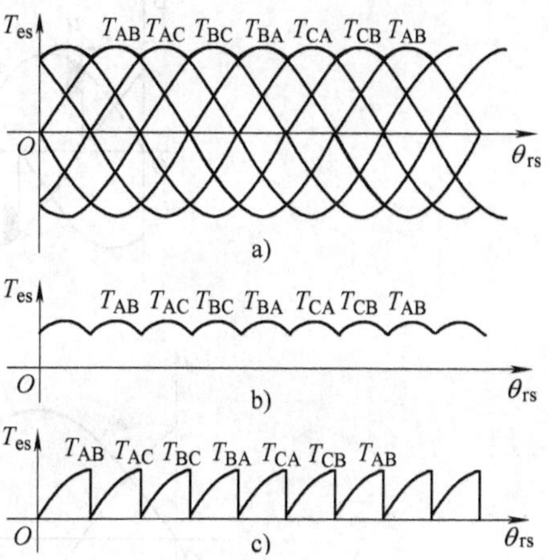

图7-14 桥式接法时自控变频同步电动机的转矩

不难分析，当换流提前角 $\gamma_0>90°$ 时，电动机将产生负的转矩，可以实现电动机正向制动和反向电动运行。

**2. 自控变频同步电动机的运行特性**

（1）转速特性

自控变频同步电动机主电路及整流电压、电动机反电动势波形如图7-15所示。

图7-15a中，用 $R_\Sigma$ 表示主电路总等效电阻，包括平波电抗器电阻、电枢绕组两相电阻及晶闸管正向压降等效电阻等。

主电路为交-直-交电路，整流和逆变器件均为晶闸管。考虑换流重叠角后，三相桥式整流电路输出电压平均值 $U_D$ 应为

$$U_D=\frac{3\sqrt{6}}{\pi}U_2\cos\left(\alpha+\frac{\mu}{2}\right)\cos\frac{\mu}{2}=2.34U_2\cos\left(\alpha+\frac{\mu}{2}\right)\cos\frac{\mu}{2} \tag{7-1}$$

式中，$U_2$ 为变压器二次相电压有效值；$\alpha$ 为可控整流桥触发延迟角；$\mu$ 为换流重叠角。

设自控式变频同步电动机每相感应电动势有效值为 $E_s$，电路中的电阻电压降包括平波电抗器、晶闸管正向电压降、电动机绕组电压降等，记为 $I_dR_\Sigma$。同时，对比整流侧和逆变侧电路及整流电压和电动机反电动势波形，不难得出

$$U_d=U_D-I_dR_\Sigma=\frac{3\sqrt{6}}{\pi}E_s\cos\left(\gamma-\frac{\mu}{2}\right)\cos\frac{\mu}{2}=2.34E_s\cos\left(\gamma-\frac{\mu}{2}\right)\cos\frac{\mu}{2} \tag{7-2}$$

式中，$\gamma$ 为负载换流提前角；$\mu$ 为逆变侧换流重叠角。

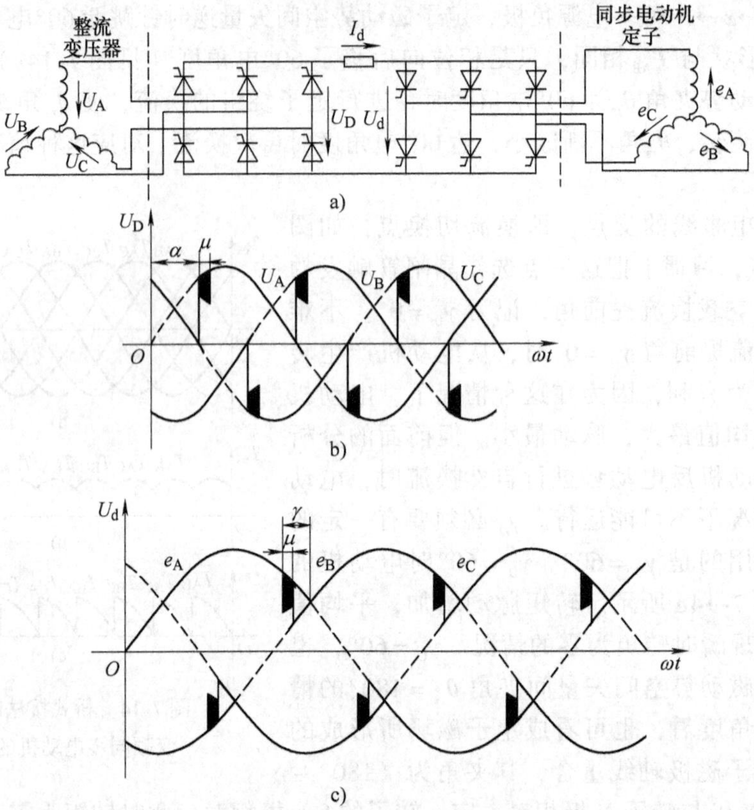


图7-15　自控变频同步电动机主电路及整流电压、电动机反电动势波形

a）自控式变频同步电动机的主电路　b）整流电压波形　c）电动机反电动势波形

电动机的每相感应电动势有效值 $E_s$ 和电动机转速之间的关系可写成

$$E_s = \frac{2\pi}{60}kn_p n\Phi_m \tag{7-3}$$

式中，$k$ 为电动机结构常数；$n_p$ 为电动机的磁极对数；$\Phi_m$ 为气隙每极磁通（Wb）；$n$ 为电动机转速（r/min）。

将式（7-3）代入式（7-2）得到

$$n = \frac{U_D - I_d R_\Sigma}{\frac{\sqrt{6}}{10}kn_p\Phi_m\cos\left(\gamma - \frac{\mu}{2}\right)\cos\frac{\mu}{2}} = \frac{U_D - I_d R_\Sigma}{K_E\Phi_m\cos\left(\gamma - \frac{\mu}{2}\right)\cos\frac{\mu}{2}} \tag{7-4}$$

式中，$K_E$ 为电动势常数，$K_E = \frac{\sqrt{6}}{10}kn_p$。

将直流电动机的转速公式重写为

$$n = \frac{U_D - IR_a}{K_E\Phi_m} \tag{7-5}$$

将自控式变频同步电动机转速表达式（7-4）和直流电动机转速表达式（7-5）相比较可知，二者十分相似，都是通过改变直流电压 $U_D$ 和气隙磁通 $\Phi_m$ 进行调速。与直流机调速不同的是，随着负载增加，除了由于电动机内阻电压降引起的转速降落外，在自控式变频同步电动机中负载换流超前角 $\gamma$ 随功角 $\theta_{eu}$ 加大而减少，加上负载增加使换流重叠角 $\mu$ 的加大，与直流机相比，电动机转速降落更大一些。因此，随着负载变化，适当调节 $\gamma_0$ 角也可以改变转速。

下面分析自控式变频同步电动机的电磁转矩。同样，电磁转矩可由下式得到

$$T_{es} = \frac{P_m}{\Omega} \tag{7-6}$$

式中，$P_m$ 为电磁功率；$\Omega$ 为机械角速度。自控式变频同步电动机的电磁功率为直流输入功率扣除各项电阻上的损耗，即为

$$P_m = I_d(U_D - I_d R_\Sigma) \tag{7-7}$$

则电磁转矩为

$$T_{es} = \frac{P_m}{\Omega} = \frac{I_d(U_D - I_d R_\Sigma)}{\dfrac{2\pi}{60}n_p n} \tag{7-8}$$

把转速 $n$ 的公式（7-4）代入式（7-8），得

$$\begin{aligned} T_{es} &= \frac{60}{2\pi n_p}K_E \Phi_m I_d \cos\left(\gamma - \frac{\mu}{2}\right)\cos\frac{\mu}{2} \\ &= K_M \Phi_m I_d \cos\left(\gamma - \frac{\mu}{2}\right)\cos\frac{\mu}{2} \end{aligned} \tag{7-9}$$

式中，$K_M$ 为转矩常数，$K_M = \frac{60}{2\pi n_p}K_E$。

式（7-9）与直流电动机的转矩公式 $T_{ed} = K_M \Phi_d I_a$ 相比，是基本相同的，二者都可以通过控制电枢电流和气隙磁通来调节转矩。不同的是，在自控式变频同步电动机电磁转矩公式（7-9）中，增加了一项数值小于 1 的因子 $\cos\left(\gamma - \frac{\mu}{2}\right)\cos\frac{\mu}{2}$，它不仅增加了转矩的脉动，减少了转矩的平均值，而且也使 $T_{es}$、$I_d$ 及 $\Phi_m$ 的关系不再是严格线性关系。由式（7-9）还可以看出，由于负载换流提前角 $\gamma$ 和重叠角 $\mu$ 均随负载而变化，所以当负载变化时，电磁转矩也会跟随变化。

应当说明，转矩公式（7-9）是把自控变频同步电动机看成是一台直流电动机，用直流电动机的物理量，如电枢电流 $I_d$、气隙磁通 $\Phi_m$ 等来描述的，它简单明了。由于自控式变频同步电动机的本体是同步电动机，当然也可以用同步电动机的一些相关物理量来表示电磁转矩，但关系略复杂一些。

（2）过载能力

自控式变频同步电动机的过载能力较低，一般为 1.5～2 左右。过载能力主要取决于逆变桥的换流能力。由前面分析可知，电动机空载时，换流提前角 $\gamma_0$ 常取60°左右，这也是欲关断的晶闸管承受反向电压的时间。这个时间应当大于两个晶闸管同时导通的换流重叠角 $\mu$ 和欲关断晶闸管的关断时间 $t_{off}$ 之和，这样才能保证可靠换流。

电动机带负载之后，电动机的端电压前移一个功角 $\theta_{eu}$。欲关断晶闸管承受反向电压时，由 $\gamma_0$ 角减少到负载换流提前角 $\gamma$，$\gamma = \gamma_0 - \theta_{eu}$。考虑到随负载增加，晶闸管换流重叠角 $\mu$ 的加大，则换流剩余角 $\delta = \gamma_0 - \theta_{eu} - \mu = \gamma - \mu$，将减小。但只要 $\delta > \omega t_{off}$，就能保证换流成功。

由于 $t_{off}$ 很小，一般只有几十微秒，而逆变器工作频率又较低，当把 $t_{off}$ 忽略后，电动机承受负载的极限值如图 7-16 所示。

很明显，图中曲线 $\gamma = f(I)$ 和 $\mu = f(I)$ 的交点所对应的负载电流，即为电动机承受负载的极限值，该交点决定了电动机的过载能力。从图中可看出为了提高自控式变频同步电动机的过载能力，在空载换流超前角 $\gamma_0$ 一定的情况下，减少换流重叠角 $\mu$ 和功角 $\theta_{eu}$，均可提高电动机的过载能力。

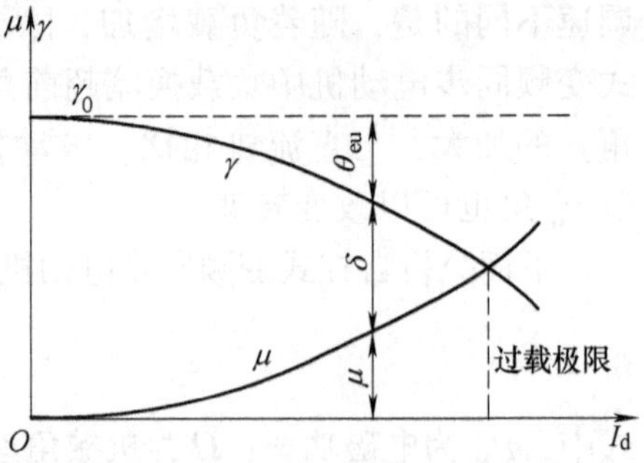


图 7-16　δ、γ、μ 与负载电流的关系

## 7.4.2　自控变频同步电动机调速系统

### 1. 交-直-交电流源型变流器供电的自控式变频同步电动机调速系统

（1）交-直-交电流源型变流器供电的自控变频同步电动机调速系统的组成

交-直-交电流源型变流器供电的自控变频同步电动机（无换向器电动机）调速系统的组成如图 7-17 所示。

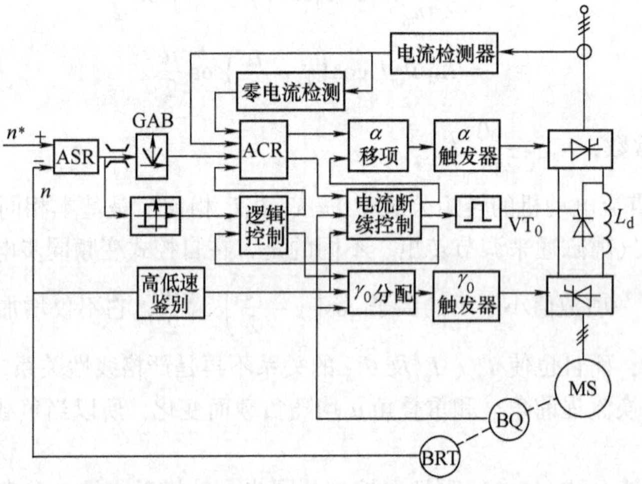


图 7-17　交-直-交电流源型变流器供电的自控变频同步电动机调速系统的组成

（2）交-直-交电流源型变流器供电的自控变频同步电动机调速系统的工作原理

主电路采用交-直-交电流源型变流器，功率开关器件为晶闸管。自控变频同步电动机转速调节，采用了典型的转速、电流双闭环控制系统。转速和电流调节器均为带限幅的比例积分调节器。和直流电动机一样，自控变频同步电动机的转速调节是通过控制整流桥输出的直流电压 $U_D$ 来调节电动机转速的［见式（7-4）］。自控变频同步电动机在正、反向电动状态下，控制整流桥的触发延迟角 $\alpha$ 在 0°～90°之间。$\alpha$ 角减少，则 $U_d$ 增加，电动机转速升高。电动机制动和电流断续换流时，整流桥需进入逆变工作状态，此时把触发延迟角 $\alpha$ 推向 90°～180°之间，见表 7-2。

转子位置检测器根据不同的转子位置发出相应的信号，经过脉冲分配器、触发放大环节，去触发逆变器相应的晶闸管。电动机在正向高、低速运行和反向高、低速制动时，触发晶闸管导通的顺序是 $VT_1 \rightarrow VT_2 \rightarrow VT_3 \rightarrow VT_4 \rightarrow VT_5 \rightarrow VT_6$。

**表 7-2　各种运行状态控制角 α 和空载换流提前角 $\gamma_0$ 的值**

| 运行状态 | | 控制角 α/(°) | 换流提前角 $\gamma_0$/(°) | 运行状态 | | 控制角 α/(°) | 换流提前角 $\gamma_0$/(°) |
|---|---|---|---|---|---|---|---|
| Ⅰ | 低速电动 | $0<\alpha<90$ | 0 | Ⅲ | 低速电动 | $0<\alpha<90$ | 180 |
| | 高速电动 | $0<\alpha<90$ | 60 | | 高速电动 | $0<\alpha<90$ | 120 |
| Ⅱ | 低速制动 | $90<\alpha<180$ | 180 | Ⅳ | 低速制动 | $90<\alpha<180$ | 0 |
| | 高速制动 | $90<\alpha<180$ | 120 | | 高速制动 | $90<\alpha<180$ | 60 |

电动机在反向高、低速和正向高、低速制动运行时，只要改变晶闸管导通顺序就可实现，导通顺序应为 $VT_6 \rightarrow VT_5 \rightarrow VT_4 \rightarrow VT_3 \rightarrow VT_2 \rightarrow VT_1$。

电动机在低速运行时，高低速判别环节会发出解除断流封锁信号到断流控制环节。转子位置检测器发出逆变桥晶闸管的换流时刻检测信号，送至断流控制环节，由断流控制环节发出信号，使整流桥迅速推入逆变状态（触发延迟角 $\alpha>90°$）。同时，触发导通并联在平波电抗器 $L_D$ 两端的晶闸管 $VT_0$，为平波电抗器提供续流电路，迅速拉断电动机电流，以便晶闸管可靠换流。检测出的电动机转速信号送至高、低速鉴别环节，它的输出送至 $\gamma_0$ 分配器和断流控制环节，使电动机在起动和低速运行时 $\gamma_0=0°$，高速运行时取 $\gamma_0=60°$。同时，在高速运行时封锁断流系统，低速运行时解除对断流系统的封锁。

和直流电动机调速系统一样，在自控变频同步电动机调速系统中，可以通过对转速调节器输出信号的极性鉴别，来控制电动机的运行状态。例如，调节电动机转速升高时，输入到转速调节器的给定转速信号 $U_{gn}$ 极性假如为正，转速反馈信号 $U_{fn}$ 极性为负，且实际转速低于转速设定值，则转速调节器的输出极性为负。经极性鉴别和逻辑控制单元送出信号至电流调节器和 $\gamma_0$ 分配器，分别控制整流桥的触发延迟角 $\alpha$ 使其在 $0°\sim90°$ 之间，并和高、低速信号一起控制逆变桥 $\gamma_0$ 为 60°或 0°。当电动机从电动状态到制动状态切换时，电动机实际转速 $n$ 大于转速设定值 $n^*$，转速调节器输出信号极性将变为正。同样，经极性鉴别后，控制整流桥 $\alpha$ 角大于 90°，使整流桥进入逆变工作状态，以便把电能回馈到电网，同时控制逆变桥 $\gamma_0$ 角在电动机转速高时为 120°、转速低时为 180°，也就是把逆变桥由逆变工作状态变为整流工作状态，把电动机制动时的机械能转变为电能回馈电网。

自控变频同步电动机没有直流电动机的机械换向器，却获得了和直流电动机一样的调速性能，调速系统结构和直流调速系统也十分相似，同时它又解决了同步电动机振荡和失步的问题。可见自控式变频同步电动机是一种比较理想的、有发展前途的调速电动机。

**2. 交-交变频自控式同步电动机调速系统**

交-交变流器也有电流源型和电压源型之分，用得较多的是电流源型交-交变流器。

（1）交-交自控变频同步电动机调速系统的组成

交-交型变频自控式同步电动机由同步电动机、交-交变流器、转子位置检测器和控制器组成，如图 7-18 所示。

图 7-18 中主电路为三相半波整流桥构成的电流源型交-交变流器。半波整流桥共有六组，每组由三只晶闸管组成。Ⅰ、Ⅲ、Ⅴ组组内晶闸管接成共阴极，Ⅱ、Ⅳ、Ⅵ组组内的晶闸管接成共阳极。

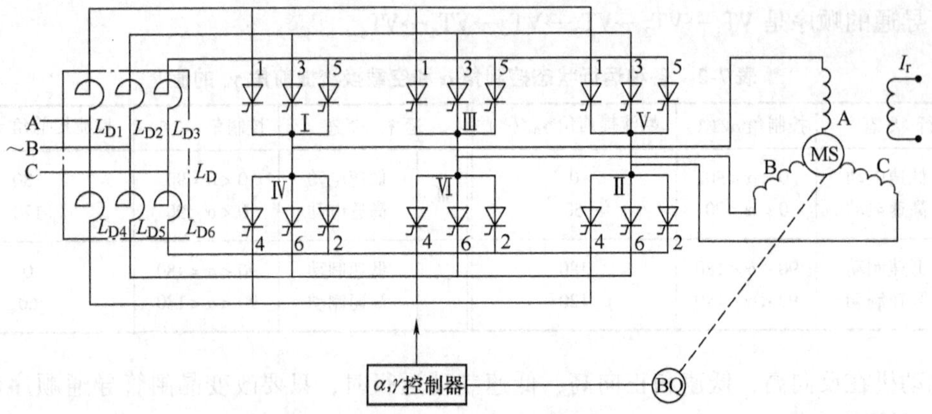


图7-18　交-交型变频自控式同步电动机的组成

由于交-交变流器没有直流中间环节，平波电抗器$L_D$接于交流电源侧，它由6个线圈组成（见图7-18）。平波电抗器对主电路电流起滤波作用，但对晶闸管间的换流不起阻碍作用。

交-交型自控变频同步电动机较交-直-交型自控变频同步电动机所用晶闸管数量多、耐压要求也较高。任一时刻交-交变流器只有两只晶闸管导通工作。因此，交-交型自控变频同步电动机的晶闸管的利用率比较低。但交-交变频自控式同步电动机由交流电源到负载电动机只经过一次变换，且每一时刻只有两只晶闸管工作，晶闸管损耗较小，整个系统工作效率较交-直-交型自控变频同步电动机高。另外，交-交型自控变频同步电动机起动性能好，所以对起动转矩要求较高的场合常采用交-交型自控变频同步电动机。

（2）交-交型自控变频同步电动机的工作原理

以图7-18为例加以说明。图中，交-交变流器的每一桥臂接一晶闸管组（图中Ⅰ、Ⅱ、Ⅲ、Ⅳ、Ⅴ、Ⅵ），每一晶闸管组由三只晶闸管组成。一个晶闸管组相当于直流自控式变频同步电动机中逆变器的一只晶闸管的作用。在交-直-交型自控变频同步电动机中，由于逆变器中的晶闸管接于直流电源上，可以在任意时刻触发导通某一晶闸管。但在交-交变频自控式同步电动机中，晶闸管是接于交流电源上的，电源的极性是交变的，不可能做到某一晶闸管在任意时刻使其触发导通。为此，在交-交系统中，每个桥臂不得不用三只晶闸管分别接于三相电源上，组成了三相半波整流电路。工作时，任一时刻触发导通上、下桥臂各一只晶闸管，输出电压加于电动机的两相绕组上，这相当于三相全控桥整流电路。改变触发延迟角$\alpha$，可以改变加于电动机的电压，就可以调节电动机的转速，这一点和交-直-交型自控变频同步电动机是一样的。晶闸管组中哪一只晶闸管导通以及触发延迟角$\alpha$的设定，应由电源侧整流触发系统来决定。晶闸管组组内器件间的换流依靠电源电压来完成，这和可控整流电路是一样的。由于交-交型自控变频同步电动机中一个晶闸管组的作用和直流自控式变频同步电动机中逆变器的一只晶闸管的作用是一样的，所以选择哪一个晶闸管组工作，同样应由转子位置检测装置来控制。这实际上就是根据转子位置，控制定子相应相绕组的通断。因此，在交-交型自控变频同步电动机中，交-交变流器中晶闸管的触发信号应来自电源侧整流触发信号和电动机侧换流信号的综合，即受整流触发控制角$\alpha$和换流超前角$\gamma_0$的共同控制。

(3) 交-交型自控变频同步电动机调速系统

交-交型自控变频同步电动机调速系统原理框图如图 7-19 所示。

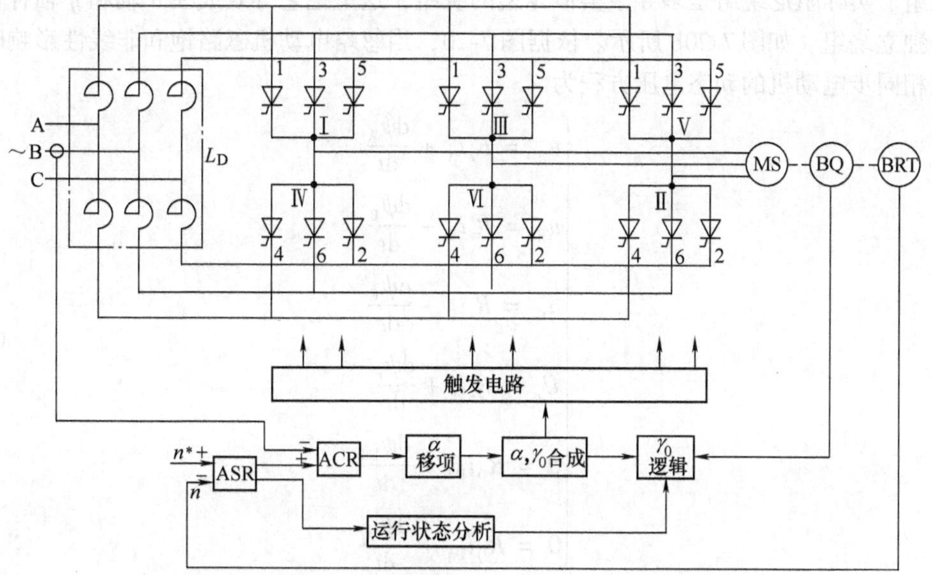


图 7-19 交-交型自控变频同步电动机调速系统原理框图

交-交型自控变频同步电动机调速系统仍然采用电流、转速双闭环系统。由于交-交型自控变频同步电动机在起动或低速运行时采用电源换流，与交-直-交型自控变频同步电动机调速系统相比，交-交型自控变频同步电动机调速系统中省去了断续电流控制环节。

至于晶闸管的触发信号，应当是电源侧整流触发系统给出的触发延迟角 $\alpha$ 和根据转子位置选择的晶闸管组信号的合成。这在前面已经讨论过。

交-交型自控变频同步电动机和交-直-交型自控变频同步电动机一样，可以很方便地实现电动机的反转和再生制动等四象限运行。

交-直-交型自控变频同步电动机和交-交型自控变频同步电动机原理相同，控制相似，但二者还是有不同之处，例如交-交型自控变频同步电动机的交-交变流器所用元器件数量多，元器件耐压要求高；交-交变流器只经一次能量变换，因而运行效率高。

## 7.5 按气隙磁场定向的普通三相同步电动机矢量控制系统

为获得更高的同步电动机调速性能，与异步电动机一样，必须采用按磁场定向控制方案。目前按气隙磁场定向的同步电动机交-交变频矢量控制系统和按气隙磁场定向的同步电动机交-直-交变频矢量控制系统在工业生产中得到了广泛的应用。

为了获得更高性能的同步电动机调速系统，必须考虑更精确的矢量控制算法，为此就要建立完整的同步电动机多变量动态数学模型。

### 7.5.1 普通三相同步电动机的多变量数学模型

所谓普通三相同步电动机是指转子上具有直流励磁绕组的同步电动机。图 7-20a 表示三相两极的凸极式同步电动机的物理模型，其转子以 $\omega_r=\omega_s=\omega$ 旋转。图中选定以转子 N 极的方向（转子磁链的方向）为两相同步旋转坐标系定向。凸极式同步电动机在转子上加有阻尼绕组。实际阻尼绕组是多导条类似笼型的绕组，这里把它等效成在 $d$ 轴和 $q$ 轴各自短路的两个独立绕组，如图 7-20b 所示。依据图 7-20，当忽略电动机磁路饱和非线性影响时，则普通三相同步电动机的动态电压方程为

$$\begin{cases} u_A = R_s i_A + \dfrac{d\psi_A}{dt} \\ u_B = R_s i_B + \dfrac{d\psi_B}{dt} \\ u_C = R_s i_C + \dfrac{d\psi_C}{dt} \\ U_r = R_s i_r + \dfrac{d\psi_r}{dt} \\ 0 = R_D i_{Dd} + \dfrac{d\psi_{Dd}}{dt} \\ 0 = R_Q i_{Dq} + \dfrac{d\psi_{Dq}}{dt} \end{cases} \tag{7-10}$$

式中，前 3 个方程为定子 A、B、C 绕组的电压方程，第 4 个方程为励磁绕组电压方程，最后两个方程为转子阻尼绕组的电压方程。所有符号意义和正方向都和分析异步电动机时一致。

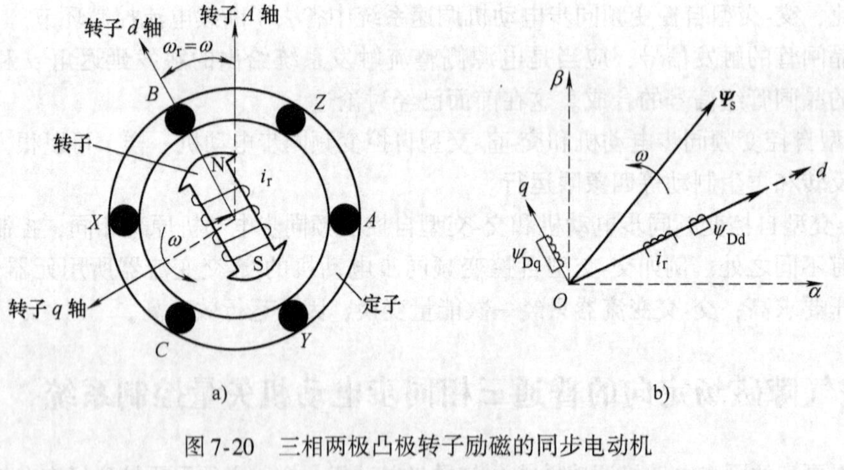


图 7-20　三相两极凸极转子励磁的同步电动机

a）同步电动机的物理模型　b）定子磁链和阻尼磁链的位置

按照坐标变换原理，将 $A$、$B$、$C$ 坐标系变换到 $d$、$q$ 同步坐标系，并用 $p$ 表示微分算子，则 3 个定子电压方程变换成

$$\begin{cases} u_{sd} = R_s i_{sd} + P\psi_{sd} - \omega\psi_{sq} \\ u_{sq} = R_s i_{sq} + P\psi_{sq} - \omega\psi_{sd} \end{cases} \tag{7-11}$$

3 个转子电压方程不变，因为它们已经是 $d$、$q$ 轴上的方程了，可以沿用式（7-10）的后 3 个方程，即

$$\begin{cases}U_r = R_r i_r + p\psi_r \\ 0 = R_D i_{Dd} + p\psi_{Dd} \\ 0 = R_Q i_{Dq} + p\psi_{Dq}\end{cases} \tag{7-12}$$

从式（7-11）和式（7-12）可以看出，由三相静止坐标系变换到二相同步旋转坐标系以后，$d$、$q$ 轴的电压方程由电阻电压降、脉变电动势（$p\psi_{sd}$、$p\psi_{sq}$）和旋转电动势（$\omega\psi_{sd}$、$-\omega\psi_{sq}$）构成。

在 $d$、$q$ 同步旋转坐标系上的磁链方程为

$$\begin{cases}\psi_{sd} = L_{sd} i_{sd} + L_{md} i_r + L_{md} i_{Dd} \\ \psi_{sq} = L_{sq} i_{sq} + L_{mq} i_{Dq} \\ \psi_r = L_{md} i_{sd} + L_{rd} i_r + L_{md} i_{Dd} \\ \psi_{Dd} = L_{md} i_{sd} + L_{md} i_r + L_{rD} i_{Dd} \\ \psi_{Dq} = L_{mq} i_{sq} + L_{rQ} i_{Dq}\end{cases} \tag{7-13}$$

式中，$L_{sd}$为等效二相定子绕组的 $d$ 轴自感，$L_{sd}=L_{s\sigma}+L_{md}$；$L_{sq}$为等效二相定子绕组的 $q$ 轴自感，$L_{sq}=L_{s\sigma}+L_{mq}$；$L_{s\sigma}$为等效二相定子绕组漏感；$L_{md}$为 $d$ 轴定子与转子绕组间的互感，相当于同步电动机原理中的 $d$ 轴电枢感应电感；$L_{mq}$为 $q$ 轴定子与转子绕组间的互感，相当于 $q$ 轴电枢感应电感；$L_{rd}$为励磁绕组的自感 $L_{rd}=L_{r\sigma}+L_{md}$；$L_{rD}$为 $d$ 轴阻尼绕组自感，$L_{rD}=L_{D\sigma}+L_{md}$；$L_{rQ}$为 $q$ 轴阻尼绕组自感，$L_{rQ}=L_{Q\sigma}+L_{mq}$。

上述电压方程和磁链方程中，零轴分量方程是独立的，对 $d$、$q$ 轴都没有影响，可以不予考虑。除此以外，将式（7-13）、式（7-12）和式（7-11）整理后可得同步电动机的电压矩阵方程式为

$$\begin{pmatrix}u_{sd} \\ u_{sq} \\ U_r \\ 0 \\ 0\end{pmatrix} = \begin{pmatrix}R_s + L_{sd}p & -\omega L_{sq} & L_{md}p & L_{md}p & -\omega L_{mq} \\ \omega L_{sd} & R_s + L_{sq}p & \omega L_{md} & \omega L_{md} & L_{sq}p \\ L_{md}p & 0 & R_r + L_{rd}p & L_{md}p & 0 \\ L_{md}p & 0 & L_{md}p & R_D + L_{rD}p & 0 \\ 0 & L_{mq}p & 0 & 0 & R_Q + L_{rQ}p\end{pmatrix}\begin{pmatrix}i_{sd} \\ i_{sq} \\ i_r \\ i_{Dd} \\ i_{Dq}\end{pmatrix} \tag{7-14}$$

同步电动机在 $d$、$q$ 同步轴上的转矩和运动方程为

$$T_{es} = n_p(\psi_{sd} i_{sq} - \psi_{sq} i_{sd}) = \frac{J}{n_p}\frac{d\omega}{dt} + T_L \tag{7-15}$$

式（7-14）和式（7-15）构成了同步电动机多变量动态数学模型。

## 7.5.2 按气隙磁场定向的三相同步电动机交-直-交变频矢量控制系统

图 7-21 所示为绕组励磁三相同步电动机交-直-交变频电压源型双 PWM 矢量控制系统的基本组成框图。与前述交-交变频同步电动机矢量控制系统的不同之处是，该系统的主电路拓扑结构为三电平双 PWM（PWM 整流电路、PWM 逆变电路）电压源型变流电路。由于电网侧整流电路可按期望的可编程功率因数提供直流输入电流，因而功率因数既可超前也可以滞后，还可以为 1，因此该系统的逆变侧不再由功率因数（$\cos\varphi$）给定设置部分。

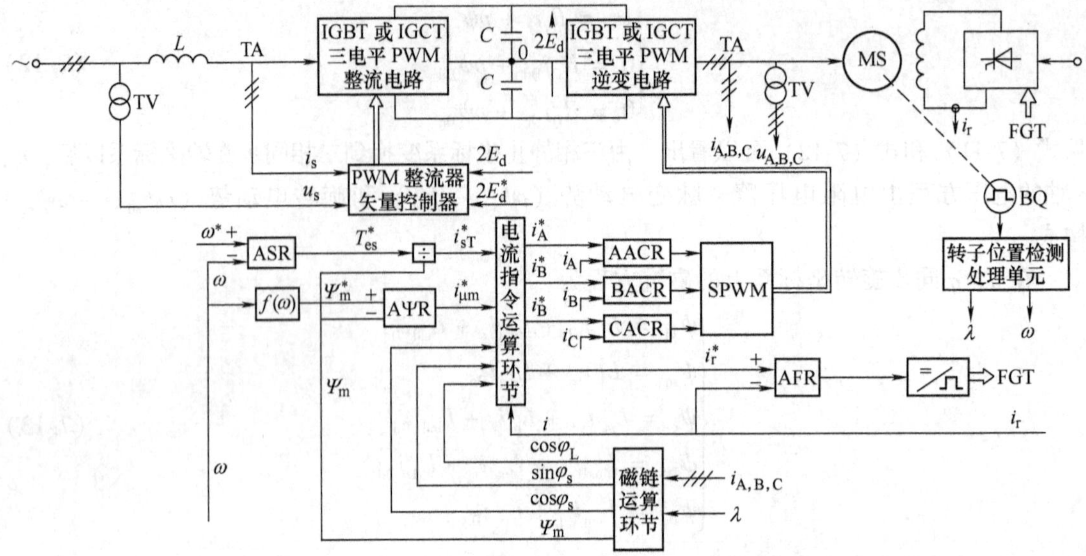


图 7-21　绕组励磁三相同步电动机交-直-交变频电压源型双 PWM 矢量控制系统的基本组成框图

同步电动机矢量控制系统的结构形式多种多样，但其基本原理和控制方法和异步电动机矢量控制系统相似。然而，由于同步电动机的转子结构和异步电动机不同，因此，同步电动机矢量控制系统有自己的磁场定向特点。

普通同步电动机的转子结构和异步电动机不同之处是转子有励磁机构，而且转子磁极轴线的位置是明确的，可以通过转子位置检测器精确地测量出来，这对同步电动机进行磁场定向控制是十分有利的，因此，$d$-$q$ 磁场定向坐标系的直轴（$d$ 轴）方向选定转子的磁极轴线，与之垂直的为交轴（$q$ 轴）。但是，当同步电动机带负载运行时，由于电枢反应的影响，气隙合成磁场轴线就不再和磁极轴线相重合，而要转过一个负载角 $\varphi_L$，因此，在普通同步电动机矢量变换控制系统中，还要选定同步电动机的气隙合成磁场轴线作为磁场定向的坐标轴即 $M$ 轴，与之垂直的为 $T$ 轴，如图 7-22 所示。

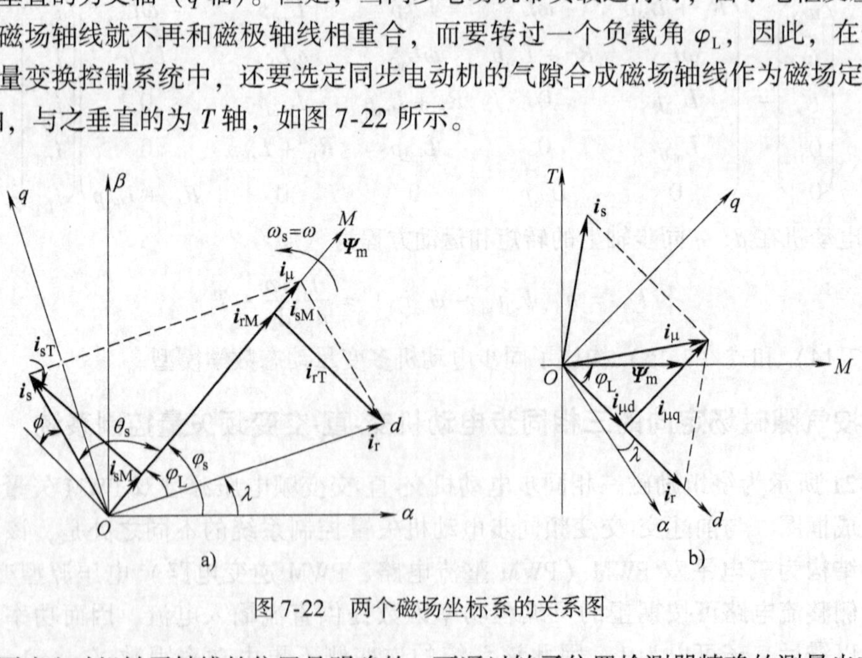


图 7-22　两个磁场坐标系的关系图

由于同步电动机转子轴线的位置是明确的，可通过转子位置检测器精确的测量出来。因此，$d$、$q$ 磁场定向坐标系的直轴（$d$ 轴）方向选定转子的磁极轴线，与之垂直的为交轴（$q$ 轴）。

**1. 凸极式同步电动机矢量控制系统的磁链算法和算法结构**

磁链运算环节的输入量有同步电动机的定子电流 $i_A$、$i_B$、$i_C$ 以及来自转子位置运算器的 $\lambda$ 信号；其输出为 $\psi_m$、$\sin\varphi_s$、$\cos\varphi_s$、$\cos\varphi_L$。磁链运算环节的内部结构如图 7-23 所示。

图中的磁链模拟运算单元算法可根据式（7-14）中的第4 行、第5 行及式（7-13）中第1、2 式求得

$$\begin{cases}\psi_{md} = (i_{sd} + i_r)G_d(p) \\ \psi_{mq} = i_{sq}G_q(p)\end{cases} \tag{7-16}$$

式中，$G_d(p) = -\dfrac{T_{md}P}{1 + T_{Dd}p}$；$G_q(p) = -\dfrac{T_{mq}P}{1 + T_{Dq}p}$

对于隐极同步电动机而言，由于 $d$、$q$ 轴磁路对称，有磁链矢量 $\boldsymbol{\Psi}_m$ 和磁化电流矢量 $\boldsymbol{i}_\mu$ 方向一致且重合，如图 7-22a 所示。

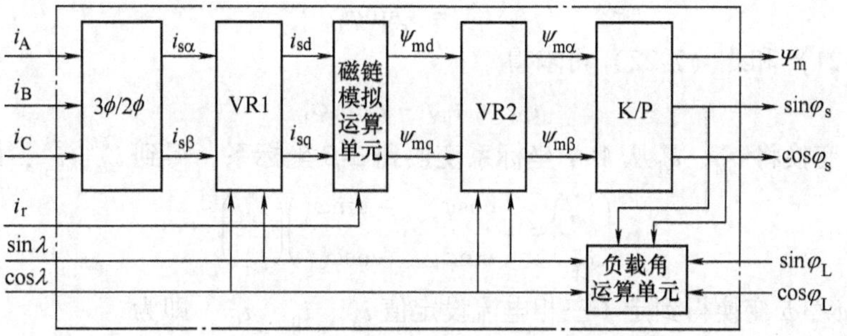


图 7-23　磁链运算环节的内部结构

对于凸极同步电动机而言，由式（7-16）可以看出，当 $d$ 轴电流和 $q$ 轴电流发生变化时，由它们所产生的气隙有效磁链在 $d$-$q$ 轴坐标系上的分量 $\psi_{md}$、$\psi_{mq}$ 的变化在时间上会有一定的滞后，其滞后时间常数为 $T_{Dd} = L_{Dr}/R_D$、$T_{Qq} = L_{Qr}/R_Q$。表明在暂态时，在转子阻尼绕组感应出的阻尼电流 $i_{Dd}$、$i_{Dq}$ 阻碍气隙磁链值 $\boldsymbol{\Psi}_m$ 变化，使 $\boldsymbol{\Psi}_m$ 滞后磁化电流 $\boldsymbol{i}_\mu$，如图 7-22a 所示。图 7-23 中的 VR2 算法为

$$\begin{pmatrix}\psi_{m\alpha} \\ \psi_{m\beta}\end{pmatrix} = \begin{pmatrix}-\cos\lambda & \sin\lambda \\ \sin\lambda & \cos\lambda\end{pmatrix}\begin{pmatrix}\psi_{md} \\ \psi_{mq}\end{pmatrix} \tag{7-17}$$

K/P 的功能是根据输入的 $\psi_{m\alpha}$、$\psi_{m\beta}$ 计算出气隙磁链的有效幅值 $\psi_m$ 及对应 $\alpha$ 轴的空间位置角 $\varphi_s$。K/P 的算法为

$$\begin{cases}\psi_m = \sqrt{\psi_{m\alpha}^2 + \psi_{m\beta}^2} \\ \cos\varphi_s = \dfrac{\psi_{m\alpha}}{\sqrt{\psi_{m\alpha}^2 + \psi_{m\beta}^2}} \\ \sin\varphi_s = \dfrac{\psi_{m\beta}}{\sqrt{\psi_{m\alpha}^2 + \psi_{m\beta}^2}}\end{cases} \tag{7-18}$$

图 7-23 中的负载角运算器的算法为

$$\begin{pmatrix}\sin\varphi_L \\ \cos\varphi_L\end{pmatrix} = \begin{pmatrix}\cos\varphi_s & -\sin\varphi_s \\ \sin\varphi_s & \cos\varphi_s\end{pmatrix}\begin{pmatrix}\sin\lambda \\ \cos\lambda\end{pmatrix} \tag{7-19}$$

## 2. 电流指令运算环节的结构与算法

电流指令运算器的任务是依据设定值 $i_{sT}^*$、$i_{\mu M}^*$（见图 7-21）以及磁链运算环节的输出量（$\cos\varphi_L$、$\sin\varphi_s$、$\cos\varphi_s$、$\Psi_m$）、励磁电流检测值 $i_r$，计算定子三相电流设定值 $i_A^*$、$i_B^*$、$i_C^*$ 以及励磁电流设定值 $i_r^*$。

由图 7-22 可以看出，磁化电流矢量 $\boldsymbol{i}_\mu$ 可以表示为

$$\boldsymbol{i}_\mu = \boldsymbol{i}_s + \boldsymbol{i}_r \tag{7-20}$$

根据式（7-20）可得磁化电流给定矢量在 $M$-$T$ 坐标系的分量是

$$\begin{cases} i_{\mu M}^* = i_{sM}^* + i_{rM}^* \\ i_{\mu T}^* = i_{sT}^* + i_{rT}^* \end{cases} \tag{7-21}$$

式中，

$$\begin{cases} i_{rM}^* = i_r\cos\varphi_L \\ i_{rT}^* = i_r\sin\varphi_L \end{cases} \tag{7-22}$$

由式（7-21）和式（7-22）可求得

$$i_{sM}^* = i_{\mu M}^* - i_r\cos\varphi_L \tag{7-23}$$

通过旋转变换将 $i_{sM}^*$、$i_{sT}^*$ 从 $M$-$T$ 坐标系变换到 $\alpha$-$\beta$ 坐标系，得到 $i_{s\alpha}^*$、$i_{s\beta}^*$，即

$$\begin{pmatrix} i_{s\alpha}^* \\ i_{s\beta}^* \end{pmatrix} = \begin{pmatrix} \cos\varphi_s & -\sin\varphi_s \\ \sin\varphi_s & \cos\varphi_s \end{pmatrix} \begin{pmatrix} i_{sM}^* \\ i_{sT}^* \end{pmatrix} \tag{7-24}$$

再通过 $2\phi/3\phi$ 变换得到定子三相电流设定值 $i_A^*$、$i_B^*$、$i_C^*$，即为

$$\begin{pmatrix} i_A^* \\ i_B^* \\ i_C^* \end{pmatrix} = \sqrt{\frac{2}{3}} \begin{pmatrix} 1 & 0 & \frac{1}{\sqrt{2}} \\ -\frac{1}{2} & \frac{\sqrt{3}}{2} & \frac{1}{\sqrt{2}} \\ -\frac{1}{2} & -\frac{\sqrt{3}}{2} & \frac{1}{\sqrt{2}} \end{pmatrix} \begin{pmatrix} i_{s\alpha}^* \\ i_{s\beta}^* \\ i_0 \end{pmatrix} \tag{7-25}$$

励磁电流设定值 $i_r^*$ 计算如下：

根据励磁电流检测值 $i_r$，通过式（7-22）算出 $i_{rM}^*$、$i_{rT}^*$，可求得 $i_r^*$

$$i_r^* = \sqrt{i_{rM}^{*2} + i_{rT}^{*2}} \tag{7-26}$$

由式（7-21）~式（7-26）可得到电流指令运算器的内部结构如图 7-24 所示。

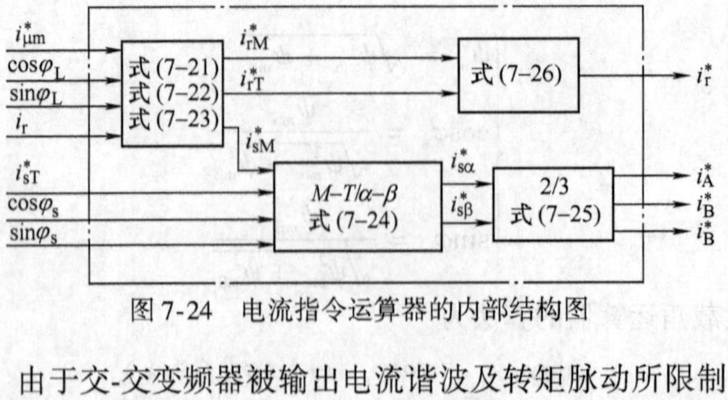


图 7-24　电流指令运算器的内部结构图

需要指出的是，由于交-交变频器被输出电流谐波及转矩脉动所限制，系统的最高输出频率被限制在 $f_{smax} \leqslant 16 \sim 22\text{Hz}$ 范围内，显然对于高转速的生产机械而言，交-交变频的应用

受到了限制。因此，采用现代自关断功率器件（IGBT、IEGT、IGCT 等）、具有三电平双 PWM 电压源型逆变器的中、大容量同步电动机矢量控制系统，正在被用来取代交-交变频同步电动机矢量控制系统。

## 7.6 正弦波永磁同步电动机变压变频调速系统

正弦波永磁同步电动机，通常称作永磁同步电动机（Permanent Magnet Synchronous Motor，PMSM），其定子绕组一般为三相短距分布绕组，其气隙磁场和定子分布绕组决定了定子绕组感应电动势为正弦波形，所用的供电电源为 PWM 变压变频电源。永磁同步电动机转子为永久磁钢。目前，磁钢多用稀土永磁材料制成，如钐钴合金（Sm-Co）、钕铁硼（Nd-Fe-B）等。稀土永磁材料具有高剩磁密度、高矫顽力等特点。

正弦波永磁同步电动机具有十分优良的转速控制性能，其突出的优点是结构简单、体积小、重量轻、具有很大的转矩/惯性比、快的加减速度、转矩脉动小、转矩控制平滑、调速范围宽、高效率、高功率因数等。目前永磁同步电动机已广泛应用于航空航天、数控机床、机器人、电动汽车和计算机外围设备等领域中。

根据永磁体在转子上安装位置的不同，可分为凸装式（面贴式、外装式）、嵌入式和内埋式。

凸装式永磁同步电动机结构简单、制造方便、转动惯量小，易于将气隙磁场设计成近似正弦分布，在工业上得到广泛应用。凸装式转子永磁体的几种几何形状如图 7-25 所示，其中图 7-25a 所示为具有圆套筒形整体磁钢，每极磁钢的宽度与极距相等，可十分接近矩形的磁场分布。

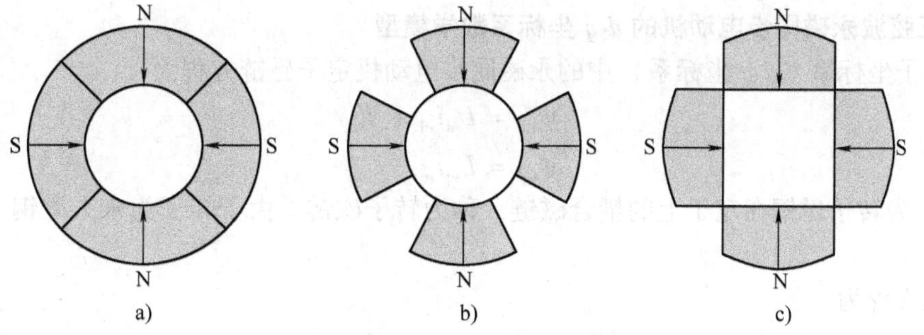


图 7-25　凸装式永磁转子结构

a）圆套筒形　b）瓦片形　c）扇装形

图 7-26a 所示为嵌入式转子结构，在这种结构中永磁体嵌入转子表面之下，永磁体间距小于一个极距，充分利用了转子磁路结构不对称所产生的磁阻转矩，提高了电动机的功率密度，使得动态性能较凸装式有所改善，但漏磁系数和制造成本较凸装式大。

嵌入式结构可使转子做得直径小、转动惯量小，特别是将永磁体直接粘贴在转轴上，还可以获得低电感，有利于改善动态性能。

内埋式永磁同步电动机的永磁体位于转子内部，能有效避免永磁体失磁，永磁体外表面与定子铁心之间有铁磁物质制成的极靴，极靴可以放置铸铝笼或铜条，起阻尼或起动作用，

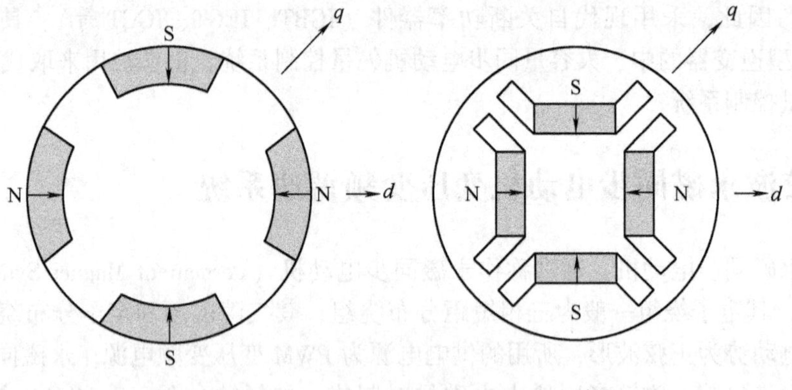


图 7-26　嵌入式、内埋式永磁转子结构

a）嵌入式转子结构　b）内埋式转子结构

故动、静态性能好，但转子漏磁系数最大，其结构如图 7-26b 所示。图中永磁体径向充磁，气隙磁通密度在一定程度上会受到永磁体供磁面积的限制。除了图 7-26b 中所示的切向内埋式结构外，还有径向内埋式结构以及混合式转子磁路结构。

如图 7-26 所示电动机的极对数为 2，两个磁极轴线相差 45°机械角度（电角度 90°），相邻两永磁磁极间有着磁导率很大的铁磁材料。将径向穿过永磁体磁场的中心线定义为直轴（$d$ 轴），将穿过极间的中心线定义为交轴（$q$ 轴）。由于 $q$ 轴磁通仅通过气隙和定、转子铁心，不通过永磁体，而且永磁材料的相对回复磁导率十分接近于空气，导致永磁材料和铁磁材料的磁阻不同，所以 $q$ 轴励磁电感要明显高于 $d$ 轴励磁电感，因此嵌入式和内埋式结构属于凸极式永磁同步电动机；凸装式永磁同步电动机相当于隐极式永磁同步电动机，有 $q$ 轴励磁电感等 $d$ 轴励磁电感。

**1. 正弦波永磁同步电动机的 *d-q* 坐标系数学模型**

在转子坐标系（$d$-$q$ 坐标系）中的永磁同步电动机定子磁链方程为

$$\begin{cases} \psi_{sd} = L_{sd} i_{sd} + \Psi_r \\ \psi_{sq} = L_{sq} i_{sq} \end{cases} \tag{7-27}$$

式中，$\Psi_r$ 为转子磁钢在定子上的耦合磁链，称为转子磁链，由于转子为永久磁钢，所以 $\Psi_r$ 为常数。

电压方程为

$$\begin{cases} u_{sd} = R_s i_{sd} + L_{sd} p i_{sd} - \omega_s L_{sq} i_{sq} \\ u_{sq} = R_s i_{sq} + L_{sq} p i_{sq} + \omega_s L_{sd} i_{sd} + \omega_s \Psi_r \end{cases} \tag{7-28}$$

转矩方程为

$$T_{es} = n_p [\psi_{sd} i_{sq} - \psi_{sq} i_{sd}] = n_p [\Psi_r i_{sq} + (L_{sd} - L_{sq}) i_{sq} i_{sd}] \tag{7-29}$$

转矩方程中第二项称为磁阻转矩，是由于 $d$、$q$ 轴磁阻不同产生的。内置式转子结构的永磁同步电动机，$L_{sd} < L_{sq}$。

从转矩方程（7-29）中不难看出，在基速以下恒转矩调速中，只要控制定子电流励磁分量 $i_{sd} = 0$，则定子电流 $i_s$ 全部为电磁转矩分量，即 $i_s = i_{sq}$。这种情况下，电动机的磁链方程为

$$\begin{cases} \psi_{sd} = \Psi_r \\ \psi_{sq} = L_{sq} i_{sq} = L_{sq} i_s \end{cases} \tag{7-30}$$

电压方程为

$$\begin{cases} u_{sd} = -\omega_s L_{sq} i_s = -\omega_s \psi_{sq} \\ u_{sq} = R_s i_s + L_{sq} p i_s + \omega_s \boldsymbol{\Psi}_r \end{cases} \tag{7-31}$$

转矩方程为

$$T_{es} = n_p \boldsymbol{\Psi}_r i_{sq} = n_p \boldsymbol{\Psi}_r i_s = K_m i_s \tag{7-32}$$

式中，$K_m$ 称为永磁同步电动机的转矩系数，$K_m = n_p \boldsymbol{\Psi}_r$。

由式（7-32）可知，当控制 $i_{sd}=0$ 时，电动机定子单位电流产生的转矩最大，由图 7-27a 可知，此时，定子磁动势和转子磁动势间的夹角 $\theta_{rs}=90°$（$\theta_{rs}$ 称为转矩角）。当电动机弱磁升速时，定子电流出现了去磁的励磁分量 $i_{sd}$，此时定子磁动势和转子磁动势间的转矩角 $\theta_{rs}>90°$。

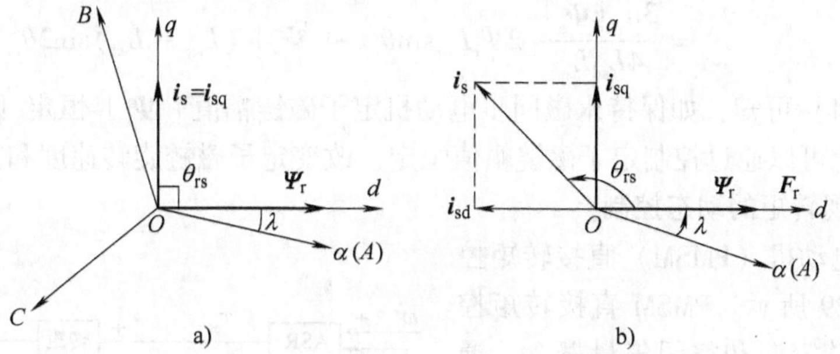


图 7-27　按转子磁链定向的永磁同步电动机矢量图

a）$i_{sd}=0$ 恒转矩调速　b）$i_{sd}<0$ 弱磁恒功率调速

**2. 正弦波永磁同步电动机按转子位置定向的矢量控制系统**

如果将 $d$ 轴取在转子磁链 $\boldsymbol{\Psi}_r$ 的方向上，即采用了按转子磁链定向的矢量控制，如图 7-27 所示。图中，$\lambda$ 角为转子位置角，是转子轴线和定子 A 相绕组轴线间夹角，可由转子位置检测器获得。为了保证三相定子电流合成矢量 $\boldsymbol{i}_s$ 始终落在 $q$ 轴方向上，由图 7-27a 可以看出，三相定子电流的设定值应为

$$\begin{cases} i_A^* = i_s^* \cos(\lambda + 90°) = -i_s^* \sin\lambda \\ i_B^* = -i_s^* \sin(\lambda - 120°) \\ i_C^* = -i_s^* \sin(\lambda + 120°) \end{cases} \tag{7-33}$$

恒转矩调速方式时，永磁同步电动机按转子磁链定向的矢量控制系统原理框图如图 7-28 所示。

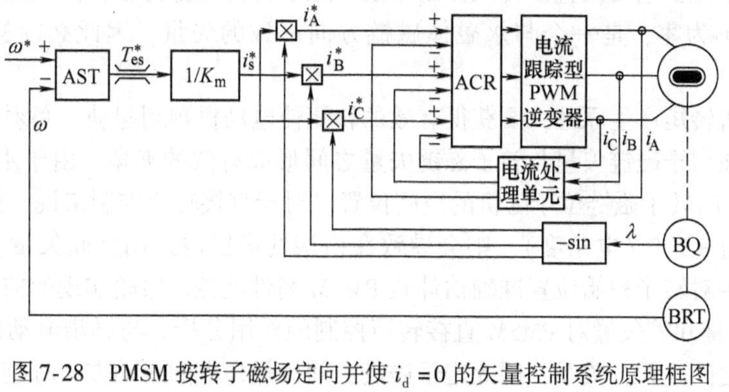


图 7-28　PMSM 按转子磁场定向并使 $i_d=0$ 的矢量控制系统原理框图

图7-28中，采用了转速、电流双闭环调速系统。由于转子位置角 $\lambda=\omega t$（$\omega$ 为转子角速度），根据转子转速来设定定子电流的频率，保证了电动机不会失步。

**3. 正弦波永磁同步电动机直接转矩控制系统**

（1）永磁同步电动机直接转矩控制的基本思路

与异步电动机直接转矩控制类似，其基本思路是准确观测定子磁链的空间位置和大小，并保持其为给定值，在准确计算负载转矩的条件下，通过控制电动机的瞬时输入电压来控制电动机定子磁链幅值大小和旋转速度，从而达到直接控制电动机转矩的目的。

在 $d$-$q$ 坐标系下，永磁同步电动机的转矩可以表示为

$$\begin{aligned} T_{es} &= n_p(\psi_{sd}i_{sq}-\psi_{sq}i_{sd}) \\ &= \frac{3n_p|\boldsymbol{\Psi}_s|}{4L_{sd}L_{sq}}[2\Psi_r L_{sq}\sin\theta_{rs}-|\boldsymbol{\Psi}_s|(L_{sq}-L_{sd})\sin 2\theta_{rs}] \end{aligned} \tag{7-34}$$

由式（7-34）可知，如保持永磁同步电动机定子磁链幅值 $|\boldsymbol{\Psi}_s|$ 恒定，则转矩与转矩角 $\theta_{rs}$ 成正比。因此可以通过控制定子磁链幅值恒定，改变定子磁链旋转速度和方向来瞬时调整转矩角 $\theta_{rs}$，实现转矩的动态控制。

永磁同步电动机（PMSM）直接转矩控制结构如图7-29所示。PMSM直接转矩控制采用定子磁链定向和空间矢量概念，通过检测电动机端部的定子电压和电流，直接在定子坐标系下观测电动机的磁链、转矩，并将此观测值与给定磁链、转矩值相比较，其差值经过两个滞环控制器得到相应的控制信号，再依据当前定子磁链矢量的位置从预制的开关状态表中选择相应电压空间矢量，直接对电动机转矩进行控制，从而得到快速的转矩响应。

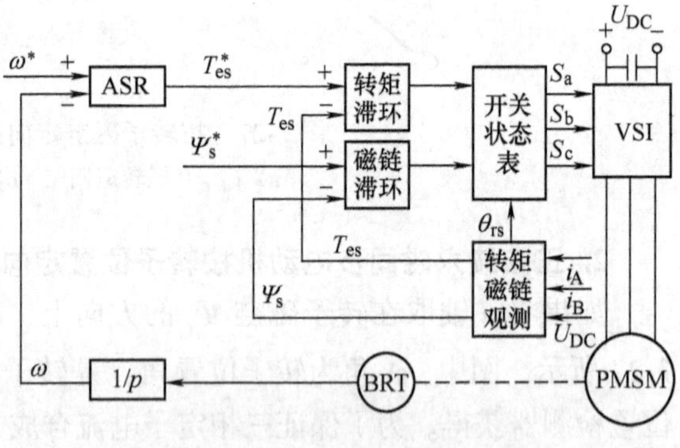


图7-29　永磁同步电动机直接转矩控制结构图

（2）永磁同步电动机直接转矩控制与异步电动机直接转矩控制的不同点

1）转子初始位置的影响。转子初始位置的影响主要有两个方面：对定子初始磁链估计和转矩估计。

如果转子初始位置估计不准确，就会引起磁链的估计误差，引起磁链的漂移现象。值得注意的是，对于异步电动机直接转矩控制来说，定子初始磁链为零，而永磁同步电动机的初始定子磁链并不为零，是一个与永磁体磁链方向一致的矢量，因此必须检测转子的初始位置。

根据电动机转矩产生原理，要获得有效的转矩使电动机顺利起动，必须要施加正确的空间电压矢量，在定子磁链矢量与转子磁链矢量之间形成有效的夹角。由于永磁转子的存在，PMSM转子静止时转子磁链位于随机的空间位置。对于直接转矩控制来说，如果转子初始位置估计误差超过±30°（电角度），则会导致在错误的扇区内选用空间矢量，直接导致起动失败。因此能否对转子初始位置准确估计是PMSM高性能控制策略实现的前提条件。

2）非零矢量和零矢量对PMSM直接转矩控制的作用分析。与异步电动机类似，定子磁链与定子电压之间是积分关系，因此定子磁链空间矢量顶点的运动方向对应于相应的电压空

间矢量的作用方向；定子磁链的运动轨迹平行于定子电压矢量方向。只要定子电阻电压降足够小，那么这种平行就能得到很好的近似。在逆变器供电的条件下，通过三相功率开关的状态组合，可以产生8个电压空间矢量。因此只要在适当的时刻依次给出定子电压空间矢量的施加顺序，就有可能得到所希望的定子磁链运动轨迹，从而获得快速的转矩响应。

非零电压矢量在异步电动机和永磁同步电动机直接转矩控制中的作用，都是相同的，然而零矢量对永磁同步电动机直接转矩控制的作用就不一样了。

在异步电动机中，转矩增量、磁链增量都与转差有关，而转差则和转子空间位置角的变化率有关。当有效电压矢量作用时，会得到一个磁链变化量和较大的转差，在零电压矢量作用下只能得到一个较大的转差。当选择零矢量时，定子电压为零，磁链增量为零，定子磁链矢量将保持在原位置不动，转子电流及电磁转矩急剧下降，因此可以通过选择零电压矢量在保持磁链幅值不变时快速减小电磁转矩。

在永磁同步电动机中，选用零电压矢量虽然能使磁链保持原位置不动，但它与一直存在的永磁转子磁场相互作用仍能产生电磁转矩，不能起到有效减小转矩的作用；但如果使用得当，可得到减小转矩和减小转矩脉动的效果。

（3）永磁同步电动机直接转矩控制的稳定条件

从式（7-34）可以看出，永磁同步电动机转矩由两部分组成，第一部分为电磁转矩，它由交轴电枢反应产生；第二部分为凸极结构产生的磁阻转矩，第二部分的磁阻转矩为负值。可见，转矩的大小跟磁链幅值、转矩角以及凸极有关。

通常，为了获得大的转矩输出和电动机过载能力，尽可能选取大的磁链幅值给定；但随着定子磁链给定幅值增加，电磁转矩却不会增加。在一定电动机参数的前提下，当 $L_{sq}=3(L_{sq}-L_{sd})$ 和 $L_{sq}=2(L_{sq}-L_{sd})$ 时，不同转矩角对应的转矩曲线，如图7-30所示。其中曲线1、曲线2、曲线3、曲线4是定子磁链幅值给定分别为 $\Psi_r$、$2\Psi_r$、$3\Psi_r$、$4\Psi_r$ 时，负载角为 $-\pi\sim\pi$ 变化时对应的转矩曲线图。

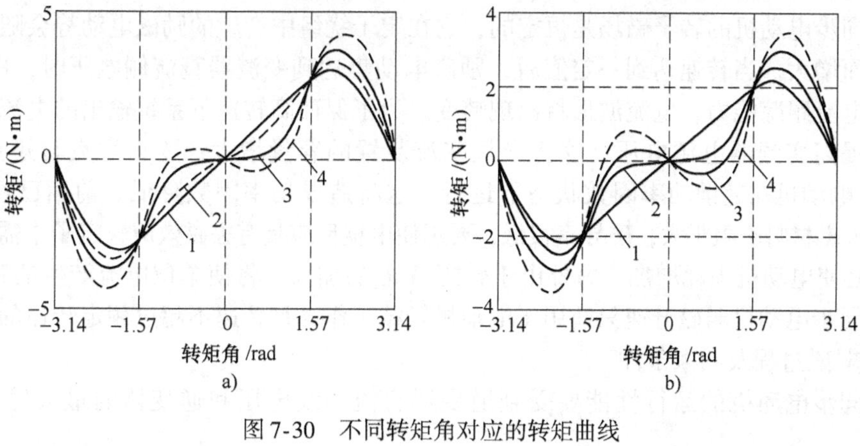


图7-30　不同转矩角对应的转矩曲线

从图7-30a中可见，在转矩角 $\theta_{rs}=0$ 附近可以看到，$3\Psi_r$ 时，出现转矩的零增长，$4\Psi_r$ 时，甚至出现转矩负增长。从图7-30b中可见，在转矩角 $\theta_{rs}=0$ 附近可以看到，$2\Psi$ 时，出现转矩的零增长，$3\Psi$ 时，出现了转矩负增长，可见转矩不因转矩角增加而增大。须知，上述情况在实际控制系统中是不允许出现的，要使永磁同步电动机直接转矩控制系统正常工作，需对定子磁链幅值进行有效的限制。

为了避免出现电动机转矩始终和负载角变化的不一致的情况，要求下式成立：

$$\mathrm{d}T_{es}/\mathrm{d}\theta_{rs}\mid_{\theta_{rs}=0}\geqslant 0 \tag{7-35}$$

由式（7-34）和式（7-35）可以推出下列条件成立：

$$\Psi_s\leqslant\frac{L_{sq}}{L_{sq}-L_{sd}}\Psi_r=\frac{\rho}{\rho-1}\Psi_r \tag{7-36}$$

$$\rho=L_{sq}/L_{sd}$$

式中，$\rho$ 为凸极率。

当定子磁链幅值满足式（7-36）时，便可保证电动机输出转矩和负载角两者变化的一致性，即控制负载角可以有效地控制电动机的转矩，从而保证了直接转矩控制在永磁同步电动机中的有效应用。

由图 7-30 还可以看到，永磁同步电动机的直接转矩控制必须考虑最大转矩角的问题，如果超过最大转矩角，当希望转矩增加时，定子磁链的正向夹角会增加，转矩不会增大而是减小。这种情况一旦出现，极容易引起永磁同步电动机的失步，造成转矩大幅度波动。

永磁同步电动机磁链观测器、转矩观测器、电压矢量开关表的建立，可以部分参照异步电动机相关章节的内容。

**4. 永磁同步电动机弱磁控制**

（1）永磁同步电动机弱磁控制的基本原理

弱磁控制是永磁同步电动机实现高速运行的控制方式。由于永磁体的磁动势无法调节，因此其弱磁控制是利用去磁电枢反应，通过调节定子电流，即增加 $d$ 轴去磁电流来实现的，同时为保证电动机定子电流不超过极限值，在增加 $d$ 轴电流分量时必须相应减小 $q$ 轴电流分量。随着永磁材料的发展，高剩磁材料和高矫顽力材料已经在永磁同步电动机中应用，这在相当大的程度上已经不具备电枢反应的去磁作用，这样就允许在直轴方向上流过较大的去磁电流，为电动机的高速运行提供了可能性。

永磁同步电动机的转子磁场是恒定的，它在定子绕组中产生的励磁电动势会随着转子转速的增加而增大。当转速达到一定值后，励磁电动势达到变流器直流侧电压时，PWM 逆变器将失去电流跟踪能力，电流波形将出现畸变。为了保证高转速下系统输出的电流仍为正弦波，要么提高变频器电源电压，这将导致变流装置的容量增大；要么增大转矩角 $\theta_{rs}$，使 $\theta_{rs}>90°$，电动机在超前功率因数状态下运行，这将造成功率因数降低。前面已经说明过，由于稀土永磁材料磁阻很大，磁导率很低，要想使电枢反应具有去磁效应，定子中需要很大电流，这势必使电动机损耗增加。另外由于转矩角 $\theta_{rs}$ 的加大，将使单位电流产生的转矩减小。所以永磁同步电动机弱磁升速只适用于电动机轻载工作，且转速不超过额定转速的两倍。

（2）弱磁过程及约束条件

永磁同步电动机的运行性能要受到逆变器直流母线电压和逆变器的最大输出电流的限制。

$u_{lim}$ 一般是由逆变器的直流母线电压和 PWM 调制方法对母线电压的利用率所决定。根据永磁同步电动机的稳态电压方程，可得电动机端电压为

$$u_s=\sqrt{u_{sd}^2+u_{sq}^2}=\sqrt{(R_s i_{sd}-\omega L_{sq}i_{sq})^2+(\omega L_{sd}i_{sd}+\omega\Psi_r+R_s i_q)^2} \tag{7-37}$$

在电动机稳态运行于高速时，$R_s\ll\omega L_{sq}$、$R_s\ll\omega L_{sd}$，可以得到定子电流分量 $i_{sd}$、$i_{sq}$ 在

$d$-$q$ 坐标系下的电压极限方程为

$$u_s = \omega\sqrt{(L_{sq}i_{sq})^2 + (L_{sd}i_{sd} + \Psi_r)^2}$$

即

$$\begin{cases}(L_{sq}i_{sq})^2 + (L_{sd}i_{sd} + \Psi_r)^2 = (u_s/\omega)^2 \\ u_s \leqslant u_{lim}\end{cases} \tag{7-38}$$

可见，永磁同步电动机弱磁运行时，在端电压达极限值、电流达到额定值情况下，从转子结构角度看，减小 $\Psi_r$ 和增大 $L_{sd}$ 可以提高永磁同步电动机的最高转速。当 $L_d \neq L_q$ 时，式(7-38) 为一椭圆方程，运行时的电压极限轨迹为一极限椭圆。对某一给定转速，电动机稳态运行时，定子电流矢量不能超过该转速下的椭圆轨迹。随着转速的提高，电压极限椭圆的两轴与转速成反比地相应缩小，从而形成了以 $(-\Psi_r/L_{sd}, 0)$ 为中心的一族椭圆曲线，如图 7-31 所示。

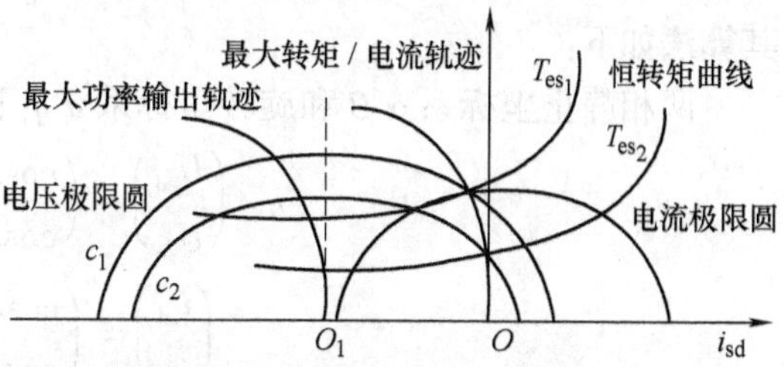


图 7-31　永磁同步电动机约束方程曲线

由逆变器供电的电动机，定子电流极限值 $i_{lim}$ 是由电动机绕组和逆变器所能够承受的电流所决定的，电流轨迹是以平面上坐标原点为圆心的圆，电流极限方程为

$$\begin{cases}i_{sd}^2 + i_{sq}^2 = i_s^2 \\ i_s \leqslant i_{lim}\end{cases} \tag{7-39}$$

电动机运行时，定子电流矢量既不能超出电动机的电压极限椭圆，也不能超出电流极限圆。在一定的转速下，电流矢量的范围只能是在相应的电压椭圆和电流圆的交集中。

由永磁同步电动机的转矩方程，可以得到电动机输出相同电磁转矩时，定子电流矢量 $\boldsymbol{i}_{sd}$、$\boldsymbol{i}_{sq}$ 在 $d$-$q$ 坐标系下的轨迹，即恒转矩曲线。把产生不同转矩值所需要的最小电流点连起来，即形成最大转矩/电流轨迹曲线。当 $L_{sd} = L_{sq}$ 时，即为隐极电动机时，电压极限椭圆就变成电压极限圆，其恒转矩曲线为平行于 $i_{sd}$ 轴的一族直线，最大转矩/电流比轨迹就是 $i_{sq}$ 轴。

当采用普通弱磁控制策略时，电流矢量沿着电压极限圆取值。当 $\Psi_r/L_{sd} \geqslant \mathrm{i}_{lim}$ 时，不存在最大输入功率弱磁控制区域。进入最大输入功率状态时，电动机电流为

$$\begin{cases}i_{sd} = -\dfrac{\Psi_r}{L_{sd}} - \Delta i_{sd} \\ i_{sq} = -\dfrac{\sqrt{(u_{lim}/\omega)^2 - (L_{sd}\Delta i_{sd})^2}}{L_{sq}}\end{cases} \tag{7-40}$$

凸极率 $\rho$ 影响式 (7-40) $\Delta i_{sd}$ 的值。

当 $\rho \neq 1$，$\Delta i_{sd} = \dfrac{\rho\Psi_r - \sqrt{(\rho\Psi_r)^2 + 8(\rho-1)^2(u_{lim}/\omega)^2}}{4(\rho-1)L_{sd}}$。

当 $\rho = 1$，$\Delta i_{sd} = 0$。

**5. 永磁同步电动机转子位置检测**

永磁同步电动机调速系统的转速和转矩的精确控制都是建立在闭环控制基础之上的，因此对于转子位置、速度信号的采集是整个系统中相当重要的一个环节。通常，永磁同步电动

机的控制中，最常用的方法是在转子轴上安装传感器（如旋转编码器、解算器、测速发电机等），但是这些传感器增加了系统的成本，降低了系统可靠性。

近年来，无位置传感器技术获得了实际应用。无位置传感器技术可以分为两大类：基于各种观测器技术的位置估计方法和基于永磁同步电动机电磁关系的位置估计方法。前者如卡尔曼滤波器法、滑模变结构法等，后者如直接计算法、施加恒定电压矢量法、基于凸极效应的高频注入法等。各种方法各有特点，这里介绍直接计算法和高频注入法。

（1）直接计算法

直接计算法是通过直接检测定子的三相端电压和电流值来估计转子位置 $\lambda$ 和转速 $\omega$ 的。其算法如下：

两相静止坐标系 $\alpha$-$\beta$ 和旋转坐标系 $d$-$q$ 下的电压、电流存在以下转换关系，即

$$\begin{pmatrix} U_{sd} \\ U_{sq} \end{pmatrix} = \begin{pmatrix} \cos\lambda & \sin\lambda \\ \cos\lambda & -\sin\lambda \end{pmatrix} \begin{pmatrix} u_{s\alpha} \\ u_{s\beta} \end{pmatrix} \tag{7-41}$$

$$\begin{pmatrix} i_{sd} \\ i_{sq} \end{pmatrix} = \begin{pmatrix} \cos\lambda & \sin\lambda \\ \cos\lambda & -\sin\lambda \end{pmatrix} \begin{pmatrix} i_{s\alpha} \\ i_{s\beta} \end{pmatrix} \tag{7-42}$$

由 PMSM 在 $d$-$q$ 坐标系下的电压方程式（7-31），可以得到

$$\lambda = \arctan(A/B) \tag{7-43}$$

式中，$A = u_{s\alpha} - Ri_{s\alpha} - L_{sd}pi_{s\alpha} + \omega i_{s\beta}\ (L_{sq} - L_{sd})$；$B = -u_{s\beta} + Ri_{s\beta} + L_{sd}pi_{s\beta} + \omega i_{s\alpha}\ (L_{sq} - L_{sd})$。

这样，转子位置角 $\lambda$ 可以用定子端电压和电流及转子转速 $\omega$ 来表示。对于表面式 PMSM，有 $L_{sd} = L_{sq} = L$，则 $\omega$ 可以由下式得到：

$$\omega = C^{1/2}/\Psi_r \tag{7-44}$$

式中，$C = (u_{s\alpha} - Ri_{s\alpha} - Lpi_{s\alpha})^2 + (u_{s\beta} - Ri_{s\beta} - Lpi_{s\beta})^2$。

这种方法的特点是仅依赖于电动机的基波方程，因此计算简单，动态响应快，几乎没有什么延迟。但是这种方法的最大缺点在于低速时，误差很大；此外，由静止时速度为零，反电动势为零，不可能估计出转子的初始位置。

（2）高频注入法

为了解决低速时转子位置和转速估计不准的问题，美国 Wisconsin 大学的 M. L. Corley 和 R. D. Lorenz 提出了高频注入的办法。

有两种高频输入形式：在电动机的出线端注入高频电压，检测电动机出线端的高频电流信号；在电动机的出线端注入高频电流，检测电动机出线端的高频电压信号。作为附加高频信号，可以是正弦电压、正弦电流、矩形波电压等，这些高频信号可进一步分为空间旋转的和非旋转的，然后利用其响应，确定转子位置。电流注入法有更快的响应，但在重载时电流注入型系统的控制性能容易丢失，因此，电压注入法更常用。

1）高频电流信号表达式。两相静止坐标系（$\alpha$-$\beta$）的定子电压方程为

$$\begin{pmatrix} u_{s\alpha} \\ u_{s\beta} \end{pmatrix} = \begin{pmatrix} r & 0 \\ 0 & r \end{pmatrix} \begin{pmatrix} i_{s\alpha} \\ i_{s\beta} \end{pmatrix} + \omega\Psi_r \begin{pmatrix} -\sin\lambda \\ \cos\lambda \end{pmatrix}$$
$$+ \begin{pmatrix} p & 0 \\ 0 & p \end{pmatrix} \begin{pmatrix} L_{av} + \Delta L_{av}\cos2\lambda & \Delta L_{av}\sin2\lambda \\ \Delta L_{av}\sin2\lambda & L_{av} - \Delta L_{av}\cos2\lambda \end{pmatrix} \begin{pmatrix} i_{s\alpha} \\ i_{s\beta} \end{pmatrix} \tag{7-45}$$

$$\lambda = \omega t + \theta_0$$

$$L_{av} = (L_{sd} + L_{sq})/2 \quad \Delta L_{av} = (L_{sd} - L_{sq})/2$$

式中，$\theta_0$ 为初始夹角。

注入的高频电压信号在两相静止坐标系中可表示为

$$\begin{pmatrix} u_{j\alpha} \\ u_{j\beta} \end{pmatrix} = u_j \begin{pmatrix} \cos\omega_j t \\ -\sin\omega_j t \end{pmatrix} \tag{7-46}$$

式中，$\omega_j$ 为注入高频信号的角频率；$u_j$ 为所注入三相高频电压信号的幅值。

高频注入信号频率一般为0.5～2kHz，远高于基波频率，忽略定子电阻的电压降，经过高通滤波器后，载波电流矢量表达式可以写成

$$\begin{pmatrix} i_{j\alpha} \\ i_{j\beta} \end{pmatrix} = \omega_j^{-1} u_j \begin{pmatrix} L_{av} + \Delta L_{av}\cos 2\lambda & \Delta L_{av}\sin 2\lambda \\ \Delta L_{av}\sin 2\lambda & L_{av} - \Delta L_{av}\cos 2\lambda \end{pmatrix}^{-1} \begin{pmatrix} -\cos\omega_j t \\ -\sin\omega_j t \end{pmatrix}$$

$$= \frac{u_j \Delta L_{av}}{\omega_j (L_{av}^2 - \Delta L_{av}^2)} e^{j(2\lambda - \omega j t)} - \frac{u_j L_{av}}{\omega_j (L_{av}^2 - \Delta L_{av}^2)} e^{j\omega_j t} \tag{7-47}$$

从式（7-45）～式（7-47）可以看出，只有负相序分量包含转子的位置信息，载波信号电流矢量的正相序分量的轨迹是一个圆，而整个载波信号电流矢量是一个椭圆。当电动机为凸极式时，高频载波电流信号矢量的轨迹是椭圆；当电动机为隐极式时，载波电流信号矢量值包括正相序分量，轨迹是一个圆。在 $\alpha$-$\beta$ 坐标系中的高频电流响应如图7-32所示。

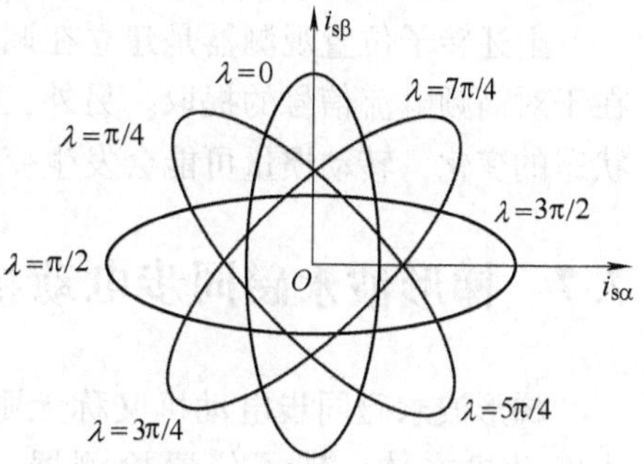


图7-32 静止坐标系中高频电流响应

由式（7-47）可以看出，第一项为含有转子位置信息的反向旋转分量，第二项是随着时间正向旋转的分量。当载波电流信号矢量被转换到一个与载波信号电压励磁同步的参考坐标系中，正相序载波信号变成一个直流量，很容易用一个高通滤波器滤掉。通过高通滤波器后，得到含有转子位置信息的高频电流分量为

$$\begin{pmatrix} i'_{j\alpha} \\ i'_{j\beta} \end{pmatrix} = \frac{u_j \Delta L_{av}}{\omega_j (L_{av}^2 - \Delta L_{av}^2)} \begin{pmatrix} \cos(2\lambda - 2\omega_j t) \\ \sin(2\lambda - 2\omega_j t) \end{pmatrix} \tag{7-48}$$

由以上分析可以看出，这种方法要求电动机具有一定的凸极性质，它利用固定载波频率励磁的方法来估算转子的位置和速度。对于内置式永磁同步电动机来说，由于永磁体的磁导率与空间磁导率相近，导致 $d$ 轴电感与 $q$ 轴电感不相等，即 $L_{sd} \neq L_{sq}$，从而形成电动机的凸极。

2）转子位置观测器。对上述具有明显凸极特征的转子跟踪问题可以根据电流矢量，利用外差法和位置观测器来获得转子位置信号。使用外差法对检测得到的 $\alpha$、$\beta$ 轴分量进行处理的计算式为

$$\sin(2\lambda - 2\omega_j t)\cos(2\hat{\lambda} - 2\omega_j t) - \cos(2\lambda - 2\omega_j t)\sin(2\hat{\lambda} - 2\omega_j t) = \sin(2\lambda - 2\hat{\lambda}) \tag{7-49}$$

式中，$\hat{\lambda}$ 为位置估计值。

当式（7-49）中的 sin（$2\lambda-2\hat{\lambda}$）逼近零，使估计值逼近真实值 $\lambda$，即可确定转子位置。在外差法的基础上，根据电动机运动方程，建立如图 7-33 所示的转子位置观测器。

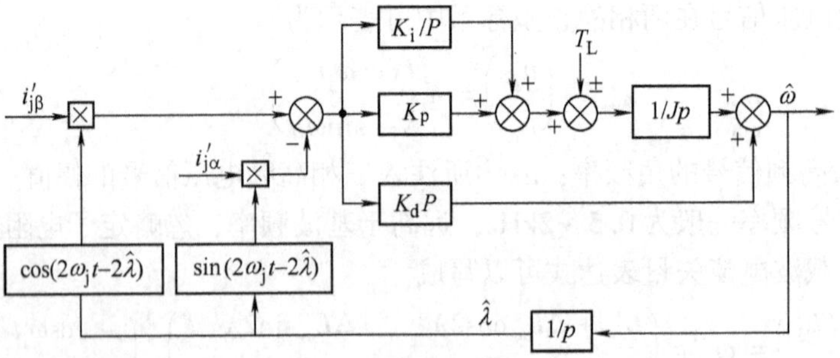


图 7-33　转子位置观测器

高频注入法的优点是可以应用于较宽的速度范围，低速时也能得到较好的估算结果。另外，这种方法对于所有永磁同步电动机都适用，因为即使对隐极式同步电动机，其定子铁心的饱和作用也会在电动机中产生很小的凸极效应。由于定子铁心饱和时线圈的电感会减小，所以 $d$ 轴电感会小于 $q$ 轴电感，即 $L_{sd}<L_{sq}$，可见，所有 PMSM 均可以认为具有凸极结构。

上述转子位置观测器是建立在调速系统参数确定的基础上，且计算简单。这种方法关键在于对高频电流信号的提取。另外，它对调速系统参数的准确性要求比较高，随着系统运行状态的变化，转动惯量可能会发生变化，导致转速和位置的估算值偏离真实值。

## 7.7　梯形波永磁同步电动机变压变频调速系统

梯形波永磁同步电动机又称无刷直流电动机（Brushless DC Motor，BLDM），其结构是由电动机本体、转子位置检测器（BQ）和逆变器（UI）三部分组成，如图 7-34 所示。

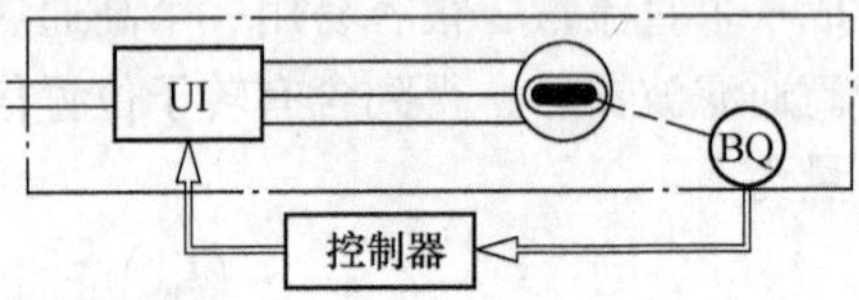


图 7-34　无刷直流电动机的组成

电动机本体是一台永磁同步电动机。定子为三相或多相绕组，一般为集中整距绕组。转子为永久磁钢，一般采用表面式转子磁路结构，气隙均匀，气隙磁通密度按梯形波分布，这一点和直流电动机一致，却有别于普通永磁同步电动机。普通永磁同步电动机的气隙磁场按正弦规律分布，定子各相绕组感应电动势也按正弦规律变化。

无刷直流电动机仍属于自控式变频同步电动机。同样是根据转子位置传感器检测的信号来控制逆变器开关器件的通断，控制逆变器的输出频率，从而控制电动机的转速。

无刷直流电动机从本质上说是带有电子换向器的反装式永磁直流电动机，是一台用转子位置检测器和逆变器代替了机械式的电刷和换向器，且把永久磁钢放在转子上，电枢绕组安放在定子上的直流电动机。因此，无刷直流电动机具有直流电动机的性能，却没有机械式换向器。

**1. 梯形波永磁同步电动机的电磁转矩和动态结构图**

由三相桥式逆变器供电的无刷直流电动机主电路原理图如图 7-35 所示。

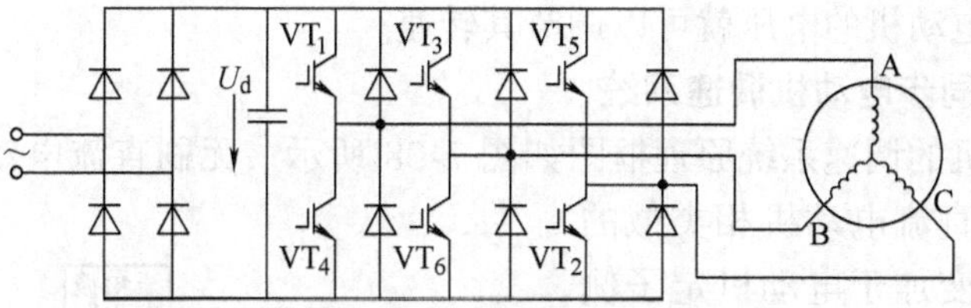


图 7-35　无刷直流电动机主电路原理图

图中电动机定子三相绕组为整距集中绕组，Y 联结。由于无刷直流电动机的气隙磁密按梯形波分布，因而定子每相绕组的感应电动势也是梯形波。由转子位置检测器控制逆变器产生的各相电流与各相电动势同相。与有刷直流电动机一样，当电动机电枢磁动势与永磁体产生的气隙磁通正交时电动机转矩达最大值。换句话说，只有当电流与反电动势同相时，电动机才能得到单位电流转矩的最大值。定子每相绕组的电压平衡方程为

$$U_d' - e_s = L_s \frac{di_s}{dt} + i_s R_s$$

式中，$U_d'$ 为定子上外加电压；$e_s$、$i_s$ 分别为定子每相绕组感应电动势和电流；$L_s$、$R_s$ 分别为各相绕组的电感和电阻。

由于稀土永磁材料的磁导率很低，磁阻很大，故各相绕组的电感很小，略去定子绕组的电磁时间常数，则电流是矩形波，如图 7-36 所示。

当逆变器采用 120°导通型时，每一时刻有两相绕组串联通电，则电磁功率 $P_m = 2E_b I_b$。$E_b$，$I_b$ 分别为感应电动势的幅值和电流的幅值。忽略换流过程的影响，则电磁转矩为

$$T_{esb} = \frac{P_m}{\Omega} = \frac{2E_b I_b}{\omega_s / n_p} = \frac{n_p 2E_b I_b}{\omega_s} = 2n_p \Psi_b I_b \quad (7\text{-}50)$$

根据拖动系统运动方程，有

$$T_{esb} - T_L = \frac{J}{n_p} p\omega \quad (7\text{-}51)$$

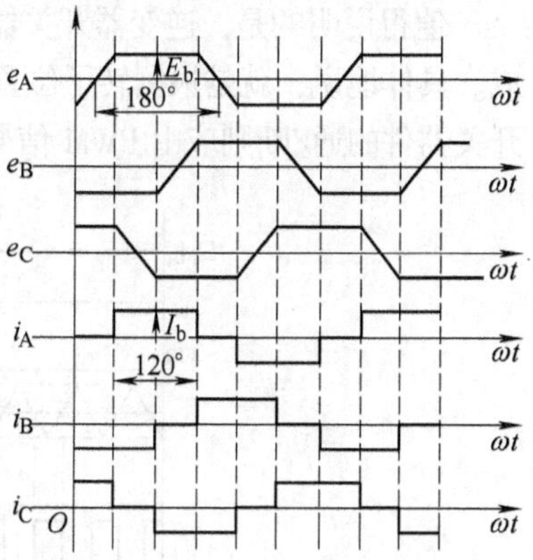


图 7-36　无刷直流电动机的电动势和电流波形图

由于 $e_A = -e_B = k_e \omega$，则式（7-51）中的电磁转矩为

$$T_{esb} = \frac{n_p}{\omega}(e_A i_A + e_B i_B) = 2n_p k_e i_A \quad (7\text{-}52)$$

根据式（7-50）~式（7-52）绘出无刷直流电动机动态结构图，如图 7-37 所示。

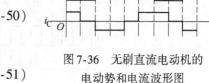

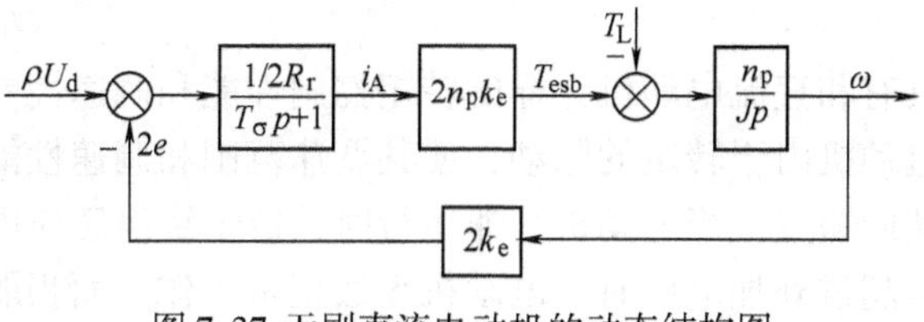


图 7-37 无刷直流电动机的动态结构图

注：$T_\sigma$ 为电枢回路漏磁时间常数，$T_\sigma = (L_s - L_m)/R_s$。

无刷直流电动机的动态结构图和直流电动机的动态结构图十分相似，转速控制方法也相

同，控制无刷直流电动机的电压就可以调节其转速。

**2. 梯形波永磁同步电动机调速系统**

无刷直流电动机的调速系统原理框图如图 7-38 所示。无刷直流电动机本质上是一台直流电动机，具有与直流电动机相类似的转速控制方法。改变加于电动机定子侧的直流电压 $\rho U_{\mathrm{d}}$，就可以改变定子电流 $I_{\mathrm{b}}$，改变电磁转矩 $T_{\mathrm{esb}}$，从而改变电动机转速。

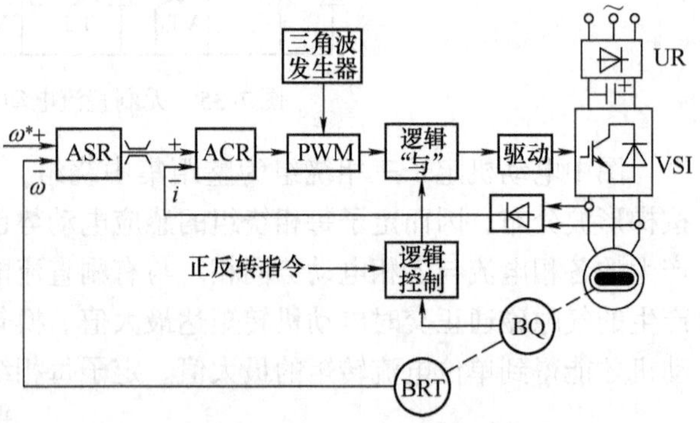


图 7-38　无刷直流电动机的调速系统原理框图

图 7-38 中，转速控制仍采用了与直流电动机调速系统类似的转速、电流双闭环系统。逆变器采用 PWM 技术，载波为等腰三角波，调制波为幅值可变的直流信号，改变调制波幅值，即图中电流调节器输出信号，就改变了占空比 $\rho$，即改变了定子侧电压的平均值 $\rho U_{\mathrm{d}}$。

值得说明的是，逆变器开关器件的通/断信号是位置传感器检测信号和 PWM 控制信号的合成。具体地说，就是根据转子位置检测信号和正、反转指令信号，选择应导通的开关器件，而该开关器件的通/断则应由 PWM 信号控制。电动机正转时 $VT_1$、$VT_2$ 的控制信号如图 7-39 所示。

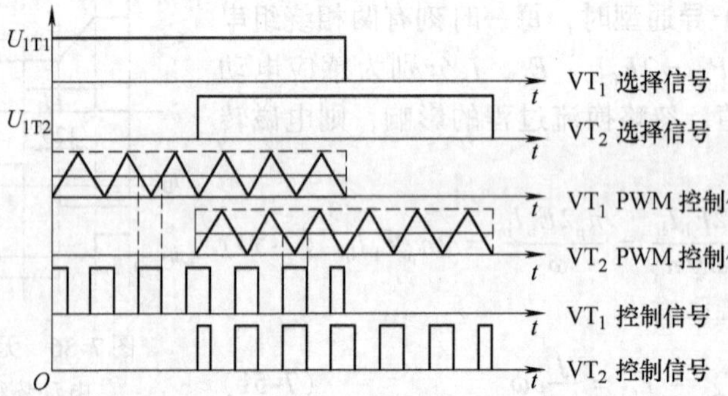


图 7-39　电动机正转时 $VT_1$、$VT_2$ 的控制信号

开关器件 $VT_1$、$VT_2$ 的通/断控制信号应是转子位置检测信号和 PWM 控制信号的逻辑"与"。

在图 7-38 中，由于主电路采用了交-直-交电压源型系统，且整流桥为不可控整流，故电动机无法实现回馈制动和四象限运行，只能正、反向电动运行。要想制动运行可在主电路中加装能耗制动单元。

无刷直流电动机具有和直流电动机一样的转矩控制性能和调速性能。因而它获得了广泛的应用。但无刷直流电动机由于转矩的脉动，使其调速范围和调速性能受到影响。另外，它还具有永磁电动机的共同缺点，当电动机高速运行时，定子绕组感应电动势增大，当电动势增大到外加电压，甚至超过外加电压时，电动机无法正常工作。而当弱磁升速时，弱磁效果又不明显。

由于这些缺点的存在使无刷直流电动机目前主要应用于要求不高的场合，例如变频空调、电动自行车、计算机外设等领域中。

# 第8章　交流调速系统的控制策略

随着电力电子技术和现代控制理论的发展，出现了许多具有应用前景的新型交流调速系统控制策略，这为进一步提高交流电动机变压变频调速系统的静、动态性能提供了可能性。

本章选择了4种具有代表性的控制方法进行比较详细的介绍：

1）交流电动机的逆系统控制方法。

2）内模控制方法在异步电动机调速系统中的应用。

3）具有参数自校正功能的转差型矢量控制系统。

4）智能控制技术在异步电动机调速系统中的应用。

## 8.1　交流电动机变压变频调速系统控制策略综述

虽然矢量控制和直接转矩控制使交流电动机变频调速系统的性能获得了很大程度的提高，但依然存在着一些缺点。而现代控制理论的发展为解决矢量控制和直接转矩控制中存在的问题提供了一个新的途径，出现了许多具有应用前景的新型交流调速系统控制方法，其中主要包括以下几种控制方法：

### 1. 非线性反馈线性化控制方法

从本质上看，交流电动机是一个非线性的多变量系统，非线性反馈线性化是一种研究非线性控制系统的有效方法，它与局部线性化方法有着本质的不同。非线性反馈线性化控制方法是基于微分同胚的概念，利用非线性坐标变换和反馈（状态反馈或者输出反馈）控制将一个非线性系统变换为一个线性系统，实现系统的动态解耦和全局线性化。

1987年，Krzeminski Z首次利用微分几何的方法处理五阶的异步电动机模型，继而非线性反馈线性化理论在交流传动中的应用得到了发展，从理论上可以证明，使用反馈线性化方法可以实现交流电动机的转速-磁链、转矩-磁链解耦控制，而矢量控制不能完全实现转速（转矩）的解耦控制，可见使用非线性反馈线性化方法为提高交流调速系统的性能提供了一种有效的手段。

非线性反馈线性化是一种基于控制对象精确数学模型的控制方法，在其实现过程中主要存在以下两个问题：①在调速系统运行过程中，当参数发生变化时能否保持系统的稳定性，如何抑制电动机参数变化对控制系统的影响，提高系统的鲁棒性；②如何准确估计调速系统的状态变量，如果出现状态估计误差，控制系统的稳定性能否保证。这两个问题一直是非线性反馈线性化在交流调速系统中广泛应用的主要障碍，其解决有赖于控制理论的进一步完善。

### 2. 反步设计控制方法

反步（Backstepping）设计控制方法是一种非线性控制系统递推设计思想，是1991年由美国加州大学的Kanellakopoulos和Kokotovic提出并大力推广的，旨在递推设计非线性系统的Lyaponov函数和控制律。反步设计控制的基本思想是将高阶非线性系统化为多个低阶子系统，进行递推（分层）设计。首先根据最靠近系统输出端的子系统的输入、输出描述，设计其 Lyapunov 函数，并基于 Lyapunov 稳定性原理得到其虚拟的控制律；然后向后逐步递推，得到各个子系统的 Lyapunov 函数和虚拟控制律，直至得到实际输入的控制律。

Kanellakopoulos 等人最早把反步设计控制方法应用于异步电动机调速领域，继而在交流调速领域又出现了结合滑模控制的反步设计控制方法、带有各种参数自适应律的反步设计控制方法、带有磁链观测器的反步设计控制方法、使用扩张状态观测器对不确定性进行补偿的反步设计控制方法等。

反步设计控制方法作为构造非线性控制的一种有效方法，把高阶非线性系统进行分解并逐步设计控制器，在设计的每一步都以保证一个子系统的稳定性为目标，从而可以保证整个系统的稳定性，这是其优越性所在。但是在交流电动机控制问题中，由于未知参数众多，利用反步设计控制方法构造的控制律过于复杂，使得这种方法至今仍停留在理论研究上。

**3. 基于无源性的控制方法**

基于无源性的控制（Passivity－Based Control，PBC）方法的突出特点是利用“无功力”的概念从能量平衡的角度来分析非线性系统的状态变化及其性质。无功力的特点是不影响系统关系的平衡和稳定性，所以，在设计控制器的过程中无需考虑无功力对系统的影响，从而简化异步电动机的控制。此外，在设计无源控制器的过程中，可以利用系统本身的能量函数来构造 Lyapunov 函数，从而进一步简化了控制器的设计难度。

20 世纪 90 年代，由 R. Oterga 等人第一次将基于无源性的控制方法应用到了交流调速领域，用来解决异步电动机的控制问题。在无源性控制应用的初期实现了恒转矩控制，并得到了形式简单的转矩控制器，后来又基于无源控制方法设计了转速控制器，给出了异步电动机无源控制系统的实验结果。理论研究和实验表明，使用无源性控制方法设计的异步电动机控制器具有形式简单、鲁棒性强的特点。

虽然基于无源性控制方法设计的转速控制器形式简单，静、动态性能良好，但是无源控制的核心是要保证系统的严格无源性，实现的手段是引入足够大的定子电流反馈，这是该方法的主要缺陷。

**4. 自抗扰控制**

自抗扰控制（Auto Disturbance Rejection Controller，ADRC）是 20 世纪 90 年代由中国科学院系统科学研究所的著名控制论学者韩京清研究员首先提出的。这种控制方法的核心是，将系统的模型内扰（模型及参数的变化）和未知外扰都归结为对系统的“总扰动”，利用误差反馈的方法对其进行实时估计，并给予补偿，具有较强的鲁棒性。自抗扰控制的特点是充分利用特殊的非线性效应，而这些非线性效应则分别包含在 ADRC 的各个非线性单元中。扩张状态观测器是自抗扰控制理论的核心。采用扩张状态观测器的双通道补偿控制系统结构，对原系统模型加以改造，使得非线性、不确定的系统近似线性化和确定性化。在此基础上设计控制器，并充分利用特殊的非线性效应，有效加快收敛速度，提高控制系统的动态性能，是解决非线性、不确定系统控制问题的强有力手段。

ADRC 特殊的非线性和不确定性处理方法，同时具有经典调节理论和现代控制理论的优点。其在异步电动机的控制系统中也得到了一定的应用。因为高阶的 ADRC 计算量偏大，因此在异步电动机控制中适合采用低阶 ADRC，以提高调速系统的响应速度和降低控制器的计算量。分别采用 ADRC 中的跟踪-微分器和扩张状态观测器，运用到异步电动机控制中，取得了满意的效果。在全阶 Luenberger 磁链观测器的基础上，应用 ADRC 控制异步电动机，将电动机模型中的磁链与转速方程相互耦合的部分，都视为系统的模型内扰进行处理，实现了电动机的解耦控制。ADRC 及其各个组成单元包含的内容十分丰富，其控制思想和工程实践结合紧密，因此这种控制方法在交流调速领域具有很好的应用前景。

但是，ADRC 方法中的一些非线性特性增加了其实际应用的难度：

1）为提高系统的收敛速度和控制精度，ADRC 典型模型中普遍应用了非线性环节。由于非线性运算较多，使得计算量很大，对系统硬件的计算能力提出了较高的要求，增加了实时控制的难度。

2）ADRC 中涉及较多的参数，其控制性能在很大程度上取决于参数的选取。如何调整选择众多参数，使控制器工作于最佳状态，是 ADRC 应用中的一个难题。

综上所述，上面谈及的现代控制理论都已经应用到了交流调速领域，而应用这些控制方法的主要目的是实现异步电动机的解耦控制，同时解决模型参数扰动等因素对系统性能的影响。

**5. 逆系统控制方法**

逆系统控制方法是一种直接反馈线性化方法，具有直观、简便和易于实现的特点，便于在工程实际中推广应用。现已将逆系统控制方法引入到了异步电动机调速系统中，实现了转子磁链模值和转速的解耦控制。但是，这种控制方法仍存在以下问题：

1）以转子磁链模值作为控制量，其控制效果依赖于转子磁链模值的观测精度，受电动机参数变化的影响比较严重，鲁棒性差。

2）这些逆系统控制方法只是实现了转速和磁链的解耦控制，没有实现转矩和磁链的解耦控制，从而影响系统性能的进一步提高。

3）这些逆系统控制方法是基于精确数学模型提出来的，当电动机参数发生变化后，对调速系统的动、静态性能会产生什么影响，在相关文献中都没有进行讨论。

4）现有的逆系统控制方法的实现前提是，对调速系统中各个状态变量都能进行准确的观测。但实际上各个状态变量的观测值存在的估计误差对系统的性能和稳定性的影响，在相关文献中都没有进行讨论。

**6. 滑模变结构控制**

滑模变结构控制是由前苏联学者在 20 世纪 50 年代提出的一种非线性控制策略，它与常规控制方法的根本区别在于控制律的不连续性，即滑模变结构控制中使用的控制器具有随系统“结构”随时变化的特性。其主要特点是，根据性能指标函数的偏差及导数，有目的地使系统沿着设计好的“滑动模态”轨迹运动。这种滑动模态是可以设计的，且与系统的参数、扰动无关，因而整个控制系统具有很强的鲁棒性。早在 1981 年，Sabonovic 等人就将滑模变结构控制策略引入到了异步电动机调速系统中，并进行了深入的研究，以后又出现了不少关于异步电动机滑模变结构控制的研究成果。但是滑模变结构控制本质上不连续的开关特性使系统存在“抖振”问题，其主要原因如下：

1）对于实际的滑模变结构系统，其控制力（输入量的大小）总是受到限制的，从而使系统的加速度有限。

2）系统的惯性、切换开关的时间滞后以及状态检测的误差，特别对于计算机控制系统，当采样时间较长时，会形成“准滑模”等现象。“抖振”问题在一定程度上限制了滑模变结构控制方法在交流调速领域中的应用。

**7. 自适应控制**

自适应控制与常规反馈控制一样，也是一种基于数学模型的控制方法，所不同的只是自适应控制所要求的关于模型和扰动的先验知识比较少，需要在系统运行过程中不断提取有关模型的信息，使模型逐渐完善，所以自适应控制是克服参数变化影响的有力控制手段。

应用于电动机控制的自适应方法有模型参考自适应控制、参数辨识自校正控制（参见8.4节）以及新发展的各种非线性自适应控制。但是自适应控制在交流调速系统中的应用存在着以下问题：

1）对于参数自校正控制缺少全局稳定性证明。

2）参数自校正控制的前提是参数辨识算法的收敛性，如果在交流调速系统运行的一些特殊的工况下，不能保证参数辨识算法的收敛性，则难以保证整个自适应交流调速控制处于正常的工作状态。

3）对于模型参考自适应控制，未建模动态的存在可能造成自适应控制系统的不稳定。

4）辨识和校正都需要一个过程，对于较慢的参数变化尚可以起到校正作用，如校正因温度变化而影响的电阻参数变化，但是对于较快的参数变化，如因趋肤效应引起的电阻变化、因饱和作用产生的电感变化等，就显得无能为力了。

**8. H∞ 控制**

在鲁棒控制中，最具有代表性的控制方法是 H∞ 控制。20 世纪 80 年代，人们开始重新考虑运用频域方法来处理数学模型与实际模型之间的误差，由此产生了 H∞ 范数以及最优化控制问题。H∞ 控制在本质上是一种优化方法，力求使从外界干扰到系统输出之间的传递函数的 H∞ 范数达到极小，使外扰动对系统性能的影响极小化。

目前，H∞ 控制方法在交流电动机控制系统中已经得到了一些应用，针对电流型逆变器和矢量控制系统，采用混合灵敏度方法确定 H∞ 的优化目标，设计了转速控制器。根据 H∞ 控制理论设计了磁链观测器，并应用离散 H∞ 方法设计了 PWM 整流桥的电流控制器。

在 H∞ 控制器的设计过程中，关键问题在于如何确定系统中模型的误差限以及期望的性能指标。为了得到合适的加权函数，往往需要经过多次尝试，同时利用这种设计方法得到的控制器也比较复杂，这是在 H∞ 控制中需要进一步深入研究解决的问题。

**9. 内模控制**

为了降低控制系统性能对控制对象数学模型的依赖性，必须寻求一些对模型精度要求不高的控制策略，同时还希望所寻求的控制策略具有结构简单、容易实现的特点。

内模控制（Internal Model Control，IMC）是 20 世纪 80 年代从化工过程控制中发展起来的一种控制方法，具有很强的实用性。从本质上讲内模控制是一种零、极点对消的补偿控制，通过引入对象的内部模型将不确定性因素从对象模型中分离出来，从而提高了整个控制系统的鲁棒性。

内模控制不过分依赖于被控制对象的准确数学模型，对控制对象的模型精度要求比较低，系统能实现对给定信号的跟踪，鲁棒性强，并能消除不可测干扰的影响；同时控制器具有结构简单、参数单一、易于整定、在线计算方便、容易实现的特点。

内模控制最初用于多变量、非线性、大时滞的工业过程控制，交流电动机也是一个多变量、非线性、强耦合的系统，完全有可能应用内模控制技术。事实上，目前内模控制技术在电气传动领域的应用日益广泛，如用于永磁同步电动机的电流控制和解耦控制，利用单自由度的内模控制器实现了异步电动机定子电流的解耦控制，同时还利用双自由度的内模控制技术设计了磁链和转速控制器，得到的控制系统具有对给定信号的良好跟踪能力和很强的抗负载扰动能力。

但是，由于内模控制是一种基于控制对象传递函数的控制方法，从本质上看，也是一种线性控制方法；同时，内模控制只能适用于参数变化不大、建模误差限制在一定范围内的控制对象。

**10. 智能控制方法**

在交流传动中，依赖经典的以及各种近代控制理论提出的控制策略都存在着一个共同问题，即控制算法依赖于电动机模型，当模型受到参数变化和扰动作用的影响时，系统性能将受到影响，如何抑制这种影响一直是电工界的一大课题。上述自适应控制和滑模变结构控制曾是解决这个课题的研究方向，结果发现它们又各有其不足之处。

智能控制能摆脱对控制对象模型的依赖，因而许多学者进行了将智能控制引入交流传动领域的研究。智能控制是自动控制学科发展里程中的一个崭新的阶段，与其他控制方法相比，具有以下独到之处：

1）智能控制技术突破了传统控制理论中必须基于数学模型的框架，不依赖或不完全赖于控制对象的数学模型，只按实际效果进行控制。

2）智能控制技术继承了人脑思维的非线性特性，同时，还可以根据当前状态方便地切换控制器的结构，用变结构的方法改善系统的性能。

3）在复杂系统中，智能控制还具有分层信息处理和决策的功能。

由于交流传动系统具有比较明确的数学模型，所以在交流传动中引入智能控制方法，并非像许多控制对象那样是出于建模的困难，而是充分利用智能控制非线性、变结构、自寻优等特点来克服交流传动系统变参数与非线性等不利因素，从而提高系统的鲁棒性。

本章根据交流调速系统控制策略的发展情况，选择了逆系统控制方法、内模控制方法、自校正控制方法、智能控制方法等4种具有代表性的控制方法，并对其在交流调速领域中的应用进行了较为详细的介绍。

## 8.2 交流电动机的逆系统控制方法

交流电动机是一类典型的多变量、强耦合、非线性、参数时变的控制对象，在磁链和转速之间存在着强耦合关系，这些不利因素大大增加了交流电动机高性能调速的实现难度。

为了实现转速和磁链的动态解耦控制，一些学者将逆系统控制方法应用到了异步电动机及同步电动机调速系统中。逆系统控制方法是一种新的非线性控制策略，其基本思想是：对于给定的控制对象，首先利用状态反馈的方法得到控制对象的 $\alpha$ 阶积分逆系统，然后把 $\alpha$ 阶积分逆系统和控制对象串联起来，将控制对象补偿为具有线性传递关系的且已解耦的伪线性系统，最后对伪线性系统进行综合。逆系统控制方法的特点是不必将问题引入几何域中，具有直观、简便和易于理解的优点，从而便于在工程上推广应用。

## 8.2.1 逆系统控制方法的理论基础

从泛函观点来看，一个控制对象的动态模型可用一个从输入到输出的算子来表示。给定一个 $p$ 维输入、$q$ 维输出的系统（线性或非线性）$\boldsymbol{\Sigma}$，其输入为 $\boldsymbol{u}(t)=(u_1,u_2,\cdots,u_p)^{\mathrm{T}}$，输出为 $\boldsymbol{y}(t)=(y_1,y_2\cdots,y_q)^{\mathrm{T}}$，并具有一组确定的初始状态 $\boldsymbol{x}(t_0)=\boldsymbol{x}_0$。记描述该映射关系的算子为 $\theta$：$\boldsymbol{u}\rightarrow\boldsymbol{y}$ 即

$$\boldsymbol{y}(\cdot)=\theta[\boldsymbol{x}_0,\boldsymbol{u}(\cdot)]$$

简写为

$$\boldsymbol{y}=\theta\boldsymbol{u} \tag{8-1}$$

所谓系统 $\boldsymbol{\Sigma}$ 的逆系统，简单说就是指能实现从原系统的输出到其输入映射关系的系统，其严格的数学描述如下：

设 $\boldsymbol{\Pi}$ 为一个 $q$ 维输入、$p$ 维输出的系统，表示其映射关系的算子记为 $\bar{\theta}$：$\boldsymbol{y}_{\mathrm{d}}\rightarrow\boldsymbol{u}_{\mathrm{d}}$，其中 $y_{\mathrm{d}}(t)=(y_{\mathrm{d1}}(t),y_{\mathrm{d2}}(t),\cdots,y_{\mathrm{d}q}(t))^{\mathrm{T}},\boldsymbol{u}_{\mathrm{d}}(t)=(u_{\mathrm{d1}}(t),u_{\mathrm{d2}}(t),\cdots,u_{\mathrm{d}p}(t))^{\mathrm{T}},\boldsymbol{y}_{\mathrm{d}}(t)$为任意取值于某域的可微函数相量（$y_{\mathrm{d}}$（$t$）在 $t_0$ 处满足一定的初始条件），如果算子 $\bar{\theta}$ 满足下式

$$\theta\bar{\theta}\boldsymbol{y}_{\mathrm{d}}(t)=\theta\boldsymbol{u}_{\mathrm{d}}=y_{\mathrm{d}}(t) \tag{8-2}$$

则称系统 $\boldsymbol{\Pi}$ 为系统 $\boldsymbol{\Sigma}$ 的单位逆系统。相应地，系统 $\Sigma$ 称为原系统。

由于在解决实际控制问题时，使用以上定义的单位逆系统经常存在物理不可实现的问题，所以还需要定义 $\alpha$ 阶积分逆系统，其定义如下：

设 $\bar{\theta}$ 为另一个 $q$ 维输入、$p$ 维输出的系统，表示其映射关系的算子为 $\bar{\theta}$：$\boldsymbol{v}\rightarrow\boldsymbol{u}_{\mathrm{d}}$，其中 $\boldsymbol{v}$ 为任意取值于某域的可微函数向量 $\boldsymbol{v}(t)=\boldsymbol{y}_{\mathrm{d}}^{(\alpha)}(t)$，并且在 $t_0$ 处满足一定的初始条件，$\boldsymbol{\alpha}=(\alpha_1,\alpha_2,\cdots,\alpha_q)$，$\boldsymbol{y}_{\mathrm{d}}^{(\alpha)}(t)=(y_{\mathrm{d1}}^{(\alpha1)}(t),\ y_{\mathrm{d2}}^{(\alpha2)}(t),\ \cdots,\ y_{\mathrm{d}l}^{(\alpha q)}(t))^{\mathrm{T}}$，$\boldsymbol{y}_{\mathrm{d}i}^{(\alpha i)}(t)$表示 $\boldsymbol{y}_{\mathrm{d}i}(t)\alpha_i$ 阶导数，如果算子 $\bar{\theta}_{\alpha}$ 满足下式

$$\theta\bar{\theta}_{\alpha}\boldsymbol{v}=\theta\bar{\theta}_{\alpha}\boldsymbol{y}_{\mathrm{d}}^{(\alpha)}=\theta\boldsymbol{u}_{\mathrm{d}}=\boldsymbol{y}_{\mathrm{d}} \tag{8-3}$$

则称系统 $\bar{\theta}_{\alpha}$ 为系统 $\boldsymbol{\Sigma}$ 的 $\alpha$ 阶积分逆系统，简称 $\alpha$ 阶逆系统。单位逆系统相当于 0 阶积分逆系统。

对于 MIMO（多输入多输出）系统，$\alpha$ 阶积分逆系统一般通过状态反馈来实现。如果将得到的 $\alpha$ 阶积分逆系统串联在原系统之前，就组成了伪线性系统，如图 8-1 所示。在图 8-1 中点画线框内为通过状态反馈实现的伪线性系统，相量函数 $\boldsymbol{v}(t)$ 是伪线性系统的输入，相量函数 $\boldsymbol{y}(t)$ 是伪线性系统的输出。

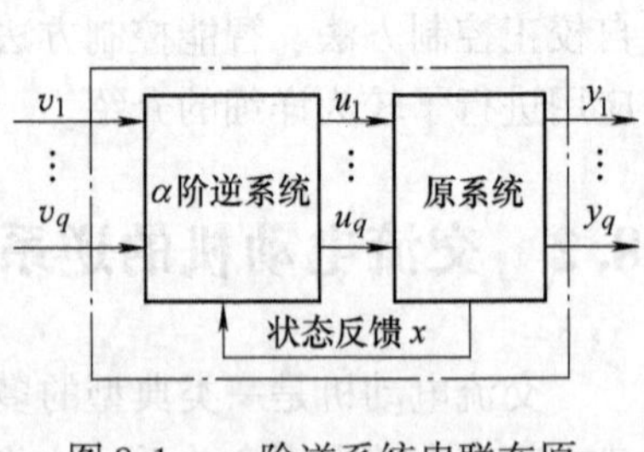


图 8-1 α 阶逆系统串联在原系统之前形成伪线性系统

伪线性系统实现的映射关系可以用算子 $\overline{\theta\theta}_{\alpha}$ 表示，如果取伪线性系统的输入 $\boldsymbol{v}(t)=\boldsymbol{y}_{\mathrm{d}}^{(\alpha)}(t)=(y_{\mathrm{d1}}^{(\alpha)}(t),\ y_{\mathrm{d2}}^{(\alpha)}(t),\ \cdots,y_{\mathrm{d}q}^{(\alpha)}(t))^{\mathrm{T}}$，根据 $\alpha$ 阶积分逆系统的定义，伪线性系统的输出为 $\boldsymbol{y}_{\mathrm{d}}(t)=(y_{\mathrm{d1}}(t),\ y_{\mathrm{d2}}(t),\ \cdots,y_{\mathrm{d}q}(t))^{\mathrm{T}}$。从伪线性系统的输入－输出关系可以看出，伪线性系统实现了输入-输出之间的解耦控制。而且伪线性系统还是一个线性系统，其输入-输出关系为

$$\begin{cases} y_{d1}(t) = y_{d1}^{\alpha 1}(t) \\ \vdots \\ y_{dq}(t) = y_{dq}^{\alpha q}(t) \end{cases} \tag{8-4}$$

使用逆系统方法对控制对象进行解耦线性化的一个基本前提是原系统是可逆的，即原系统存在 $\alpha$ 阶逆系统。在讨论非线性系统可逆性条件之前，需要给出系统相对阶的定义。

考虑用以下状态方程描述的一般非线性系统

$$\begin{cases} \dot{\boldsymbol{x}} = \boldsymbol{f}(\boldsymbol{x},\boldsymbol{u}) \\ \boldsymbol{y} = \boldsymbol{h}(\boldsymbol{x},\boldsymbol{u}) \end{cases} \tag{8-5}$$

式中，$\boldsymbol{x} \in \boldsymbol{R}^{n}$，$\boldsymbol{u} \in \boldsymbol{R}^{p}$，$\boldsymbol{y} \in \boldsymbol{R}^{q}$，$\boldsymbol{f}(\boldsymbol{x},\boldsymbol{u}),\boldsymbol{h}(\boldsymbol{x},\boldsymbol{u})$是光滑函数相量。系统在点（$x_0$，$u_0$）具有相对阶 $\boldsymbol{\alpha} = (\alpha_1,\ \cdots,\ \alpha_q)$，如果

1）系统在点（$x_0$，$u_0$）的某邻域内，则

$$\frac{\partial}{\partial u_j}[L_{f(x,u)}^{k} h_i(x,u)] = 0 \tag{8-6}$$

式中，$j=1,\ \cdots,\ p$；$i=1,\ \cdots,\ q$；$k \leqslant \alpha_i - 1$。

2）$q \times p$ 阶矩阵

$$\boldsymbol{A}(x,u)\begin{pmatrix} \frac{\partial}{\partial u_1}[L_{f(x,u)}^{\sigma 1} h_1(x,u)] & \cdots & \frac{\partial}{\partial u_p}[L_{f(x,u)}^{\sigma 1} h_1(x,u)] \\ \vdots & \vdots & \vdots \\ \frac{\partial}{\partial u_1}[L_{f(x,u)}^{\sigma q} h_q(x,u)] & \cdots & \frac{\partial}{\partial u_p}[L_{f(x,u)}^{\sigma q} h_q(x,u)] \end{pmatrix} \tag{8-7}$$

在（$x_0$，$u_0$）的秩为 $q$。

对于输入变量维数和输出变量维数都等于 $n$ 的方系统，在点（$x_0$，$u_0$）处可逆的充分条件是，在（$x_0$，$u_0$）的某一邻域内系统存在相对阶 $\boldsymbol{\alpha}(\alpha_1,\ \cdots,\ \alpha_q)$，并且 $\sum_{i=1}^{q} \alpha_i \leqslant n$。

### 8.2.2 交流电动机动态模型的可逆性及其逆系统

在二相静止坐标系上，异步电动机的动态模型可以用以下 5 阶微分方程来描述，即

$$\dot{\boldsymbol{x}} = \boldsymbol{f}(\boldsymbol{x},\boldsymbol{u}) = \begin{pmatrix} \mu(x_2x_5 - x_3x_4) - T_L/J \\ -\alpha x_2 - n_p x_1 x_3 + \alpha L_m x_4 \\ n_p x_1 x_2 - \alpha x_3 + \alpha L_m x_5 \\ \alpha\beta x_2 + n_p \beta x_1 x_3 - \gamma x_4 + u_1/\sigma L_s \\ -n_p \beta x_1 x_2 + \alpha\beta x_3 - \lambda x_5 + u_2/\sigma L_s \end{pmatrix} \tag{8-8}$$

输出方程为

$$\boldsymbol{y} = \boldsymbol{h}(x) = \begin{pmatrix} h_1(x) \\ h_2(x) \end{pmatrix} = \begin{pmatrix} x_1 \\ x_2^2 + x_3^2 \end{pmatrix} \tag{8-9}$$

状态变量为

$$\boldsymbol{x} = (x_1, x_2, x_3, x_4, x_5)^{T} = (\omega, \psi_{r\alpha}, \psi_{r\beta}, i_{sd}, i_{sq})^{T}$$

输入变量为

$$\boldsymbol{u} = (u_1, u_2) = (u_{s\alpha}, u_{s\beta})^{T}$$

输出变量为

$$\boldsymbol{y} = (y_1, y_2) = (\omega, \psi_{r\alpha}^2 + \psi_{r\beta}^2)^{\mathrm{T}}$$

式中，$\sigma = 1 - (L_{\mathrm{md}}^2/L_{\mathrm{sd}}L_{\mathrm{rd}})$；$\alpha = R_{\mathrm{r}}/L_{\mathrm{rd}}$；$\beta = L_{\mathrm{md}}/(\sigma L_{\mathrm{sd}}L_{\mathrm{rd}})$；$\mu = n_{\mathrm{p}}L_{\mathrm{md}}/JL_{\mathrm{rd}}$；$\gamma = (L_{\mathrm{md}}^2 R_{\mathrm{r}}/\sigma L_{\mathrm{sd}} L_{\mathrm{rd}}^2) + (R_{\mathrm{s}} + \sigma L_{\mathrm{sd}})$；$L_{\mathrm{md}}$、$L_{\mathrm{sd}}$、$L_{\mathrm{rd}}$分别为定转子互感、定子自感、转子自感。

为了采用逆系统的方法实现转子转速和转子磁链的动态解耦控制，首先要判断数学模型的可逆性。从式（8-8）可知，异步电动机动态模型的输入向量维数 $p=2$，输出向量的维数 $q=2$，并且 $p=q$，是一个方系统。根据式（8-8）有

$$L_{f(x,u)}^0 h_1(x) = h_1(x) = x_1$$

$$L_{f(x,u)}^1 h_1(x) = \sum_{i=1}^{5} \frac{\partial h_1(x)}{\partial x_i} f_i(x,u) = \mu(x_2x_5 - x_3x_4) - T_{\mathrm{L}}/J$$

$$L_{f(x,u)}^2 h_1(x) = \sum_{i=1}^{5} \frac{\partial h_1(x)}{\partial x_i} f_i(x,u) = p(x) - \mu x_3 u_1/\sigma L_{\mathrm{s}} + \mu x_2 u_2/\sigma L_{\mathrm{s}}$$

式中，

$$\begin{aligned} P(x) = {} & \mu x_5(-\alpha x_2 - n_p x_1 x_3 + \alpha L_{\mathrm{m}} x_4) - \mu x_4(n_{\mathrm{p}} x_1 x_2 - \alpha x_3 + \alpha L_{\mathrm{m}} x_5) \\ & - \mu x_3(-\alpha\beta x_2 + n_{\mathrm{p}}\beta x_1 x_3 - \gamma x_4) + \mu x_2(-n_{\mathrm{p}}\beta x_1 x_2 - \alpha\beta x_3 - \lambda x_5) \end{aligned}$$

$$L_{f(x,u)}^0 h_2(x) = h_2(x) = x_2^2 + x_3^2$$

$$\begin{aligned} L_{f(x,u)}^1 h_2(x) &= \sum_{i=1}^{5} \frac{\partial h_2(x)}{\partial x_i} f_i(x,u) \\ &= 2x_2(-\alpha x_2 - n_{\mathrm{p}} x_1 x_3 + \alpha L_{\mathrm{m}} x_4) + 2x_3(n_{\mathrm{p}} x_1 x_2 - \alpha x_3 + \alpha L_{\mathrm{m}} x_5) \end{aligned}$$

$$\begin{aligned} L_{f(x,u)}^2 h_2(x) &= \sum_{i=1}^{5} \frac{\partial L_{f(x,u)}^1 h_2(x)}{\partial x_i} f_i(x,u) \\ &= 2x_2 \alpha L_{\mathrm{m}} u_1/\sigma L_{\mathrm{s}} + 2x_3 \alpha L_{\mathrm{m}} u_2/\sigma L_{\mathrm{s}} + Q(x) \end{aligned}$$

式中，

$$\begin{aligned} Q(x) = {} & 2(-2\alpha x_2 + \alpha L_{\mathrm{m}} x_4)(-\alpha x_2 - n_{\mathrm{p}} x_1 x_3 + \alpha L_{\mathrm{m}} x_4) + 2(-2\alpha x_3 + \alpha L_{\mathrm{m}} x_5) \\ & (n_{\mathrm{p}} x_1 x_2 - \alpha x_3 + \alpha L_{\mathrm{m}} x_5) + 2x_{\mathrm{m}} \alpha L_{\mathrm{m}}(\alpha\beta x_2 + n_{\mathrm{p}}\beta x_1 x_3 - \gamma x_4) + 2x_3 \\ & \alpha L_{\mathrm{m}}(-n_{\mathrm{p}}\beta x_1 x_2 + \alpha\beta x_3 - \lambda x_5) \end{aligned}$$

由式（8-7）可以求得

$$\begin{aligned} \boldsymbol{A}(\boldsymbol{x},\boldsymbol{u}) &= \begin{pmatrix} \dfrac{\partial}{\partial u_1}[L_{f(x,u)}^2 h_1(x,u)] & \dfrac{\partial}{\partial u_2}[L_{f(x,u)}^2 h_1(x,u)] \\ \dfrac{\partial}{\partial u_1}[L_{f(x,u)}^2 h_2(x,u)] & \dfrac{\partial}{\partial u_2}[L_{f(x,u)}^2 h_2(x,u)] \end{pmatrix} \\ &= \begin{pmatrix} -\mu x_3/\sigma L_{\mathrm{s}} & \mu x_2/\sigma L_{\mathrm{s}} \\ 2x_2 \alpha L_{\mathrm{m}}/\sigma L_{\mathrm{s}} & 2x_3 \alpha L_{\mathrm{m}}/\sigma L_{\mathrm{s}} \end{pmatrix} \end{aligned}$$

$$\mathrm{Det}(\boldsymbol{A}(\boldsymbol{x},\boldsymbol{u})) = -\frac{2\alpha\mu L_{\mathrm{m}}}{(\sigma L_{\mathrm{s}})^2}(x_2^2 + x_3^2)$$

从$\boldsymbol{A}(\boldsymbol{x},\ \boldsymbol{u})$ 的行列式中可以看出，当$\boldsymbol{x} \in \boldsymbol{\Omega} = \{\boldsymbol{x} \in \boldsymbol{R}^5 : x_2^2 + x_2^2 \neq 0\}$时，$\boldsymbol{A}(\boldsymbol{x},\ \boldsymbol{u})$为非奇异的，其秩为2。根据相对阶的定义，系统的相对阶为$\boldsymbol{\alpha} = (2,\ 2)$。由于 $\sum_{i=1}^{2} \alpha_i = 4 \leqslant n$，根据逆系统存在的充分条件可知：当$\boldsymbol{x} \in \boldsymbol{\Omega} = \{\boldsymbol{x} \in \boldsymbol{R}^5 : x_2^2 + x_3^2 \neq 0\}$时，异步电动机存在 $\boldsymbol{\alpha}$ 阶逆系统。

为了得到解耦控制律，下面求 **α** 阶逆系统的输入、输出关系。

设 **α** 阶逆系统的输入为 $\boldsymbol{v}=(v_1,\ v_2)^{\mathrm{T}}$，输出为 $\boldsymbol{u}=(u_1,\ u_2)^{\mathrm{T}}$，其状态变量和异步电动机系统的状态变量同为 $x$，根据李导数的定义可以得到用以下矩阵表示的方程组

$$\begin{pmatrix} v_1 \\ v_2 \end{pmatrix}=\begin{pmatrix} -\mu x_3/\sigma L_s & \mu x_2/\sigma L_s \\ 2x_2\alpha L_m/\sigma L_s & 2x_3\alpha L_m/\sigma L_s \end{pmatrix}\begin{pmatrix} u_1 \\ u_2 \end{pmatrix}+\begin{pmatrix} P(x) \\ Q(x) \end{pmatrix}$$

解这两个方程得到 **α** 阶逆系统输入、输出关系为

$$\begin{cases} u_1 = [v_2 - Q(x)]\dfrac{\sigma L_s x_2}{2\alpha L_m(x_2^2+x_3^2)} - [v_1 - p(x)]\dfrac{\sigma L_s x_3}{\mu(x_2^2+x_3^2)} \\ u_2 = [v_2 - p(x)]\dfrac{\sigma L_s x_2}{\mu(x_2^2+x_3^2)} + [v_2 - Q(x)]\dfrac{\sigma L_s x_3}{2\alpha L_m(x_2^2+x_3^2)} \end{cases} \tag{8-10}$$

将 **α** 阶逆系统串联在异步电动机模型之前，得到线性化解耦的伪线性系统，如图 8-2 所示。

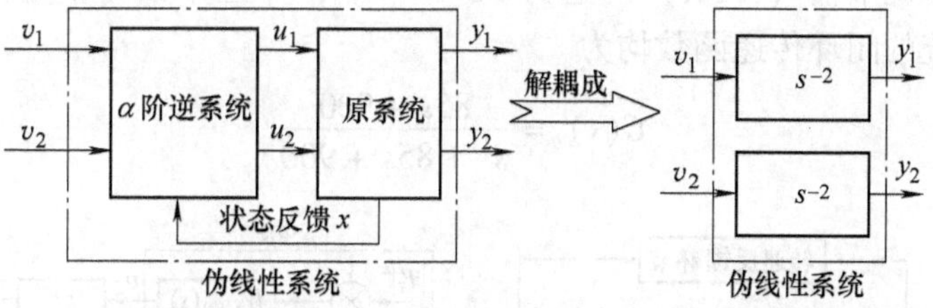


图 8-2　异步电动机与其 **α** 阶逆系统串联组成的伪线性系统

伪线性系统的输入向量为 **α** 阶逆系统的输入向量 $\boldsymbol{v}=(v_1,\ v_2)^{\mathrm{T}}$，伪线性系统的输出向量为异步电动机的输出向量 $\boldsymbol{y}=(y_1,\ y_2)$。伪线性系统的输入、输出关系为

$$\begin{cases} \dfrac{\mathrm{d}^2 y_1(t)}{\mathrm{d}t} = \dfrac{\mathrm{d}^2\omega}{\mathrm{d}t} = v_1 \\ \dfrac{\mathrm{d}^2 y_2(t)}{\mathrm{d}t} = \dfrac{\mathrm{d}^2(\Psi_{r\alpha}^2+\Psi_{r\beta}^2)}{\mathrm{d}t} = v_2 \end{cases} \tag{8-11}$$

由式（8-11）可以看出，电动机的转速输出 $\omega$ 只受 $v_1$ 的控制，转子磁链模值的二次方 $\Psi_r^2$ 只受 $v_2$ 控制。

### 8.2.3　闭环控制器的设计

基于逆系统控制方法设计的异步电动机变压变频调速系统的结构框图如图 8-3 所示，把逆变器和异步电动机串联后得到伪线性系统，对应于图 8-3 中的点画线框中的部分。

在图 8-3 中，双线箭头表示状态变量。为了计算逆系统的输出值，需要把状态变量从异步电动机反馈到逆系统中，状态变量中转子转速 $\omega$ 可以通过测量得到或转速估计器得到；定子电流分量（$i_{s\alpha}$、$i_{s\beta}$）利用定子电流（$i_{sA}$、$i_{sB}$、$i_{sC}$）的测量值经过 $3\phi/2\phi$ 变换得到；转子磁链分量（$\psi_{s\alpha}$、$\psi_{s\beta}$）通过磁链估计器得到。逆系统的输出（$u_1$、$u_2$）作为定子电压（$u_{s\alpha}$、$u_{s\beta}$）的给定值，通过 $2\phi/3\phi$ 变换得到的 $u_{sA}^*$、$u_{sB}^*$、$u_{sC}^*$ 作为电压源型逆变器的给定值。

根据伪线性系统的性质可知，$\omega(s)=v_1(s)/s^2$、$|\Psi_r|^2(s)=v_2(s)/s^2$，所以，整个控制

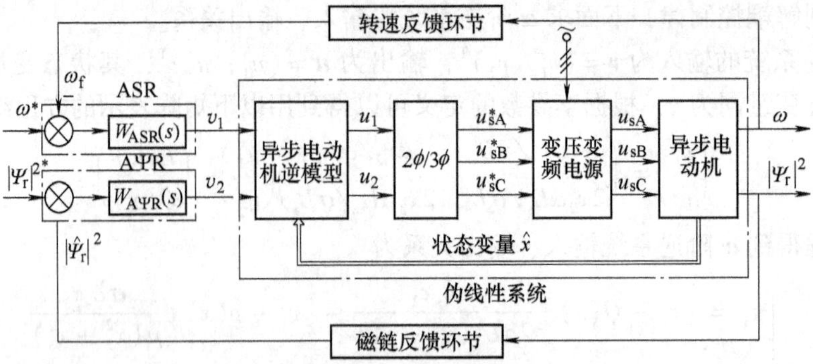


图 8-3　异步电动机逆系统控制方法结构图

对象可以等价于两个互相独立的子系统，分别称为转速子系统和磁链子系统，如图 8-4 所示。可以应用线性系统理论设计转速调节器（ASR）和磁链调节器（AΨR）。假设转速调节器（ASR）和磁链调节器（AΨR）均选为 PD 调节器，并且参数均整定为 $K_P = 900$，$K_D = 85$，则两个子系统的闭环传递函数均为

$$G(s) = \frac{85s + 900}{s^2 + 85s + 900}$$

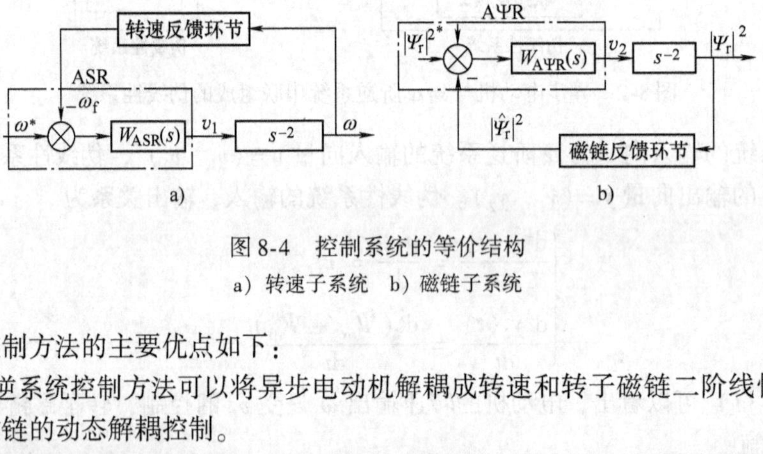


图 8-4　控制系统的等价结构
a）转速子系统　b）磁链子系统

逆系统控制方法的主要优点如下：

1）采用逆系统控制方法可以将异步电动机解耦成转速和转子磁链二阶线性子系统，实现了转速和磁链的动态解耦控制。

2）对两个解耦的线性子系统，可以运用简单的控制理论对转速调节器和磁链调节器进行设计，简化了调节器的设计方法。

但是，解耦控制律［式（8-10）］的计算精度取决于异步电动机数学模型的准确程度，只有在参数准确的情况下，才能实现转速和磁链的精确动态解耦控制。然而，异步电动机的参数是随着运行时间和运行条件的变化而变化的，加上实际应用中存在负载扰动及未建模动态的影响，使系统缺乏对电动机参数变化的鲁棒性，这个问题需要采用非线性自适应技术加以解决。

## 8.3　内模控制方法在异步电动机调速中的应用

前面提到的逆系统方法存在的一个主要的缺点是调速系统的性能严重依赖于被控对象数学模型的准确性，而内模控制是一种很有价值的选择方案。内模控制（Internal Model Control, IMC）是从化工过程中发展起来的一种控制方法，具有很强的实用性，其突出的特点是不过分依赖被控对象的数学模型，对被控对象精度要求低，系统跟踪性能好，鲁棒性强。另外，内模控制还具有所设计的控制器结构简单、参数单一、调整方向明确、在线设计方便、工程上容易实现的优点。

内模控制最初用于控制多变量、非线性、强耦合、大时滞的工业过程，这方面已经有不少成功应用的例子。交流电动机也是一种多变量、非线性、强耦合的控制对象，因而完全有可能利用内模控制提高异步电动机调速系统的性能。目前，内模控制在电力拖动领域的应用已经有很多成功应用的实例，如永磁同步电动机磁阻转矩的内模控制，双凸极电动机电压调节中的内模控制，永磁同步电动机定子电流的内模解耦控制。下面首先介绍一下内模控制的基本原理，然后对内模控制技术在异步电动机调速领域中的应用进行详细讨论。

## 8.3.1 内模控制的基本原理和特点

常规的反馈控制系统的结构如图 8-5 所示，图中 $C(s)$ 为控制器的传递函数，$G(s)$ 为被控对象的传递函数，$D(s)$ 为不可测干扰，$R(s)$ 和 $Y(s)$ 为整个控制系统的输入和输出。在常规的反馈控制系统中，反馈信号直接取自系统的输出，这就使得不可测干扰 $D(s)$ 对系统输出的影响通过反馈通道和其他因素混杂在一起，无法从其他因素的影响中把 $D(s)$ 的影响分离出来进行补偿。

如果采用图 8-6 所示的内模控制结构（等效变换），其中 $\hat{G}(s)$ 为被控制对象的内模，用 $C_{\mathrm{IMC}}(s)$ 来表示图中点画线框的等效控制器，则有

图 8-5 反馈控制系统的结构框图

图 8-6 等效内模控制结构框图

$$C_{\mathrm{IMC}}(s) = \frac{C(s)}{1 + \hat{G}(s)C(s)} \tag{8-12}$$

$$C(s) = \frac{C_{\mathrm{IMC}}(s)}{1 - \hat{G}(s)C(s)} \tag{8-13}$$

在内模控制中，$C(s)$ 为反馈控制器，$C_{\mathrm{IMC}}(s)$ 为内模控制器。$Y_{\mathrm{m}}(s)$ 为内模 $\hat{G}(s)$ 的输出；$\hat{d}(s)$ 为系统输出 $Y(s)$ 与内模输出 $Y_{\mathrm{m}}(s)$ 之差。图 8-6 可以用图 8-7 来等效表示，在图 8-7 中忽略了 $D(s)$ 的作用。把图 8-7 进行一些简单的变换可以得到图 8-8 所示的等效控制结构，从图 8-8 中可以看出，内模控制是一种特殊的反馈控制结构，$F(s)$ 相当于反馈控制结构中的反馈控制器，$F(s)$ 与内模 $\hat{G}(s)$、内模控制器 $C_{\mathrm{IMC}}(s)$ 的关系为

$$F(s) = [1 - C_{\mathrm{IMC}}(s)\hat{G}(s)]^{-1}C_{\mathrm{IMC}}(s) \tag{8-14}$$

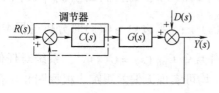

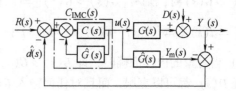

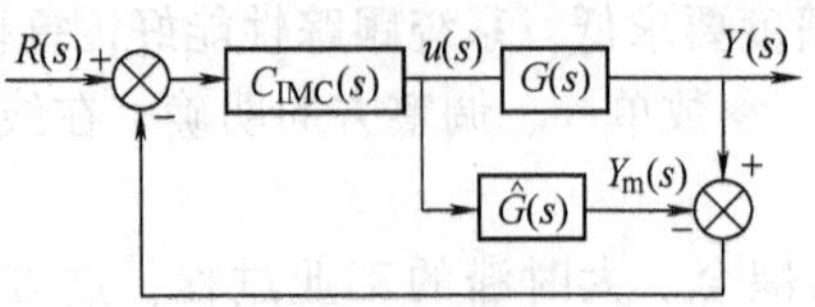


图 8-7　内模控制结构图

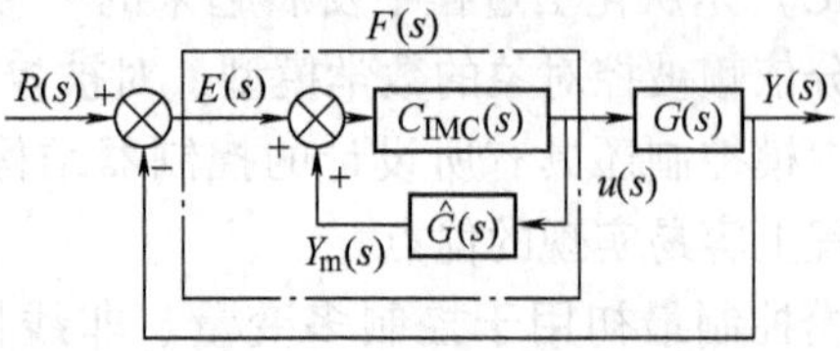


图 8-8　等效反馈控制结构图

在设计内模控制系统的过程中，通常采用两步走的设计方法。首先在不考虑系统的鲁棒性和约束性的条件下，设计一个稳定的理想内模控制器 $C_{IMC}(s)$，例如令 $C_{IMC}(s)=\hat{G}(s)^{-1}$；其次在理想内模控制器中加入低通滤波器 $L(s)$，通过调整 $L(s)$ 的结构和参数来稳定系统，并使系统获得所期望的动态品质和鲁棒性。当已知对象的预测模型（内模）为 $\hat{G}(s)$ 时，式（8-15）所表示的内模控制器结构，就可以使整个内模控制系统具有一定的鲁棒性。

$$G_{IMC}(s)=\hat{G}(s)^{-1}L(s) \tag{8-15}$$

从图 8-6 中可以看出内模控制具有以下特点：

1）内模控制能对不可测干扰 $D(s)$ 所造成的输出偏差进行补偿。当不可测干扰 $D(s)$ 增大时，控制对象的输出 $Y(s)$ 也增加，$\hat{d}(s)=Y(s)-Y_m(s)$ 增加，$u(s)=R(s)-\hat{d}(s)$ 降低，最后导致控制对象的输出 $Y(s)$ 降低；当 $D(s)$ 减小时分析过程类似。

2）内模控制可以对由于模型与对象失配（$\hat{G}(s)\neq G(s)$）所造成的输出偏差进行调节。当 $\hat{G}(s)>G(s)$ 时，则有 $[\hat{G}(s)>G(s)]\Rightarrow Y_m(s)\uparrow\Rightarrow\hat{d}(s)\downarrow\Rightarrow R(s)\Rightarrow\hat{d}(s)\uparrow\Rightarrow u(s)\uparrow\Rightarrow Y(s)\uparrow\Rightarrow\hat{d}(s)\uparrow\Rightarrow[R(s)-\hat{d}(s)]\downarrow\Rightarrow u(s)\downarrow\Rightarrow Y(s)\downarrow$；当 $\hat{G}(s)>G(s)$ 时分析过程类似。

3）当对象的内模准确时，即 $\hat{G}(s)>G(s)$，并且令 $C_{IMC}(s)=\hat{G}(s)^{-1}$，系统对任何不可测干扰 $D(s)$ 都可以克服，而且对任何输入 $R(s)$ 均可实现无偏差跟踪。根据图 8-6 有

$$Y(s)=\frac{C_{IMC}(s)G(s)}{1+C_{IMC}(s)[G(s)-\hat{G}(s)]}R(s)+\frac{1-C_{IMC}(s)\hat{G}(s)}{1+C_{IMC}(s)[G(s)-\hat{G}(s)]}D(s)$$

如果对象的内模准确并且 $C_{IMC}(s)=\hat{G}(s)^{-1}$，则根据上式有 $Y(s)=R(s)$，也就是说，在这种情况下，系统的输出等于输入，并且不可测干扰 $D(s)$ 不会对系统的输出造成任何影响。

4）当对象的内模与对象失配时，即 $C_{IMC}(s)=\hat{G}(s)^{-1}$，如果内模控制器 $C_{IMC}(s)$ 满足 $C_{IMC}(s)=\hat{G}(0)^{-1}$，则系统对于阶跃输入 $R(s)$ 和常值扰动 $D(s)$ 均不存在稳态偏差；如果使内模控制器不仅满足 $C_{IMC}(s)=\hat{G}(0)^{-1}$，同时满足 $d[C_{IMC}(s)\hat{G}(s)]/d(s)|_{s=0}=0$，则系统对于斜坡输入 $R(s)$ 和扰动 $D(s)$ 均不存在稳态误差。

## 8.3.2　定子电流的内模解耦控制

在按转子磁场定向的 $M$-$T$ 坐标系下，根据电压方程式，有

$$Y(s)=G(s)U(s) \tag{8-16}$$

式中，$U(s)$、$Y(s)$ 分别为异步电动机的定子电压和定子电流，$U(s)=(u_{sM}\quad u'_{sT})^{T}$、$Y(s)=(i_{sM}\quad i_{sT})^{T}$；$u'_{sT}=u'_{sT}-\omega(L_{md}/L_{rd})\Psi_{r}$；$G(s)=\begin{pmatrix}R_s+\sigma L_{sd}s & -\omega_s\sigma L_{sd}\\ \omega_s\sigma L_{sd} & R_s+\sigma L_{sd}s\end{pmatrix}$。

由式（8-16）可知，异步电动机的传递函数的零点都处于 $s$ 平面的左半平面，并且在高频下近似为一阶系统。

$$G_{IMC}(s)=\hat{G}^{-1}(s)L(s)=\begin{pmatrix}\hat{R}_s+\hat{\sigma}\hat{L}_{sd}s & -\omega_s\hat{\sigma}\hat{L}_{sd}\\ \omega_s\hat{\sigma}\hat{L}_{sd} & \hat{R}_s+\hat{\sigma}\hat{L}_{sd}s\end{pmatrix}L(s) \tag{8-17}$$

式中，$\hat{R}_s$、$\hat{L}_{sd}$、$\hat{\sigma}$ 分别为定子电阻、定子自感及漏感系数的估计值；$L(s)$ 为低通滤波器的传递函数矩阵，$L(s)=\dfrac{\lambda}{s+\lambda}I$，$\lambda$ 为一阶低通滤波器的截止频率，$I$ 为单位矩阵。低通滤波器 $L(s)$ 的作用是提高系统的鲁棒性。

定子电流内模解耦控制系统的结构框图如图 8-9 所示，图中 $R(s)=(i^*_{sM}\quad i^*_{sT})$为定子电流的给定信号。按照图 8-8 和式（8-12）等效后的反馈控制器 $F(s)$ 的传递函数为

$$F(s)=\left[I-\frac{\lambda}{s+\lambda}I\right]^{-1}\hat{G}^{-1}(s)\frac{\lambda}{s+\lambda}=\frac{\lambda}{s}\hat{G}^{-1}(s)$$

$$=\lambda\begin{pmatrix}\hat{\sigma}\hat{L}_{sd}\left(1+\dfrac{\hat{R}_s}{s\hat{\sigma}\hat{L}_{sd}}\right) & -\omega_s\dfrac{\hat{\sigma}\hat{L}_{sd}}{s}\\ \omega_s\dfrac{\hat{\sigma}\hat{L}_{sd}}{s} & \hat{\sigma}\hat{L}_{sd}\left(1+\dfrac{\hat{R}_s}{s\hat{\sigma}\hat{L}_{sd}}\right)\end{pmatrix} \tag{8-18}$$

在 $F(s)$的表达式中，主对角线上的元素 $\lambda\hat{\sigma}\hat{L}_{sd}\left(1+\dfrac{\hat{R}_s}{s\hat{\sigma}\hat{L}_{sd}}\right)$为定子电流控制器的传递函数，而反对角线上的元素 $-\omega_s\dfrac{\hat{\sigma}\hat{L}_{sd}}{s}$、$\omega_s\dfrac{\hat{\sigma}\hat{L}_{sd}}{s}$为内模解耦网络的传递函数。

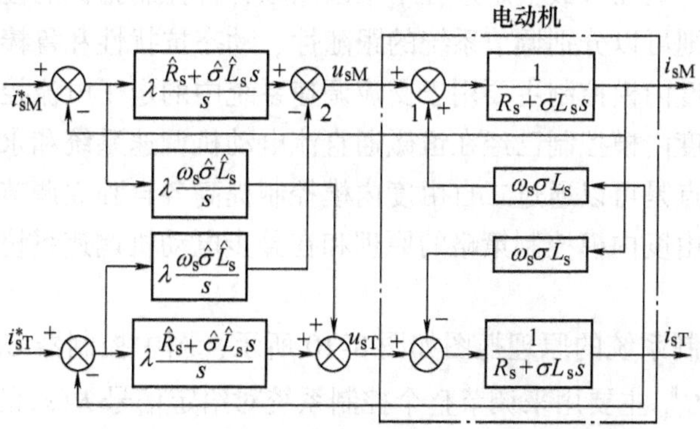


图 8-9 定子电流内模解耦控制系统的结构框图

从内模控制的特点可知，定子电流内模控制方案具有以下特点：

1）由内模控制的前两个特点可知，定子电流内模控制可以有效地抑制干扰及模型失配对系统输出的影响，并增强了系统输出对给定信号的跟踪能力。

2）参数的估计误差会引起电动机模型 $\hat{\boldsymbol{G}}(s)$ 和实际对象 $\boldsymbol{G}(s)$ 的失配，但是由于

$$\boldsymbol{C}_{\mathrm{IMC}}(0)=\hat{\boldsymbol{G}}^{-1}(0)\boldsymbol{L}(0)=\hat{\boldsymbol{G}}^{-1}(0) \tag{8-19}$$

$$\begin{aligned}\frac{\mathrm{d}}{\mathrm{d}s}\left[\boldsymbol{C}_{\mathrm{IMC}}(s)\hat{\boldsymbol{G}}(s)\right]\bigg|_{s=0}&=\frac{\mathrm{d}}{\mathrm{d}s}\left[\hat{\boldsymbol{G}}^{-1}\boldsymbol{L}(s)\hat{\boldsymbol{G}}(\mathrm{s})\right]\bigg|_{s=0}\\&=\frac{\mathrm{d}}{\mathrm{d}s}\left[\frac{\lambda}{s+\lambda}\boldsymbol{I}\right]\bigg|_{s=0}=\frac{1}{\lambda}\boldsymbol{I}\neq 0\end{aligned} \tag{8-20}$$

所以，基于内模控制的电动机定子电流控制系统，当模型 $\hat{\boldsymbol{G}}(s)$ 和实际对象 $\boldsymbol{G}(s)$ 失配时，对于阶跃给定信号变化和常值扰动系统输出不存在稳态误差，但对斜坡给定信号，系统存在稳态误差。

3）定子电流内模控制解耦控制系统具有解耦控制的特点。当定子电流采用内模控制方案后，由给定信号到输出信号的传递函数为

$$\frac{\boldsymbol{Y}(s)}{\boldsymbol{R}(s)}=\frac{\boldsymbol{F}(s)}{1+\boldsymbol{F}(s)\boldsymbol{G}(s)}=\frac{\boldsymbol{C}_{\mathrm{IMC}}(s)\boldsymbol{G}(s)}{1+\boldsymbol{C}_{\mathrm{IMC}}(s)\left[\boldsymbol{G}(s)-\hat{\boldsymbol{G}}(s)\right]} \tag{8-21}$$

从式（8-21）可知，如果模型准确，则有 $\boldsymbol{Y}(s)=\boldsymbol{R}(s)$，即两个定子电流分量之间没有耦合关系。当存在参数估计误差时，$\hat{\boldsymbol{G}}(s)\neq\boldsymbol{G}(s)$。对于电流分量 $i_{\mathrm{sM}}$ 来说，来自 $T$ 轴的耦合电压为 $\omega_{\mathrm{s}}\sigma L_{\mathrm{s}}i_{\mathrm{sT}}+(\lambda/s)\omega_{\mathrm{s}}\hat{\sigma}\hat{L}_{\mathrm{s}}(i_{\mathrm{sT}}^{*}-i_{\mathrm{sT}})$（见图 8-9）。根据特点 2）的结论可知，当系统达到稳态时，输出信号 $i_{\mathrm{sT}}$ 可以无偏差地跟踪阶跃给定信号 $i_{\mathrm{sT}}^{*}$，则 $\Delta i_{\mathrm{sT}}=i_{\mathrm{sT}}^{*}-i_{\mathrm{sT}}=0$，来自 $T$ 轴的耦合电压 $\omega_{\mathrm{s}}\sigma L_{\mathrm{s}}i_{\mathrm{sT}}+(\lambda/s)\omega_{\mathrm{s}}\hat{\sigma}\hat{L}_{\mathrm{s}}(i_{\mathrm{sT}}^{*}-i_{\mathrm{sT}})$ 为常值函数，对于电流分量 $i_{\mathrm{sM}}$ 控制通道相当于常值扰动，从而参数估计误差不会影响系统稳态时的解耦效果。

### 8.3.3 二自由度内模控制策略

以上研究的内模控制属于一自由度控制策略，如果使用一自由度控制策略分别设计转速调节器和磁链调节器，则在参数整定过程中难以兼顾各种控制指标的性能要求。而采用二自由度的内模控制策略则可以分别调节系统的跟随性、动态抗扰性和鲁棒性，使各方面的性能均得到优化。一自由度内模控制主要用于交流调速系统中的定子电流控制，取得了令人满意的控制效果。二自由度内模控制已经在恒磁通直流电动机调速系统和永磁电动机交流伺服系统中得到应用，其优点是可以通过二自由度内模控制提高各自独立调节系统的跟随性能和抗扰性能。下面对二自由度内模控制策略的原理和在异步电动机调速系统中的应用进行详细的介绍。

二自由度内模控制系统的原理框图如图 8-10 所示，图中控制器 $C_{\mathrm{IMC}}^{\mathrm{II}}$ 和 $C_{\mathrm{IMC}}^{\mathrm{I}}$ 构成了二自由度的内模控制器，$C_{\mathrm{IMC}}^{\mathrm{II}}$ 主要用来调节整个控制系统对给定信号 $R(s)$ 的跟随性能，$C_{\mathrm{IMC}}^{\mathrm{I}}$ 的主作用是用来提高整个控制系统对扰动信号 $D(s)$ 的抗干扰性能和提高系统的鲁棒性。$Y(s)$

为控制对象的输出，$G(s)$ 为被控对象，$\hat{G}(s)$ 为对象的内模，并且 $\hat{G}(s)$ 可以分解为如下的形式：

$$\hat{G}(s)=\hat{G}_+(s)\hat{G}_-(s)$$

式中，$\hat{G}_+(s)$ 包含控制对象中的纯滞后环节和右半平面的零点；$\hat{G}_-(s)$ 为被控对象中包含的最小相位系统。

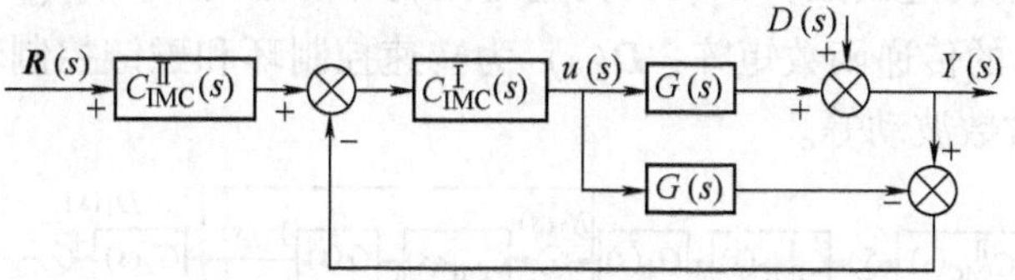

图 8-10　二自由度内模控制系统的原理框图

根据图 8-10 可得

$$Y(s)=\frac{G(s)C_{IMC}^{I}(s)C_{IMC}^{II}(s)}{1+C_{IMC}^{I}(s)[G(s)-\hat{G}(s)]}R(s)+\frac{1-\hat{G}(s)C_{IMC}^{I}(s)}{1+C_{IMC}^{I}(s)[G(s)-\hat{G}(s)]}D(s) \quad (8\text{-}22)$$

如模型精确，即 $G(s)=\hat{G}(s)$ 时，则有

$$Y(s)=G(s)C_{IMC}^{I}(s)C_{IMC}^{II}(s)R(s)+[1-\hat{G}(s)C_{IMC}^{I}(s)]D(s) \quad (8\text{-}23)$$

控制器 $C_{IMC}^{I}(s)$ 的设计方法一般和一自由度内模控制器的设计方法相同，具有以下形式：

$$C_{IMC}^{I}(s)=\hat{G}_-^{-1}(s)L_1(s) \quad (8\text{-}24)$$

式中，$L_1(s)$ 是阶次为 $m$ 的低通滤波器，其传递函数为 $L_1(s)=\dfrac{1}{(\lambda_1 s+1)^m}$。

为了达到跟随性能和抗扰动性能能够单独调整的目的，将控制器 $C_{IMC}^{II}(s)$ 设计为

$$C_{IMC}^{II}(s)=\frac{L_2(s)}{L_1(s)} \quad (8\text{-}25)$$

式中，$L_2(s)$ 是阶次为 $n$ 的低通滤波器，其传递函数为 $L_2(s)=\dfrac{1}{(\lambda_2 s+1)^n}$。

值得注意的是 $L_1(s)$ 和 $L_2(s)$ 的阶次的选取和 $\hat{G}_-^{-1}(S)$ 有关，选取的原则是使控制器的传递函数 $C_{IMC}^{I}(s)$、$C_{IMC}^{II}(s)$ 可以实现。

如果控制器 $C_{IMC}^{I}(s)$、$C_{IMC}^{II}(s)$ 选择以上的形式，式（8-23）可以化简为

$$Y(s)=\hat{G}_+(s)L_2(s)R(s)+[1-\hat{G}_+(s)L_1(s)]D(s) \quad (8\text{-}26)$$

从式（8-26）可知，分别对 $L_2(s)$ 和 $L_1(s)$ 进行设计就可以分别调节控制系统的跟随性能和抗干扰性能。

### 8.3.4　异步电动机调速系统的二自由度内模控制方法

在矢量控制异步电动机调速系统的框架上，本节利用二自由度内模控制方法对转速控制

器和磁链控制进行设计，使调速系统同时具有对给定信号的良好跟踪能力和对负载扰动较强的抗干扰能力。图 8-11 是采用二自由度内模控制器的异步电动机调速系统的原理框图，图中 $\boldsymbol{Y}(s)$ 为整个调速系统的输出向量，$\boldsymbol{Y}(s)=(\Psi_r \quad \omega)^{\mathrm{T}}$；$\boldsymbol{R}(s)$ 为由转速给定值和转子磁链模值给定值组成的给定向量，$\boldsymbol{R}(s)=(\Psi_r^* \quad \omega^*)^{\mathrm{T}}$；点画线框内是使用一自由度内模控制器设计的定子电流控制环；$\boldsymbol{C}_{\mathrm{IMC}}^{\mathrm{I}}(s)$、$\boldsymbol{C}_{\mathrm{IMC}}^{\mathrm{II}}(s)$为二自由度内模控制器的传递函数矩阵，可以同时实现对转速和磁链的控制；$\boldsymbol{G}_1(s)$ 为控制器 $\boldsymbol{C}_{\mathrm{IMC}}^{\mathrm{I}}(s)$ 的输出 $(i_{\mathrm{sm}}^* \quad T_{\mathrm{ei}}^*)^{\mathrm{T}}$ 到电流控制环的给定信号 $\boldsymbol{R}_1(s)$ 的传递函数；$\boldsymbol{G}_2(s)$ 为电流控制环的输出 $\boldsymbol{Y}_1=(i_{\mathrm{sM}}^* \quad i_{\mathrm{sT}}^*)^{\mathrm{T}}$ 到整个系统的输出 $\boldsymbol{Y}_1=(\Psi_r \quad \omega)^{\mathrm{T}}$ 的传递函数矩阵；$\boldsymbol{D}(s)$ 为转速控制环和磁链控制环受到的扰动，如负载变化、转速时间常数波动等。

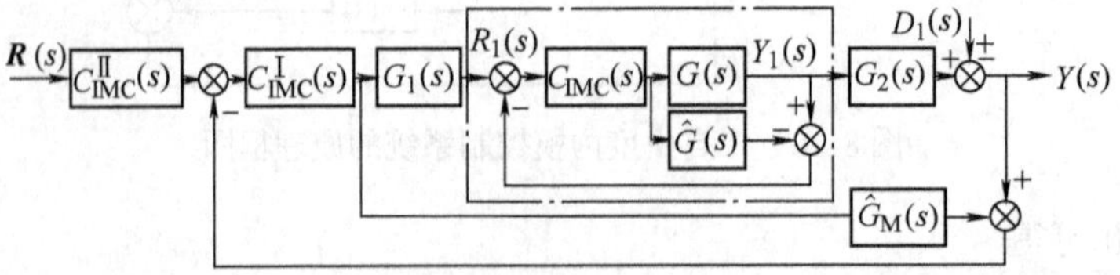


图 8-11　采用二自由度内模控制器的异步电动机调速系统的原理框图

下面主要讨论 $\boldsymbol{C}_{\mathrm{IMC}}^{\mathrm{I}}(s)$、$\boldsymbol{C}_{\mathrm{IMC}}^{\mathrm{II}}(s)$的设计方法。

如上所述，在设计二自由度内模控制器时遵循的顺序是先设计控制器 $\boldsymbol{C}_{\mathrm{IMC}}^{\mathrm{I}}(s)$，再设计控制器 $\boldsymbol{C}_{\mathrm{IMC}}^{\mathrm{II}}(s)$。

为了设计控制器 $\boldsymbol{C}_{\mathrm{IMC}}^{\mathrm{I}}(s)$，首先需要对定子电流内环进行等效化简，图 8-11 定子电流控制环的输出相量 $\boldsymbol{Y}_1(s)$ 和输入相量 $\boldsymbol{R}_1(s)$ 的关系为

$$\boldsymbol{Y}_1(s)=\frac{\boldsymbol{C}_{\mathrm{IMC}}(s)\boldsymbol{G}(s)}{\boldsymbol{I}+\boldsymbol{C}_{\mathrm{IMC}}(s)[\boldsymbol{G}(s)-\hat{\boldsymbol{G}}(s)]}\boldsymbol{R}_1(s) \tag{8-27}$$

当 $\boldsymbol{G}(s)=\hat{\boldsymbol{G}}(s)$时，按照一自由度内模控制器的设计方法有 $\boldsymbol{C}_{\mathrm{IMC}}(s)=\hat{\boldsymbol{G}}(s)\boldsymbol{L}(s)$，则式 (8-27) 可以等效化简为 $\boldsymbol{Y}(s)=\boldsymbol{L}(s)\boldsymbol{R}(s)$，电流内环的传递函数矩阵唯一由低通滤波器的传递函数矩阵 $\boldsymbol{L}(s)$ 决定，如果取 $\boldsymbol{L}(s)=\boldsymbol{I}\lambda_{\mathrm{i}}/(s+\lambda_{\mathrm{i}})$，根据以上分析有

$$\begin{pmatrix} i_{\mathrm{sM}} \\ i_{\mathrm{sT}} \end{pmatrix}=\begin{pmatrix} \dfrac{\lambda_{\mathrm{i}}}{s+\lambda_{\mathrm{i}}} & 0 \\ 0 & \dfrac{\lambda_{\mathrm{i}}}{s+\lambda_{\mathrm{i}}} \end{pmatrix}\begin{pmatrix} i_{\mathrm{sM}}^* \\ i_{\mathrm{sT}}^* \end{pmatrix} \tag{8-28}$$

由控制器 $C_{\mathrm{IMC}}^{\mathrm{I}}(s)$ 的输出 $(i_{\mathrm{sm}}^* \quad T_{\mathrm{ei}}^*)^{\mathrm{T}}$ 到电流控制环的给定信号 $\boldsymbol{R}(s)$ 的传递函数矩阵 $\boldsymbol{G}_1(s)$ 为

$$\boldsymbol{G}_1(s)=\begin{pmatrix} 1 & 0 \\ 0 & \dfrac{L_{\mathrm{rd}}}{n_{\mathrm{p}}L_{\mathrm{md}}\Psi_{\mathrm{r}}^*} \end{pmatrix} \tag{8-29}$$

假定调速系统的负载恒定 $\Delta T_{\mathrm{L}}=0$，同时考虑到系统是转子磁链模值保持不变的恒转矩调速系统，也就是在系统运行过程中认为 $\Psi_{\mathrm{r}}=\Psi_{\mathrm{r}}^*$，则由电流控制环的输出 $\boldsymbol{Y}=(i_{\mathrm{sM}} \quad i_{\mathrm{sT}})^{\mathrm{T}}$ 到整个系统的输出 $\boldsymbol{Y}_1=(\Psi_{\mathrm{r}} \quad \omega)^{\mathrm{T}}$ 的传递函数矩阵 $\boldsymbol{G}_2(s)$ 为

$$G_2(s)=\begin{pmatrix}\dfrac{L_{md}}{T_s s+1} & 0\\ 0 & \dfrac{n_p^* L_{md}\Psi_r^*}{L_{rd}Js}\end{pmatrix} \tag{8-30}$$

由于定子电流控制系统的等效传递函数矩阵为$\boldsymbol{L}(s)$，则由（$i_{sm}^*$　$T_{ei}^*$）$^T$到$\boldsymbol{Y}_1=(\Psi_r\quad\omega)^T$的传递函数矩阵为

$$G_M(s)=G_1(s)L(s)G_2(s)=\begin{pmatrix}\dfrac{\lambda_i L_m}{(s+\lambda_i)(T_r s+1)} & 0\\ 0 & \dfrac{\lambda_i L_m n_p}{(s+\lambda_i)J_r s}\end{pmatrix} \tag{8-31}$$

从式（8-31）可见，传递函数的所有零点都位于$s$平面的左半平面，故$\boldsymbol{G}_{M+}(s)=1$，$\boldsymbol{G}_{M-}(s)=\boldsymbol{G}_M(s)$。

根据前面介绍的二自由度内模控制器的设计方法，选择内模控制器$\boldsymbol{C}_{IMC}^{I}(s)$中的滤波器$\boldsymbol{L}_1(s)$的传递函数矩阵为

$$L_1(s)=\begin{pmatrix}\dfrac{\lambda_{\psi1}}{s+\lambda_{\psi1}} & 0\\ 0 & \dfrac{2\lambda_{\omega1}s+1}{(\lambda_{\omega1}s+1)^2}\end{pmatrix} \tag{8-32}$$

则内模控制器$\boldsymbol{C}_{IMC}^{I}(s)$的传递函数矩阵可以设计为

$$C_{IMC}^{I}(s)=\hat{G}_M^{-1}(s)L_1(s)=\begin{pmatrix}\dfrac{\lambda_{\psi1}}{s+\lambda_{\psi1}}\left(\dfrac{1}{\lambda_i}+1\right)\dfrac{T_r s+1}{L_{md}} & 0\\ 0 & \dfrac{\hat{J}s}{n_p}\dfrac{2\lambda_{\omega1}+1}{(\lambda_{\omega1}s+1)^2}\left(\dfrac{1}{\lambda_i}+1\right)\end{pmatrix} \tag{8-33}$$

考虑到内模控制器$\boldsymbol{C}_{IMC}^{II}(s)$的可实现性，选择内模控制器$\boldsymbol{C}_{IMC}^{II}(s)$中的滤波器$\boldsymbol{L}_2(s)$的传递函数矩阵为

$$L_2(s)=\begin{pmatrix}\dfrac{\lambda_{\psi2}}{s+\lambda_{\psi2}} & 0\\ 0 & \dfrac{2\lambda_{\omega2}s+1}{(\lambda_{\omega2}s+1)^2}\end{pmatrix} \tag{8-34}$$

则内模控制器$\boldsymbol{C}_{IMC}^{II}(s)$的传递函数矩阵可以设计为

$$C_{IMC}^{II}(s)=\frac{L_2(s)}{L_1(s)}=\begin{pmatrix}\dfrac{\lambda_{\psi2}(s+\lambda_{\psi1})}{\lambda_{\psi1}(s+\lambda_{\psi2})} & 0\\ 0 & \dfrac{(\lambda_{\omega1}s+1)^2(2\lambda_{\omega2}s+1)}{(\lambda_{\omega2}s+1)^2(2\lambda_{\omega1}s+1)}\end{pmatrix} \tag{8-35}$$

根据式（8-26）调速系统的输出相量$\boldsymbol{Y}_1$可以表示为

$$Y_1(s)=\hat{G}_{M+}(s)L_2(s)R_1(s)+[I-G_{M+}(s)L_1(s)]D_1(s)$$

$$= \boldsymbol{L}_2(s)\boldsymbol{R}_1(s) + [\boldsymbol{I} - \boldsymbol{L}_1(s)]\boldsymbol{D}_1(s) \tag{8-36}$$

从式（8-36）可见，在采用二自由度控制器的异步电动机调速系统中，调整滤波器 $\boldsymbol{L}_2(s)$ 中的参数 $\lambda_{\psi2}$、$\lambda_{\omega2}$ 就可以改变系统的跟随性能而不影响系统的抗干扰性能；而调整滤波器 $\boldsymbol{L}_1(s)$ 中的参数 $\lambda_{\psi1}$、$\lambda_{\omega1}$ 就可以改变系统的抗干扰性能而不影响系统的跟随性能。因而，可以先根据系统的抗干扰性能指标确定参数 $\lambda_{\psi1}$、$\lambda_{\omega1}$，然后再根据系统的跟随性能指标来确定参数 $\lambda_{\psi2}$、$\lambda_{\omega2}$。

## 8.4 具有参数自校正功能的转差型矢量控制系统

当电动机运行时，电动机参数会发生变化（特别是转子电阻 $R_r$ 随电动机温度变化较大，最高约有 50% $R_r$）。这样，在电动机运行中，设定的磁场定向坐标往往会偏离实际的磁场定向坐标。因此，在系统运行中，随着电动机参数的变化要不断修正设定的磁场定向坐标，使之与实际的磁场定向坐标相一致，才能保证这类系统有永久的优良性能。为此，以下讨论一种具有参数自校正的转差型异步电动机矢量控制系统。

（1）前馈矢量控制方式的问题

图 8-12 为按转子磁链定向的异步电动机转差型具有参数自校正功能的前馈矢量控制系统的结构图。图中 $i_{sT}$ 为电动机定子电流矢量 $\boldsymbol{i}_s$ 在同步坐标系（$M$-$T$）上沿 $T$ 轴方向的分量，称为转矩定子电流分量；$i_{sM}$ 为 $\boldsymbol{i}_s$ 沿 $M$ 轴方向的分量，称为励磁定子电流分量；* 表示给定值；$i_{sM}$ 为对应于转子磁链 $\psi_r$ 的磁化电流，即数值上 $\psi_r = K_r i_{rM}$；$\varphi_s$ 为磁场定向角；$\omega_s$ 为同步角频率；$\omega$ 为转子旋转角频率；$\omega_{sl}$ 为转差角频率。$T_r$ 为转子电路时间常数 $T_r = L_{rd}/R_r$；$L_{md}$ 为定、转子间的等效互感。由图可见，对于 $\omega_{sl}$ 而言，该系统为前馈矢量控制方式，因此，该系统的鲁棒性差。

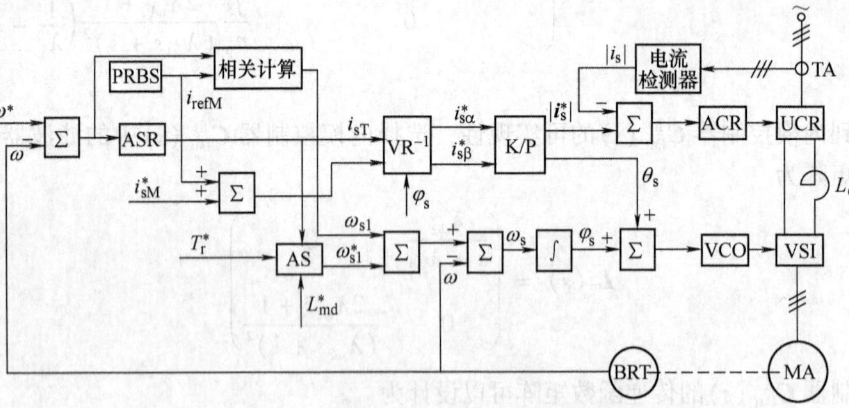


图 8-12　参数自校正转差型前馈矢量控制系统结构图

图 8-12 中，AS 为转差角频率运算器，由图可知，磁场定向角 $\varphi_s$ 为

$$\varphi_s = \int(\omega + \omega_{s1}^*)\mathrm{d}t = \int\left(\omega + \frac{L_{md}^*}{T_r^*} \cdot \frac{i_{sT}^*}{K_r i_{rM}^*}\right)\mathrm{d}t \tag{8-37}$$

式中，$K_r = \psi_r^* / i_{rM}^*$。

由式（8-37）可见，$T_r$ 的变化、$\omega$ 的检测误差及负载变化，将使 $\varphi_s$ 的计算值与实际值不符合，并导致矢量解耦控制失效。这是工程中需要解决的重要课题。

（2）参数自校正方法及实现

1982 年西德 Gabriel 把 PRBS 信号（伪随机信号）在线辨识技术应用于矢量控制系统中磁通模型参数 $T_r$ 的自校正。这种方法不需要附加传感器，算法也很简单，但没有考虑速度检测小误差对系统的影响，而且存在辨识结果依赖于负载的缺点，对此作出如下修正。

由式（8-37）可知，$\omega_{s1}^* = \frac{L_{md}^*}{T_r^*} \cdot \frac{i_{sT}^*}{K_r i_{rM}^*}$，对 $T_r^*$ 的修正（$\Delta T_r$）引起对 $\omega_{s1}^*$ 的修正，即

$$\omega_{s1} - \omega_{s1}^* = \omega_{s1}' = -\frac{L_{md}^* i_{sT}^*}{T_{r\sigma}^* K_r i_{rM} (T_{r\sigma}^* + \Delta T_r)} \Delta T_r \tag{8-38}$$

式中，$T_{r\sigma}^*$ 为未修正前的 $T_r^*$ 值。对相同的 $\Delta T_r$，$\omega_{s1}$ 还受负载变化的影响，可见更合理的策略是直接校正 $\omega_{s1}'$，其校正的幅值正比于 $|i_{sT}^*| + K_0$，其中 $K_0 > 0$。$K_0$ 是考虑速度检测小误差及轻载时为了抵抗不相关噪声干扰而设置的校正系数。$\omega_{s1}'$ 的校正方向（符号）证明如下：

若在 $\hat{M}$ 计算轴上存在 PRBS 信号 $\Delta i_{refM}$，则其在 $T$ 轴上的投影为

$$\Delta i_{sT} = -\Delta i_{refM} \sin\beta \quad \beta = \varphi_s - \varphi_s' \quad (-\pi \leqslant \beta \leqslant \pi) \tag{8-39}$$

对式（8-39）取拉普拉斯变换，得

$$\Delta i_{sT}(p) = -\Delta i_{refM}(p) \sin\beta \tag{8-40}$$

设同步旋转坐标系上的电动机转矩变化量为

$$\Delta T_{ei}(p) = K_r i_{rM} \Delta i_{sT}(p) = -K_r i_{rM} \Delta i_{refM}(p) \sin\beta \tag{8-41}$$

设 $\Delta T_{ei}$ 引起的转速变化为 $\omega_{s1}'$，则有

$$\frac{\omega_{s1}'(p)}{\Delta T_{ei}(p)} = \frac{1/J}{p} \tag{8-42}$$

结合式（8-41）得

$$\frac{\omega_{s1}'(p)}{\Delta i_{refM}(p)} = \frac{K_r i_{rM} \sin\beta}{Jp} = G(p) \tag{8-43}$$

$\Delta i_{refM}(p)$ 的自相关函数近似为 $\delta$ 函数，即

$$R_{XX}(t) = K_1 \delta(t) \quad (K_1 > 0) \tag{8-44}$$

设其他干扰引起的转速波动为 $V(t)$，且令 $\omega_{s1}'(t) = Y(t)$，则由 $\Delta i_{refM}$ 及其他干扰引起被测速度的变化为

$$Z(t) = \omega_{s1}'(t) + V(t) = Y(t) + V(t) \tag{8-45}$$

由于白噪声 $X(t) = \Delta i_{refM}(t)$ 与任何信号均不相关，可知 $Z(t)$ 与 $X(t)$ 的互相关函数为

$$R_{XZ}(t) = R_{XY}(t) + R_{XV}(t) = R_{XY}(t) \tag{8-46}$$

由 Wiener-Hopf 方程，给出 $Y(t)$ 和 $X(t)$ 的互相关函数，即

$$R_{XY}(t) = \int_0^{\infty} g(t) R_{XX}(\tau - t) \mathrm{d}t \tag{8-47}$$

令 $C_1 = K_1 K_r i_{rM} / J > 0$，则

$$R_{XY}(t) = -K_1 K_r i_{rM} \sin\beta / J = -C_1 \sin\beta \tag{8-48}$$

$$R_{XZ}(t) = -C_1\sin\beta \quad (8\text{-}49)$$

设 $\varphi_s' > \varphi_s$，这时，$\beta < 0$，$R_{XZ}(t) > 0$。设 $\varphi_s'$ 的修正量为 $\Delta\varphi_s$，则 $\varphi_s' + \Delta\varphi_s = \varphi_s$，因此有

$$\Delta\varphi_s = \varphi_s - \varphi_s' = \beta < 0 \quad (8\text{-}50)$$

即校正量 $\Delta\varphi_s$ 的符号与 $R_{XZ}(t)$ 的符号相反。

应用表明，修正的 Gabiel 自校正方法，增强了转差型矢量控制系统的鲁棒性，改善了系统的动态性能。

# 8.5 智能控制方法在异步电动机调速系统中的应用

## 8.5.1 异步电动机的神经网络模型参考自适应控制方法

神经网络控制技术是智能控制的一个重要分支，其主要优点是可以利用神经网络的学习能力，适应系统的非线性和不确定性，使控制系统具有较强的适应能力和鲁棒性。与模糊控制相比，神经网络控制不需要事先设定控制规则，能够在线调整权系数，使系统性能达到最优，从而能够显著降低控制系统的开发周期。

神经网络控制技术已经引入到电气传动领域的研究，受到各国专家的广泛关注，并且获得很多成功的应用实例，很多学者希望能够利用神经网络控制技术把电气传动系统的控制性能提高到一个新的水平。

**1. 神经网络参数估计器**

在按转子磁链定向的同步旋转坐标系中，异步电动机的转矩方程为

$$T_{ei} = K_t i_{sT} \quad (8\text{-}51)$$

式中，$K_t = C_{IM}\Psi_r$，$C_{IM}$为转矩系数，$C_{IM} = n_p L_{md}/L_{rd}$，$\Psi_r$ 为转子磁链的模值，$n_p$ 为电动机的极对数；$i_{sT}$为定子电流的 $T$ 轴分量。在以下分析中，假设 $\Psi_r$ 保持不变。

考虑摩擦对系数的影响，电气传动系统的运动方程为

$$J\frac{d\omega_r}{dt} = T_{ei} - T_L - B\omega_r \quad (8\text{-}52)$$

式中，$\omega_r$ 是转子的机械转速；$B$ 为系统的摩擦系数；$T_L$ 为负载转矩。

根据式（8-51）、式（8-52）可以得到以下差分方程：

$$\omega_r(k) = c\omega_r(k-1) + d[K_t i_{sT}(k-1) - T_L(k-1)]$$

式中，$c = \exp(-T_s B/J)$；$d = -(1-c_1)/B$。从上式可见，在负载转矩 $T_L$ 是时变条件下，则不能利用线性参数辨识方法对 $c_1$、$d_2$进行精确估计。

神经网络辨识器的作用是实时对参数 $c$、$d$ 和负载转矩 $T_L$ 进行估计，其结构如图 8-13 所示，图中 $\hat{T}_L(k-1)$ 是 $k-1$ 时刻的负载转矩估计值。为了分析方便，三个神经元的传递函数都取为单位映射，即神经元的输出等于神经元的净输入。权系数 $\hat{c}(k-1)$、$\hat{d}(k-1)$ 采用投影算法进行在线训练，递推公式为

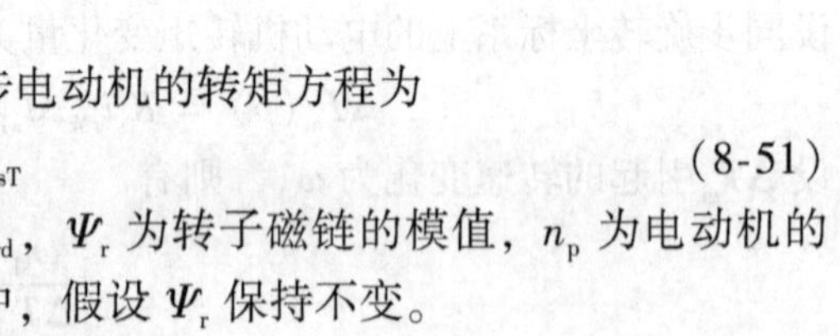

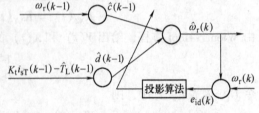

图 8-13 神经网络辨识器的结构框图

$$\begin{cases}\begin{pmatrix}c(k)\\d(k)\end{pmatrix}=\begin{pmatrix}c(k-1)\\d(k-1)\end{pmatrix}+\dfrac{a\phi(k-1)e_{\mathrm{id}}(k)}{b+\phi^{\mathrm{T}}(k-1)\phi(k-1)}\\ e_{\mathrm{id}}(k)=\omega_{\mathrm{r}}(k)-\hat{\omega}_{\mathrm{r}}(k-1)\\ \hat{T}_{\mathrm{L}}(k-1)=\dfrac{1}{\hat{d}(k)}[\omega_{\mathrm{r}}(k)-\hat{c}(k)\omega_{\mathrm{r}}(k-1)]+K_{\mathrm{r}}i_{\mathrm{ds}}(k-1)\\ \hat{\omega}_{\mathrm{r}}(k)=\hat{c}(k)\omega_{\mathrm{r}}(k-1)+\hat{d}(k)[-K_{\mathrm{t}}i_{\mathrm{sT}}(k-1)+\hat{T}_{\mathrm{L}}(k-1)]\end{cases} \tag{8-53}$$

式中，$\phi(k-1)=[\omega_{\mathrm{r}}(k-1)K_{\mathrm{t}}i_{\mathrm{sT}}(k-1)-T_{\mathrm{L}}(k-1)]^{\mathrm{T}}$；$a$、$b$ 是常数，$a\in(0,\ 2)$，$b$ 是一个接近于 0 的正常数，其作用是在训练过程中避免分母为 0。在 $k$ 时刻的训练过程中，由于 $\hat{T}_{\mathrm{L}}(k-1)$ 和 $\hat{\omega}(k)$ 的计算过程中使用了 $\hat{c}(k)$、$\hat{d}(k)$，所以 $k$ 时刻的权系数更新需要解一个代数方程。

**2. 神经网络模型参考自适应调速系统**

神经网络模型参考自适应调速系统框图如图 8-14 所示，其设计目标是使转子转速 $\omega_{\mathrm{r}}$ 跟踪给定转速 $\omega_{\mathrm{r}}^{*}$。在整个调速系统中使用了两个控制器：ASR 称为转速控制器，NNPIC 称为补偿控制器。转速控制器决定了整个系统的响应速度、稳态误差等性能指标，补偿控制器的主要作用是提高系统对参数变化和负载扰动的鲁棒性。速度控制器的输出 $i_{\mathrm{Pi}}$ 和 NNPIC 控制的输出 $i_{\mathrm{Tc}}$ 相加，作为定子电流矢量 $T$ 轴分量的给定值 $i_{\mathrm{sT}}^{*}$。

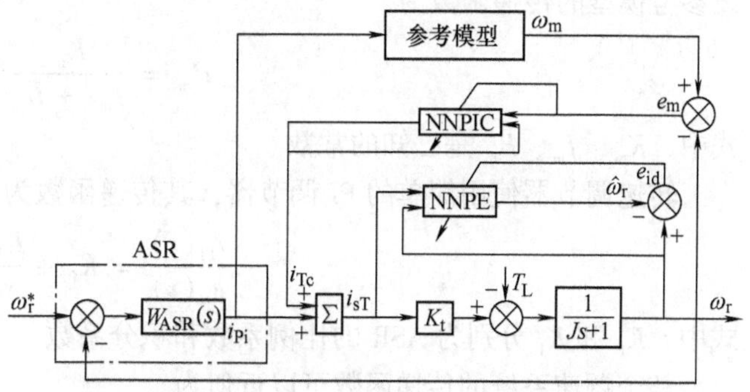

图 8-14　神经网络模型参考自适应调速系统框图

参考模型的作用是为训练 NNPIC 提供参考目标，希望在 NNPIC 的作用下系统的动态特性逼近参考模型的动态特性。

（1）补偿控制器

补偿控制器（NNPIC）是一个神经网络控制器 PI 控制器，其结构如图 8-15 所示。PI 控制器的传递函数为

$$\frac{i_{\mathrm{qc}}(s)}{e_{\mathrm{m}}(s)}=K_{\mathrm{pc}}+\frac{K_{\mathrm{ic}}}{s} \tag{8-54}$$

式中，$K_{\mathrm{pc}}$ 和 $K_{\mathrm{ic}}$ 为比例系数和积分系数；$e_{\mathrm{m}}=\omega_{\mathrm{m}}(k)-\omega_{\mathrm{r}}(k)$。

对式（8-37）进行双线性变换，即用 $(z-1)/(z+1)$ 代替上式中的 $s$，可以得到 PI 控制器的离散形式为

$$\begin{aligned}\boldsymbol{i}_{\mathrm{qc}}(k)&=\boldsymbol{i}_{\mathrm{qc}}(k-1)+K_{\mathrm{pc}}[e_{\mathrm{m}}(k)-e_{\mathrm{m}}(k-1)]+K_{\mathrm{ic}}[e_{\mathrm{m}}(k)+e_{\mathrm{m}}(k+1)]\\&=\boldsymbol{\phi}_{\mathrm{e}}^{\mathrm{T}}(k-1)\boldsymbol{\theta}_{\mathrm{c}}(k-1)\end{aligned} \tag{8-55}$$

式中，$\boldsymbol{\phi}=(i_{\mathrm{qc}}(k-1),e_{\mathrm{m}}(k)-e_{\mathrm{m}}(k-1),e_{\mathrm{m}}(k)+e_{\mathrm{m}}(k-1))^{\mathrm{T}}$ 作为神经网络控制器的输入矢量；$\boldsymbol{\theta}_{\mathrm{c}}(k-1)=(1,K_{\mathrm{pc}},K_{\mathrm{ic}})^{\mathrm{T}}$ 作为神经网络的权系数向量。补偿控制器的结构

如图8-15所示，为了分析方便，三个神经元的传递函数都取为单位映射，即神经元的输出等于神经元的净输入，神经网络的输出为

$$\boldsymbol{i}_{qc}(k) = \boldsymbol{\phi}_c^{T}(k-1)\boldsymbol{\theta}_c(k-1) \quad (8\text{-}56)$$

神经网络的输出 $e_m(k)$ 权系数向量 $\boldsymbol{\theta}_c(k)$ 采用投影算法进行在线训练，递推公式为

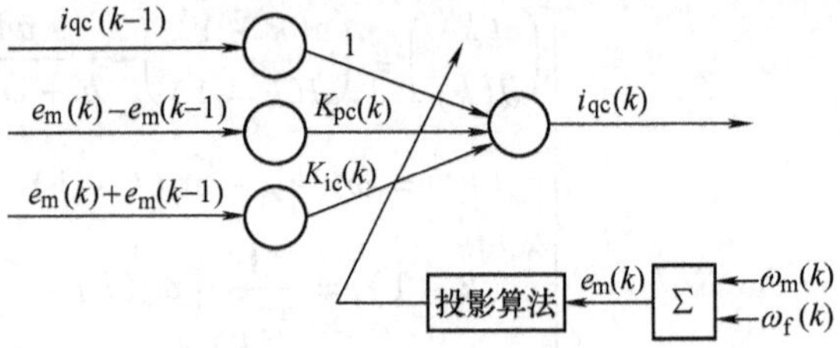


图8-15　补偿控制器的结构框图

$$\boldsymbol{\theta}_c(k) = \boldsymbol{\theta}_c(k-1) + \frac{a\boldsymbol{\phi}_c(k-1)e_m(k)}{b + \boldsymbol{\phi}_c^{T}(k-1)\boldsymbol{\phi}_c(k-1)} \quad (8\text{-}57)$$

式中，$a$、$b$ 是常数，$a \in (0, 2)$，$b$ 是一个接近于0的正常数，其作用是避免在训练过程中分母为0。

(2) 转速调节器

在整个调速系统的设计过程中，转速控制器ASR的设计和补偿控制器的设计可以分开进行。根据以上方法设计的补偿控制器可以使系统的动态特性逼近参考模型的动态特性，假设参考模型的传递函数为

$$P_m = \frac{K_m}{J_m s + B_m} \quad (8\text{-}58)$$

式中，$K_m$、$J_m$、$B_m$ 是已知的常数。

转速调节器使用简单的PI调节器，其传递函数为

$$\frac{i_{PI}(s)}{e_\omega(s)} = K_P + \frac{K_I}{s} \quad (8\text{-}59)$$

式中，$K_P$ 和 $K_I$ 分别为ASR的比例系数和积分系数。

整个调速系统的传递函数可以近似为

$$\frac{\omega_r(s)}{\omega_r^*(s)} \approx \frac{K_m K_P s + K_m K_I}{J_m s^2 + (B_m + K_m K_P)s + K_m K_I} \quad (8\text{-}60)$$

根据式（8-60）和给定的调速系统的性能指标，就可以对转速调节器中的参数 $K_P$、$K_I$ 进行设计。

### 8.5.2　异步电动机调速系统的模糊控制方法

1965年美国著名控制论专家L. A. Zadeh创立了模糊集合论，为解决复杂系统的控制问题提供了强有力的数学工具，1974年Mamdani创立了使用模糊控制语言描述控制规则的模糊控制理论，这种控制方法具有简单、易用、控制效果好的特点，已经被广泛应用于各种控制系统，尤其是在解决模型不确定、非线性、大时滞系统的控制，优势明显，正如L. A. Zadeh教授所说："有很多可供选择的方法来代替模糊逻辑，但是模糊逻辑往往是最快速和最简单有效的方法。"本小节介绍一种采用模糊控制器的异步电动机直接转矩控制方法。

**1. 异步电动机模糊直接转矩控制调速系统的基本结构**

异步电动机模糊直接转矩控制调速系统的基本结构如图8-16所示，整个系统主要由自适应模糊转速调节器、模糊转矩调节器、逆变器、交流电动机、磁链和转矩观测器组成。图中双线箭头表示矢量，单线箭头表示标量。

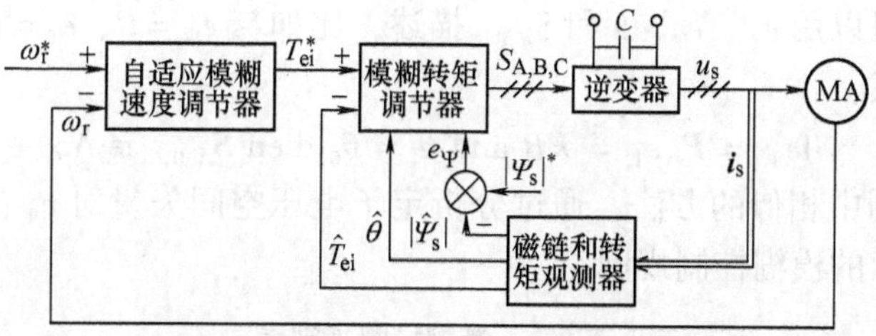

图 8-16　异步电动机模糊直接转矩控制调速系统的基本结构

模糊直接转矩控制调速系统的基本工作原理如下：自适应模糊转速调节器根据转速误差 $e_\omega$ 输出电磁转矩的给定信号 $T_{ei}^*$；模糊转矩调节器根据输入的转矩误差 $e_T$、磁链误差 $e_\Psi$、和磁链角 $\theta$，经过模糊推理选择开关状态 $S_{A,B,C}$，作为逆变器单元的输入信号，实现对异步电动机的控制。

**2. 模糊转矩控制器的设计**

模糊转矩控制器除了要满足转矩控制要求外，还要保证定子磁链矢量 $\boldsymbol{\Psi}_s$ 的运行轨迹接近于半径为 $\Psi_s^*$ 的圆形，$\Psi_s^*$ 为定子磁链模值的给定信号。

磁链角 $\theta_s$ 是定子磁链和静止定子坐标系 $\alpha$ 轴之间的夹角，$\theta_s$ 的论域为 [0，2π]，具有 12 个语言变量值 $\{\theta_0, \cdots, \theta_{11}\}$，对应的隶属函数如图 8-17 所示。

转矩误差信号 $e_T$是给定转矩 $T_{ei}^*$ 和其观测值 $\hat{T}_{ei}$ 之差，即

$$e_T = T_{ei}^* - \hat{T}_{ei} \tag{8-61}$$

$e_T$的论域为 [ -4.5，4.5]，具有 5 个语言变量值 {正大（$PB$），正小（$PS$），零（$Z$），负小（$NS$），负大（$NB$）}，对应的隶属度函数如图 8-18 所示。

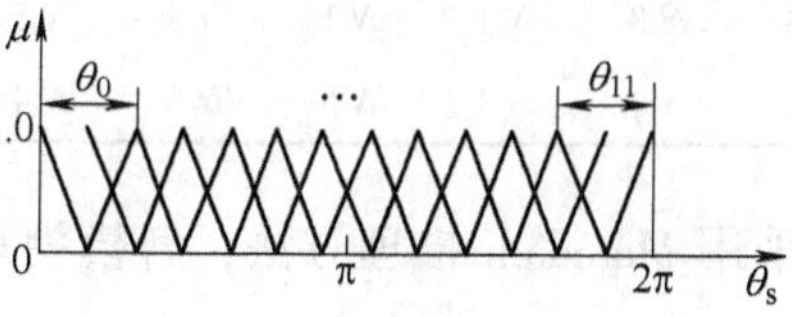

图 8-17　$\theta_s$ 的隶属度函数分布

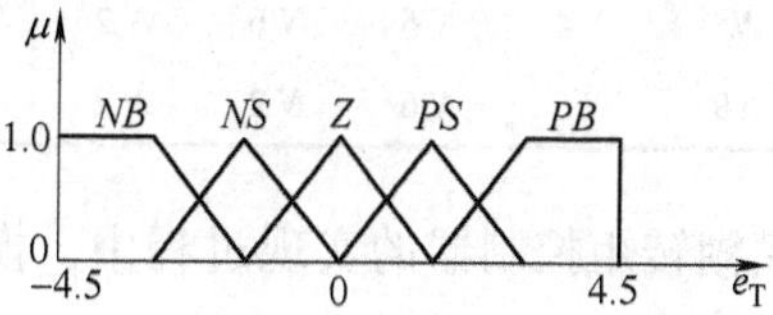

图 8-18　$e_T$的隶属度函数分布

磁链误差 $e_\Psi$ 为定子磁链幅值的给定信号 $\Psi_s^*$ 和其观测值 $\hat{\Psi}_s$ 之差，即

$$e_\Psi = \Psi_s^* - \hat{\Psi}_s = \Psi_s^* - \sqrt{\hat{\psi}_{s\alpha}^2 + \hat{\psi}_{s\beta}^2} \tag{8-62}$$

$e_\Psi$ 的论域为 [ -0.01，0.01]，具有 3 个模糊语言值 {正（$P$），零（$Z$），负（$N$）}，对应的隶属函数如图 8-19 所示。

模糊转矩控制器的输出量 $S_{A,B,C}$的论域为 8 种开关状态组成的集合，定义 7 个语言变量值 {$N1$，$N2$，$N3$，$N4$，$N5$，$N6$，$N0$}，对应的隶属度函数如图 8-20 所示。

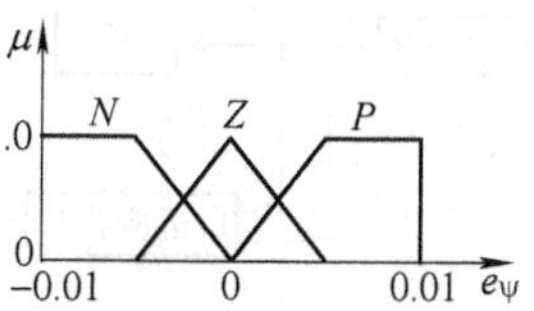

图 8-19　$e_\Psi$ 的隶属度函数分布

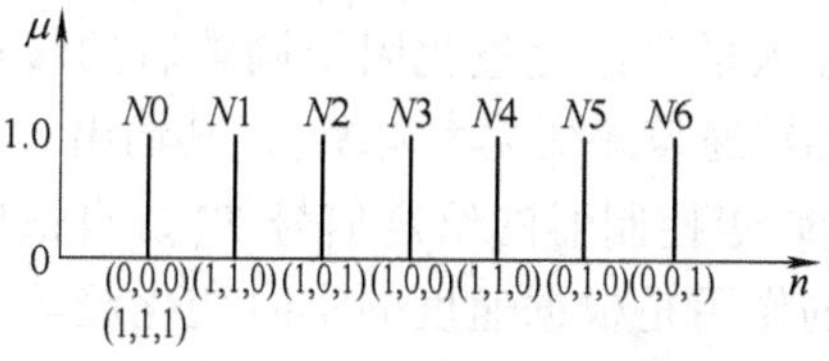

图 8-20　$n$ 的隶属度函数分布

模糊控制规则可以用 $e_\Psi$、$e_T$、$\theta$ 和 $S_{A,B,C}$ 描述，比如与 $e_\Psi = P$、$e_T = PL$、$\theta = \theta_0$ 对应的控制规则具有以下形式：

$$\text{if} e_\Psi = P, e_T = PB \text{ and } \theta = \theta_0 \text{ then } S_{A,B,C} \text{ is } N3$$

利用和直接转矩控制中相似的方法，通过分析定子电压空间矢量对 $e_\Psi$、$\theta$ 和 $e_T$ 的影响，可以得到如表 8-1 所示的模糊控制规则。

**表 8-1　模糊控制规则表**

| $e_\Psi$ | $e_T$ | $\theta_0$ | $\theta_1$ | $\theta_2$ | $\theta_3$ | $\theta_4$ | $\theta_5$ | $\theta_6$ | $\theta_7$ | $\theta_8$ | $\theta_9$ | $\theta_{10}$ | $\theta_{11}$ |
|---|---|---|---|---|---|---|---|---|---|---|---|---|---|
|  | *PB* | *N*3 | *N*1 | *N*1 | *N*5 | *N*5 | *N*4 | *N*4 | *N*6 | *N*6 | *N*2 | *N*2 | *N*3 |
|  | *PS* | *N*3 | *N*1 | *N*1 | *N*5 | *N*5 | *N*4 | *N*4 | *N*6 | *N*6 | *N*2 | *N*2 | *N*3 |
| *P* | *Z* | *N*0 | *N*0 | *N*0 | *N*0 | *N*0 | *N*0 | *N*0 | *N*0 | *N*0 | *N*0 | *N*0 | *N*0 |
|  | *NS* | *N*2 | *N*2 | *N*3 | *N*3 | *N*1 | *N*5 | *N*5 | *N*5 | *N*4 | *N*4 | *N*6 | *N*6 |
|  | *NB* | *N*2 | *N*2 | *N*3 | *N*3 | *N*1 | *N*5 | *N*5 | *N*5 | *N*4 | *N*4 | *N*6 | *N*6 |
|  | *PB* | *N*1 | *N*1 | *N*5 | *N*5 | *N*4 | *N*4 | *N*6 | *N*6 | *N*2 | *N*2 | *N*3 | *N*3 |
|  | *PS* | *N*1 | *N*5 | *N*5 | *N*4 | *N*4 | *N*6 | *N*6 | *N*2 | *N*2 | *N*3 | *N*3 | *N*1 |
| *Z* | *Z* | *N*0 | *N*0 | *N*0 | *N*0 | *N*0 | *N*0 | *N*0 | *N*0 | *N*0 | *N*0 | *N*0 | *N*0 |
|  | *NS* | *N*0 | *N*0 | *N*0 | *N*0 | *N*0 | *N*0 | *N*0 | *N*0 | *N*0 | *N*0 | *N*0 | *N*0 |
|  | *NB* | *N*6 | *N*2 | *N*2 | *N*3 | *N*3 | *N*1 | *N*1 | *N*5 | *N*5 | *N*4 | *N*4 | *N*6 |
|  | *PB* | *N*1 | *N*5 | *N*5 | *N*4 | *N*4 | *N*6 | *N*6 | *N*2 | *N*2 | *N*3 | *N*3 | *N*1 |
|  | *PS* | *N*5 | *N*5 | *N*4 | *N*4 | *N*6 | *N*6 | *N*2 | *N*2 | *N*3 | *N*3 | *N*1 | *N*1 |
| *N* | *Z* | *N*0 | *N*0 | *N*0 | *N*0 | *N*0 | *N*0 | *N*0 | *N*0 | *N*0 | *N*0 | *N*0 | *N*0 |
|  | *NS* | *N*4 | *N*6 | *N*6 | *N*2 | *N*2 | *N*3 | *N*3 | *N*1 | *N*1 | *N*5 | *N*5 | *N*4 |
|  | *NB* | *N*6 | *N*6 | *N*2 | *N*2 | *N*3 | *N*1 | *N*1 | *N*1 | *N*5 | *N*5 | *N*4 | *N*4 |

在模糊转矩控制器的实现过程中，模糊推理采用 Mamdani 推理方法，解模糊采用最大隶属度平均法。

**3. 自适应模糊转速调节器**

自适应模糊控制器具有以下两个功能：

1）控制功能：根据调速系统的运行状态，给出合适的控制量。

2）自适应功能：根据调速系统的运行效果，对控制器的控制决策进一步更改，以便获得更好的控制效果。

本文使用一种具有自适应功能的模糊 PD 控制器作为转速调节器，其结构框图如图 8-21 所示，由模糊控制器和自适应机构组成，图中 $k_e$、$k_c$ 是调整量化因子，$k_u$ 是比例因子。模糊控制器的输入量为经过量化因子调整后的转速误差 $k_e e_\omega$ 和转速偏差变化率 $k_c \Delta e_\omega$，其输出量 $u$ 乘 $\alpha k_u$ 作为转矩控制器的给定信号 $T_{ei}^*$。自适应调整机构的作用是根据速度的实时变化趋势对增益调整因子 $\alpha$ 进行在线调节，减小电动机参数

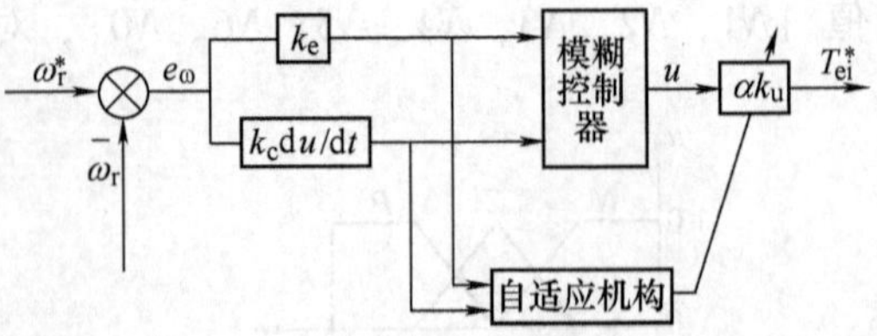


图 8-21　自适应模糊转速调节器结构框图

变化对系统性能的影响。

转速控制器的设计分为两步：模糊控制器的设计和模糊自适应机构的设计。

（1）模糊控制器的设计

基本模糊控制器的输入量为转速偏差 $e_\omega$ 和转速偏差变化率 $\Delta e_\omega$，其计算公式为

$$e_\omega = k_e(\omega^* - \omega_f)$$

$$\Delta e_\omega = k_c \mathrm{d}e_\omega/\mathrm{d}t$$

控制量为 $u$，与比例因子 $ku$ 相乘，作为转矩控制器的给定信号，即

$$T_{ei}^* = \alpha k_u u$$

$e_\omega$ 的论域为［-1，1］，定义7个语言变量值｛负大（*NB*），负中（*NM*），负小（*NS*），零（*Z*），正小（*PS*），正中（*PM*），正大（*PB*）｝，对应的隶属度函数如图8-22所示。

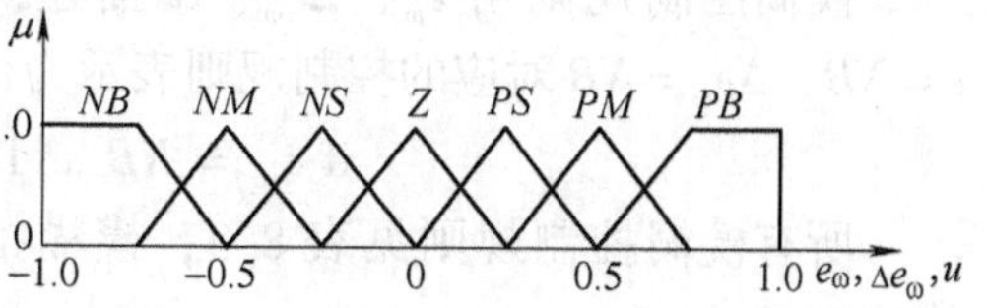


图8-22　$e_\omega$、$\Delta e_\omega$、$u$ 的隶属度函数分布

$\Delta e_\omega$ 的论域为［-1，1］，定义7个语言变量值｛负大（*NB*），负中（*NM*），负小（*NS*），零（*Z*），正小（*PS*），正中（*PM*），正大（*PB*）｝，对应的隶属度函数如图8-22所示。

$u$ 的论域为［-1，1］，定义7个语言变量值｛负大（*NB*），负中（*NM*），负小（*NS*），零（*Z*），正小（*PS*），正中（*PM*），正大（*PB*）｝，对应的隶属度函数如图8-22所示。

模糊控制规则用 $e_\omega$、$\Delta e_\omega$、$u$ 描述，比如与 $e = NB$、$\Delta e_\omega = NB$ 对应的控制规则具有以下形式：

$$\text{if } e_\omega = NB \text{ and } \Delta e_\omega = NB \text{ then } u = NB$$

所有模糊控制规则见表8-2，模糊推理采用 Mamdani 推理方法，解模糊采用加权平均法。

**表8-2　模糊控制规则表**

| $u$ | | $e_\omega$ | | | | | | |
|---|---|---|---|---|---|---|---|---|
| | | *NB* | *NM* | *NS* | *Z* | *PS* | *PM* | *PB* |
| $\Delta e_\omega$ | *NB* | *NB* | *NB* | *NB* | *NM* | *NS* | *NS* | *Z* |
| | *NM* | *NB* | *NM* | *NM* | *NM* | *NS* | *Z* | *PS* |
| | *NS* | *NB* | *NM* | *NS* | *NS* | *Z* | *PS* | *PM* |
| | *Z* | *NB* | *NM* | *NS* | *Z* | *PS* | *PM* | *PB* |
| | *PS* | *NM* | *NS* | *Z* | *PS* | *PS* | *PM* | *PB* |
| | *PM* | *NS* | *Z* | *PS* | *PM* | *PM* | *PM* | *PB* |
| | *PB* | *Z* | *PS* | *PS* | *PM* | *PB* | *PB* | *PB* |

（2）模糊自适应机构的设计

为了使调速系统在电动机参数变化后仍然具有很好的性能，在速度控制器增加了自适应机构对增益调整因子 $\alpha$ 进行在线调节。模糊自适应机构的输入量为转速偏差 $e$ 和转速偏差变化律 $\Delta e_\omega$，输出量为增益调整因子 $\alpha$。

$e_\omega$ 的论域为［-1，1］，定义7个语言变量值｛负大（*NB*），负中（*NM*），负小

(*NS*)，零（*Z*），正小（*PS*），正中（*PM*），正大（*PB*）}，对应的隶属度函数如图 8-22 所示。

$\Delta e_{\omega}$的论域为［-1，1］，定义 7 个语言变量值｛负大（*NB*），负中（*NM*），负小（*NS*），零（*Z*），正小（*PS*），正中（*PM*），正大（*PB*）｝，对应的隶属度函数如图 8-22 所示。

$\alpha$ 的论域为［0，1］，定义 7 个语言变量值｛零（*Z*），非常小（*VS*），小（*S*），小大（*SB*），中大（*MB*），大（*B*），非常大（*VB*）｝，对应的隶属度函数如图 8-23 所示。

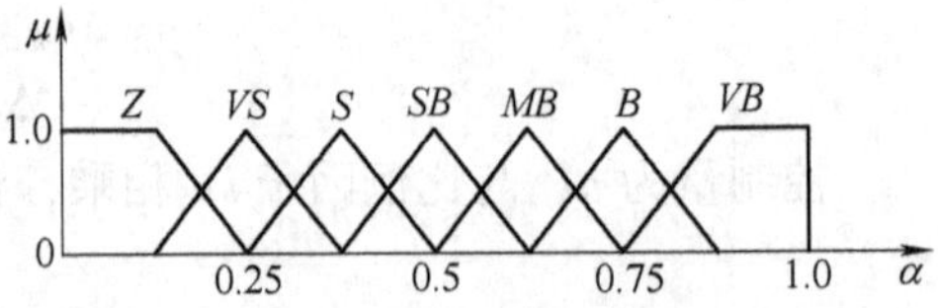

图 8-23　$\alpha$ 的隶属度函数分布

模糊控制规则用 $e_{\omega}$、$\Delta e_{\omega}$、$\alpha$ 描述，比如与 $e=NB$、$\Delta e_{\omega}=NB$ 对应的控制规则表示为

$$\text{if } e_{\omega} = NB \text{ and } \Delta e_{\omega} = NB \text{ then } \alpha = VB$$

所有模糊控制规则见表 8-3，模糊推理采用 Mamdani 推理方法，解模糊采用加权平均法。

**表 8-3　模糊控制规则表**

| $\alpha$ | | $e_{\omega}$ | | | | | | |
|---|---|---|---|---|---|---|---|---|
| | | *NB* | *NM* | *NS* | *Z* | *PS* | *PM* | *PB* |
| $\Delta e_{\omega}$ | *NB* | *VB* | *VB* | *VB* | *B* | *SB* | *S* | *Z* |
| | *NM* | *VB* | *VB* | *B* | *MB* | *MB* | *S* | *VS* |
| | *NS* | *VB* | *MB* | *B* | *B* | *VS* | *S* | *VS* |
| | *Z* | *S* | *SB* | *MB* | *Z* | *MB* | *SB* | *S* |
| | *PS* | *VS* | *S* | *VS* | *B* | *B* | *MB* | *VB* |
| | *PM* | *VS* | *S* | *MB* | *MB* | *B* | *VB* | *VB* |
| | *PB* | *Z* | *S* | *SB* | *B* | *VB* | *VB* | *VB* |

**4. 模糊直接转矩控制方案的特点**

从以上分析可见，异步电动机模糊直接转矩控制方案结构简单，思路清晰、容易实现。实验结果表明这种控制方案具有以下优点：

1）速度响应快、无超调、稳态精度高。

2）模糊速度控制器具有自适应功能，改善了调速系统的低速性能。

3）能在一定程度上抑制电动机参数变化对调速系统性能的影响。

在速度控制器和转矩控制器的设计过程中，为了确定合理模糊控制规则，需要进行大量的实验，这是模糊直接转矩控制方案存在的主要问题。

## 8.5.3　异步电动机的自适应模糊神经网络控制方法

模糊神经网络同时具有模糊推理能力和自学习能力，是神经网络技术和模糊技术的有机结合，已经被广泛地应用到系统辨识和控制领域中。模糊神经网络在结构上虽然也是局部逼近网络，但它是按照模糊系统模型建立起来的，网络中的各个节点和所有参数均具有明显的物理意义，因此这些参数的初始值比较容易确定，从而提高了网络的收敛速度。另一方面，模糊神经网络还具有神经网络的自学习能力，能够根据系统的运行情况对推理规则进行调整，这是其优于模糊技术之所在。把智能控制和自适应控制结合起来的智能自适应控制技术是自动控制领域的研究热点之一，为解决控制对象的非线性和不确定性问题提供了一种可行的方法。

**1. 异步电动机模糊神经网络自适应控制系统的基本结构**

异步电动机自适应模糊神经网络控制系统的结构框图如图 8-24 所示，整个系统主要由参考模型、模糊神经网络辨识器（FNNI）、自适应控制器和按恒压频比方式控制的异步电动机等几部分组成。

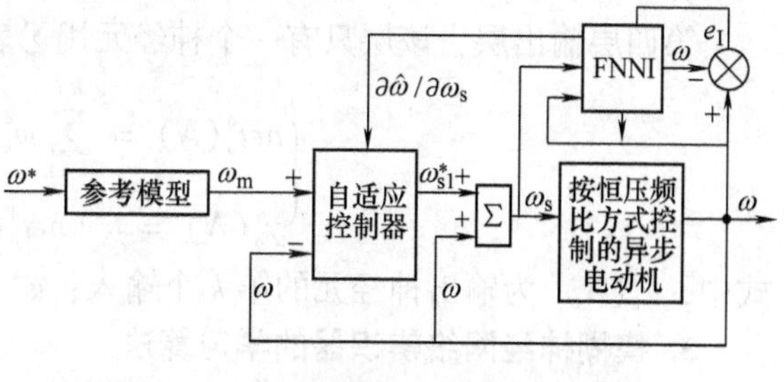


图 8-24　异步电动机自适应模糊神经网络控制系统结构框图

参考模型的动态特性是根据给定的性能指标确定的，其输入为给定转速信号 $\omega^*$，输出为参考转速信号 $\omega_m$。$\omega_m$ 与实际转子转速 $\omega$ 的误差称为跟踪误差，记为 $e_m$。自适应控制器的输入为 $e_m$，输出为转差频率的给定值 $\omega_{s1}^*$，$\omega_{s1}^*$ 和 $\omega$ 相加得到供电角频率 $\omega_s$，按恒压频比方式控制的异步电动机作为控制对象。FNNI 的作用是为自适应控制器提供误差梯度信息 $\partial\hat{\omega}/\partial\omega_s$，其输出为电动机转子转速的估计值 $\hat{\omega}$，$\omega$ 与 $\hat{\omega}$ 之间的误差称为估计误差，记为 $e_1$。

**2. 模糊神经网络辨识器的结构**

模糊神经网络辨识器包含 4 层神经元，分别称为输入层（$i$ 层）、成员函数层（$j$ 层）、规则层（$k$ 层）和输出层（$o$ 层），其结构如图 8-25 所示。

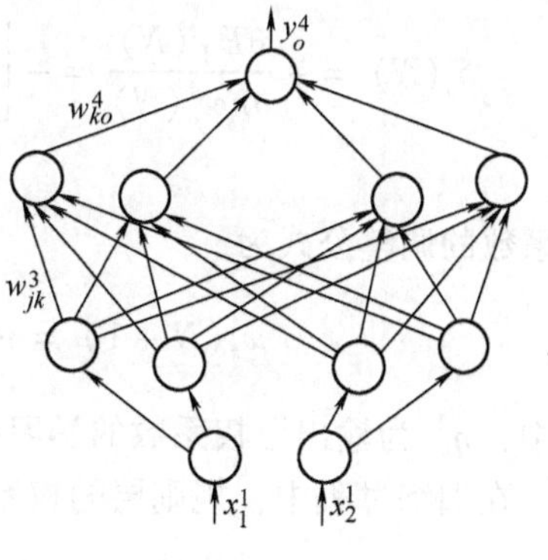


图 8-25　模糊神经网络辨识器的结构

第一层输入层的其作用是将 $x_2^1$、$x_2^1$ 引入模糊神经网络，该层具有两个神经元，第 $i$ 个神经元的净输入和输出为

$$\begin{cases} net_i^1(N)=x_i^1(N) \\ y_i^1(N)=f_i^1(net_i^1(N))=net_i^1(N) \end{cases} \quad (i=1,2) \tag{8-63}$$

式中，$N$ 表示迭代次数，$x_1^1(N)=\omega_s(N)$，$x_2^1(N)=\omega(N)$。

第二层成员函数层的作用是将 $y_1^1$、$y_2^1$ 模糊化，模糊化使用的隶属度函数为高斯函数，即

$$\exp\left(-\left(\frac{x-m}{\sigma}\right)^2\right)$$

式中，$m$ 为高斯函数的均值中心；$\sigma$ 为高斯函数的标准偏差。

该层每一个神经元完成一个隶属度函数的功能，第 $j$ 个节点的净输入和输出分别表示为

$$\begin{cases} net_j^2(N)=-\dfrac{(x_j^2-m_j)^2}{\sigma_j^2} \\ y_j^2(N)=f_j^2(net_j^2(N))=\exp(net_j^2(N)) \end{cases} \quad (j=1,\cdots,n) \tag{8-64}$$

式中，$x_j^2$ 是第 $j$ 个神经元的输入；$m_j$ 为第 $j$ 个隶属度函数（神经元）的均值中心和标准偏差；$n$ 为所有输入量的语言变量总数，等于第二层包含的全部神经元的个数。

第三层规则层的作用是进行模糊推理，该层第 $k$ 个神经元净输入和输出分别为

$$\begin{cases} net_k^3(N) = \prod_j w_{jk}^3 x_j^3(N) \\ y_k^3(N) = f_k^3(net_k^3(N)) = net_k^3(N) \end{cases} \tag{8-65}$$

式中，$x_j^3(N)$ 为第 $k$ 个神经元的第 $j$ 个输入；$w_{jk}^3$ 为对应于 $x_j^3(N)$ 的权系数，全部取1。

第四层输出层，该层只有一个神经元用 $\Sigma$ 表示，其神经元净输入和输出分别为

$$\begin{cases} net_o^4(N) = \sum_{k=1}^{R_{\mathrm{I}}} w_k^4 x_k^4(N) \\ y_o^4(N) = f_o^4(net_o^4(N)) = net_o^4(N) \end{cases} \tag{8-66}$$

式中，$x_k^4(N)$ 为输出神经元的第 $k$ 个输入；$w_k^4$ 为对应于 $x_k^4(\mathrm{N})$ 的权系数；$R_{\mathrm{I}}$ 为规则数。

**3. 模糊神经网络辨识器的学习算法**

在系统运行过程中，使用BP算法对模糊神经网络辨识器进行在线训练。定义性能指标函数为

$$E_{\mathrm{I}}(N) = \frac{[\omega(N) - \hat{\omega}(N)]^2}{2} = \frac{e_{\mathrm{I}}^2(N)}{2} \tag{8-67}$$

根据BP算法，输出层的误差项为

$$\delta_o^4(N) = -\frac{\partial E_{\mathrm{I}}(N)}{\partial net_o^4(N)} = -\left[\frac{\partial E_{\mathrm{I}}(N)}{\partial e_i(N)} \cdot \frac{\partial e_i(N)}{\partial \hat{\omega}_{\mathrm{r}}(N)} \cdot \frac{\partial \hat{\omega}_{\mathrm{r}}(N)}{\partial y_o^4(N)} \cdot \frac{\partial y_o^4(N)}{\partial net_o^4(N)}\right] = e_i(N) \tag{8-68}$$

权系数的调整公式为

$$w_k^4(N+1) = w_k^4(N) - \eta_{\mathrm{w}}^{\mathrm{I}} \frac{\partial E_{\mathrm{I}}(N)}{\partial \omega_{ko}^4} = \eta_{\mathrm{w}}^{\mathrm{I}} \delta_o^4(N) x_k^4(N) \tag{8-69}$$

式中，$\eta_{\mathrm{w}}^{\mathrm{I}}$ 为输出层权系数的学习率，上标 I 表示辨识器，下标 w 表示权系数。

在训练过程中，规则层的权系数恒等于1，所以只需要计算该层的误差项

$$\delta_k^3(N) = -\frac{\partial E_{\mathrm{I}}(N)}{\partial net_k^3(N)} = \delta_o^4(N) w_k^4(N) \tag{8-70}$$

成员函数层的误差项的计算公式为

$$\delta_j^2(N) = -\frac{\partial E_{\mathrm{I}}(N)}{\partial net_j^2(N)} = \sum_k \delta_k^3(N) y_k^3(N) \tag{8-71}$$

语言变量的均值 $m_j$ 中心和标准偏差 $\sigma_j$ 的更新公式为

$$\begin{cases} \sigma_j(N+1) = \sigma_j(N) - \eta_\sigma^{\mathrm{I}} \dfrac{\partial E_{\mathrm{I}}(N)}{\partial \sigma_j} = \sigma_j(N) + \eta_\sigma^{\mathrm{I}} \delta_j^2(N) \dfrac{2[x_j^2(N) - m_j(N)]^2}{[\sigma_j(N)]^3} \\ m_j(N+1) = m_j(N) - \eta_{\mathrm{m}}^{\mathrm{I}} \dfrac{\partial E_{\mathrm{I}}(N)}{\partial m_j} = m_j(N) + \eta_{\mathrm{m}}^{\mathrm{I}} \delta_j^2(N) \dfrac{2[x_j^2(N) - m_j(N)]^2}{[\sigma_j(N)]^3} \end{cases} \tag{8-72}$$

式中，$\eta_\sigma^{\mathrm{I}}$、$\eta_{\mathrm{m}}^{\mathrm{I}}$ 分别是 $\sigma_j$、$m_j$ 的学习率。

**4. 自适应控制器**

自适应控制器的作用是根据控制误差 $e_m$ 和 FNNI 提供的梯度信息 $\partial\hat{w}/\partial w_s$ 确定转差频率的给定值 $\omega_{sl}^*$，使如下定义的性能指标 $J$ 达到最小。

$$J = \frac{(w_m - w_r)^2}{2} = \frac{e_m^2}{2} \tag{8-73}$$

自适应控制器利用梯度下降法确定转差频率的给定值，即

$$w_{sl}^*(N+1) = w_{sl}^*(N) - \eta_c \frac{\partial J}{\partial w_{sl}^*} = w_{sl}^*(N) - \eta_c e_m \frac{\partial w}{\partial w_s} \tag{8-74}$$

式中，$\eta_c$ 为自适应控制器的学习率。

当模糊神经网络辨识器收敛后，可以认为 $\partial\hat{w}/\partial w_s$ 是 $\partial w/\partial w_s$ 的估计值，即

$$\frac{\partial \omega}{\partial \omega_s} \approx \frac{\partial \hat{\omega}}{\partial \omega_s} = \frac{\partial y_o^4}{\partial x_1^1} = -2\sum_{k=1}^{R_1} \omega_{ko}^4 \left[ y_k^3 \frac{(x_1^1 - m_k)}{\sigma_k^2} \right] \tag{8-75}$$

式中，$m_k$ 和 $\sigma_k$ 分别为联系 $x_1^1$ 和第 $k$ 个语言变量的均值中心和标准偏差。

实验表明，这种自适应模糊神经网络控制方法增强了整个调速系统的鲁棒性，当电动机参数发生较大变化时，整个系统仍能保持良好的动静态性能。

# 参 考 文 献

[1] 李华德，李擎，白晶．电力拖动自动控制系统［M］．北京：机械工业出版社，2009.
[2] 马小亮．高性能变频调速及其典型控制系统［M］．北京：机械工业出版社，2010.
[3] 廖晓钟，刘向来．自动控制系统［M］．2 版．北京：北京理工大学出版社，2011.
[4] 王志新，罗文广．电机控制技术［M］．北京：机械工业出版社，2011.
[5] 李华德．交流调速控制系统［M］．北京：电子工业出版社，2003.
[6] 王兆安，黄俊．电力电子技术［M］．4 版．北京：机械工业出版社，2004.
[7] Muhammadh Rashid. Power Electronics Handbook［M］. Eisevier Science，2001.
[8] Bimal K Bose. 现代电力电子学与交流传动［M］．王聪，译．北京：机械工业出版社，2005.
[9] SIEMENS. Technical Data Sheet LCI Converter，Excitation Synchronizing，Control and Re-cooling Unit. 2005.
[10] W Leonhard. Regelung inder Elektrischen Ant Riebscehnik［M］．吕嗣杰，译．北京：科学出版社，1988.
[11] 汤蕴璆．电机学-机电能量转换［M］．北京：机械工业出版社，1991.
[12] 马小亮．大功率交-交变频交流调速及矢量控制［M］．3 版．北京：机械工业出版社，2004.
[13] Caucet S. Parameter-dependent Lyapunov Funcitons Applied to Analysis of Induction Motor Stability［J］. Control Engineering Practice，2002（10）：337-345.
[14] Sergey Edward Lyshevshi. Control of High Performance Induction Motors：Theory and Practice［J］. Energy Conversion and Management，2001（42）.
[15] SIEMENS. Outdoor Harmonie Filter Plant for 30. 6MW LCI Drive［M］. ATDOG 2001-Y42.
[16] ABB. Outdoor Harmonie Filter Plant for 21MW LCI Drive Last Update［M］. 2001.
[17] 张崇巍，张兴．PWM 整流器及其控制［M］．北京：机械工业出版社，2003.
[18] 王成元，夏加宽，杨俊友，孙宜标．电机现代控制技术［M］．北京：机械工业出版社，2009.
[19] 丛爽，李泽湘．实用运动控制技术［M］．北京：电子工业出版社，2006.
[20] 郭庆鼎，孙宜标，王丽梅．现代永磁同步电动机交流伺服系统［M］．北京：中国电力出版社，2006.
[21] Tang L，Zhong L，Rahman M F. A novel direct torque control scheme for interior permanent magnet synchrous machines drives system with low ripple in torque and flux，and fixed switching frequency［J］. IEEE Transactions on Power Electronics，2004，19（12）：246-354.
[22] Texas Instruments Incorporated. TMS320C28X 系列 DSP 的 CPU 与外设：上册［M］．张为宁，译．北京：清华大学出版社，2006.
[23] 朱希荣，伍小杰，周渊深．基于内模控制的同步电动机变频调速系统的研究［J］．电气传动，2007，37（12）：46-48.
[24] 庄圣贤．异步电动机定子电流的内模控制及实现［J］．控制理论与应用，2000，21（4）：12-17.
[25] 刘国海，张浩，戴先中．神经网络逆系统在电机变频调速系统中的应用［J］．电工技术学报，2003，18（3）：67-80.
[26] 韩京清．自抗扰控制及其应用［J］．控制与决策．1998，13（1）：19-23.
[27] 马小亮．浅说大功率 IGBT 变换器的几个问题［J］．变频器世界，2007（2）.
[28] J Rodriguez. Multilevel voltage-Source-Converter Topologies for Industrial Medium Votage Drives［J］. IEEE Trans. On Ind. Electron.，Vol. 54，pp2930-2946，No. 6，2007.
[29] J Holtz. Fast Dynamic Control of Medium Voltage Drives Operating at Very Low Switching Frequency-An Overview［J］，IEEE Trans. on Ind. Electron.，pp1005-1013，Vol. 55，No. 3，2008.

[30] T Ranganathan. Modified SVPWM Algorithm for Three Level VSI with Synchronized and Symetrical Waveform [J]. IEEE Trans. On Ind. Electron. , Vol. 54, pp486-494, No. 1, 2007.
[31] R Bowes. Optimal Regular-Sampled PWM Inverter Control Techniques [J]. IEEE Trans. On Ind. Electron, Vol. 54, pp1547-1559, No. 3, 2007.
[32] X Wei, X Ma. Some Techniques of Vector Control Systems of Medium Voltage Three-Level Inverters [J]. IPEMC-2004 Conference Proceedings, Xi'an China, 2004, pp1399-1403.
[33] J Holtz. Sensorless Control of Induction Machines-With or Without Injection [J]. IEEE Trans. On Ind. Electron, Vol. 53, pp7-30, No. 1, 2006.
[34] J Holtz. Synchronous Optional Pulsewidth Modulation and Stator Flux Trajectory Control for Medium Voltage Drives [J]. IEEE Trans. On Ind. Appl, Vol. 43, No. 2, 2007.
[35] J Holz. Closed-Loop Control of Medium-Voltage Drives Operated with synchronous Optimal Pulsewidth Modulation [J]. IEEE Trans. on Ind. Appl. , Vol. 44, No. 1, 2008.
[36] 马小亮. 概述低开关频率 PWM 变频的问题及解决办法 [J]. 电气传动, 2009 (5).
[37] W Leonhard. 电气传动控制 [M]. 吕嗣杰, 译. 北京: 科学出版社, 1992.
[38] 马小亮. 矢量控制系统的解耦与调节器设计 [J]. 电气传动, 2009 (1): 3-7.
[39] 李崇坚. 交流同步电动机调速系统 [M]. 北京: 科学出版社, 2006.
[40] 天津电气传动设计研究所. 电气传动自动化手册 [M]. 2 版. 北京: 机械工业出版社, 2005.
[41] 仲明振, 等. 中国电气工程大典 (第 15 卷): 电气传动自动化 [M]. 北京: 中国电力出版社, 2009.
[42] 马小亮. 驱动弹性负载的调速传动 [J]. 电气传动, 2008 (7): 3-7.
[43] 马小亮. 变频器在金属轧制传动中的应用 [J]. 变频器世界, 2008 (4).
[44] 陈国呈. PWM 变频调速及软开关电力变换技术 [M]. 北京: 机械工业出版社, 2001.
[45] 许大中. 交流电机调速理论 [M]. 杭州: 浙江大学出版社, 1991.
[46] 胡纲衡, 唐瑞球. 高 (中) 压变频器应用基础讲座 [J]. 变频器世界, 2001 (3).
[47] Wang Limei, Gao Qingding, Lorenz RD. Sensorless Control of Permanent Magnet Synchronous Motor Power Electronics and Motion Control Conference 2000 [J]. Proceedings. PIEC2000. the Tired International. 2000. 1 (1): 186 ~ 190.
[48] 诸祖同, 等. 节能型串级调速装置 [J]. 北京科技大学学报, 1987 (2).
[49] 秦晓平, 王克成. 感应电动机的双馈调速和串级调速 [M]. 北京: 机械工业出版社, 1990.
[50] W Leonhard. Control of Electrical Drives [M]. Springer-Verlag, 1985.
[51] 邓星钟. 机电传动控制 [M]. 武汉: 华中科技大学出版社, 2001.
[52] 高景德, 王祥衍, 李发海. 交流电机及其系统分析 [M]. 北京: 清华大学出版社, 1998.
[53] 徐甫荣, 崔力. 交流异步电机软起动及优化节能控制技术研究 [J]. 变频器世界, 2001 (8).
[54] 王鹏, 佟科. 电机软起动在电厂中的应用 [J]. 东北电力学院学报, 2001 (4).